Kurt Schönburg

Schäden
an Sichtflächen

Kurt Schönburg

Schäden an Sichtflächen

Bewerten, beseitigen, vermeiden

2., neu gefasste Auflage

Metall- und Betonkorrosion
Schäden an Holzbauteilen
an Stein, Putzen, Anstrichen
an Belägen, Vergoldungen
und an Wandmalereien

HUSS-MEDIEN GmbH
Verlag Bauwesen
10400 Berlin

Fraunhofer IRB Verlag

Bibliografische Information Der Deutschen Bibliothek

Die Deutsche Bibliothek verzeichnet diese Publikation in der Deutschen Nationalbibliografie; detaillierte bibliografische Daten sind im Internet über http://dnb.ddb.de abrufbar.

Verlag Bauwesen: ISBN 3-345-00828-9

© HUSS-MEDIEN GmbH, Berlin 2003
  Verlag Bauwesen
  Am Friedrichshain 22
  D-10400 Berlin

Telefon: 030/421 51-0
Fax: 030/421 51-468
E-mail: huss-medien@hussberlin.de
Internet: www.bau-fachbuch.de

Fraunhofer IRB Verlag: ISBN 3-8167-6380-4

Teilauflage 2003:
Fraunhofer IRB Verlag
Nobelstraße 12
D-70569 Stuttgart

Telefon: 0711/970-2500
Fax: 0711/970-2508
E-mail: irb@irb.fraunhofer.de
Internet: www.IRBbuch.de

Lektorat: Dipl.-Ing. *Barbara Roesler*
Einbandgestaltung: *Bernd Bartholomes*
Layout: *Diana Jordan*

Printed in Germany
Druck und Bindearbeiten: Druckhaus Köthen GmbH

Abbildungen auf dem Einband
Oben: KEIM Concretal®-Betoninstandsetzungs-System, nach Zeichnung vom Autor (s. auch Abschnitt 5)
Unten: Mit Dispersions-Silicatlasur belebter Dispersions-Silicatfarben-Schutzanstrich
Hinten: Portrait des Autors von Prof. K. Kreuziger, Magdeburg

Vorwort

Bauleistungen unterliegen von der Planung bis zur Abnahme den Forderungen nach Qualität und Funktionssicherheit. Fehler in Vorbereitung und Ausführung führen unweigerlich zu Mängeln oder Schäden. Die Folgen sind Verweigerung der Abnahme, meist aufwändige und kostspielige Garantiearbeiten oder auch die Reduzierung des Rechnungsbetrages. Wiederholte Schadensfälle schaden schließlich dem Ansehen der haftenden Planungs- oder Ausführungsfirma.

Auch die verlängerten Gewährleistungszeiten und oft noch gegebene Zusatzgarantien erfordern Bauleistungen frei von Mängeln und Schäden über lange Standzeiten hinweg – kurzum: es geht um hohe Qualität. Treten Mängel und Schäden dennoch auf, müssen ihre Ursachen schnell geklärt werden, um sie unverzüglich und fachgerecht beseitigen zu können. Damit sind die Anforderungen an Kenntnisse und Fertigkeiten der Bauleute wesentlich gestiegen. Dies gilt für alle Phasen des Bauens – von der Planung der Bauarbeiten, über ihre organisatorisch-technische Vorbereitung bis hin zur Ausführung und Abnahme. Dabei geht es im Wesentlichen darum, alle Möglichkeiten auszuschließen, die zu Mängeln und Schäden führen könnten.

Selbst der ausgewiesene Baufachmann benötigt auf diesem Wege Hilfe in Gestalt von Beratung und Information – denn für das Bewerten, Beseitigen und Vermeiden von Mängeln bzw. Schäden reicht die Kenntnis und Anwendung der einschlägigen Normen und Vorschriften allein nicht aus. Erforderlich sind umfangreiche spezielle Fachkenntnisse und Erfahrungen im technischen Bereich, ein Schöpfen aus dem Fundus der anerkannten und bewährten Regeln der Arbeitstechniken.

Im Buch „Schäden an Sichtflächen" sind daher zahlreiche, an Bauwerksoberflächen im Hochbau und an vergleichbaren technischen Objekten auftretende, zunächst vor allem visuell erkennbare Mängel und Schäden in ihrer Bewertung, Beseitigung und Vermeidung sowie in den technischen und wirtschaftlichen Auswirkungen ausführlich, anschaulich und leicht verständlich beschrieben. Der große Umfang des Buches, der sich aus Spezifik und Vielfalt von Mängeln und Schäden an verschiedensten technischen Grundbaustoffen, wie Metall, Beton, Natur- und Kunststein, Keramik, Holz und Kunststoff sowie an Putzen, Anstrichen, Belägen und selbst an Wandmalereien ergibt, ist von Vorteil für den Nutzer, da er in diesem Buch auch Informationen vorfindet, die den engen Rahmen seines speziellen Fachgebietes überschreiten.

Die zweite Auflage der „Schäden an Sichtflächen" unterscheidet sich deutlich von der Ersten. Die einzelnen Kapitel wurden umfassend überarbeitet und durch aktuelle Erkenntnisse über die Ursachen, das Beseitigen und das Vermeiden von Schäden ergänzt und erweitert. Letzteres bezieht sich in besonderem Maße auf die Themen Korrosion und Korrosionsschutz, Holzschäden und Holzschutz.

Das Buch ist in erster Linie ein Nachschlagewerk für die Praxis. Es ist bestimmt für alle Fachleute, die in ihrer beruflichen Tätigkeit mit der Bewertung und Beseitigung und daraus schlussfolgernd mit der Vermeidung von Mängeln und Schäden im Bauwesen, im Denkmalschutz, an Verkehrs- und Wasserbauanlagen, im Maschinen- und Anlagenbau sowie mit deren Instandhaltung zu tun haben. Dazu gehören Architekten und andere Planer, Ingenieure, Handwerksmeister, Restauratoren, Sachverständige und Gutachter sowie alle Facharbeiter, die sich mit Schäden an Sichtflächen auseinandersetzen müssen.

Das Buch kann außerdem der Aus- und Weiterbildung sowie dem Studium der einschlägigen Fachgebiete dienen.

Dieses Fachbuch gehört zusammen mit dem Buch „Historische Beschichtungstechniken" und dem geplanten Buch „Beschichtungstechniken heute" zu einem abgestimmten Gesamtwerk „Beschichtungstechniken", das durch die HUSS MEDIEN/Verlag Bauwesen herausgegeben wird.

Die Erarbeitung der zweiten Auflage des Buches wurde von vielen Fachleuten, Institutionen und Firmen durch Informationen, Beratung und Bildmaterial unterstützt – ihnen sei herzlich gedankt. Besondere Anerkennung gebührt der Lektorin, Frau Dipl.-Ing. Barbara Roesler.

Kurt Schönburg

Inhaltsverzeichnis

1	**Auswirkung von Mängeln und Schäden**	**11**
1.1	Begriffe	12
1.2	Funktion der Sichtflächen	13
1.3	Verluste durch Mängel und Schäden	16
1.3.1	Technische Auswirkung	16
1.3.2	Wirtschaftliche Auswirkung	18
1.3.3	Vermeiden von Mängeln und Schäden	19
1.4	Gewährleistung für Mängel und Schäden	22
2	**Ursachen der Schäden an Sichtflächen**	**24**
2.1	Übersicht über die Ursachen	24
2.2	Schäden durch fehlerhafte Bauleistungen	26
2.2.1	Schäden an Füge- und Auflagerflächen	29
2.2.2	Schäden durch Wasserstau	32
2.2.3	Schäden durch unzureichende Feuchtigkeitsdichtung	35
2.3	Schäden durch Vernachlässigung der Instandhaltung	45
2.4	Schäden durch Standorteinflüsse	48
2.5	Vorgänge zum Entstehen der Schäden	49
3	**Analyse und Diagnose von Schäden**	**54**
3.1	Zweck der Analyse und Diagnose	54
3.2	Methode der Analyse und Diagnose	54
3.3	Verfahren zum Ermitteln von Kenndaten	56
3.4	Bestimmen der Putz- und Anstrichart	59
4	**Maßnahmen zur Vermeidung von Schäden**	**64**
4.1	Übersicht	64
4.2	Vorbeugen durch richtige Planung	65
4.3	Bautenschutz durch Oberflächenvergütung	68
4.3.1	Chemischer Bautenschutz	69
4.3.2	Carbonatisierungsschutz	70
4.3.3	Säurebau und Säureschutz	70
4.3.4	Korrosionsschutz	71
4.3.5	Holzschutz	71
4.4	Chemischer Bautenschutz – Verfahren	72
4.5	Schutzmaßnahmen an denkmalgeschützten Objekten	79
4.5.1	Voraussetzungen für denkmalgerechte Instandsetzung	80
4.5.2	Schwerpunkte der Instandsetzung von Sichtflächen historischer Bauwerke	80
5	**Schäden an Baustoffoberflächen**	**83**
5.1	Übersicht	83
5.2	Korrosionsschäden	84
5.2.1	Auswirkung der Korrosion	85
5.2.2	Metallkorrosion	87
5.2.3	Korrosion und andere Schäden an Betonen	94

5.3	Schäden an keramischen Baustoffen	103
5.4	Schäden an Naturstein	107
5.5	Schäden an Lehmbauteilen	114
5.6	Schäden an Holzbauteilen	118
5.6.1	Holz als Baustoff	119
5.6.2	Ursachen und Auswirkung von Holzschäden	122
5.6.3	Schäden durch Alterung	125
5.6.4	Maßnahmen des Holzschutzes	129
5.7	Schäden an Kunststoffen	133

6 Schäden an Vorsatzschichten 138
6.1	Übersicht	138
6.2	Schäden an konstruktiven Vorsätzen	139
6.3	Schäden an Verbundvorsätzen	141

7 Putzschäden 144
7.1	Auswirkung von Putzschäden	144
7.2	Übersicht	144
7.3	Schäden an kalk- und zementgebundenen Putzen	146
7.3.1	Umfang der Schäden	146
7.3.2	Ursachen von Putzschäden	149
7.3.3	Kalk- und zementgebundene Putze: Arten und Anforderungen	156
7.4	Schäden an Gips- und Anhydritputzen	165
7.5	Schäden an Silicat- und Dispersions-Silicatputzen	167
7.6	Schäden an Kunstharzputzen	169
7.7	Schäden an Siliconharz-Putzen	173
7.8	Schäden an Baustuck	175
7.8.1	Bedeutung und Zustand	175
7.8.2	Grundsätzliches über Ursachen und Vermeidung von Schäden	177

8 Anstrichschäden 182
8.1	Anstriche: Funktion und Anforderungen	182
8.2	Auswirkung und Ursachen von Anstrichschäden	185
8.3	Übersicht über die Schäden	187
8.4	Schäden an kalk- und zementgebundenen Anstrichen	187
8.5	Schäden an Caseinfarbenanstrichen	193
8.6	Schäden an Silicat- und Dispersions-Silicatfarbenanstrichen	195
8.7	Schäden an Leimfarbenanstrichen	201
8.8	Schäden an Emulsions- und Dispersionsfarbenanstrichen	203
8.9	Schäden an Siliconharzfarben-Anstrichen	209
8.10	Schäden an Ölfarben- und Alkydharz-Lackfarbenanstrichen	213
8.11	Schäden an Lackierungen	215

9 Schäden an Wandbekleidungen und Belägen 222
9.1	Funktion und Anforderungen	222
9.2	Schäden an Wandbekleidungen und -belägen	227
9.3	Schäden an Fußbodenbelägen	232
9.4	Schäden an Blattmetallbelägen	235

10 Schäden an Wandmalereien 238
10.1	Bedeutung der Planung für die Schadensvermeidung	238
10.2	Ursachen und Auswirkungen von Schäden	238
10.3	Übersicht	244

10.4	Schäden an kalkgebundenen Malereien	245
10.5	Schäden an Sgraffiti und anderen Putzmörtel-Gestaltungsarbeiten	248
10.6	Schäden an Silicatfarbenmalereien	251
10.7	Schäden an Leimfarbenmalereien	255
10.8	Schäden an Casein- und Temperafarbenmalereien	257
10.9	Schäden an Siliconharzfarben-Malereien	261
10.10	Schäden an Ölfarben- und Lackfarbenmalereien	264
11	**Bildnachweis**	**265**
12	**Sachwörterverzeichnis**	**266**

1 Auswirkung von Mängeln und Schäden

Mängel und Schäden an Bauwerken und anderen technischen Erzeugnissen sind nicht naturgegeben, sondern haben fast ausnahmslos einen subjektiven Hintergrund **(Bild 1.1)**. Ihre Beurteilung kann folgenden Zwecken dienen:

- Erkennen und Erfassen des Schadens in seinem Ausmaß und in der Auswirkung auf das davon betroffene Objekt
- Erkennen der Ursache des Schadens und Feststellen des Verursachers; einmal zum Zwecke der vertragsrechtlichen Klärung, zum anderen um den als Schadensursache erkannten Fehler oder Mangel bei künftigen gleichartigen Bauleistungen zu vermeiden und natürlich beim Beseitigen des Schadens.
- Festlegen geeigneter Maßnahmen zur Beseitigung des Schadens.

Die Beurteilung von Schäden setzt ein beträchtliches Maß an Fachkenntnissen und möglichst auch Erfahrungen aus der Baupraxis oder in den anderen, technische Objekte produzierenden Wirtschaftsbereichen voraus. Der an ihrer Verursachung Beteiligte muss zur ehrlichen, kritischen Beurteilung seiner Arbeit bereit sein.

Bild 1.1 Funktions- und fachgerechte Planung und Ausführung sind die wichtigsten Voraussetzungen für hohe Qualität und das Vermeiden von Schäden. Eingangsbereich der Fachhochschule Pforzheim. Hier dient der deckende und lasierende Silicatfarbenanstrich nicht nur der Farbgebung, sondern auch dem Carbonatisierungsschutz für den Stahlbeton.

1.1 Begriffe

Die in allen Bereichen der Technik sprachlich und schriftlich verwendeten Begriffe müssen verständlich, eindeutig, d. h. nicht unterschiedlich auslegbar sein. Im deutschen Sprachraum ist für die allgemeine Verständlichkeit die deutsche Sprache und Rechtschreibung anzuwenden.

Abweichungen, wie die Verwendung von noch nicht in die deutsche Sprache übernommenen Fremdwörtern, sollten gekennzeichnet, beziehungsweise in einer schriftlichen Abhandlung zumindest einmal gleichartig in Deutsch, z. B. in Klammern gesetzt, erklärt sein. Das trifft auch für allgemein nicht bekannte Wortabkürzungen zu, aber auch für Begriffe, die landschaftlich oder in bestimmten Wissenschaftsbereichen, z. B. in der Chemie und Physik gebräuchlich sind. Fachausdrücke aus der Umgangssprache werden in der Wirtschaft und Technik allgemein nicht angewandt, z. B. in Leistungsverträgen und sollten auch in Publikationen, Lehre und weitgehend in der Praxis vermieden werden.

Weiteres über für den Buchinhalt wichtige Begriffe und Fachausdrücke enthält das Buch „Historische Beschichtungstechniken".

Zunächst sollen jedoch bezogen auf die Sichtflächen von Bauwerken, Anlagen und anderen technischen Objekten und ihrer Teile die Begriffe Fehler, Mangel und Schaden sowie Sichtflächenschaden im sprachlichen, schriftlichen und vertragsrechtlichen Gebrauch sowie im Umfang und Zusammenhang interpretiert werden. **Bild 1.2** zeigt den Zusammenhang und Logismus zwischen den drei Begriffen.

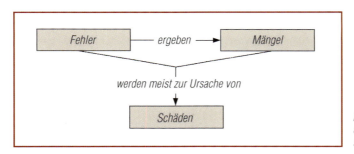

Bild 1.2 Zusammenhang der Begriffe Fehler, Mangel und Schaden in der Baupraxis

Fehler
Eine fehlerhafte oder synonym angewandt falsche Entscheidung bzw. Tätigkeit des Planers oder der Ausführenden von Leistungen am Bau oder an anderen technischen Produkten. Dadurch haben die Produkte nicht die dafür vorgesehene Qualität und Funktionstüchtigkeit. Bei einem Fehler ist es gleichgültig, ob er unbewusst, z. B. infolge unzureichender Fachkenntnisse oder bewusst, z. B. durch Nichteinhaltung einer vertraglich zugesicherten Qualität, Eigenschaft und Funktionstüchtigkeit, begangen wird. Fehler sind fast ausnahmslos die Ursache von Mängeln, z. B. in der Form, Struktur, Farbe und Festigkeit der Sichtflächen der hergestellten Erzeugnisse.

Mangel
Abweichungen an Erzeugnissen von der vorgesehenen, im Leistungsvertrag zwischen Auftraggeber und Auftragnehmer vereinbarten Qualität der Erzeugnisse, die entweder bereits bei ihrer Ausführung oder Abnahme oder im Zeitraum der Verjährungsfrist festgestellt werden. Sie beeinträchtigen die Funktionstüchtigkeit und Gebrauchsfähigkeit der Erzeugnisse, z. B. in der optischen Erscheinung, Schutzwirkung und Pflegeleichtigkeit ihrer Sichtflächen.

Schaden
Schäden heben die vereinbarte Funktionsfähigkeit und -tüchtigkeit wie auch die vorgesehene Gebrauchsfähigkeit der davon betroffenen Bau- oder anderer technischer Objekte oder ihrer Teile auf. So wird z. B. die Standsicherheit von Wänden durch statische Mauerwerksrisse, die

1.2 Funktion der Sichtflächen

Bild 1.3
Bild 1.4

Bild 1.3 *Die durch lange Vernachlässigung der Instandhaltung an der Fassade dieses historischen Gebäudes entstandenen Schäden „berühren" nur die Oberflächen und sind typische Sichtflächenschäden.*

Bild 1.4 *Die Fassade des im Bild 1.3 zu sehenden Gebäudes (Stadtschloss Eisleben) nach der Instandsetzung durch Putzreparaturen und einen Neuanstrich*

Schutzwirkung eines Fassadenputzes durch Absprengungen und die farbgebende Aufgabe einer Lackierung durch starke Farbveränderung vermindert oder aufgehoben.

Sichtflächenschaden
An den sichtbaren Oberflächen von Bauwerken, Anlagen und anderen technischen Objekten visuell wahrnehmbare Schäden, durch die allein oder hauptsächlich die Funktion der Oberfläche, z. B. Farbgebung und Schutzwirkung, der betroffenen Objekte aufgehoben oder vermindert wird **(Bilder 1.3 und 1.4)**.
Schäden, die vorrangig die statisch-konstruktive Funktionstüchtigkeit von Bauteilen beeinträchtigen, aber auch oder zuerst an Ober- bzw. Sichtflächen erkennbar sind, z. B. Mauerwerksrisse und Stahlbetonabsprengungen, sind in diesem Buch ebenfalls erfasst, werden aber nicht in ihren meist in Baukonstruktionsfehlern liegenden Ursachen beschrieben.

1.2 Funktion der Sichtflächen

Die Sichtflächen einer Fassade, eines Raumes, einer Anlage und an anderen technischen Objekten sind das zuerst visuell wahrnehmbare „Spiegelbild" ihrer Qualität, Funktionstüchtigkeit und Nutzbarkeit **(Bild 1.5)**.
Sie bilden die Grenzflächen zur Atmosphäre oder zu anderen Stoffen, mit denen sie in Kontakt stehen, z. B. Wasser oder Erdreich. Dadurch sind sie unmittelbar allen äußeren Einflüssen ausgesetzt. Von physikalischen und chemischen Reaktionen der Bau- oder Beschichtungsstoffe, die durch äußere Einflüsse ausgelöst werden, sind die Sichtflächen zuerst betroffen.
Die Sichtflächen von porösen Bau- und Werkstoffen werden außerdem von den aus dem Baustoffinneren nach außen gelangenden Stoffen, z. B. Feuchtigkeit und Salzlösungen, beansprucht **(Bild 1.6)**.
Die Vielfalt der Funktion von Sichtflächen an Bauwerken **(Bild 1.7)**, die sich aus der erwähnten Stellung als Grenzflächen ergibt, kann zu zwei Funktionsbereichen zusammengefasst werden.

1. Optische, konstruktive Gestaltung
der Bauwerke oder ihrer Teile durch Farben, Formen, Materialstrukturen und -texturen der Oberflächen.

2. Schutz der Bauwerke,

d. h. Erhaltung der statischen Eigenschaften der Bau- und Werkstoffe durch eine der Beanspruchung entsprechenden Widerstandsfähigkeit der Oberflächen. Obzwar beide Funktions-

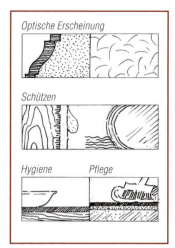 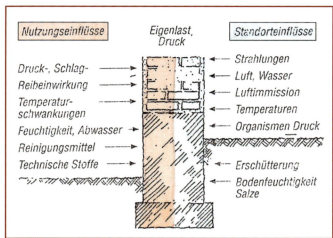

Bild 1.5
Bild 1.6

Bild 1.5 Funktionen der Sichtflächen am Bauwerk
Bild 1.6 Beanspruchung von Bauwerkssichtflächen durch äußere Einflüsse

Bild 1.8 An historischen, denkmalgeschützten Gebäuden, wie hier in Quedlinburg, stehen die zeit- und stilgerechte Farbe, Struktur und Materialart im Vordergrund.

1.2 Funktion der Sichtflächen

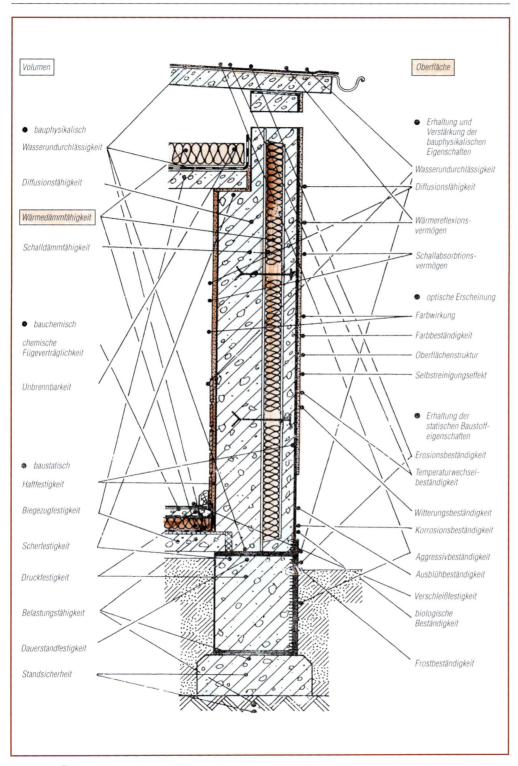

Bild 1.7 Übersicht über die vielfältige Funktion der massiven Bauwerksteile und der Sichtflächen

bereiche bei der Planung bzw. beim Gestalten der Sichtflächen berücksichtigt werden müssen, können spezifische Anforderungen an die Bauwerke, z. B. gegen bestimmte Einflüsse am Standort resistent oder in der Gestaltung stilgerecht zu sein, dazu führen, dass die Funktionsbereiche nicht gleichwertig berücksichtigt werden können. Ein Beispiel zeigt **Bild 1.8**.

1.3 Verluste durch Mängel und Schäden

Mängel und Schäden haben immer ihre Beseitigung durch den Verursacher oder wenn dies aus bestimmten Gründen nicht erreicht werden kann, eine Kürzung oder sogar den Ausfall der Vergütung der erbrachten Leistung zur Folge. Durch die Beseitigung wird die Funktionsfähigkeit und wirtschaftliche Nutzbarkeit des betroffenen Objekts eingeschränkt bzw. zeitlich verzögert. Dadurch entstehen sowohl bei dem Verursacher als auch bei dem Besitzer oder Eigentümer des Objekts wirtschaftliche Verluste.

Obwohl beides, die zu Verlusten führende technische und wirtschaftliche Auswirkung direkt im Zusammenhang stehen, werden sie nachfolgend getrennt beschrieben, damit sie deutlicher erkennbar sind **(Bild 1.9)**.

1.3.1 Technische Auswirkung

Durch die vielseitige Funktion der Sichtflächen führen Mängel und Schäden in diesem Bereich stets zu vorübergehenden, manchmal auch zu bleibenden Funktions- und Qualitätsverlusten am betroffenen Bauteil oder am gesamten Objekt.

Allgemein wird der Verlust durch gut sichtbare Schäden wie breite Risse, großflächige Absprengungen, starke Verfärbung und starke Verschmutzung höher bewertet als die häufig kaum auffällige Minderung bzw. Aufhebung der Schutzfunktion der Oberflächen, z. B. durch Zerstörung von polymeren Holzinhaltsstoffen, Kunststoffen und Anstrichfilmen infolge Depolymerisation durch UV- und Wärmestrahlung. Doch die Beeinträchtigung der gestalterischen Funktion der Sichtflächen durch die optische Erscheinung von Schäden ist nur ein Kriterium bei der Einschätzung des Qualitätsverlustes. Verfärbungen stellen z. B. ein vorrangiges Pro-

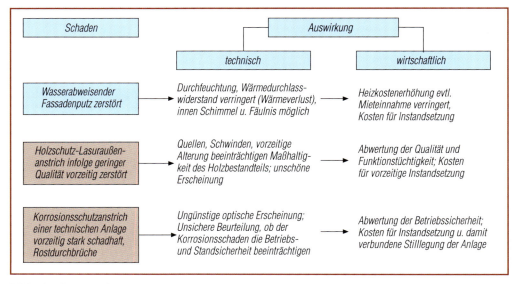

Bild 1.9 Beispiele für den Zusammenhang zwischen der technischen und wirtschaftlichen Auswirkung von Schäden

1.3 Verluste durch Mängel und Schäden

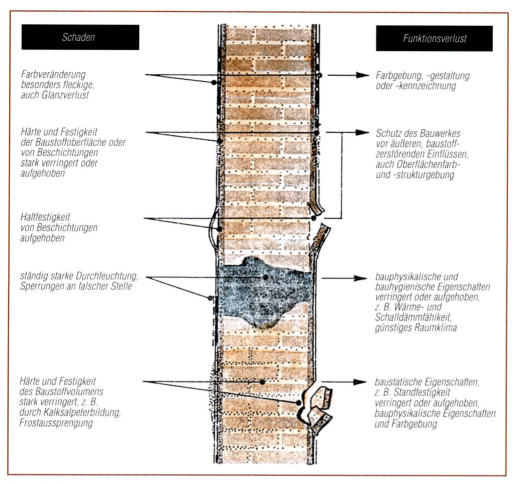

Bild 1.10 Übersicht zu Qualitätsverlusten durch Schäden an Sichtflächen

blem dar, wenn sie an Wandmalereien vorkommen, aber für Korrosionsschutzanstriche wären sie kaum von Bedeutung.

Besonders in der Pflege und Instandhaltung vernachlässigte Gebäude und Anlagen unterliegen der schnellen Alterung, die sich vor allem in der Schadhaftigkeit der Sichtflächen zeigt.

Hauptsächlich bei Wohnhäusern führt dieser physikalische Verschleiß zugleich zu moralischem Verschleiß. Oft wird der durch Unansehnlichkeit und Schadhaftigkeit der Sichtflächen verursachte Qualitätsverlust überschätzt. Zusammenfassend kann jedoch gesagt werden, dass der Zustand der Sichtflächen das Spiegelbild der Funktionstüchtigkeit der Bauwerke und anderer technischer Objekte ist **(Bild 1.10)**.

Der Grad und die Dauer der Funktionstüchtigkeit der Objekte ist hauptsächlich von der Qualität und der Solidität ihrer Planung, Konstruktion und Ausführung abhängig. Gleiches trifft für den Aufwand zur Instandhaltung und Pflege zu. Fachgerechtes, solides Bauen zahlt sich immer durch dauerhafte Funktionstüchtigkeit und meist auch durch geringen Instandhaltungsaufwand aus.

Gegenteilig wirken sich fehlerhafte Planung und Ausführung sowie auch ungerechtfertigte Sparsamkeit beim Bauen aus. Die Folge davon ist, dass Bauwerksteile vom Anfang an be-

Bild 1.11 Dieser mit geringem Aufwand ausgeführte Putz (ohne Freilegen der Fugen, ohne Spritzbewurf und einlagig, nur um 1 cm dick, überstand nur einige Jahre.

stimmten, z. B. in der „VOB Vergabe- und Vertragsordnung für Bauleistungen" vorgeschriebenen Anforderungen nicht gerecht werden, so dass meist schon nach kurzer Standzeit Schäden auftreten. Daraus ergibt sich die schnelle Alterung der Gebäude und anderer technischer Objekte, die nur mit hohem Instandhaltungsaufwand verzögert bzw. überdeckt werden kann **(Bild 1.11)**.

1.3.2 Wirtschaftliche Auswirkung

Mängel und Schäden an Bauteilen von neu geschaffenen oder von bereits genutzten Bauwerken, Anlagen und anderen technischen Objekten haben immer eine wirtschaftliche Auswirkung. Das ging bereits aus der vorangestellten Erläuterung der technischen Auswirkung hervor. Sie führen sowohl bei dem Verursacher, dem Planer und Auftragnehmer der Bauleistungen als auch bei dem Auftraggeber bzw. dem Eigentümer der von den Mängeln oder Schäden betroffenen Objekte zu wirtschaftlichen Verlusten.
Auf der Seite des Verursachers handelt es sich um folgende wirtschaftliche Verluste:

- Kosten für den Aufwand zur Beseitigung der Mängel und Schäden im Rahmen des Leistungsvertrages und der gesetzlichen oder vertraglich vereinbarten Gewährleistung. Zu diesen Kosten gehören auch Forderungen anderer Gewerke, deren Leistung durch die Entstehung oder Beseitigung der Mängel und Schäden behindert oder beschädigt wird, z. B. wenn beim Entfernen funktionsunfähiger oder schadhafter Putze oder Anstriche der Beschichtungsträger oder angrenzende Bauteile beschädigt werden. Ein umfangreicher Aufwand zur Mangel- oder Schadenbeseitigung kann sich stark auf Leistungsfähigkeit und Liquidität des Verursachers auswirken, ja kann für Kleinunternehmen sogar existenzbedrohend sein.
- Kosten für Forderungen des Auftraggebers hinsichtlich seiner Verluste, die er durch die Mängel und Schäden und ihre Beseitigung verursachte Verzögerung oder Einschränkung der Nutzung des betroffenen Objekts hat. Das können z. B. bei Wohngebäuden, Produktions- und Verkehrsanlagen erhebliche Beträge sein.
- Kürzung von Rechnungsbeträgen für erbrachte Leistungen, wenn die Beseitigung der Mängel oder Schäden für Auftraggeber oder Auftragnehmer nicht zumutbar oder wenn dies nicht zwingend erforderlich ist, z. B. bei geringfügigen Struktur- oder Farbabweichungen der Sichtflächen von der vereinbarten Qualität oder wenn insgesamt die Mängel oder Schäden die wesentliche Funktionsfähigkeit der erbrachten Leistungen nicht beeinträchtigen.
- Besonders bei sich wiederholenden Mängeln und Schäden kann der Verursacher, das Unternehmen, einen Vertrauens- bzw. Imageverlust erleiden, der möglicherweise zu Auftragseinbußen führt. Für die Überwindung dieses Verlustes kann ein erheblicher, andauernder Aufwand zur Sicherung der Leistungsfähigkeit und Qualität der Erzeugnisse erforderlich sind.

1.3 Verluste durch Mängel und Schäden

Der Betroffene, d. h. der Auftraggeber oder Besitzer des mit den mangel- oder schadhaften Bauleistungen belasteten Objekts kann folgende wirtschaftliche Verluste davontragen:
- Abwertung der Qualität und Funktionstüchtigkeit seines Vorhabens, die das Nutzen, Vermieten, Verkaufen usw. erschweren und die die sich dadurch ergebenden Einkünfte verringern kann, z. B. wenn der Käufer oder Mieter die Qualitätsmängel vor Vertragsabschluss selbst erkennt und eine Preisminderung verlangt.
- Unkosten und Ertragsminderung, die sich aus der Verzögerung der Nutzung oder Inbetriebnahme als Folge der Mängel- oder Schadenbeseitigung ergeben, vor allem, wenn für die Feststellung der Ursache und des Verursachers eines Mangels oder Schadens längere Zeit erfordert oder andauert.
- Kosten für zusätzliche Sicherungsmaßnahmen, z. B. bei schweren Bauschäden, durch die die Zugänglichkeit zum betroffenen Objekt verhindert werden muss oder durch die das schadhafte Bauteil gestützt, abdeckt oder in anderer Weise gesichert werden muss.
- Kosten für die Schadensklärung durch einen Gutachter oder/und durch gerichtliche Klage.
- Aufwand für zusätzliche Instandhaltungs- und Pflegemaßnahmen, der sich meist erst später nach Ablauf der Gewährleistungsfrist ergibt, z. B. infolge schneller Staubablagerung und -einschwemmung auf zu oder ungleichmäßig rauen Anstrichen.
- Verkürzung des Zeitraums der vollen Funktionstüchtigkeit der betroffenen Objekte durch die schadhaften Bauleistungen und damit der Instandhaltungsintervalle. Folgen sind ein höherer Kostenaufwand für die Instandhaltung.

Obwohl die Tilgung mancher der hier genannten möglichen Verluste auf Seiten des Auftraggebers ggf. dem Verursacher der Schäden übertragen werden kann, bleibt der Auftraggeber meist nicht völlig verlustfrei, zumal bei ihm häufig die Enttäuschung über die mangel- und schadhafte Leistung eine nachhaltige Wirkung hat

1.3.3 Vermeiden von Mängeln und Schäden

Im 4. Kapitel werden die „Maßnahmen zur Vermeidung von Schäden" ausführlich beschrieben. Hier sind nur die Prinzipien zur Vermeidung von Mängeln und Schäden dargestellt.

Grundsätzliches über die Vermeidung
Mit Ausnahme der durch Naturkatastrophen verursachten Schäden an Gebäuden, Anlagen und sonstigen technischen Objekten sind Mängel und Schäden stets auf subjektive Entscheidungs- und Ausführungsfehler zurückzuführen. Diese Ursachen können in allen Abschnitten der Produktion, Instandsetzung bzw. Sanierung und Instandhaltung und zwar von der Planung über die arbeitstechnische Vorbereitung und Ausführung bis zur Qualitätsüberprüfung liegen. Ein wesentlicher Faktor für die Ausschaltung von Ursachen, die zu Mängeln und Schäden füh-

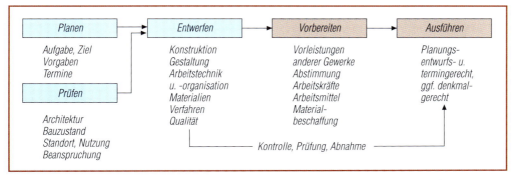

Bild 1.12 Zusammenhang von Maßnahmen zur Planung, Vorbereitung und Ausführung größerer Bauvorhaben

Bild 1.13 *Ursachen für Schäden nach kurzer Standzeit*
1 Planungsfehler: Vorzeitige Korrosion infolge unzureichender Anstrichschichtdicke; 2 Vorbereitung fehlerhaft: Für das Verfugen vorgesehenes altes Mauerwerk durch Sandstrahlen gereinigt (stark geschädigt);
3 Fehlerhafte Ausführung: Kellengeglätteten, dichten Putz ohne Haftgrundierung mit einem dicken, spannungsreichen Dispersionsfarbenanstrich versehen

ren können, ist die Kooperation zwischen allen an der Bauaufgabe Beteiligten. Fehlende Kooperation und die sich üblicherweise daraus ergebenden zusammenhanglos getroffenen Entscheidungen sind häufig die Ursache für Fehlleistungen. Das **Bild 1.12** weist hin auf den Zusammenhang von Maßnahmen der Planung, Vorbereitung und Ausführung von Bauleistungen. Je ein Beispiel aus den Phasen Planen, Vorbereiten und Ausführen zeigt das dreiteilige **Bild 1.13**.

Planung und Vorbereitung

Die Planungsarbeit erfordert nicht nur Fachwissen und Kenntnisse, sondern auch die Fähigkeit, beides verantwortungsbewusst unter Einbeziehung wesentlicher Informationsquellen zur Lösung der gestellten Aufgabe einzusetzen. Die vom Auftraggeber in der Qualität und arbeitstechnischen Ausführung vorgegebene Bauleistungen sind vom Auftragnehmer fachlich zu bewerten, ggf. unter schriftlicher Anmeldung von begründeten Bedenken. Zweifellos kommen dem Planer seine Erfahrungen in der Entscheidungsfindung zugute. Doch die Planung kann

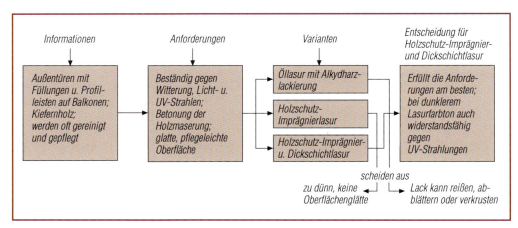

Bild 1.14 *Beispiel zur Auswahl der optimalen Variante für einen Holzschutz-Lasuranstrich aus mehreren aufgestellten Varianten*

1.3 Verluste durch Mängel und Schäden

nicht allein empirisch vorgenommen werden. Bei der Auswahl bestimmter Technologien nach Erfahrungswerten ist kritisch zu überprüfen, ob die ausgewählte Technik den spezifischen Anforderungen am Objekt und dem aktuellen arbeitstechnischen Stand noch gerecht wird
Bei Bauleistungen, für die keine oder nur unzureichende Erfahrungswerte vorliegen, ist folgerichtig die Entscheidung analytisch vorzubereiten. Das beginnt mit der Vorgabe der Funktion bzw. des Zwecks der Bauleistung und den detaillierten Anforderungen; führt über die Einflussfaktoren am Standort, über die Nutzung der geplanten Bauleistung bis zur Entscheidung entweder für eine geeignete Technologie oder zur Aufstellung von zunächst in Frage kommenden Varianten, die dann nochmals einzeln zwecks Auswahl der optimalen Variante überprüft werden. Einen Überblick dieser Vorgehensweise bei der Entscheidungsfindung wird an einem Beispiel aus dem chemischen Holzschutz im **Bild 1.14** demonstriert.
Eine weitere, besonders für die Vorausplanung von Bauaufgaben geeignete Methode ist das deduktive Vorgehen, bei dem die Auswahl von Bauleistungen, z. B. von Schutzbeschichtungen gegen starke physikalische und chemische Angriffe auf der Grundlage von allgemeinen Eigenschaften des Beschichtungsbindemittels erfolgt **(s. Bild 1.15).**

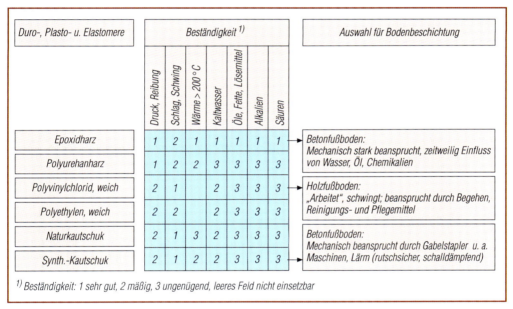

Bild 1.15 Beispiel zum systematischen Vorgehen bei der Auswahl von Industrieraum-Bodenbeschichtungen, die mechanisch und chemisch stark beansprucht werden.

Ausführung und Qualitätsüberprüfung

Grundlage der Ausführung von Bauarbeiten ist die zum Auftrag gehörende Leistungsbeschreibung, die bei Vertragsabschluss nach VOB der Ausführungsbeschreibung der VOB bzw. der für die jeweilige Bauarbeit gültigen DIN entsprechen muss. Bei Bauarbeiten, die nicht nach VOB/DIN vergeben werden gilt die Leistungsbeschreibung des damit beauftragten Architekten oder Planers. Auch der Auftragnehmer kann in seinem Angebot die Leistungsbeschreibung nach DIN bzw. nach anerkannten Regeln der Technik erstellen, wenn er dazu vom Auftraggeber aufgefordert wird. Die Leistungsbeschreibung oder ihr für die Ausführung wichtiger Inhalt muss dem Ausführenden bzw. auf der Bau- oder Arbeitsstelle vorliegen.
Für den größten Teil der Bauarbeiten an den Ober- bzw. Sichtflächen empfiehlt sich das Anlegen von Proben, vor allem für Arbeiten, für die die Farbe und Oberflächenstruktur besonders wichtig sind, z. B. Strukturputze, Anstriche und Tapezierungen. Nach ihrer Bestätigung durch den Auftraggeber, Architekten u. a. sind sie eine sichere Ausführungsgrundlage **(Bild 1.16).**

Bild 1.16 Proben, wie hier für die Eichenholzimitation auf alte Türen eines denkmalgeschützten Gebäudes, sind eine sichere Ausführungsgrundlage.

Vor der Abnahme jeglicher Bauleistung sollte der Auftragnehmer sorgfältig überprüfen, ob die erbrachte Leistung die vertraglich vereinbarte Qualität in allen zugesicherten Eigenschaften hat.

1.4 Gewährleistung für Mängel und Schäden

Für Mängel und daraus resultierende Schäden an ausgeführten Bauleistungen, die der Auftraggeber schon bei der Abnahme oder im Zeitraum der Verjährungsfrist festgestellt und die er dem Auftragnehmer schriftlich anzeigt, muss der für die Planung oder Herstellung Beauftragte im Rahmen der gesetzlichen Gewährleistung haften. Sofern dem Vertrag für die Bauleistung die Vergabe- und Vertragsordnung für Bauleistungen (VOB Ausgabe ab 2002) zugrunde gelegt wurde, gelten dafür die im „§ 13 Mängelanspruch" erfassten gesetzlichen Vorschriften.
Dieser Paragraf wird nachfolgend kommentarlos mit Genehmigung des DIN Deutschen Instituts für Normung e.V. wiedergegeben. Die Zusammenhänge der im § 13 dargelegten Vorschriften mit Inhalten anderer Paragrafen sind in der VOB nachzulesen.

§ 13
Mängelansprüche
1. Der Auftragnehmer hat dem Auftraggeber seine Leistung zum Zeitpunkt der Abnahme frei von Sachmängeln zu verschaffen. Die Leistung ist zur Zeit der Abnahme frei von Sachmängeln, wenn sie die vereinbarte Beschaffenheit hat und den anerkannten Regeln der Technik entspricht. Ist die Beschaffenheit nicht vereinbart, so ist die Leistung zur Zeit der Abnahme frei von Sachmängeln,
   a. wenn sie sich für die nach dem Vertrag vorausgesetzte,
   sonst
   b. für die gewöhnliche Verwendung eignet und eine Beschaffenheit aufweist, die bei Werken der gleichen Art üblich ist und die der Auftraggeber nach der Art der Leistung erwarten kann.

1.4 Gewährleistung für Mängel und Schäden

2. Bei Leistungen nach Probe gelten die Eigenschaften der Probe als vereinbarte Beschaffenheit, soweit nicht Abweichungen nach der Verkehrssitte als bedeutungslos anzusehen sind. Dies gilt auch für Proben, die erst nach Vertragsabschluss als solche anerkannt sind.
3. Ist ein Mangel zurückzuführen auf die Leistungsbeschreibung oder auf Anordnungen des Auftraggebers, auf die von diesem gelieferten oder vorgeschriebenen Stoffe oder Bauteile oder die Beschaffenheit der Vorleistung eines anderen Unternehmers, haftet der Auftragnehmer, es sei denn er hat die ihm nach § 4 Nr. 3 obliegende Mitteilung gemacht.
4. (1) Ist für Mängelansprüche keine Verjährungsfrist im Vertrag vereinbart, so beträgt sie für Bauwerke 4 Jahre, für Arbeiten an einem Grundstück und für die vom Feuer berührten Teile von Feuerungsanlagen 2 Jahre. Abweichend von Satz 1 beträgt die Verjährungsfrist für feuerberührte und abgasdämmende Teile von industriellen Feuerungsanlagen 1 Jahr.
(2) Bei maschinellen und elektrotechnischen/elektronischen Anlagen oder Teilen davon, bei denen die Wartung Einfluss auf die Sicherheit und Funktionsfähigkeit hat, beträgt die Verjährungsfrist für Mängelansprüche abweichend von Abs. 1 2 Jahre, wenn der Auftraggeber sich dafür entschieden hat, dem Auftragnehmer die Wartung für die Dauer der Verjährungsfrist nicht zu übertragen.
(3) Die Frist beginnt mit der Abnahme der gesamten Leistung; nur für in sich abgeschlossene Teile der Leistung beginnt sie mit der Teilabnahme (§ 12 Nr. 2).
5. (1) Der Auftragnehmer ist verpflichtet, alle während der Verjährungsfrist hervortretenden Mängel, die auf vertragswidrige Leistung zurückzuführen sind, auf seine Kosten zu beseitigen, wenn es der Auftraggeber vor Ablauf der Frist schriftlich verlangt. Der Anspruch auf Beseitigung der gerügten Mängel verjährt in 2 Jahren, gerechnet vom Zugang des schriftlichen Verlangens an, jedoch nicht vor Ablauf der Regelfristen nach Nummer 4 oder der an ihrer Stelle vereinbarten Frist. Nach Abnahme der Mängelbeseitigungsleistung beginnt für diese Leistung eine Verjährungsfrist von 2 Jahren neu, die jedoch nicht vor Ablauf der Regelfristen nach Nummer 4 oder der an ihrer Stelle vereinbarten Frist endet.
(2) Kommt der Auftragnehmer der Aufforderung zur Mängelbeseitigung in einer vom Auftraggeber gesetzten angemessenen Frist nicht nach, so kann der Auftraggeber die Mängel auf Kosten des Auftragnehmers beseitigen lassen.
6. Ist die Beseitigung des Mangels für den Auftraggeber unzumutbar oder ist sie unmöglich oder würde sie einen unverhältnismäßig hohen Aufwand erfordern und wird sie deshalb vom Auftragnehmer verweigert, so kann der Auftraggeber durch Erklärung gegenüber dem Auftragnehmer die Vergütung mindern (§ 638 BGB).
7. (1) Der Auftragnehmer haftet bei schuldhaft verursachten Mängeln für Schäden aus der Verletzung des Lebens, des Körpers oder der Gesundheit.
(2) Bei vorsätzlich oder grob fahrlässig verursachten Mängeln haftet er für alle Schäden.
(3) Im Übrigen ist dem Auftraggeber der Schaden an der baulichen Anlage zu ersetzen, zu deren Herstellung, Instandhaltung oder Änderung die Leistung dient, wenn ein wesentlicher Mangel vorliegt, der die Gebrauchsfähigkeit erheblich beeinträchtigt und auf ein Verschulden des Auftragnehmers zurückzuführen ist. Einen darüber hinausgehenden Schaden hat der Auftragnehmer nur dann zu ersetzen,
a) wenn der Mangel auf einem Verstoß gegen die anerkannten Regeln der Technik beruht,
b) wenn der Mangel in dem Fehlen einer vertraglich vereinbarten Beschaffenheit besteht oder
c) soweit der Auftragnehmer den Schaden durch Versicherung seiner gesetzlichen Haftpflicht gedeckt hat oder durch eine solche zu tarifmäßigen, nicht auf außergewöhnliche Verhältnisse abgestellten Prämien und Prämienzuschlägen bei einem im Inland zum Geschäftsbetrieb zugelassenen Versicherer hätte decken können.
(4) Abweichend von Nummer 4 gelten die gesetzlichen Verjährungsfristen, soweit sich der Auftragnehmer nach Absatz 3 durch Versicherung geschützt hat oder hätte schützen können oder soweit ein besonderer Versicherungsschutz vereinbart ist.
(5) Eine Einschränkung oder Erweiterung der Haftung kann in begründeten Sonderfällen vereinbart werden.

2 Ursachen der Schäden an Sichtflächen

Das Ergründen und Erfassen von Schadensursachen, besonders an den Sichtflächen durch den Auftraggeber oder durch seinen Bevollmächtigten, ggf. durch einen Sachverständigen oder den Auftragnehmer selbst hat folgende Ziele:

- Einschätzung der Auswirkung des Schadens auf die Funktionsfähigkeit, evtl. sogar auf die Standsicherheit des betroffenen Bauteils oder Objekts
- Festlegen von Maßnahmen zur Beseitigung des Schadens
- Feststellen des Verursachers zur Klärung der Mängelansprüche.

Dies ist für Sichtflächenschäden oft nicht leicht, weil die Ursache von Schäden manchmal nicht beim Auftragnehmer, der die Herstellung oder Gestaltung der Sichtflächen verantwortet, zu finden ist, sondern sich in allen Vorleistungen von der Planung über die Materiallieferung bis hin zum Rohbau usw. finden kann.

Die Ursachen von Sichtflächenschäden können entweder objektiv oder wenn der Verursacher ermittelt wird, unter subjektivem Aspekt eingeschätzt werden. Für die Vermeidung von Schäden sind beide Richtungen der Einschätzung wichtig. Letzteres ist vor allem für die vertragsrechtliche Schadensbeurteilung vonnöten.

2.1 Übersicht über die Ursachen

Die Ursachen für Schäden an Bauwerkssichtflächen und die daraus resultierenden Funktionsverluste können wie folgt zusammengefasst werden:

Bild 2.1 Korrekt und fachgerecht ausgeführte Bauarbeiten werden besonders augenfällig, wenn sie wie hier in Apolda im Kontrast zu nicht sanierten Fassaden stehen.

2.1 Übersicht über die Ursachen

Tab. 2.1 Fehlerhafte Bauleistungen als Ursache von Oberflächenschäden

Bauphase	Fehler
Planung	
	Konstruktion und Beanspruchung ■ Nicht funktionsgerecht, z. B. baustatische Belastungen oder bauphysikalische Anforderungen nicht berücksichtigt. ■ Nicht konstruktionsgerecht, z. B. Formänderung durch Dehnung, Quellung und Spannung nicht beachtet; ■ Standortbeanspruchung, z. B. Erschütterung, Luftimmission oder hohe Luftfeuchte übersehen; ■ Nutzungsbeanspruchung, z. B. durch Abrieb, Wasser und Reinigungsmittel falsch eingeschätzt; ■ Bautenschutz-, korrosionsschutz- und instandhaltungswidrige Konstruktion
	Bau- und Werkstoffeinsatz ■ Bau- und Werkstoff nicht funktions- und beanspruchungsgerecht ausgewählt ■ Mischungsverhältnis falsch, z. B. zu hoher oder zu geringer Bindemittelanteil; ■ Mischung aus chemisch unverträglichen Stoffen, z. B. Zement-Anhydrit-binder-Mischung; ■ Mischung, die sich z. B. durch Sedimentation schnell entmischt
Organisatorische und technische Vorbereitung	
Vorleistungen	■ Durch andere Gewerke nicht qualitäts- oder termingerecht, z. B. Untergründe herstellen oder trocken legen
Vorbereitung der Arbeitskräfte und -stätte	■ Einweisung ggf. Anleitung der Arbeitskräfte nicht den Verdingungsunterlagen entsprechend durchgeführt
Ausführungszeit	■ Ungünstig festgelegt, z. B. in Bezug auf Jahreszeit oder Bauablauf
Werkstoffbereitstellung	■ Nicht termin- oder qualitätsgerecht; falsche oder zulange Lagerung
Ausführung	
Leistungsvertrag	■ Nicht gerechtfertigte Abweichung von vertraglich festgelegten Leistungen, z. B. im Werkstoffeinsatz oder im Aufbau von Putz- und Anstrichsystemen
Qualität der Ausführung	■ Ausführung nicht fachgerecht, z. B. im Werkzeug- und Maschineneinsatz oder unzureichende Untergrundvorbereitung
Ausführungsbedingungen	■ Witterungslage u. a. Bedingungen, die einen ungünstigen Einfluss auf die Herausbildung der Qualität der Bauleistung haben

Planungsfehler
Ihre Auswirkung auf die Bauleistungen wurde bereits im Abschnitt „1.3 Verluste durch Mängel und Schäden" beschrieben und mit Hilfe von Bildern veranschaulicht. Weitere Beispiele von Planungsfehlern enthält die **Tabelle 2.1**.

Fehlerhafte praktische Bauleistungen
Sie können bereits in der Phase der Produktion und des Angebots von Bau- und Werkstoffen und Bauteilen liegen, sind jedoch hauptsächlich in den Abschnitten der organisatorischen und technischen Vorbereitung und Bauausführung zu finden. Einen Überblick gibt Tabelle 2.1.

Vernachlässigung der Instandhaltung
Jedes Bauwerk muss entsprechend der Bauweise sowie der Beanspruchung durch Standort- und Nutzungseinflüsse kontinuierlich instand gehalten werden. Vernachlässigung führt meistens zuerst an Sichtflächen zu Schäden. Anhaltende Unterlassung der Pflege- und Instandhaltungsarbeiten kann mit dem völligen Verfall der Gebäude enden.

Standorteinflüsse und Nutzungsbeanspruchung
Beides muss sowohl in der Planung und Ausführung als auch in Pflege und Instandhaltung der

Bauwerke berücksichtigt werden. Doch es sind objektiv wirkende Faktoren, die nur in begrenztem Maße beeinflusst werden können. Die Standorteinflüsse und die Nutzungsbeanspruchung führen allgemein zu den sogenannten Alterungsschäden, die wiederum zuerst an den Sichtflächen zu Tage treten.

2.2 Schäden durch fehlerhafte Bauleistungen

Fehlerhafte Bauleistungen führen zu Mängeln an den Bauerzeugnissen, die meist die Entstehung von Schäden zur Folge haben. Die Mängel und erst recht die Schäden beeinträchtigen die Gebrauchsfähigkeit und häufig auch die Lebensdauer bzw. Standzeit der Erzeugnisse **(Bild 2.1)**.

Mängel an neu erstellten Bauten können oft schon bei ihrer Abnahme durch den Auftraggeber, mitunter sogar schon im Zeitraum ihrer Herstellung visuell oder durch einfaches mechanisches Prüfen wie Messen, Reiben, Klopfen usw. wahrgenommen werden. Vom Ausmaß und von der

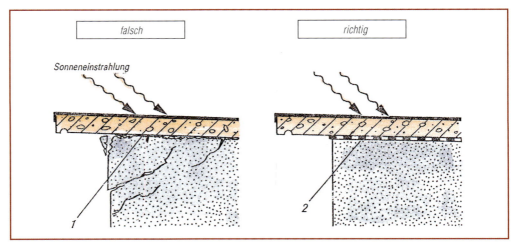

Bild 2.2 Rissbildung im Auflagerbereich, die darauf zurückzuführen ist, dass die Schwerbeton-Dachplatten größeren Temperaturschwankungen und einer stärkeren Wärmeausdehnung ausgesetzt sind als die Wände. Ein unebenes Auflager (1) verstärkt den Schaden, der durch ein gleitfähiges Auflager (2) verhindert werden kann.

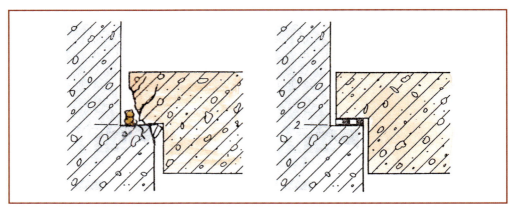

Bild 2.3 Auf fehlerhafte Konstruktion zurückzuführender Auflagerschaden (1), der durch Maßgenauigkeit bzw. Gleitfähigkeit der Auflagerflächen (2) verhindert wird.

2.2 Schäden durch fehlerhafte Bauleistung

Schäden am Verbund in Beschichtungssystemen und an Klebeverbindungen

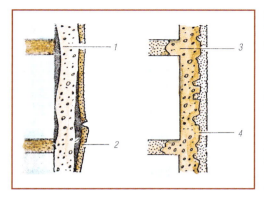

Bild 2.4 Ungenügender Verbund zwischen Mauerwerk und Unterputz (1) sowie zwischen den zwei Putzlagen (2) und hohe Festigkeitsunterschiede zwischen Putzgrund und Putz führen zum Ablösen des Putzes und zur Hohlraumbildung. Beides kann durch guten mechanischen Verbund (3.4) und durch Übereinstimmung des Mauerwerks und Putzes in der Festigkeit verhindert werden.

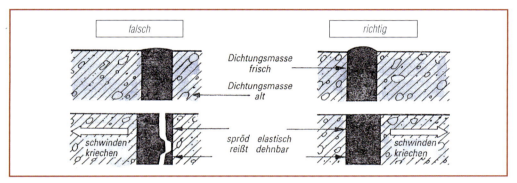

Bild 2.5 Für großflächige Bauteile und für Baustoffe, die stärkeren Formveränderungen unterliegen, müssen bei Klebverbindungen oder zum Abdichten von Fugen dauerhaft elastische, evtl. faserstoffhaltige Klebstoffe oder Dichtungsstoffe verwendet werden.

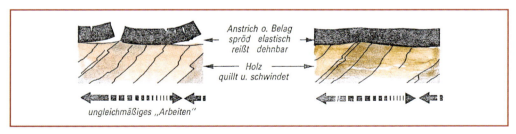

Bild 2.6 Anstriche und Beläge auf formunbeständigen Untergründen, z. B. Holz, bei dem die Frühholz- und Spätholzzonen noch ungleichmäßig stark „arbeiten", müssen dauerhaft elastisch und haftfest sein.

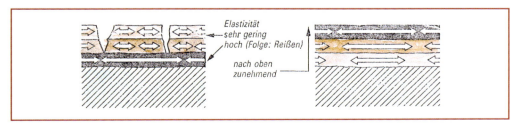

Bild 2.7 Im Anstrichsystem darf es zwischen den einzelnen Anstrichen keine hohen Elastizitäts- und Spannungsunterschiede geben, da sonst der sprödere Zwischen- und Schlussanstrich auf dem elastischen Grundanstrich reißt. Allgemein soll die Elastizität von unten nach oben etwas zunehmen.

Tab. 2.2 *Chemische Reaktionen und ihre arbeitstechnische Wirkung*

Vorteilhafte chemische Reaktionen

- Kalkhydrat von frischem Kalkmörtelputz bildet gemeinsam mit dem Kalkhydrat von kalkgebundenen Anstrichen und Malereien wasserunlösliches Calciumcarbonat – dadurch entsteht ein witterungsbeständiger Verbund zwischen Putz, Anstrich und Malerei.

- Kalkhydrat im Kalkmörtel reagiert an der Oberfläche von latent hydraulisch wirksamen Zuschlägen oder Füllstoffen, z. B. Ziegel-, Trass-, Schlacken- und Quarzgranulat und -mehl (auch an Ziegeloberflächen) unter Bildung von Calciumsilicat und anderen Silicaten. Diese erhöhen die Festigkeit und Beständigkeit des festen Mörtels gegen Feuchtigkeit und Witterung.

- Kalkhydrat im frischen Kalkmörtel oder Kalkanstrich bildet mit einem geringen Zusatz (bis 5 Vol.-%) von Leinöl oder Schmierseife Kalkseife, die dichtend wirkt und die Witterungsbeständigkeit erhöht (Schmierseife nicht für farbige Putze und Anstriche, weil sie evtl. zu Natriumhydroxid-Ablagerung führt.)

- Auf frischem Kalkmörtelputz bildet eine Alaunlösung ein dichtendes Aluminiumhydroxidgel.

- Kalkhydrat und Calciumcarbonat von Putzen und Betonen reagieren mit Fluat, z. B. Zinkfluat, $ZnSiF_6$ unter Bildung von wasserunlöslichem Calcium- und Zinkfluorid und Siliciumdioxid, die zur Erhöhung der Oberflächenfestigkeit und -beständigkeit beitragen.

- Zement von frischem Beton und Zementmörtelputz reagiert mit Zement- und Kalkschlämme unter Bildung von wasserunlöslichen Calciumsilicat und -carbonat – auch hier witterungsbeständige chemische Bindung.

- Kaliumwasserglas von Silicatfarbenanstrichen bildet mit dem Luft-CO_2 und Kalkhydrat, $Ca(OH)_2$ von noch alkalisch reagierenden Kalk- und Zementmörtelputz und Beton neben Kieselgel, $SiO_2 \cdot H_2O$ auch Calciumsilicathydrat, $CaSiO_3$ unter Ausscheidung von K_2CO_3 – dadurch entsteht ein witterungsbeständiger chemischer Verbund.

- Kaliumwasserglas von Silicatfarbenanstrichen bildet mit Quarzsand und anderen quarzhaltigen Putz- und Betonzuschlägen Kieselgelbrücken und mit Kieselsäure reaktionsfähigen mineralischen Füllstoffen und Pigmenten wasserunlösliche Silicate. Daraus ergibt sich die sehr gute Beständigkeit der Anstriche gegen Witterung und saure Luftimmissionsstoffe.

- Caseinbindemittel sowie Knochen-, Haut- und andere aus Eiweißverbindungen bestehende Glutinleime und -klebstoffe von Anstrichen, Malereien und Klebverbindungen reagieren mit wässriger Alaunlösung (10 %-ig) und verdünntem Formalin und werden dadurch wasserunlöslich ausgehärtet. Entweder übersprüht man die Anstriche usw. damit oder die Lösung wird in geringer Menge den Leimfarben zugesetzt (sofort verarbeiten).

- Phosphorsäure und Phosphatierungsmittel bilden auf Eisen und Stahl ein haftfestes, schwer lösliches sekundäres und tertiäres Eisenphosphat, das vorübergehend vor Korrosion schützt und einen guten, passiven Haftgrund für nachfolgende Anstriche bildet.

- Zinkstaubhaltige, poröse Anstriche bilden unter Feuchtigkeitseinfluss auf Eisen und Stahl ein vor Korrosion schützendes galvanisches Element.

- Mit Bleimennige und Chromaten pigmentierte Anstriche binden auf Eisen und Stahl vorhandene saure Stoffe (sie passivieren die Oberfläche), die andernfalls Elektrolyte für Korrosionsvorgänge bilden würden.

- Bleisalzhaltige Pigmente, z. B. Bleiweiß, bleioxidhaltige Pigmente, z. B. Bleimennige, Chromate, z. B. Chromgelb und Zinkoxid bilden mit Fettsäuren öliger Bindemittel oder Weichmacher Metallseifen. Dadurch werden die Trocknung beschleunigt, die Wasserquellbarkeit vermindert und die Witterungs- und Alterungsbeständigkeit der Anstriche erhöht.

Nachteilige chemische Reaktionen

- Zement und Sulfat-Baustoffe, z. B. Gips, Anhydrit auch als Leichtspat-Füllstoff oder eventuelle Bestandteile von Erdpigmenten, dürfen nicht als Mischung verarbeitet werden und sollen auch nicht in Form von Bauteilen in Berührung stehen, weil sich bei Zutritt von Feuchtigkeit Calciumaluminiumsulfat (Ettringit, früher als „Zementbazillus" bezeichnet) bilden kann, das durch Kristallisationsdruck den Beton, Putz u. a. zerstört.

- Säuren und Bauteile mit Kalkbindemittel dürfen nicht anhaltend in Kontakt stehen, weil der Kalk z. B. mit Schwefelsäure treibendes Calciumsulfathydrat, Salzsäure wasserlösliches Calciumchlorid und Salpetersäure wasserlösliches Calciumnitrat (Mauersalpeter) bildet.

2.2 Schäden durch fehlerhafte Bauleistung

Tab. 2.2 Fortsetzung

Nachteilige chemische Reaktionen
■ Wasserglas von Silicatfarben und Sulfate, z. B. in Form von Gips, Anhydrit, Leichtspat-Füllstoff, als Bestandteil von Erdpigment oder als Ausblühungen auf Mauerwerk, Putz u. a., reagieren unter Ausscheidung von Kieselgel – Zerstörung des Anstrichs ist die Folge.
■ Naturharz-, alkydharz- und ölgebundene Anstriche und Malereien dürfen nicht mit alkalisch reagierenden Baustoffen, z. B. Kalkhydrat in Putz und Beton oder Reste alkalischer Abbeizmittel, in Kontakt stehen, weil die Bindemittel verseift und zerstört würden.
■ Zinkoxid (Zinkweiß) und Fettsäuren öliger Bindemittel und Harzsäuren von Naturharzlösungen bilden Zinkseifen, durch die, z. B. zinkweißhaltige Lackfarben eindicken und auch schlecht verlaufen können.
■ Blei- und kupferhaltige Pigmente bilden mit Schwefel, der sich als technische Verunreinigung in Pigmenten aus Schwefelverbindungen, z. B. Cadmium- und Ultramarinpigmente, befinden kann, schwarzes Blei- bzw. Kupfersulfid – d. h. Mischungen derartiger Pigmente vermeiden.
■ Auch aus dem im Bild 3.11 dargestellten Prüfungsergebnis der Unbeständigkeit einiger Farbpigmente können Schlussfolgerungen für die Vermeidung des Kontaktes dieser Pigmente mit chemischen Agenzien abgeleitet werden.

Auswirkung eines zuerst an der Sicht- bzw. Oberfläche festgestellten Mangels kann die Qualität und Gebrauchsfähigkeit der Oberfläche allein oder der Baukörper in seiner statischen Funktion betroffen sein.

2.2.1 Schäden an Füge- und Auflagerflächen

Kontaktflächen zwischen verschiedenen Werkstoffen an Auflagern und bei Fügeverbindungen bilden besondere Schadensschwerpunkte. Unterschiedliche Eigenschaften der verschiedenen, an den Füge- und Auflagerflächen im Kontakt stehenden Werkstoffe, z. B. in der Wärmeausdehnung, Druckfestigkeit, Elastizität, im Diffusionsvermögen und in der chemischen Fügeverträglichkeit, können Rissbildungen, Absprengungen und andere schwere Schäden verursachen. Dass dies wiederum häufig zuerst an der Oberfläche zu erkennbaren Schäden bis hin zur Aufhebung der Funktionsfähigkeit bzw. Standsicherheit der davon betroffenen Bauwerksteile führen kann, wird anhand der **Bilder 2.2 und 2.3** gezeigt.

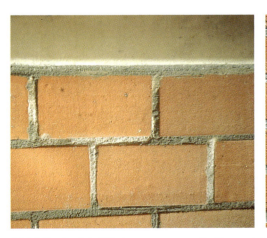 

Bild 2.8 Auch bei Verfugungen muss die Fügeverträglichkeit zwischen Ziegel oder Stein und Fugenmaterial beachtet werden.
1 ungeeigneter Mörtel und dazu noch zu flach eingefugt; 2 geeigneter Mörtel, der sich physikalisch den Klinkern angleicht und ausreichend tief in die Fugen eingebracht und hydrophobiert ist

Bild 2.9 Fügekontakt jeweils zwischen zwei verschiedenen Stoffen, der vermieden werden muss

Tab. 2.3 Schäden an Fachwerkhäusern und ihre Vermeidung bzw. Beseitigung

Schaden	Vermeidung, Beseitigung
Fachwerkholz (Teile)	
Fäulnis, meistens an der auf dem Steinfundament aufliegenden Schwelle und an Riegeln	■ Keine Dichtung unter der Schwelle, weil diese zum Feuchtigkeitsstau im Schwellenholz führen kann, aber gut imprägniert und belüftet einbauen. Zerstörte Holzteile entfernen und mit gleichartigem, imprägnierten, evtl. gealtertem Holz ersetzen.
Reißen, meistens der Pfosten und Riegel	■ Nur breite Risse, in denen sich Wasser stauen kann, bei Trockenheit mit keilförmigen Leisten aus gleichartigem Holz ausfüllen (leimen und hineintreiben) oder mit Casein-Holzkitt (70 % Magerquark, 20 % Kalkhydrat, 10 % Leinöl, Holzsägespäne und Holzmehl) ausfüllen. Danach evtl. Holzschutzmittel-Imprägnierung
Befall durch tierische Holzschädlinge. Vermorschung der Holzaußenflächen	■ Unverzüglich bekämpfen; beim Befall einzelner Hölzer z. B. durch Bohrlochimpfung Oberfläche durch scharfes Abbürsten, Schleifen usw. reinigen; dann bei trocken-warmer Witterung imprägnieren, z. B. mit Leinölfirnis-Halböl, stark verdünntem Öl-Alkydharzlack, Holzschutzlasur.
Ausfachungen	
Lockere und an den Rändern undichte Ziegelausfachungen	■ Ziegelmauerwerk fest einbinden, z. B. durch Befestigung von imprägnierten Dreikantleisten in der Mitte der Innenseiten der Fachwerkbalken. Herausnehmen, Dreikantleisten befestigen, neu ausmauern, evtl. mit Leichttonmörtel ausfachen (Bild 2.12)
Lockere, nicht mehr fest eingefügte Holz-Lehm-Ausstakung	■ Fachgerecht einfügen. Lockere Ausstakung herausnehmen und entsprechend der alten Form neu einfügen. Weiteres siehe unter 5.5 „Schäden an Lehmbauteilen".
Putzausbrüche an den Rändern, Reißen und Absprengungen	■ Putz auf Ausfachungen nicht zu dickschichtig ausführen. Fachwerkholz vor dem Verputzen anfeuchten; beim Schwinden bildet sich dann eine feine Fuge zwischen Holz und Putzkante; evtl. auch Kellenschnitt (Bild 2.10).

2.2 Schäden durch fehlerhafte Bauleistung

Auch Schäden an Dichtungen von Bauwerksfugen, Verblendungen, Belägen, Bewürfen und Anstrichen sind häufig auf eine fehlerhafte Bemessung der Wechselwirkung von Eigenschaften der dabei in Berührung stehenden verschiedenen Werkstoffe zurückzuführen. Meistens sind es größere Differenzen in der Festigkeit, Wärmeausdehnung, Quellung und im Diffusionsvermögen zwischen dem Baukörper und dem Verfugungs-, Verblendungs- und Beschichtungsmaterial, durch die die Fügeteile durch Aufhebung ihrer Anhaftung und ihres Verbundes getrennt werden. Bei mehrschichtigen Putzen, Belägen und Anstrichen kann es zwischen den einzelnen Schichten zu starken Spannungsdifferenzen kommen, die Rissbildung, Absprengung oder Abblättern verursachen, wenn die einzelnen Schichten in ihren physikalischen Eigenschaften nicht aufeinander abgestimmt werden. Beispiele zeigen die **Bilder 2.4 bis 2.7.**

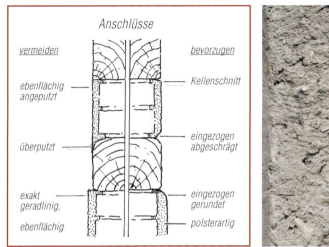

Bild 2.10 *Bild 2.11*

Bild 2.10 Zu vermeidende und zu bevorzugende Anschlüsse zwischen Holz und Putz im Fachwerkbau.

Bild 2.11 Lehm mit Strohbewehrung, die gleichzeitig das Träger- und Verbundmaterial für den dünnschichtigen Kalk-Lehmmörtelputz mit Kalkcaseinfarben-Anstrich bildet

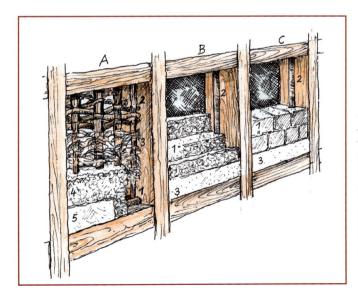

Bild 2.12 Beispiele für Ausfachungen im Fachwerkbau
A: Ausstakung; 1 Holzstaken in Leisten eingeschoben, 2 Holz- z. B. Weidenruten eingeflochten oder 3 mit Stroh, Schilf umwickelt, 4 Lehm-Stroh-Füllung, 5 dünne Lehm-Kalk-Putzschicht
B: 1 Lehm-Stroh-Füllung in 2 – 3 Lagen (oder Leichttonmörtel), 2 Dreikantleiste, 3 dünne Lehm-Kalk- oder Kalkmörtel-Putzschicht
C: 1 Ausgemauert mit Lehm- oder Tonziegeln oder Naturstein, 2 Dreikantleiste, 3 Putz

Den Schadensursachen ist durch Beachten der Werkstoffeigenschaften der Fügeteile zu begegnen. Dabei sind Vorgänge, z. B. Verbesserung der Haftfestigkeit von Putzmörteln, Kleb- und Anstrichstoffen durch Kapillarwirkung, Adsorption oder durch chemische Reaktionen im Grenzflächenbereich, zum Vorteil der Widerstandsfähigkeit und Lebensdauer zu nutzen **(Bild 2.8)**.
In der **Tabelle 2.2** werden derartige vorteilhafte chemische Reaktionen aufgezeigt.

Im **Bild 2.9** ist der Fügekontakt von Materialien dargestellt, der zu Schäden an den Füge- oder Auflagerflächen führen kann und deshalb vermieden werden muss.

Beim Zusammenfügen von Baustoffen durch Klebeverbindungen, die z. B. durch Quellung, Wärmedehnung und auch durch Schwingung und Erschütterung in leichten Konstruktionen forminstabil sind, sind dauerelastische, ggf. faserbewehrte Kleb- und Dichtungsstoffe und Kitte einzusetzen (Bild 2.5). Das Problem dauerhafter Fügeverbindungen ist auch im Fachwerkbau und in der herkömmlichen Lehmbauweise besonders akut. Im Fachwerkbau sind es vor allem die Anschlüsse zwischen den forminstabilen Holzbalken und den meist formbeständigen Baustoffen der Ausfachung, z.B. Lehm, Ziegelmauerwerk, Leichttonmörtel und Putz, die sowohl im Neubau als auch in der Instandsetzung eine sorgfältige, fachgerechte Vorbereitung und Ausführung erfordern **(Bilder 2.10 bis 2.12)**.
In **Tabelle 2.3** sind häufiger an den Fügeverbindungen von Fachwerkhäusern vorkommende Schäden und Wege zu ihrer Vermeidung aufgeführt.

2.2.2 Schäden durch Wasserstau

Diese Schäden sind meist auf die nachfolgend genannten Planungsfehler und Konstruktionsmängel sowie auf unzureichende Instandhaltung zurückzuführen:

■ Horizontal oder mit zu geringem Neigungswinkel angeordnete sowie falsch profilierte Gesimse, Abdeckungen und Deckleisten, die herablaufendes Regen- und Schneeschmelzwasser

Tab. 2.4 Bauschäden durch Eindringen von Feuchtigkeit mit darin gelösten Schadstoffen

Schadensart	Folgen
Schäden durch die Feuchtigkeit	■ Herauslösen von Bindemittel aus der Oberfläche (Erosion) ■ Quellen von Baustoffen, Gefügelockerung, Risse usw. durch Quellungsdruck ■ Frostschäden, z. B. Baustoffabsprengung ■ Verfärbung, z. B. infolge Durchfeuchtung, Staubeinschwemmung, Ausblühung, photochemische Vorgänge ■ Herabsetzung des Wärmedurchlasswiderstandes; Verlust an Wärmedämmung
Schäden durch die eingeführten Schadstoffe (Säuren, Salze) oder im Baustoff vorhandene aktivierte Schadstoffe	■ Gefügezerstörung durch Kristallisations- und Hydrationsdruck ■ Gefügezerstörung durch Frost-Tausalzschäden ■ Korrosionsschäden an kalk- und zementgebundenen Baustoffen und Metallen ■ Durchfeuchtung infolge hygroskopischer Feuchtigkeitsaufnahme ■ Ausblühungen
Schäden durch chemische Reaktion der Schadstoffe mit Baustoffen	■ Bindemittelumwandlung, hauptsächlich Kalk, in wasserlösliche, ggf. treibende Verbindungen, z. B. Kalksalpeter, Calciumsulfat, Ettringit ■ Verfärbung durch Bildung von wasserlöslichen, färbenden Salzen, z. B. Eisenchlorid, ph-Wert-Veränderung, z. B. durch Carbonatisierung von Stahlbeton wird die alkalische Schutzfunktion des Betons aufgehoben
Schäden durch Organismen, die sich in oder auf Baustoffen ansiedeln	■ Moose, Algen, Flechten, Pilze etc. halten Baustoffe feucht und bewirken Feuchtigkeitsschäden ■ Sprengwirkung von Wurzeln usw. ■ Bestimmte Mikroorganismen, z. B. Thio- oder Nitrobakterien wandeln Stickstoff und Schwefelverbindungen in Salpeter- oder Schwefelsäure um ■ Pilz- und Fäulnisschäden an organischen Baustoffen

2.2 Schäden durch fehlerhafte Bauleistung

Schäden durch Wasserstau

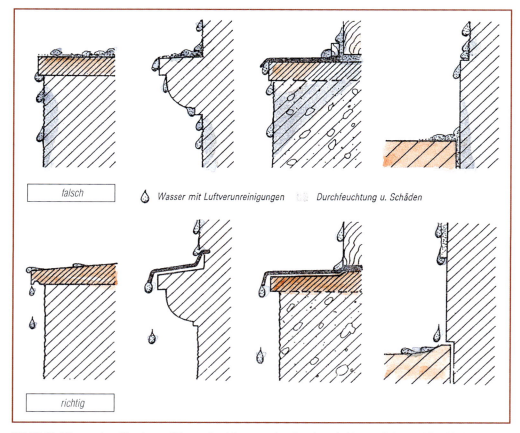

Bild 2.13 Wasserstau, Staub- und Flugascheablagerung begünstigende Konstruktion und ihre Verbesserung

Bild 2.14 **Bild 2.15**

Bild 2.14 Strukturbetonplatte, an der sich kein Wasser stauen und kein Staub ablagern kann - eine Forderung für Sichtbeton

Bild 2.15 Bereits eine Hydrophobierung verhindert die Wasseraufnahme und Staubeinschwemmung

einschließlich darin gelöster Luftverunreinigungen stauen – Ursache für Durchfeuchtungen, Frostabsprengungen und Ausblühungen **(Bilder 2.13 bis 2.15)**.

■ Anwendung von unzureichend wasserabweisenden Baustoffen, Putzen und Anstrichen für stark durch Spritzwasser beanspruchte Bauteile, z. B. im Bereich von Außensockeln und Dachanschlüssen. Das bei häufiger Spritzwasserbeanspruchung in die betroffenen Bauteile eindringende Wasser kann zu anhaltender Durchfeuchtung, Zermürbung, Frostabsprengungen und anderen schweren Schäden führen. **Tabelle 2.4** gibt einen Überblick über Bauschäden, die auf Feuchtigkeit und darin gelöste Schadstoffe zurückzuführen sind **(Bilder 2.16 bis 2.17)**.

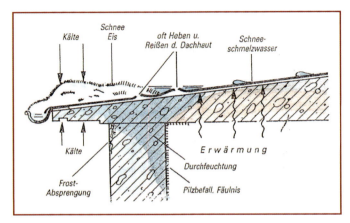

Bild 2.16 Auswirkung der fehlenden Wärmedämmung an Flachdächern

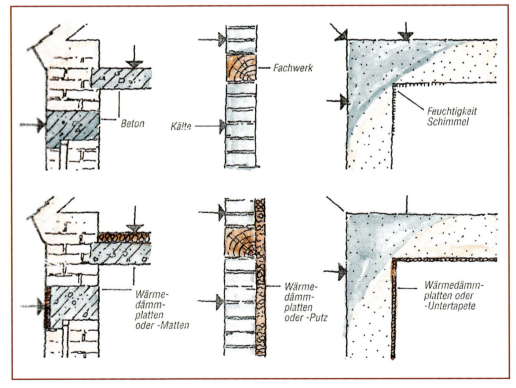

Bild 2.17 Beispiele für die Folgen der Konstruktion von Bauwerksteilen aus Baustoffen mit stark unterschiedlichem Wärmedurchlasswiderstand und Überwindung der Mängel

2.2 Schäden durch fehlerhafte Bauleistung

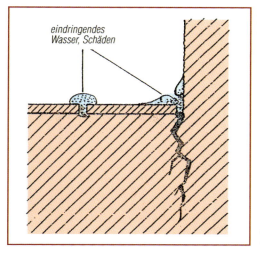

Bild 2.18 Fehlende Bewegungsfuge, Riss und offene Fuge werden zur Ursache von Schäden

Risse in Wänden und Abdeckungen, Anschlüsse **(Bild 2.18)** und offene Fugen begünstigen das Eindringen von Wasser und Immissionsstoffen und die Ablagerung von Staub und können zur Ursache schwerer Bauschäden werden (vgl. Bild 2.8/1 und 2).

Unzureichende oder ungleichmäßige Wasserdampfdurchlässigkeit von Baustoffen der Decken und Wände sowie von Verblendungen, Putzen und Anstrichen kann zur Bildung von Kondenswasser im Bauteil selbst oder auf seiner Oberfläche führen. Da hauptsächlich im Winter in warmen Räumen die Luft eine höhere relative Luftfeuchtigkeit aufweist als die kalte Außenluft gilt allgemein für Gebäude mit technisch nicht klimatisierten Räumen die Regel, dass die Wasserdampfdurchlässigkeit im Außenwandprofil nach außen zunehmen muss. Vor allem an der Außenseite vorhandene Verblendungen, Putze oder Anstriche mit hohem Diffusionswiderstand wirken als Dampfbremse. Die Folge sind Wasserdampfkonzentration und im Bereich des Taupunktes Kondenswasserbildung, aus der sich vielfältige Schäden und eine hohe Verringerung des Wärmedurchlasswiderstandes der Wände ergeben. Zu diesem vielseitigen bauphysikalischen Problem zeigt das Bilder 2.17 einige Beispiele.

2.2.3 Schäden durch unzureichende Feuchtigkeitsdichtung

Eine wesentliche Voraussetzung für die Funktionstüchtigkeit der Gebäude ist ihre Dichtung gegen Feuchtigkeit aus dem Baugrund und über der Geländelinie gegen Spritzwasser.
Im **Bild 2.19** ist die Beanspruchung von Altbauwänden, die keine oder aber durch Alterung zerstörte Feuchtigkeitsdichtungen haben, durch die verschiedenen Arten der Feuchtigkeit dargestellt.
Es geht daraus hervor, dass die größte zerstörende Wirkung von dem aus dem Baugrund in die Wände eindringenden Wasser ausgeht, zumal mit der Bodenfeuchtigkeit die darin gelösten, aus dem Baugrund stammenden Salze in die porösen Baustoffe nichtgedichteter Wände eingebracht werden.

Die in der Praxis noch häufig vorkommenden Schäden, die von Fehlern oder Unzulänglichkeiten in der Dichtung von Wänden und anderen Bauteilen gegen eindringende Feuchtigkeit ausgehen, sind fast ausschließlich auf folgende vier Mängel zurückzuführen:

■ **Fehlen notwendiger Dichtungen**
gegen Bodenfeuchtigkeit, Grund-, Hang-, Sicker-, Spritz- und Abwasser, ein Baumangel, der noch in vielen alten Gebäuden oder an neueren Häusern infolge grober Planungsfehler vorkommt.

Schäden durch fehlerhafte Feuchtigkeitsdichtung

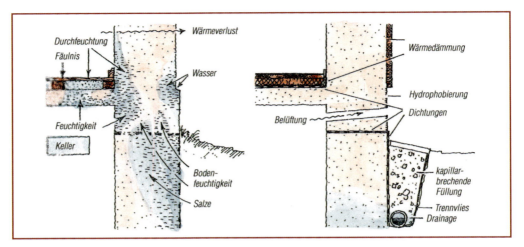

Bild 2.19 An Altbauten häufig vorkommende Mängel in der Feuchtigkeitsdichtung sowie Wärmedämmung und deren Überwindung

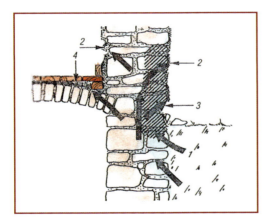

Bild 2.20 Folgen der fehlenden Dichtungen in alten Gebäuden:
1 Eindringen von Bodenfeuchtigkeit, die gelöste Salze, ggf. sogar Nitrate mitführt, die unter Mitwirkung von Bakterien den Kalk des Mörtels oder der Steine in Kalksalpeter umsetzen;
2 Ablagerung von Kalksalpeter oder anderen Salzen;
3 Absprengung durch Frost;
4 Fäulnis und Schwammbefall; durch Verblenden der schadhaften Wand (rechts) steigt das Wasser noch höher

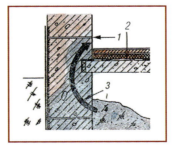
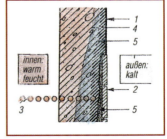

Bild 2.21   **Bild 2.22**   **Bild 2.23**

Bild 2.21 Die Wirksamkeit der zur Geländehöhe (1) richtig ausgeführten Dichtung wird durch die Erdanschüttung eines Steingartens (2) aufgehoben; die Feuchtigkeit dringt über der Dichtung ein (3)

Bild 2.22 Würden sich die obere horizontale Dichtung (1) und der Fußboden (2) auf gleicher Höhe befinden, dann könnte die aus dem unzulässig hoch angeschütteten Bauschutt in der Mauer eintretende Feuchtigkeit (3) noch unter dem Fußboden aufgehalten werden

Bild 2.23 Undurchlässige Anstriche (1) und Sockelverblendungen (2) auf der Außenseite wirken meist als Dampfbremse (3), die zur Durchfeuchtung der Wand (4) und zu Frostschäden (5) führen kann

2.2 Schäden durch fehlerhafte Bauleistung

Tab. 2.5 Verfahren der nachträglichen Dichtung von Mauerwerk gegen Bodenfeuchtigkeit[1]

Verfahren	Besondere Vorteile	Mögliche Nachteile
Mauertrennung mit Dichtungsbahn	Sichere Wirkung, bei geradlinigen lehm- oder kalkmörtelgefüllten Fugen geringer Aufwand	Bei Zementbindung oder ungleichmäßigem Fugenverlauf schwierig oder nicht anwendbar
Unterfangung, ein- bis zweischichtig	Bei Dichtungsbahn in zwei Schichten besonders sicher	Bei Ausführung in zu großen Abschnitten Mauerwerkssetzung möglich
Mauertrennung mit Riffelblech	Sichere Wirkung	Hoher technischer Aufwand, nur bei geradlinigen, „weichen" Fugen möglich
Injektage, mit Druck und drucklos	Schonung des Mauerwerks	Sichere Wirkung nur bei geeignetem, homogenen, porigen Mauerwerk und fachgerechter Vorbereitung und Ausführung
Elektrokinetisches Verfahren	Auch bei inhomogener Struktur des Mauerwerks anwendbar; Schonung	Sichere Wirkung nur bei fachgerechter Vorbereitung, Ausführung sowie Wartung und Sicherung der Anlage
Dränage, einschließlich Vertikaldichtung	Unabhängig von Mauerwerksdicke und -struktur anwendbar, begrenzte Wirkung	Bei hohem Grundwasserstand nur sehr begrenzte Wirkung. Anwendung evtl. im Zusammenhang mit einem der o.g. Verfahren

1 Bei nachträglicher Dichtung von bereits feuchte- und salzbelastetem Mauerwerk muss dies einen etwa 80 cm über die Belastungsgrenze hinausgehenden Sanierputz erhalten.

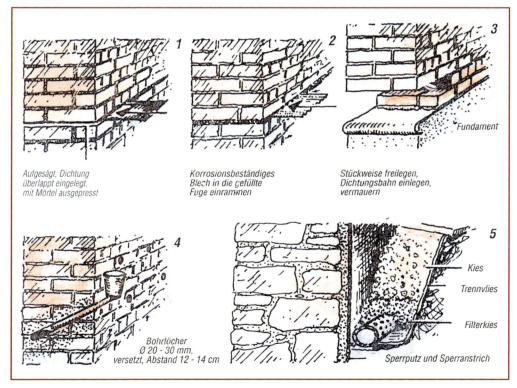

Bild 2.24 Ausführungsprinzip einiger Dichtungsverfahren, die für die Sanierung von altem Mauerwerk geeignet sind:
1 Mauersägeverfahren; 2 Rammverfahren; 3 Unterfangverfahren; 4 Injektageverfahren;
5 Vertikaldichtung im Zusammenhang mit der Dränage

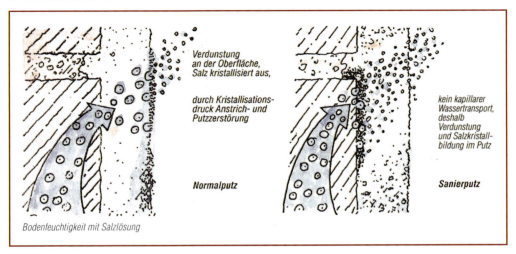

Bild 2.25 Wirkungsweise eines Sanierputzes im Vergleich zu Normalputz

Tab. 2.6 Medien, die Bauwerke gefährden können

Medium: Herkunft, Stoffliches	Zerstörende Wirkung
Wasser	
Regen-, Tau- und Schneeschmelzwasser: H_2O mit dem natürlichen Anteil an CO_2 und H_2CO_3 sowie dem in Art und Menge ortsabhängigen Gehalt an Immissionsstoffen: weich	Aufquellen poröser Baustoffe und Beschichtungen; bei anhaltender Durchfeuchtung Fäulnis-, Schimmel- und Frostschäden möglich. Mit steigendem Immissionsstoffgehalt Verstärkung von Metallkorrosion und Aggressivität gegenüber Kalk
Bodenfeuchtigkeit: Aus dem Baugrund in Wände eindringendes, evtl. aufsteigendes Wasser mit in Art und Menge vom Standort abhängigen gelösten Salzen, meist Sulfate, Nitrate und Chloride: hart	Wie zuvor. Außerdem Zerstörungen durch Hydratationsdruck der Salzlösungen oder Kristallisationsdruck bei ihrer Kristallisierung auf den Wänden (Ausblühungen); ggf. auch Umsetzen von Kalkbindemittel in lösliche Verbindungen
Moorwasser: In Moor- und Humusböden mit Huminsäuren und Mikroorganismen, auch schwefelsäurebildende, weich	Hemmung der Erhärtung von Kalk- und Zementbindemittel; Braunfärbung poröser Baustoffe, bei Luftzutritt starke Metallkorrosion
Meerwasser: Mit durchschnittlich 3,5 % Salz, davon rund 2,7 % Natriumchlorid, reich an Organismen: hart	Mechanische Wirkung durch Wellenschlag, Treibeis u. a.; Beton- und Metallkorrosion; Bewuchs durch Organismen
Abwasser: Je nach Art der Verunreinigung durch Ammoniak, Nitrate, Biogase und organische Stoffe (Jauche, Fäkalien) oder durch Säuren, Alkalien und Salze (Chemie-Abwasser)	Umsetzen von Kalkbindemittel in wasserlösliche Verbindungen, z. B. durch Ammoniak in Calciumnitrat, Ammoniak und anorganische Säuren greifen Beton, Putze sowie Eisen, Baustahl und Zink stark an
Gase, Dämpfe, Säuren	
Kohlendioxid: In der Atmosphäre erhöht besonders durch Verbrennungsabgase und die durch Reaktion mit Wasser entstehende Kohlensäure, $CO_2 + H_2O \rightarrow H_2CO_3$	Umsetzen des Calciumcarbonats von kalkhaltigen Natursteinen, Betonen, Putzen, Anstrichen und Malereien in wasserlösliches Calciumhydrogencarbonat, aus dem sich unter Lufteinfluss in Form einer porösen, meist durch Ruß geschwärzten Kruste wieder Calciumcarbonat bildet

2.2 Schäden durch fehlerhafte Bauleistung

Tab. 2.6 Fortsetzung

Medium: Herkunft, Stoffliches	Zerstörende Wirkung
Gase, Dämpfe, Säuren	
Schwefeldioxid und -trioxid: SO_2, SO_3 in Verbrennungsabgasen, Flugasche und Abwässern und die durch Reaktion mit Wasser entstehende schweflige und Schwefelsäure, H_2SO_3, H_2SO_4	Umsetzen von Calciumcarbonat bei kalkhaltigen Baustoffen, Anstrichen und Wandmalereien in wasserlösliches Calciumhydrogensulfat, $Ca(HSO_3)_2$, $CaCO_3 + H_2SO_3 \rightarrow Ca(HSO_3)_2 + H_2CO_3$ bzw. in Calciumsulfat, $CaSO_4$, $CaCO_3 + H_2SO_4 \rightarrow CaSO_4 + H_2CO_3$ (z. T. wasserlöslich, Treiberscheinungen), Verfärbung oder Zerstörung säureunbeständiger Anstrichpigmente; starke Korrosion von Baustahl und Zink
Schwefelwasserstoff: H_2S in Verbrennungsabgasen, Biogasen, Moor- und Abwasser	Besonders in frischem Kalkmörtelputz wird Kalkbindemittel unter Bildung von Calciumsulfid schwach angegriffen, Schwärzung bleihaltiger Pigmente in Anstrichen und Malereien durch Bildung von Bleisulfid
Chlor und Chlorwasserstoff, HCl (Salzsäure): ggf. im Abgas oder Abwasser von Chemie- und Müllverbrennungsanlagen	Umsetzen von Calciumhydroxid in frischen kalkhaltigen Putzen, Anstrichen und Malereien in wasserlösliches Calciumchlorid $Ca(OH)_2 + 2HCl \rightarrow CaCl_2 + 2H_2O$, Starke Korrosion von Zink und Baustahl
Organische Säuren, z. B. die bei Gärungsvorgängen entstehende Milchsäure und Huminsäure in Humusböden	Herauslösen von Calciumhydroxid aus frischem Putz und Beton; Hemmung der Putz- und Betonerhärtung
Salze und ihre Lösungen	
Ammoniak, NH_3, Ammoniakwasser (Salmiakgeist), Ammoniakdüngemittel: Entstehung in der Natur bei der Zersetzung stickstoffhaltiger organischer Verbindungen; Düngemittelproduktion und -einsatz; in Abwässern; Salmiakgeist als Reinigungsmittel	Umsetzen von Kalkbindemittel (Calciumhydroxid und -carbonat) in Putzen, Mauermörtel u. a. in wasserlösliches Calciumnitrat, $Ca(NO_3)_2$ (Kalk- oder Mauersalpeter) $Ca(OH)_2 + 2 NH_3 + 4O_2 \rightarrow Ca(NO_3)_2 \cdot 4H_2O$ Ätzwirkung auf ölhaltige Anstriche, Metallkorrosion, besonders Eisen, Baustähle und Aluminium
Alkalien: z. B. Ätzkali, KOH, Ätznatron, NaOH und Kalkhydrat, $Ca(OH)_2$ und ihre wäßrigen Lösungen (Laugen); In Salzböden, Haushalts- und Industrieabwässern; Kalkhydrat als Mörtelbindemittel	Braunfärben von Eichenholz u. a. gerbstoffhaltigen Hölzern, Korrosion von Aluminium, Verfärben und Zerstörung alkaliumbeständiger Pigmente in Anstrichen, Tapeten und Wandmalereien, Zerstörung (Verseifung) von Anstrichfilmen verseifbaren Bindemittel, z. B. Öl- und Alkydharzlacke
Sulfate: z. B. $MgSO_4$ und Na_2SO_4: In Mineral- und Meerwasser, außerdem in Abwässern und Flugasche	Reaktion mit Calciumhydroxid und -carbonat zu Calciumsulfat (mit Treiberscheinungen), Korrosion von Baustahl und Zink
Chloride: z. B. NaCl, $MgCl_2$ und $CaCl_2$: Im Meer- und Mineralwasser; als Straßenlauge zum Abtauen	Auslaugung kalkhaltiger Baustoffe durch Umsetzen des Kalkbindemittels in wasserlösliches, ausblühendes Calciumchlorid, korrosive Wirkung auf Metalle
Ruß und Mineralöle	
Ruß, auch Kohlenstaub: Als Immissionsstoff bei der Verbrennung von Kohle, Heizöl, Dieselkraftstoff u. a. auch als Fett- oder Glanzruß in Schornsteinen bei unvollständiger Kohleverbrennung	Verschmutzung von Fassaden durch den feinteiligen, haftfähigen Ruß; Zerstörung von Schornsteinmauerwerk durch Versottung; durch Gehalt an Schwefelverbindungen stark korrosiv
Mineralöle: z. B. Erd-, Heiz- und Schmieröle. Als Bodenverunreinigung in Maschinenhallen, Garagen usw., Wasserverunreinigung: Ölnebel aus Motoren	In Betone und Putze eindringendes Mineralöl setzt deren Festigkeit herab, auf verölten Untergründen haften keine Mörtel, Klebstoffe und Anstriche; Öl- und Alkydharzanstriche trocknen darauf nicht.

Tab. 2.7 *Schäden an Sichtflächen und Grundbaustoffen der Bauwerke*

Schaden/Ursachen	Vermeiden und Beseitigen
Absprengung von Baustoff	
Erschütterung des Bauwerkes kann das Gefüge von Mauerwerk und Beton oder den Verbund von Verblendungen und Putzen, vor allem bei nicht festem oder glattem Untergrund lockern und aufheben. Meistens entstehen zuerst Risse und dann Absprengungen (Bild 2.31 bis 2.34)	Durch Erschütterung beanspruchte Bauteile erfordern: Verbundfeste Baukörper, z. B. eng bewehrten Beton; Netz- oder Faserbewehrungen in Gipstafeln, Stuck, Putzen, Wandbekleidungen und Anstrichen. Schadhafte Baustoffteile entfernen und oben genannte Voraussetzungen schaffen, z. B. Putzgrund aufrauen oder mit Spritzbewurf oder anderem Haftgrund versehen, ggf. Putzträger befestigen, Bewehrungen in Beton, Stuck, Putz, Anstriche unter Tapeten.
Zu hohe Druckbelastung tragender Bauteile oder unzureichende Druck- bzw. Scherfestigkeit	Festigkeit der Baustoffe muss der Druckbelastung entsprechen. Auflager müssen evtl. gleitfähig sein, um Abscheren von Baustoff zu verhindern.
Großer Unterschied von gefügten Bau- oder Anstrichstoffen in der Formänderung, z. B. durch Wärmeausdehnung, Quellen, Schwinden, wobei meist der Stoff mit geringerer Formänderung reißt und abgesprengt wird	Zwischen solchen Stoffen Bewegungsfugen anordnen, breitere Fugen ggf. mit kompressiblen Faserstoffstreifen oder hochelastischen Profilen abdichten. Die Profilgestaltung an den Kontaktflächen, z. B. zwischen Stahl und Mauerwerk bei ausgefachtem Stahlbau, muss auch bei großem Schwindmaß die Standsicherheit gewährleisten
Frosteinwirkung auf wasserhaltige, noch nicht abgebundene Baustoffe und Anstriche oder auf poröse, stark durchfeuchtete Baustoffe, Putze und Anstriche (Bild 2.34).	Wasserhaltige Materialien nur in frostfreier Jahreszeit einsetzen, Durchfeuchtung durch Einsatz wasserundurchlässiger oder -abweisender Stoffe, evtl. durch Hydrophobieren, eingrenzen
Pflanzenwuchs in Fugen von Mauerwerk, Platten von Verblendungen und Gehwegen sowie Dachdeckungen, auch Kletterpflanzenbewuchs an Mauern führt zu Feuchtigkeitsstau, zur Bildung von huminsäurehaltigen Erdpolstern und zur Sprengwirkung durch die Wurzeln in Fugen.	Durch entsprechende Fugenausbildung Humus- und Staubablagerung sowie Feuchtigkeitsstau vermeiden. Pflanzen, samt Wurzeln entfernen, Fugen dicht ausführen. Fluatbehandlung oder Hydrophobieren verzögern Neubewuchs.
Korrosion von Beton-Bewehrungsstahl infolge unzureichender Betondeckung oder großer Porosität des Betons (Bild 4.6).	Optimale Verdichtung und ausreichende Betondeckung außen mindestens 25 mm, Carbonatisierungsschutz durch Anstriche.
Absprengung als Folge von Blasenbildung, Mauersalpeter, Quellen, Rissbildung und Treiberscheinungen.	Siehe unter der jeweiligen Schadensbeschreibung in dieser Tabelle.
Abtragung von Baustoffen	
Reibung, z. B. an Maschinenteilen bei der Kraftübertragung, Schuhsohlen auf Fußboden, führt zum Verschleiß.	Reibung durch Schmierstoffe, Bohnenwachs usw. verringern oder Minderung der Reibung durch elastische Werkstoffe, z. B. als Beläge
Korrosion, d. h. Abrieb durch strömende Luft oder andere Gase, die Feststoffteilchen mitführen.	Scharfe Kanten vermeiden, abrunden; abriebfeste und glatte Oberflächen.
Erosion, d .h. Abrieb durch strömende Flüssigkeiten und mitgeführte Feststoffteilchen	Ausbildung von abriebfesten, nicht quellenden, glatten Oberflächen, z. B. Schwerstbeton, Klinker, Steinzeug, Emaille, Epoxidharzspachtel oder -anstriche.
Kavitation an Innenwandungen flüssigkeitsführender Rohrleitungen, Pumpen usw.	Für gleichmäßigen Strömungsdruck sorgen; Einsatz harter Werkstoffe, z. B. hochlegierte Stähle.
Abtragung als Folge von Auslaugung, Treiberscheinungen und Korrosion	Siehe unter der jeweiligen Schadensbeschreibung in dieser Tabelle.

2.2 Schäden durch fehlerhafte Bauleistung

Tab. 2.7 Fortsetzung

Schaden/Ursachen	Vermeiden und Beseitigen
Ausblühungen auf Bauwerkssichtflächen	
Wasserlösliche Salze, die in porösen Baustoffen vorhanden sind, dort durch eindringendes Wasser gelöst und an die Oberfläche transportiert werden, auf der sie bei der Wasserverdunstung die Salzkristalle der Ausblühungen bilden, z. B. aus dem Ton der Mauer- und Dachziegel stammende oder in Zuschlag oder Anmachwasser von Beton und Mörteln vorhandene Sulfate, Chloride und Nitrate; als Frostschutzmittel in Beton oder Mörtel eingesetzte Chloride, als Dichtungsmittel eingesetztes Natronwasserglas	Rohstoffe, z. B. Tone für Ziegel und Baustoffe wie Sand, die wasserlösliche Salze enthalten, sind ungeeignet. Auf Ziegeln zeigen sich diese Salze meist schon bei Lagerung im Freien als weiße Ausblühungen. Als Anmachwasser ist nur Quell- oder Leitungswasser mittlerer Härte zu verwenden. Chloride und Natronwasserglas sollten nicht eingesetzt werden. Die ausblühenden Salze müssen trocken abgebürstet und aufgefangen werden; ggf. können die Salze bei sommerlicher Witterung durch wiederholtes Annässen, Trocknen und Abbürsten herausgelöst werden.
Wasserlösliche Salze aus dem Baugrund, z. B. Sulfate und Chloride oder Nitrate, Ammoniak und Huminsäuren aus Abwässern, Humus- und Moorböden, die mit der Bodenfeuchtigkeit in nicht gedichtetes Mauerwerk eindringen und beim Verdunsten der Feuchtigkeit an der Oberfläche als Salzkristalle die Ausblühungen bilden (Bild 2.40).	Voraussetzung zur Vermeidung der Ausblühungen sind bautechnisch richtige Dichtungen gegen Bodenfeuchtigkeit. Erst nach der Korrektur der Dichtungen können die Wände, z. B. mit einem elektrokinetischen Verfahren oder wie zuvor beschrieben, entsalzt werden. Sind auf salzhaltige Wände ohne Dichtungen oder nach deren Erneuerung Putze vorgesehen, empfiehlt sich die Anwendung eines Sanierputzes (Bild 2.25).
Atmosphärische Feuchtigkeit in Verbindung mit Immissionsstoffen Bereits Regenwasser oder weiches Wasser mit erhöhtem Kohlendioxidgehalt kann Kalk in Putzen und Naturstein in wasserlösliches Calciumhydrogencarbonat umsetzen, das an der Oberfläche, z. B. auch auf Klinkern, Wandmalereien u. ä. durch Abgabe von Kohlensäure zu weißem Kalksinter carbonatisiert	An Standorten, an denen Bauteile ständig diesem Wasser, z. B. von Kondenswasser besonders in Feuchträumen, ausgesetzt sind, kalkfreie oder -arme Baustoffe einsetzen. Das Wasser kann durch hydrophobierende Imprägnierungen ferngehalten werden. Kalksinter möglichst mechanisch, z. B. durch Abschleifen, Abscheuern oder schonendes Strahlen (JOS-Verfahren) entfernen. Vor Entfernen mit höchstens 2%iger Salzsäure stark annässen.
Luftimmissionen hauptsächlich aus Verbrennungsvorgängen, z. B. Schwefeldi- und -trioxid, Chlor- und Schwefelwasserstoff sowie Flugasche, die nach der Ablagerung auf Baustoffoberflächen mit Feuchtigkeit, aggressive Säuren, Alkalien oder Salze bilden.	Für Bauwerke, die säurebildenden Verbrennungsabgasen ausgesetzt sind, kalkfreie oder -arme Bau- und Anstrichstoffe bevorzugen, z. B. silicatisch gebundene Natursteine, sulfatresistenten Portland-, Tonerdeschmelz- oder Eisenportlandzement für Mauer- und Putzmörtel; Anstriche und Malereien auf der Bindemittelbasis von Kaliumwasserglas, Kunst- und Siliconharz.
Saure Immissionsstoffe greifen vor allem kalkgebundene Baustoffe, Anstriche und Wandmalereien an, z. B. durch Umsetzung von Calciumcarbonat durch Schwefelsäure in Calciumsulfat oder durch Salzsäure in Calciumchlorid.	Oberflächen kalkhaltiger Steine, Putze, Anstriche usw. nach der Reinigung durch Imprägnieren mit Kieselsäureester oder durch Hydrophobieren mit Siloxanen in der Resistenz gegen saure Luftverunreinigungen verbessern.
Gips- und Anhydritbinder in Putz, Stuck und Trockenbauelementen sind zum Teil wasserlöslich; der gelöste Gips bildet weiße Ausblühungen und zerstört durch Rekristallisation die betroffenen Bauteile.	Außen, in Feuchträumen und für Wände, bei denen mit stärkerem Durchgang von Wasserdampf zu rechnen ist, nicht anwenden. Gips-Fassadenstuck wird durch allseitige Hydrophobierung und Anstriche geschützt.
Ausblühungen als Folge von Mauersalpeter, Durchfeuchtung und Treiberscheinungen.	Siehe in dieser Tabelle unter den genannten Schadensbeschreibungen.

Tab. 2.7 Fortsetzung

Schaden/Ursachen	Vermeiden und Beseitigen
Fäulnis und Pilzbefall	
Baustoffe organischer Substanz, z. B. Holz, Pappe, Papier und Textilien und organische Bindemittel von Beschichtungen, Wandmalereien usw., z. B. Leime und Emulsionen, werden vor allem bei entsprechendem Feuchtigkeitsangebot und minimaler Belüftung von Pilzen, z. B. Schimmelpilzen, Keller- oder Hausschwamm oder Fäulnisbakterien befallen.	Zur Durchfeuchtung und unzureichenden Belüftung führende bautechnische Mängel beseitigen, z. B. hervorragende, wasserstauende Bauteile abdecken, die Belüftung von Holz verhindernde Beläge, Beschichtungen usw. entfernen; an außenstehenden Holzbauteilen Risse und Spalten verschließen, Hirnschnittflächen schützen.
Diese Organismen nehmen organische Substanzen der betroffenen Bauteile, Beschichtungen usw. als Nahrung auf. Dies führt zu schwerer Schädigung und endet meist mit völliger Zerstörung.	Von Pilzen und Fäulnisbakterien befallenes Holz bei starker Schädigung entfernen und entsorgen; bei anfänglichem Befall Schadorganismen durch Heißlufterwärmung, ggf. mit zugelassenen Holzschutzmitteln abtöten. Auf kalkhaltigen Baustoffen oder Anstrichen kann auch fluatiert werden.
Hauptursachen sind: Anhaltende Durchfeuchtung durch Staunässe, Kondenswasserbildung und unzureichende Belüftung (s. „Durchfeuchtung"). Einsatz von feuchtigkeitsunbeständigen, schimmel- und fäulnisempfindlichen Stoffen in Feuchträumen, z. B. von Gips, Papiertapeten, Leim- und Dispersionsfarben.	In Feuchträumen nur gegen Organismen resistente Bau- und Anstrichstoffe anwenden, z. B. Kalk, Zement, Keramik, Glas, Kalk- und Silicatfarben.
Risse in Bauwerksteilen und Beschichtungen	
Konstruktions- bzw. statische Risse in Wänden, Decken, Unterzügen, Pfeilern u. a. Bauwerksteilen als Folge von Druck-, Zug-, Biegezug-, Schlag- und Schwingungsbeanspruchung, die bei der Bauplanung nicht beachtet wurden. Die Risse treten vorrangig im Bereich der Fügeflächen auf. Sie beeinträchtigen die Funktion der Sichtflächen und können auch die Standsicherheit der Bauwerksteile in Frage stellen (Bild 2.2 bis 2.4).	Fachgerechte Planung der Bauwerke, z. B. Tief- oder Flächengründungen, wenn weniger tragfähige Böden die Baulast nicht aufnehmen können. Konstruktion der Bauwerksteile entsprechend der zu erwartenden Belastung infolge Masse, Erschütterung u. a. physikalische Einflüsse. Meist nur durch aufwändige, konstruktive Maßnahmen zu überwinden, z. B. Verklammern der rissgetrennten Teile, Auspressen der Risse mit geeigneten Mörteln usw.
Dehnungsrisse an Fügeflächen zwischen Baustoffen mit unterschiedlicher Wärmedehnung, z. B. in Konstruktionen aus Stahl- und Betonbauteilen (Bilder 2.39).	Geradlinige Dehnungsfugen mit glatten, gleitfähigen Auflager- oder Kontaktflächen vorsehen, ggf. mit dauerelastischer Dichtungsmasse schließen.
Lager- und Stoßfugenrisse im Mauerwerk mit großformatigen Steinen.	Abstimmung zwischen Steinen und Mauermörtel in den bauphysikalischen Eigenschaften, z. B. für großformatige Hochlochziegel Leichtmörtel.
Quellungsrisse an Fügeflächen zwischen Holz und Mauerwerk, z. B. im Fachwerkbau	Schmale Fugen belassen, z. B. durch Kellenschnitt zwischen Holz und angrenzenden Putz.
Schwindrisse als Folge des Schwindens von Putzmörtel, Spachtel- und Dichtungsmassen und Anstrichstoffen im Verfestigungszeitraum	Durch richtiges Mischungsverhältnis günstige Korngrößenverteilung des Zuschlags von Mörteln, mit geringem Wasser- oder Lösemittelanteil schwindungsarme oder -freie Mörtel, Spachtelmassen usw. herstellen.
Risse durch Treiberscheinungen	Siehe in dieser Tabelle unter den genannten Schadensbeschreibungen.

2.2 Schäden durch fehlerhafte Bauleistung

Tab. 2.7 Fortsetzung

Schaden/Ursachen	Vermeiden und Beseitigen
Treiberscheinungen an Baustoffen	
Treiberscheinungen können an Ziegeln und anderer Baukeramik, an kalkhaltigem Naturstein und an zement-, kalk- und gipsgebundenen Bauteilen, Putzen, Stuck und in kleinerer Dimension auch an Anstrichen und Malschichten vorkommen. Sie sind meistens die Folge chemischer Reaktionen der Baustoff- oder Anstrichsubstanz mit darin vorhandenen oder von außen einwirkenden Stoffen unter entsprechender Volumenerweiterung. Beispiele: Schwefelkies FeS_2, oder Kalkstein, die in Ton vorhanden sein können, werden beim Brennen von Ziegeln in treibende Verbindungen umgesetzt, die bei Wasseraufnahme Ziegel sprengen können.	Sie sind durch fachgerechte Planung vermeidbar, z. B. durch Dichtungen gegen salzhaltige Bodenfeuchtigkeit, Abdeckungen von Gesimsen, Sohlbänken u. a. hervorragenden Bauteilen, um das Eindringen salzbildender Stoffe zu verhindern. An Standorten, an denen Bauwerksteile salzbildenden Stoffen, z. B. stark saurer Luftimmission, salzhaltigen Spritzwasser, ausgesetzt sind, entsprechend resistente Bau- und Anstrichstoffe einsetzen (vor allem keine kalkgebundenen Stoffe). Tone mit den genannten natürlichen Verunreinigungen müssen, z. B. durch Ausschlämmen der Körner aufbereitet werden. Ziegel mit diesen treibenden Einschlüssen sind abzulehnen oder auszusondern und ggf. in überdeckten Wandbereichen einzusetzen.
Natürliche Eisenhydroxidverunreinigungen, z. B. Raseneisenstein, im Zuschlag von Putzen, Betonen u. a.	Als Zuschlag ungeeignet. An der Oberfläche vorhandene Raseneisenstein-Einschlüsse herausstemmen und ausbessern.
Branntkalkteilchen, die in unzureichend gelöschtem Kalkhydrat vorkommen können, löschen im Putzmörtel unter Volumenvergrößerung nach.	Branntkalk richtig löschen; gelöschten, dünngerührten Kalk evtl. sieben, bevor er in die Kalkgrube kommt. An Putzoberflächen vorkommende Teilchen herauskratzen und ausbessern.
Gips-, Anhydrit- oder Magnesiabinder, der Zementmörteln zugesetzt wurde, treibt bei späterer Durchfeuchtung.	Mischungen von Zement, Gips, Anhydrit- und Magnesiabinder vermeiden. Auch dürfen Mörtel dieser Bindemittel in feuchtem Zustand nicht in Kontakt stehen.
Treiben von gefrierendem Wasser im Baustoff, das mit der Eisbildung sein Volumen um mind. 10 % vergrößert.	Wasserhaltige Bau- und Anstrichstoffe nur bei frostfreier Witterungslage einsetzen
Treiberscheinungen durch den Kristallisationsdruck wasserlöslicher Salze im Baustoff, die beim Übergang vom Lösungszustand in die feste, kristalline Form ihr Volumen vergrößern. Beispiele: Magnesiumsulfat, $MgSO_4 \cdot 7 H_2O$, Natriumsulfat, $Na_2SO_4 \cdot 10 H_2O$ und andere Salze, die mit der Bodenfeuchtigkeit in nicht gedichtete Wände gelangen. Calciumdihydratsulfat (Gips), das durch die Reaktion von Kalkbindemitteln von Natursteinen, Putzen und Anstrichen mit schwefelsaurer Luftimmission entsteht. $CaCO_3 + H_2SO_4 + H_2O \rightarrow CaSO_4 \cdot 2 H_2O + CO_2$	Wasserlösliche Salze von Baustoffen fernhalten, z. B. keine Salz-Frostschutzmittel in Beton und Mörtel einsetzen; Baustoffe durch Dichtungen vor wasserlöslichen Salzen schützen. Eindringen der Salzlösungen, z. B. durch Dichtungen, verhindern. Wenn vorhanden, trocken abstrahlen, abfegen usw.; ggf. Sanierputz anwenden. Eindringen saurer Luftimmissionsstoffe in kalkhaltige Baustoffe verhindern, z. B. durch hydrophobe Imprägnierung der Oberflächen mit Siliconat- oder Siliconharzlösungen.
Treiberscheinungen mit Rissbildung und Absprengung am Stahlbeton, durch Korrosion der Stahlbewehrung infolge unzureichender Betondeckung, -verdichtung oder Aufhebung der korrosionsschützenden Alkalität durch Carbonatisierung des Betons (Bild 2.32).	Stahlbewehrung durch ausreichende Betondeckung (außen mind. 25 mm) und -verdichtung durch günstige Korngrößenverteilung des Zuschlags und niedrigen Wasser-Zementwert (unter 0,60) vor Korrosion schützen. Schutzanstriche verzögern die Carbonatisierung.
Treiberscheinung durch Quellen organischer Stoffe, z. B. von Holz im Fachwerkverbund oder von Leimzusätzen in Putzen, Anstrichen oder Gips.	Dehnungsfuge zwischen Holz u. a. quellenden Stoffen und mineralischen Baustoff belassen (Bild 2.10). Besonders außen und in Feuchträumen keine Leimzusätze

Tab. 2.7 Fortsetzung

Schaden/Ursachen	Vermeiden und Beseitigen
Mauersalpeter	
Er entsteht, wenn in Wasser gelöste Stickstoffverbindungen, z. B. als Moorwasser, Abwasser, Stalldung, Fäkalien, Stickstoffdüngemittel und Ammoniakdämpfe in kalkhaltige, poröse Baustoffe eindringen. Aus den stickstoffhaltigen Stoffen bildet sich durch bakteriellen Abbau Salpetersäure, die mit den Calciumverbindungen der Baustoffe zu Calciumnitrat, $Ca(NO_3)_2$, zu Mauersalpeter reagiert. $CaCO_3 + 2HNO_3 \rightarrow Ca(NO_3)_2 + H_2CO_3$ Das gelöste Calciumnitrat kristallisiert beim verdunsten der Feuchtigkeit an der Baustoffoberfläche zu einem weißen körnigen Belag. Das allmähliche Herauslösen des Kalks führt zur vollständigen Zerstörung der Baustoffe (Bilder 2.35 und 2.40).	Stickstoffhaltige Wässer, Dämpfe, u. a. Substanzen vom Baustoff fernhalten, Baumängel, z. B. fehlende oder unwirksam gewordene Dichtungen, die das Eindringen stickstoffhaltiger Substanzen zulassen, beseitigen. Bauteile, die mit Düngemitteln, Ammoniakdämpfen u. a. Stickstoffverbindungen in Kontakt stehen, mit Keramikverblendungen, Kunststoff- oder Gummifolienbeläge abdichten. Auch Anstriche auf der Basis von Vinylharzen, Chlorkautschuk und Epoxidharz schützen. Durch Salpeter zerstörte Teile entfernen. In Mauern noch vorhandenes Salz herauslösen, z. B. durch bekannte Entsalzungsverfahren oder im Sommer durch wiederholtes Annässen, Austrocknen und Abbrüsten, Auffangen.
Durchfeuchtung von Wänden, Decken u. a.	
Anhaltende Durchfeuchtungen poröser Wand- und Deckenbaustoffe kann auf folgende konstruktive Mängel zurückgeführt werden: Fehlende oder unwirksam gewordene Dichtungen gegen Bodenfeuchtigkeit oder andere Wässer. Fehlende Abdeckungen auf Fenstersohlbänken, Gesimsen usw. Dünnwandigkeit von Außenwänden, besonders Giebelmauern, aus porösen Baustoffen. Fehlen oder falsch angeordnete Dampfsperren in oder auf Decken und Wänden (Bild 2.13). Falscher Außenwandaufbau im Diffusionsvermögen. Die Durchfeuchtungen führen zu Schäden, z. B. Frostabsprengung, Schimmel und Fäulnis und zu starker Verringerung des Wärmedämmvermögens (Bild 2.41).	Die konstruktiven Mängel sind zu beseitigen, z. B. Dichtungen einfügen oder erneuern. Abdeckungen aus korrosionsbeständigem Blech fachgerecht (aufgekantet in Fugen, Tropfkante) auf hervorspringende Bauteile einbauen. Das Diffusionsvermögen behindernde Konstruktionen, Verblendungen oder Beschichtungen entfernen, z. B. wasserdampfundurchlässige Fassadenputze oder Anstrichkrusten und durch diffusionsfähige Stoffe ersetzen. Diffusionsunfähige Konstruktionen, z. B. Kunststoff-Fenster und -Türen, Verblendungen und Beschichtungen an Altbauten mit diffusionsunfähigem Wand- und Deckenaufbau vermeiden.
Versottung von Baustoffen	
Einlagerung von teerigen Substanzen aus Verbrennungsprozessen in den Hohlraum von Ziegeln, porösen Naturstein, Putzen und Anstrichen. Die teerigen Substanzen befinden sich hauptsächlich in Rauchgasen, die bei schwelender Verbrennung von Braunkohle, Torf und Holz entstehen, aber auch in Abgasen aus der Verbrennung von Steinkohle, Heizöl und Dieselkraftstoff.	Besonders Versottungen, durch die davon betroffene Schornsteine und andere Bauteile durchgängig geschädigt oder völlig zerstört werden, sind von vornherein durch richtige Konstruktion und durch den Einsatz von dichten Baustoffen zu vermeiden. So muss z. B. die Wangendicke von Schornsteinen an Außenwänden zur Vermeidung der Abkühlung der Luftsäule im Schornstein mindestens 36 cm betragen. Die Ziegel sollten eine Mindestdruckfestigkeit von 15 N/mm^2 haben.
Versottungen können an folgenden Bauteilen vorkommen:	
Schornstein-Mauerwerk, begünstigt durch unzureichende Dicke der Schornsteinwangen, schlecht gebrannte Ziegel, schlechten Zug und ungenügende Schornsteinreinigung.	Wangendicke einhalten; Schornsteinsanierung, z. B. mit Edelstahlrohr. Für guten Zug und für sorgfältige Reinigung sorgen. Einzelne versottete Ziegel herausstemmen, ersetzen und verputzen.
Fassaden, die sich im Bereich stark rauchender Schornsteine befinden.	Versottungen schlagen in Form wolkig-brauner Flecke durch neue Anstriche und leichte Tapeten durch.
Alte Decken und Wände in Räumen z. B. mit kohlebeheizten Öfen und in denen viel geraucht wird.	Reinigen durch Dampf- oder Heißwasserstrahlen oder JOS-Verfahren; Sperranstrich, z. B. mit Acryltiefgrund.

Auch das Fehlen von erforderlichen Dichtungen gegen Wasserdampfdiffusion, z. B. zum Schutz von Wärmedämmschichten gegen Durchfeuchtung, führt nicht nur zu Wärmeverlusten, sondern kann erhebliche Schäden verursachen.
In **Bild 2.20** ist die bauschädigende Wirkung von Wasser in nicht gedichteten Wänden dargestellt.

■ **Fehlerhafte oder falsche Konstruktion oder Ausführung von Dichtungen:**
Es sind meistens Unterbrechungen gegen Feuchtigkeit oder falsch angewandte Dichtungen gegen Wasserdampf, die zur Ursache von Schäden werden können.

■ **Unzureichende Wirksamkeit von Dichtungen,**
meist sind es solche von unzureichender Dicke und Undurchlässigkeit und durch Alterung durchbrochene oder zerstörte Dichtungen.

■ **Durch bauliche Veränderungen wirkungslose Dichtungen,**
durch Verblendungen oder beim Anbau von Außentreppen und Terrassen oder durch Geländeaufschüttung über die vorhandene Dichtungsschicht **(Bild 2.21 und 2.23)**.

Es kann nicht Aufgabe dieses Buches sein, alle technischen Maßnahmen, einschließlich der im Voraus zu erstellenden Schadensanalyse, Feuchte- und Salzbilanz zu beschreiben. Hier soll im Zusammenhang mit der Übersicht über Verfahren der nachträglichen Dichtung von Mauerwerk in der **Tabelle 2.5** lediglich das Prinzip einiger dieser Verfahren dargestellt werden **(Bild 2.24)**. Nicht in jedem Fall können Wände gegen aufsteigende Bodenfeuchtigkeit nachträglich gedichtet werden.

Auch enthalten Wände, in die über längere Zeit hinweg Bodenfeuchtigkeit eingedrungen ist, die vom Wasser mitgeführten, im Mauerwerk auskristallisierten Salze und die daran gebundene hygroskopische Feuchtigkeit.In diesem Falle wäre eine Entsalzung vonnöten, die häufig nicht möglich ist.

Die Salze sind auch noch nach Ausführung einer nachträglichen Dichtung im Mauerwerk. Als begleitende Maßnahme der Wandsanierung ist stets die Anwendung eines auf die Festigkeit des Mauerwerks abgestimmten Sanierputzes zu empfehlen, der in seiner Tiefe die aus dem Mauerwerk heraustretenden Salze „auffängt". Die Wirkungsweise der Sanierputze zeigt **Bild 2.25**.

Die meisten durch unzureichende Feuchtigkeitsdichtung verursachten Schäden wie Absprengungen, Abtragen und Auslaugen von Baustoffen, Putzen und Anstrichen, Ausblühungen und Mauersalpeter, Durchfeuchtungen und Blasenbildung, Quellung, Pilz- und Fäulnisbefall, Reißen der Baustoffe sowie Versotten und Verschmutzen von Sichtflächen werden in den **Tabellen 2.6 und 2.7** beschrieben.

2.3 Schäden durch Vernachlässigung der Instandhaltung

Gebäude müssen zur Sicherung ihrer Funktionsfähigkeit gepflegt und instandgehalten werden. Eine Vernachlässigung führt zu Funktionsverlusten, zu dem damit einhergehenden Verschleiß und kann mit völligem Verfall enden.

Unterschiede in der Auswirkung
Die unterschiedliche Auswirkung der Vernachlässigung von Pflege und Instandhaltung ist hauptsächlich auf die Verschiedenartigkeit der Bauweise und Qualität in der Bauausführung der Gebäude, insbesondere ihrer Fassaden, zurückzuführen. Das Alter allein ist kein allgemeingültiges Kriterium des Verschleißes und der Schadhaftigkeit, sondern auch der Baustoff und die Art ihrer Beschichtungen.

Fast unverwüstlich sind Fassaden mit Klinker- und Hartbrandziegel-Verblendungen **(Bild 2.26)**. Auch andere, in monolithischer Bauweise gestaltete Fassaden, vor allem Natursteinmauerwerk. Sogar Lehmwände, bleiben auch ohne wesentliche Pflege meist lange Zeit gut erhalten. Als widerstandsfähig erweisen sich auch Fassaden mit dicklagigen, gut ausgeführten Strukturputzen **(Bild 2.27)**.

Bild 2.26 Mit Klinkern und Hartbrandziegeln verblendete Fassaden überstehen auch ohne besondere Pflege lange Zeit ohne Verschmutzung und Schäden (Bad Lauchstädt).

Bild 2.27 Auch die solide Bauweise von Natursteinfassaden führt allgemein zu schadensfreier langer Standzeit der Fassaden (Bad Lauchstädt)

Bild 2.28 Durch Wasserstau, Staub- und Rußablagerungen auf Stuck und anderen hervorspringenden Bauteilen dieser Gründerzeit-Fassade verursachte Verschmutzung und Zerstörung

2.3 Schäden durch Vernachlässigung der Instandhaltung

Eine oft verheerende Wirkung hat die Vernachlässigung der Instandhaltung auf Fassaden mit reichlich Stuck- und Putzarchitektur, wie sie oft die Fassaden der Gründerzeit und des Jugendstils aufweisen. Durch ihre Profilierung, die Regenwasserstau und Staubablagerungen begünstigt, und auch vom Baustoff her (Kalk- und Kalk-Zementmörtel, Gips) sind diese Fassaden sehr schadensanfällig. Die Vernachlässigung ihrer Instandhaltung, besonders der Dächer und Abdeckungen auf Sohlbänken, Gesimsen und anderen vorspringenden Bauteilen und der Haussockel, führt an diesen Häusern meist zur Zerstörung des Putzes, der Putzarchitekturteile, zu Absprengungen und zur Versalzung am Mauerwerk, vor allem im Sockelbereich **(Bild 2.28)**.

Verschmutzung von Fassaden
Die Verschmutzungen tragen zum moralischen Verschleiß der betroffenen Gebäude bei, und zwar nicht nur deshalb, weil sie die Farbgestaltung der Fassaden mindern oder sogar aufheben, sondern weil damit die Mutmaßung der Gebäudealterung verbunden ist.
Die Ursachen der Verunreinigungen sind:

■ Zur Konzentration der aus Verbrennungsvorgängen stammenden Luftimmission, die den größten Anteil an den Fassadenverschmutzungen hat, kommt es vor allem in Stadtbereichen, in denen noch die Kohle- und Heizölverbrennung vorherrscht. Besonders der feinteilige ölige oder teerige Ruß haftet fest an den Fassadenoberflächen und führt schließlich zur Versottung der Putze, Anstriche usw.
■ Ungünstige Konstruktionen, wie z. B. unzureichend überstehende Dachkanten, wasserstauende und die Ablagerung von Ruß und Staub begünstigende Bauteile, führen meist zur Entstehung von fest eingeschwemmten Schmutzfahnen.
■ Anfälligkeit der Fassadenoberfläche gegenüber der Schmutzanhaftung, z. B. durch thermoelastisches Verhalten von Kunststoffen der Beschichtungen, haftet Ruß besonders fest, führt ebenfalls zu schneller Verschmutzung.
■ Auf weißen, hellgetönten und in anderer Weise visuell empfindlichen Fassadenoberflächen markieren sich oft schon geringe Verunreinigungen sehr stark.

Vermeiden oder Verzögern der Verschmutzung
Die konkreten Maßnahmen an Fassaden können nicht verallgemeinert werden, sondern sind unter der Berücksichtigung von Art und Stärke der zu erwartenden Verschmutzung je nach Zustand und Architektur der jeweiligen Fassade auszuwählen. Es kann sich um folgende Maßnahmen handeln:

■ *Beseitigung oder Veränderung konstruktiver Details,*
die zu partiellen Verschmutzungen führen, z. B. vorspringende Kanten beseitigen, Stirnbrett an unzureichend vorspringenden Giebeldachkanten anbringen, Fenstersohlbank- und Gesimsabdeckungen verbessern und für schnelle Wasserableitung von Haussockel sorgen.
■ *Einsatz von Materialien mit schmutzabweisender Oberfläche,*
zu denen Platten, Beläge und Beschichtungen, aber auch nachträglich anzubringende Wärmedämm-Verbundsysteme gehören.
■ *Imprägnieren von Fassadenoberflächen*
mit einem Hydrophobierungsmittel z. B. mit in Wasser gelöstem Kaliumsiliconat oder mit Siliconharz, Silanen und Siloxanen in organischen Lösemitteln. Als Untergrund für die Hydrophobierung kommen in Frage: Sandstein, Beton, Kalksandstein, Gasbeton, Zement- und Kalkmörtelputz, Kalk- und Silicatfarbenanstriche in trockenem, ggf. gereinigtem Zustand. Das hydrophobe, d.h. Regen und Spritzwasser abstoßende Verhalten der so imprägnierten Fassadenoberflächen bewirkt, dass das Wasser keine Staub- und Rußpartikel einschwemmen kann. Mit dem Wasser werden auch darin gelöste baufeindliche Luftimmissionsstoffe ferngehalten, die ja ihrerseits durch chemische Umsetzung von Baustoffsubstanz verunreinigende Ausblühungen verursachen können.
■ *Anwendung von wasserabweisenden Putz- und Anstrichsystemen,* **(Bild 2.29)**
z. B. der Putzmörtelgruppe PI bis PIII mit hydrophorbierendem Zusatzmittel, deren Wasseraufnahmekoeffizient nach DIN 18550 Teil 1 unter 0,5 kg (m^{2}h^{0,5}) liegen muss sowie von wasserab-

Bild 2.29 Ein hydrophob wirksamer Anstrich schützt den Stuck vor Verschmutzung und Verwitterung

weisenden Sanierputzen, Kunstharzputzen, vor allem Siliconharzputzen und Anstrichen. Mit den hier genannten Putzen und Beschichtungen wird der gleiche Schutzeffekt gegenüber Verschmutzungen und Baustoffschädigungen mit Salzbildung erreicht wie unter 3. beschrieben. Konkrete Möglichkeiten von Ursachen, sowie der Beseitigung und Vermeidung von Fassadenverschmutzungen werden in der Tabelle 2.7 beschrieben.

2.4 Schäden durch Standorteinflüsse

An der Widerstandfähigkeit von Bauwerken gegenüber Umwelteinflüssen am Standort ist in hohem Maße die Qualität ihrer Sicht- bzw. Oberflächen beteiligt. Das ist bei Neubauten, aber auch beim Sanieren und Instandsetzen von älteren Gebäuden stets zu berücksichtigen. Vernachlässigung dieses Aspektes hat meist Schäden, vorzeitigen Verschleiß und Verfall zur Folge.

Standortbezogene bauschädigende Einflüsse können in die nachfolgend genannten drei Gruppen eingeteilt werden:

■ **Einflüsse aus dem Baugrund**
Beispiele:
– Starkes oder ungleichmäßiges Setzen und Erschütterung des Baugrundes – Folgen können Wand- und Deckenrisse, Absprengungen und andere, die Standsicherheit des Bauwerkes gefährdende Schäden sein.
– Wasser aus dem Baugrund, das in nicht gedichtete Wände eindringen würde und Durchfeuchtungen, Ausblühungen, Frostsprengungen u.a. zur Folge hat.

■ **Einflüsse aus der Atmosphäre und dem Klima**
Beispiele:
– Temperaturschwankungen, UV-Strahlen, hohe Luftfeuchte, Niederschläge und Luftimmissionsstoffe – Einflüsse, die vor allem die Bauwerksoberflächen in vielseitiger Weise angreifen und schädigen.

■ **Einflüsse durch Organismen**
Beispiele:
– Pilze, Insekten und Bakterien, die vor allem Bauteile, Beschichtungen und Beläge organischer Stoffart schädigen oder zerstören.

2.5 Vorgänge zum Entstehen von Schäden

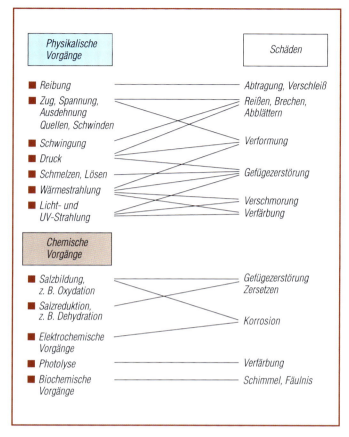

Bild 2.30 Physikalische und chemische Vorgänge bei der Entstehung von Schäden an Sichtflächen

Die Medien, die als bauschädigende Einflüsse am Standort der Bauwerke auftreten können, sind in der Tabelle 2.6 zusammengefasst. Ihre zerstörende Wirkung wird außerdem im nachfolgenden Abschnitt 2.5 beschrieben. **Bild 2.30** gibt einen Überblick über hauptsächlich durch den Einfluss der Atmosphäre ausgelöste physikalische und chemische Vorgänge bei der Entstehung von Sichtflächenschäden.

2.5 Vorgänge zum Entstehen von Schäden

Die Entstehung der Schäden an Sichtflächen der Bauwerke ist auf physikalische bzw. chemische Vorgänge in der betreffenden Werkstoffsubstanz zurückzuführen. Ausgelöst werden sie durch Einflüsse aus der Umwelt oder aus der Werkstoffsubstanz selbst.

■ **Physikalische Einflüsse, die werkstoffschädigende Vorgänge auslösen**
Beispiele:
– Druck- und Zugeinfluss, der Spannungen im Werkstoff erzeugt, die Bruch- und Rissbildung zur Folge haben können **(Bild 2.31 bis 2.34)**.
– Temperatureinfluss in ständig, wechselnder Größe verursacht ebenso wechselhafte Wärmedehnungen, die zum Verspröden und Reißen von Werkstoffoberflächen und an der Kontaktfläche zweier Werkstoffe mit unterschiedlichem Wärmeausdehnungskoeffizienten zu Absprengungen führen kann.
– Wasser in Form von Schlagregen und strömendem Wasser kann Werkstoffoberflächen durch Abrieb (Erosion) oder Herauslösen von wasserlöslicher Substanz schädigen.

Schäden, ausgelöst durch physikalische Vorgänge

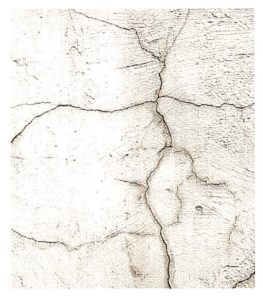

Bild 2.31

Bild 2.32

Bild 2.33

Bild 2.34

Bild 2.31 Putzspannungsrisse, verursacht weil der dlickschichtige Putz nur in einer Lage mit feinkörnigem Mörtel ausgeführt wurde

Bild 2.32 Schäden an Stahlbeton sind meist sehr gefährlich, weil es sich fast immer um Bauteile mit statischer Funktion handelt. Hier verursacht durch schlechte Betonqualität

Bild 2.33 Absprengung an kalkhaltigem Sandstein verursacht durch die Bildung treibender Verbindungen aus dem Kalk und sauren Luftimmissionsstoffen

Bild 2.34 Absprengung von spritzwasserdurchfeuchteten Strukturputz infolge Frosteinwirkung

2.5 Vorgänge zum Entstehen von Schäden

Schäden, ausgelöst durch chemische Vorgänge

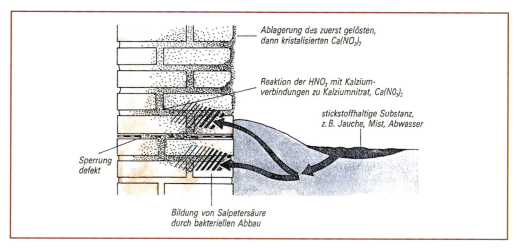

Bild 2.35 Entstehung von Mauersalpeter

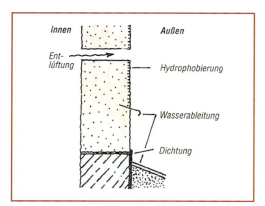

Bild 2.36 Maßnahmen gegen Wanddurchfeuchtung

Bild 2.37 Vor allem durch defekte Blechabdeckungen an den hervorragenden Profilen entstandene schwere Schäden (Abwitterung, Absprengungen, Absanden)

Schäden, ausgelöst durch chemische Vorgänge

Bild 2.38

Bild 2.39

Bild 2.38 Dichte Verblendungen, Beläge und Anstriche auf „salzbelasteten" Sockeln führen dazu, dass die Feuchtigkeit mit den Salzen höher ansteigt

Bild 2.39 Der Riss an der Fügefläche zwischen Betonwandplatten und dem darauf gesetzten Mauerwerk markiert die Stelle, an die eine Bewegungsfuge hingehört.

Bild 2.40 Mit der Bodenfeuchtigkeit aufgenommene, ausblühende Salze, die durch ihren Kristallisationdruck den Putz zerstören

- ■ **Physikalische Einflüsse, die chemische werkstoffschädigende Vorgänge auslösen.**
Beispiele:
  - Licht- und UV-Strahlen können vor allem an Werkstoffoberflächen organischer Stoffgrundlage photochemische Reaktionen auslösen, die Verfärbung und Abbau von Polymeren zur Folge haben.
  - Wasser, das durch Kapillarwirkung in poröse Werkstoffe eindringt, kann Säuren oder Salzlösungen einführen oder im Werkstoff vorhandene Salze lösen, die durch Reaktion mit Werkstoffsubstanz zu Schäden führen können.

- ■ **Chemische Einflüsse, die durch Reaktion mit Werkstoffsubstanzen Schäden verursachen.**
Beispiele:
  - Luft und darin vorhandene Immissionsstoffe reagieren mit zahlreichen Baumaterialien unter Bildung von Salzen, die von der Oberfläche ausgehend Korrosion verursachen.
  - Chemikalien technischer Herkunft können direkt oder als Immissionsstoff der Luft oder des Wassers zahlreiche Werkstoffe durch Korrosion zerstören.

2.5 Vorgänge zum Entstehen von Schäden

■ Chemische Einflüsse, die physikalische werkstoffschädigende Vorgänge auslösen
Beispiele: **(Bilder 2.35 bis 2.40)**
- Salze und andere Korrosionsprodukte, die durch chemische Reaktion des einwirkenden Mediums in Verbindung mit dem Werkstoff entstehen, führen häufig zu einem größeren Volumen als der Werkstoff. Der damit verbundene Druck (Kristallisationsdruck) kann den Werkstoff zerstören.
- Wasserlösliche Salze, die als Korrosionsprodukte entstehen, werden durch Wasser aus dem Material herausgelöst, das dadurch seine Festigkeit verliert.

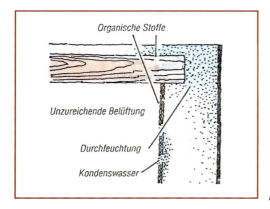

Bild 2.41 Ursachen von Schimmel und Fäulnis

■ Biologische Einflüsse, die den Werkstoff auf physikalische bzw. chemische Weise schädigen.
Beispiele:
- Pflanzenwuchs, Moose und Algen an porösen mineralischen Baustoffen haben durch ihre Sprengwirkung in Fugen, das Zurückhalten von Wasser und die Bildung von Huminsäuren einen mehrfach schädigenden Einfluss **(Bild 2.41)**.
- Mikroorganismen, z. B. Thio- und Nitrobakterien, bilden aus Stickstoff Salpetersäure, die mit Kalk zu Calciumnitrat (Mauersalpeter) reagiert und aus Schwefelverbindungen des Erdbodens die für die meisten Werkstoffe gefährliche Schwefelsäure.

Meistens sind es mehrere, verschiedene, ineinandergreifende Vorgänge, die zu Oberflächenschäden führen. Einen Überblick darüber gibt Bild 2.30.

3 Analyse und Diagnose von Schäden

Das Erkennen der Ursachen von Schäden an Sichtflächen, mit anderen Worten ihre Diagnose, setzt sorgfältige Schadensanalysen voraus. Sie bilden eine wesentliche Grundlage für Gutachten durch Sachverständige. Aber auch der Handwerker muss häufig selbst die Ursachen bzw. die Ausführungsfehler von Mängeln und Schäden an seinen Arbeiten anhand seines Wissens und seiner Erfahrungen ergründen, damit er sie fachgerecht beseitigen und die Fehler künftig vermeiden kann.

3.1 Zweck der Analyse und Diagnose

Die Analysen und die daraus resultierenden Diagnosen und Gutachten können folgende Ziele haben:

- Festlegen geeigneter Maßnahmen zur Beseitigung der Schäden
- Vermeiden der als Schadensursache erkannten Fehler bei künftigen Bauleistungen aber auch beim Beseitigen der Schäden
- Erfassen der Schäden und ihrer Ursachen, die auf vertragswidrige Bauleistungen zurückzuführen sind – zum Zwecke der vertragsrechtlichen Klärung

Besonders wichtig für Analyse und Diagnose ist das methodische Vorgehen sowie die für den Einzelfall erforderlichen Verfahren zum Ermitteln der Kenndaten.

3.2 Methode der Analyse und Diagnose

Der Umfang und Aufwand für die analytisch-diagnostische Arbeit sind abhängig von der ökonomischen und technischen Auswirkung des vorliegenden Schadens. Bei Objekten von hohem technischen, kulturellen oder künstlerischen Wert ist deren gesellschaftliche Bedeutung zu bedenken. Für Schadensanalysen und -diagnosen an derartigen Objekten wird grundsätzlich ein Sachverständiger beauftragt. Selbstverständlich haben auch die zur Verfügung stehenden finanziellen Mittel Einfluss auf den Aufwand.

Arbeitsschritte
Allgemein liegen dem Programm zur Analyse und Diagnose von Sichtflächenschäden folgende Arbeitsschritte zugrunde **(Bild 3.1)**:

1. **Informationsgespräch mit dem Auftraggeber über:**
   - Zweck der Diagnose bzw. des Gutachtens
   - Alter und Nutzung des Objektes
   - Standort der schadhaften Bauwerksteile und Zeit der Entstehung des Schadens
   - Evtl. Einsichtnahme in Bauunterlagen, Leistungsverträge usw.

2. **Besichtigung und Überprüfung des Objektes**
   - Art, Größe, Standort
   - wirtschaftliche ggf. kulturelle Bedeutung
   - Bauweise und allgemeiner baulicher Zustand
   - Beanspruchung durch Umwelt- und Nutzungseinflüsse

3.2 Methode der Analyse und Diagnose

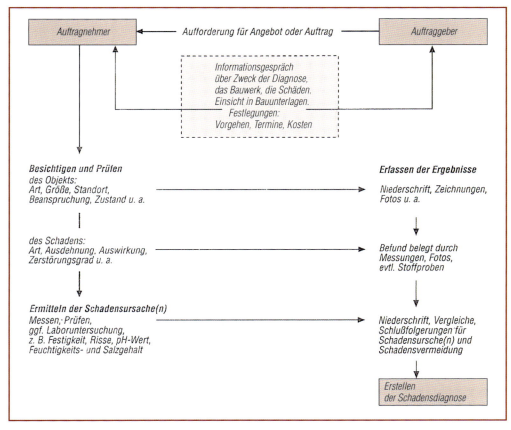

Bild 3.1 Arbeitsschritte der Schadensanalyse und -diagnose

3. Erfassen und Überprüfen des Schadens
- Lage und flächenmäßige Ausdehnung des Schadens am Bauwerk
- Schadensart und -bild, z. B. Putz- oder Anstrichschaden durch Absprengung, Risse oder Verfärbung
- Schadensauswirkung, d. h. Schädigungs- oder Zerstörungsgrad
- Erforderlichenfalls Entnahme von Proben an den Schadstellen für Laborprüfungen

4. Messen und Prüfen der Schadensursachen sowie der Auswirkungen
- Am Objekt z. B. Messen der Feuchtigkeitsmenge in Wänden oder ihrer Festigkeit, des pH-Wertes, der Schichtdicke und Haftfestigkeit von Beschichtungen
- Im Labor, z. B. Bestimmung des Gehalts an Feuchtigkeit und der Art und Menge bauschädigender Salze in den entnommenen Proben

5. Aufstellen der Schadensdiagnose
mit folgenden, in den Arbeitsschritten 1 bis 4 ermittelten Kenndaten:
- Objekt: Bauweise, Standzeit und Beanspruchung
- Schaden: Art, Ausdehnung und Auswirkung
- Schadensursachen.

Je nach dem Verwendungszweck können der Diagnose außerdem Vorschläge zur Beseitigung oder künftigen Vermeidung des Schadens, bzw. für die Instandsetzung oder Sanierung beigefügt werden. Für die vertragsrechtliche Klärung wird nach Möglichkeit der Verursacher mit angegeben.

3.3 Verfahren zum Ermitteln der Kenndaten

Zur Ermittlung der für Diagnosen von Sichtflächenschäden erforderlichen Kenndaten sind Mess- und Prüfungsverfahren erforderlich. Nachfolgend sind einfache Verfahren, die auch der Handwerker oder Restaurator mit etwas Übung und Erfahrung am Bauwerk selbst ausführen kann (in Klammern Maßeinheit). Komplizierte, labortechnische Verfahren und Verfahren, die einen hohen technischen Aufwand erfordern, z. B. die Infrarotthermografie, Tomografie, Ultraschallmessung, Elektronen- und Rasterelektronenmikroskopie (REM) sind hier nicht erfasst.

Messen der Druckfestigkeit (N/mm²)
von Putzen, Putz- und Anstrichuntergründen am Objekt: Feststellen der Werkstoffhärte, durch Klopfen mit dem Hammer oder mit dem Schmidt´schen Rückprallhammer, auf dessen Skala die Druckfestigkeitsklasse nach DIN 1048 abgelesen werden kann **(Bild 3.2)**.

Messen der Haftzugfestigkeit (N/mm²)
von Putzen am Objekt mit einem Haftzugprüfgerät; von Anstrichen mit dem Klebebandversuch (Tape-Test) oder durch die Gitterschnittprüfung nach DIN 53 151 **(Bild 3.3)**.

Messen des Feuchtegehaltes (%)
von mineralischen Baustoffen nach der Calciumcarbidmethode mit dem CM-Gerät oder im Labor nach der Darr-Methode, von Holz am Objekt mit einem elektrischen Widerstands-Messgerät **(Bild 3.4)**.

Erfassen und Messen von Mikrorissen (mm und µm)
in Betonen, Putzen und Anstrichen: Verlauf, Länge und Breite der Risse visuell entweder mit der auf die Oberfläche aufzusetzenden, mit einem Maßstab versehenen Lupe oder durch Benetzen der Oberfläche mit Wasser, dem etwas Farbstofflösung zugesetzt werden kann. Die Risse markieren sich durch das darin zurückgehaltene Wasser dunkler **(Bild 3.5)**.
Risstiefe feststellen durch Abtragen von Werkstoffsubstanz im Rissbereich und Prüfen in o. g. Weise in verschiedener Tiefe.

Erfassen von Hohlstellen
unter Putzschicht durch Klopfen mit dem Hammer oder durch Überstreichen mit einer Drahtschlaufe, die wie beim Klopfen über Hohlstellen einen dumpfen Klang abgibt.

Einschätzen und Messen der Wasseraufnahme (kg/m² h^{0,5})
von Beton, Mauerwerk, Putzen und Anstrichen entweder am Objekt mit dem Karsten'schen Prüfgerät oder anhand von Proben im Labor nach DIN 52 103.

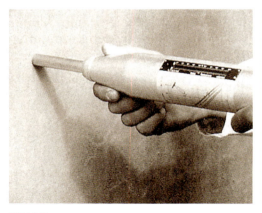
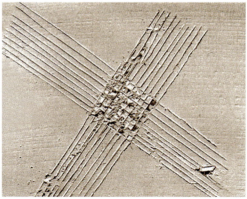

Bild 3.2   *Bild 3.3*

Bild 3.2 Anwendung des Schmidt'schen Rückprallhammers beim Ermitteln der Festigkeit von Beton, Naturstein und Ziegeln

Bild 3.3 Negatives Ergebnis der Prüfung der Haftzugfestigkeit eines Anstriches durch Gitterschnitt nach DIN 53151

3.3 Verfahren zum Ermitteln der Kenndaten

Bild 3.4

Bild 3.6

Bild 3.5

Bild 3.7

Bild 3.4 Messen eines Holzfeuchtegehaltes mit dem elektronischen Baufeuchte-Messgerät „Aqua Boy"

Bild 3.5 Nach dem Benetzen mit angefärbtem Wasser im Putz erekennbare Mikrorisse

Bild 3.6 Messen der Anstrichschichtdicke auf Stahluntergrund mit dem elektromagnetischen Schichtdickenmesser „Posi Tector 2000"

Bild 3.7 Anwendung des Bewehrungssuchers „Profometer 3"

Bestimmen der Alkalität der Oberfläche und der Carbonatisierungstiefe (pH-Wert)

Durch Aufsprühen einer Indikatorlösung, z. B. Phenolphthalein mit einem Farbumschlag von farblos bis rotviolett im pH-Bereich 8,2 bis 10 oder mit Thymophthalein mit einem Farbumschlag von farblos bis tiefblau im pH-Bereich 9,3 bis 10,5 angewendet bei Stahlbeton zur Ermittlung der Korrosionsschutzwirkung der Alkalität gegenüber der Bewehrung oder bei Putzen der PM PI bis PIII, um z. B. den Zeitpunkt ihrer Überstreichbarkeit zu ermitteln. Das Bestimmen der Carbonatisierungstiefe im Beton und bei Putzen erfordert, dass schichtweise abgetragen und mit dem Indikator geprüft wird.

Messen der Schichtdicke (mm/µm)

■ von Putzen durch Herausnehmen oder -bohren von Festmörtel, um die Dicke einer Putzlage oder des Putzsystems mit einem Messstab messen zu können;

■ von Anstrichen auf ebenen, ferromagnetischen Metalluntergründen, zerstörungsfrei mit einem magnetischen Schichtdickenmesser, auf allen anderen ebenen Untergründen mit einem mechanischen Schichtdickenmessen, z. B. Filmmessuhr, mit dem der Anstrich an der Messstelle zerstört wird **(Bild 3.6)**.

Die Schichtdicke von Anstrichproben kann mit einem lichtmikroskopischen Messgerät im Labor gemessen werden.

Messen der Betonüberdeckung (mm)

der Bewehrung von Stahlbeton durch Herausschlagen von Beton bis zur Bewehrung (wird bei bereits schadhaftem Beton angewandt) oder zerstörungsfrei mit einem magnet-induktiven Überdeckungsmessgerät **(Bild 3.7)**.

Bild 3.8 Nachweis von Chloriden, Nitraten und Sulfaten in Putz- und Anstrichuntergrund, die durch Kochen aus einer Mörtelprobe herausgelöst werden, mit „Merckoquant-Teststäbchen"

Nachweisen und Messen bauschädigender Salze (% oder mg/l)

im Mauerwerk, Putzen u. a. poröser, mineralischer Bausubstanz mit chemischen Agenzien, meist Indikatoren, die Salze durch Farbumschlag anzeigen. Dazu gehören z. B. die Merckoquant-Teststäbchen, mit denen entsprechend den Anwendungshinweisen des Herstellers die aus dem pulverisierten Baustoff mit Wasser herausgelösten Nitrate, Chloride und Sulfate nachgewiesen werden können **(Bild 3.8)**.

Carbonate können mit verdünnter Salzsäure nachgewiesen werden, z. B. durch Auftupfen auf den Baustoff. Carbonatgehalt zeigt sich im Aufbrausen beim Entweichen von CO_2 an. Exakte qualitative und besonders quantitative Salzbestimmungen werden hauptsächlich mit dem Spektralfotometer im Labor durchgeführt.

Erkennen von Organismen, z. B. Pilzen, Fäulnisbakterien u. a.

im Mauerwerk, in Putzen und Anstrichen – sofern sie nicht visuell wahrnehmbar sind, können sie evtl. beim Betupfen mit verdünnter Schwefelsäure durch Schwärzung erkannt werden.

Genaue Bestimmungen sind nur im Speziallabor möglich. Verschiedene Baustoffeigenschaften wie Druckfestigkeit, Feuchtegehalt, Wasseraufnahme und Vorhandensein von bauschädigenden Salzen, kann auch am Material von Bohrkernen geprüft werden **(Bild 3.9)**.

Bild 3.9 Entnahme von Material in einer Schichtdicke mittels Bohrkern (das vorgelegte Brett verhindert das Ausbrechen des Randes)

3.4 Bestimmen der Putz- und Anstrichart

In der Baupraxis, besonders im Zusammenhang mit Sanierungs- und Instandsetzungsarbeiten an älteren Bauwerken, muss häufig die Art der vorhandenen Putze und Anstriche bestimmt werden. Üblicherweise gehört diese Aufgabe zur Vorbereitung von Bauleistungen, bei denen vorhandene Putze und Anstriche den Untergrund für Neubeschichtungen abgeben sollen oder aber deren Instandsetzung vorgesehen ist, aber auch dann, wenn die Neubeschichtung wieder in der Art der Altbeschichtung ausgeführt werden soll. Sie liegt allgemein in der Planungsphase, häufig leider auch erst in der Ausführungszeit und wird dann vom Handwerker bzw. vom Auftragnehmer selbst vorgenommen. Es bedarf wohl keiner Begründung, dass diese Bestim-

Gefäße und Hilfsmittel	*Schutzmittel u. optische Geräte*
kleiner Kunststoffeimer u. Wasserbehälter einige Bechergläser (250 ml) einige PVC-Klarsichtdosen und Weithalsflaschen (50…200 ml) Schwamm und Wischtücher Klebeband etwas Schleifvlies und Schleifpapier Etiketten und Befundaufkleber	Vollsicht-Schutzbrille Einmal-Handschuhe Staubschutzmaske Einweg-Schutzanzug Hautschutz- und Reinigungscreme Erste-Hilfe-Heft Kopflupe, beleuchtet Handlupe, beleuchtet mit Maßskala
Indikatoren Phenolphthalein Lackmus- u. Unitestpapier Merckoquant-Teststäbchen: Chlorid-, Nitrat- u. Sulfattest	*Werkzeuge und Geräte* kleiner Hammer u. schmaler Meißel Maler- u. Stoßspachtel, Schaber (alles schmal) Gipseisen Cuttermesser, Skalpell schmale Stielbürste (Borste u. Messingdraht) Glasfaserstift, Staubpinsel kleine ovale Streichbürste Flach-, Platt- u. Heizkörperpinsel Kohle- u. Bleistift, Merkheft, Mischpalette Handfeger u. Kehrschaufel Heißluftgebläse mit Kabel
Chemikalien Salz-, Schwefel- u. Essigsäure Natriumhydroxid-Pastillen destilliertes Wasser	

Bild 3.10 Mindestbestand eines Koffers für einfache Verfahren zur Prüfung von Untergründen und Beschichtungen auf der Baustelle

Tab. 3.1 Bestimmung der Art vorhandener Putze und Anstriche durch einfache Prüfverfahren auf der Baustelle

Nr.	Putz/Anstrich	Prüfverfahren	Prüfergebnis
1	Kalkmörtelputz, älter, abgebunden	Aufstreichen verdünnter Salzsäure (5%tig); besser pulvrige Mörtelprobe im Reagenzglas der Säure aussetzen.	Aufbrausen: CO_2 entweicht und Calciumchlorid entsteht; wie zuvor Calciumchlorid gelöst, Quarzzuschlag bleibt zurück.
2	Kalkmörtelputz mit Caseinzusatz	Wie 1 im Reagenzglas, evtl. noch 1 Tropfen verdünnte Schwefelsäure zugeben.	Wie 1, Braunfärbung zeigt Caseingehalt an.
3	Kalkmörtelputz mit Zusatz latent hydraulischer Stoffe, z. B. Ziegelmehl	Wie 1 im Reagenzglas ggf. visuell mit Lupe oder Mikroskop betrachten	Hydraulische Stoffe und Zuschlag setzen sich ungelöst ab. Meist andere Farbe und Kornform als der Zuschlag.
4	Kalk-Zementmörtelputz, abgebunden	Wie 1 im Reagenzglas	Wie 1, nur schwache, langsame Reaktion, Zementstein bleibt länger zurück.
5	Kalkschlämm- und Kalkfarbenanstrich, abgebunden	Wie 1 als Aufstrich und im Reagenzglas	Wie 1, Pigmente bleiben zurück, sofern sie gegen kalte HCl beständig sind.
6	Wie 5 mit Caseinzusatz	Wie 2	Wie 2
7	Alle von 1 - 6 aufgeführten Beschichtungen frisch, noch alkalisch reagierend	Wie 1 und 2 Stärke der Alkalität mit Phenolphthalein feststellen, z. B. durch Auftupfen oder Eintropfen in eine in Wasser eingerührte Probe.	Wie 1 und 2 Nach pH-Wert entsprechende Rotfärbung
8	Kalk-Gipsmörtelputz	Kalkanteil wie 1 im Reagenzglas Gipsanteil der Putzprobe im Reagenzglas Kaliumwasserglas aussetzen.	Wie 1 Sofortiges Eindicken und Verklumpen.
9	Gipsmörtel	Wie 8 mit Kaliumwasserglas auch mit Heißluft bei 300 °C	Wie 8 Infolge Dehydratation Zerfall.
10	Stärke- und celluloseleim- und -kleistergebundene Anstriche, Malereien, Klebverbund	Auftupfen von Wasser mit Wasser verwaschen Heißluft-Einwirkung	Schnelle Wasseraufnahme, dunkler werdend Auflösung kohlige Verbrennung
11	Wie 10 mit Zusatz von Emulsions- oder Dispersionsbindemittel, Öl	Wie 10 Heißluft-Einwirkung	Langsame Wasseraufnahme und Lösung kohlige Verbrennung und stechender Geruch.
12	Glutinleimgebundene Anstriche und Malereien Klebverbund	Mit Heißwasser verwaschen Alaunlösung oder Formalin auftupfen, trocken Heißluft-Einwirkung	Langsame Auflösung nicht mehr wasserlöslich Braunfärbung, Horn-Verbrennungsgeruch
13	Caseingebundene Anstriche, Malereien, Klebverbund	Heißluft-Einwirkung Phenolphthalein auftupfen	Braunfärbung, Horn-Verbrennungsgeruch je nach Alter bzw. Alkalität Rotfärbung
14	Öl- und harzemulsions- gebundene Anstriche und Malereien	Salmiak, Natron- oder Kalilauge- Einwirkung (≈ 15 Min.) Heißluft-Einwirkung	Aufquellen, Verseifung mit Wasser abwaschbar Erweichen, Braunfärbung

3.4 Bestimmen der Putz- und Anstrichart

Tab. 3.1 Fortsetzung

Nr.	Putz/Anstrich	Prüfverfahren	Prüfergebnis
15	Kunststoff-Dispersions-gebundene Anstriche, Putze, Klebverbindungen	Heißluft-Einwirkung	Erweichen, meist stechender Geruch, z. B. bei PVAc nach Essigsäure, bei PVC nach Chlorgas
		Lösemittel- oder lösendes Abbeizmittel einwirken lassen.	Hochziehen, Erweichen, anlösen.
16	Siliconharz-Emulsionsfarbenanstriche	Heißluft-Einwirkung	Kein Erweichen, sondern Härtung (sofern kein Kunststoff-Dispersionsgehalt).
17	Öl- und alkydharzgebundene Anstriche und Malereien	Alles wie 14 auch Lösemittelgemisch-Einwirkung	Wie 14 wie 15
18	Anstriche auf Basis von Cellulosenitrat und Vinylharze	Lösemittelgemisch oder lösendes Abbeizmittel einwirken lassen.	Schnelles Kräuseln, Erweichen und anlösen.
19	Anstriche auf Basis von Chlor- und Cyclokautschuk, PVC, PE	Wie 18 Laugeeinwirkung Heißluft-Einwirkung	Langsames Erweichen und anlösen keine Reaktion Erweichen, Chlorgasgeruch
20	Anstriche auf Basis von Reaktionslacken und wärme- und säuregehärteten Lacken	Wie 18 Heißluft-Einwirkung	Keine Reaktion kein oder nur geringes Erweichen

mung vorhandener Beschichtungen an wirtschaftlich und kulturell bedeutenden Bauwerken einem Sachverständigen zu übertragen ist. Der Handwerker muss selbstverständlich Kenntnisse und Erfahrung in der Anwendung einfacher, i. d. R. gleich auf der Baustelle anwendbarer Prüfungsverfahren haben. Dafür sollte der Bau- oder Handwerksbetrieb einen kleinen, flüssigkeitsdichten, verschließbaren Koffer mit den erforderlichen Agenzien und Geräten für die chemische Prüfung, erforderlichen Arbeitsschutzmitteln und das Protokollheft haben. Im **Bild 3.10** ist ein Mindestbestand des Kofferinhalts aufgeführt. Für einfache thermische Prüfungen kann ein Heißluftgerät verwendet werden.

In **Tabelle 3.1** sind einfache Prüfverfahren aufgeführt, die ohne besonderen Aufwand auf der Baustelle angewendet werden können.

Das Bestimmen der Art der Farbpigmente und anderer farbgebender Stoffe als Bestandteil von Anstrichen und Putzen ist unter Baustellenbedingungen nicht möglich. Da Pigmente in Bindemittel eingebunden sind, würden in die einfache chemische Prüfung mit Laugen, Säuren und anderen Agenzien und auch in eine thermische Prüfung die Bindemittel mit einbezogen – fehlerhafte Ergebnisse wären die Folge. Die Bestimmung der Pigmente, Farbstoffe usw. in Anstrich- und Putzproben muss in labortechnischen Verfahren erfolgen.

Die Ergebnisse einer einfachen Prüfung der Unbeständigkeit von Farbpigmenten in Anstrichen, Putzen und auch Wandmalereien gegen Alkalien, schweflige und Schwefelsäure, Salzsäure sowie gegen Schwefelwasserstoff sind in **Bild 3.11** dargestellt. Geprüft wurden fast alle in Anstrichstoffen Putzen und Malfarben eingesetzten Pigmente. In diese Bildtafel wurden nur die Pigmente aufgenommen, bei denen sich – angezeigt durch eine Farbveränderung nach dem Auftupfen des Prüfmediums – eine starke Unbeständigkeit erwies.

Die für die Prüfung verwendeten Agenzien und der Zweck der Prüfung für die Praxis werden nachfolgend beschrieben:

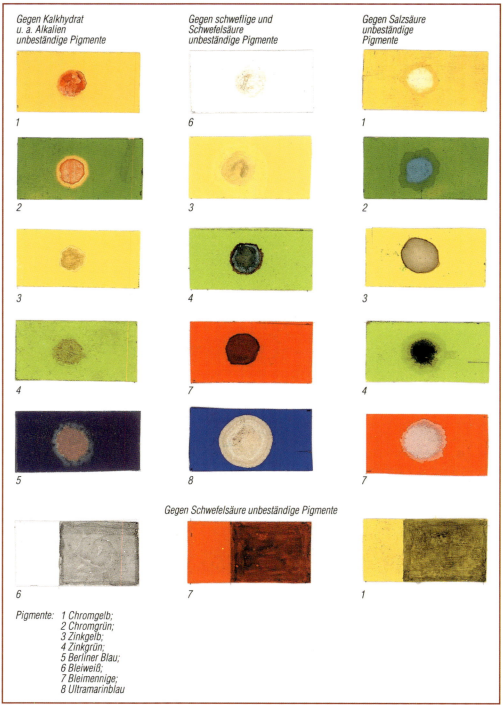

Bild 3.11 Pigmente, die gegen Kalkhydrat u. a. Alkalien, Schwefel- und Salzsäure sowie gegen Schwefelwasserstoff nicht beständig sind
Die Unbeständigkeit zeigt sich an der Farbveränderung.
Geprüft wurde durch Auftropfen von Natronlauge, Schwefel- und Salzsäure (alles 5-prozentig) und mit H_2S

3.4 Bestimmen der Putz- und Anstrichart

■ Ermitteln der Unbeständigkeit gegenüber Kalkhydrat und andere Alkalien, z. B. Natron- und Kalilauge, wurde mit verdünnter Natronlauge (5 %) durchgeführt. Diese alkaliunbeständigen Pigmente können in alkalischen Bindemitteln, z. B. Kalkhydrat, Zement und Kaliumwasserglas und für Anstriche, die für alkalisch reagierende Untergründe, z. B. neuer, noch alkalisch reagierender Kalk- und Zementmörtelputz sowie Beton bestimmt sind, nicht eingesetzt werden.
■ Ermitteln der Unbeständigkeit gegenüber schwefliger und Schwefelsäure wurde mit verdünnter Schwefelsäure (5 %) durchgeführt. Pigmente, die gegen diese Säuren nicht beständig sind, können für Anstriche an Objekten, die mit diesen Säuren in Berührung kommen, z. B. bestimmte Anlagen und Behälter (auch Kesselwagons) in der chemischen Industrie und Laboratorien, nicht eingesetzt werden. Auch können sie als Pigmente von Anstrichen, Belägen usw. an Standorten, an denen sie anhaltend sauren Luftimmissionsstoffen (SO_2, SO_3, H_2S) ausgesetzt sind, nicht eingesetzt werden, weil sich dort zumindest ihre Farbe verändern würde.
■ Ermitteln der Unbeständigkeit gegenüber Salzsäure wurde mit verdünnter Salzsäure (5 %) durchgeführt. Für die Einschränkung des Einsatzes der unbeständigen Pigmente gilt das zuvor über die Schwefelsäurebeanspruchung Gesagte.
■ Ermitteln der Schwefelwasserstoff-Unbeständigkeit wurde durchgeführt, indem die Pigmentaufstriche eine Woche schwefelwasserstoffhaltigem Biogas ausgesetzt wurden. Diese Pigmente können an Standorten, an denen Schwefelwasserstoff-Luftimmission vorkommt, z. B. in Ställen und an Kläranlagen, nicht eingesetzt werden.
Obwohl saure Immissionsstoffe in der Luft oder im Flusswasser meist nur als scheinbar unbedeutende Spuren vorkommen, haben sie durch ihren ununterbrochenen Einfluss auf säureunbeständige Pigmente, Bindemittel und andere Materialien allmählich eine zerstörende Wirkung.

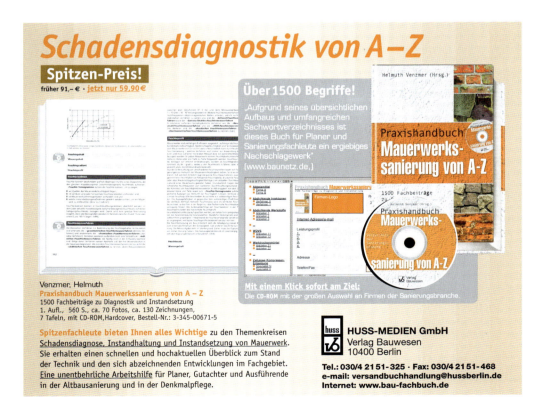

4 Maßnahmen zur Vermeidung von Schäden

Bild 4.1 Der stil- und fachgerechten Instandsetzung von hoher Qualität dieses Hauses in Quedlinburg lag eine sorgfältige und allseitig kooperative Planungsarbeit zugrunde.

Die wichtigste Voraussetzung zur Vermeidung von Schäden ist die sorgfältige, verantwortungsbewusste, sach- und fachgerechte Planung, Vorbereitung und Ausführung von Bauarbeiten, gleichgültig, ob es sich dabei um Neubau-, Rekonstruktions-, Instandsetzungs- oder Instandhaltungsarbeiten an Gebäuden, Anlagen oder anderen technischen Objekten handelt **(Bild 4.1)**.
Bereits Fehler in der Planung und Vorbereitung können zur Ursache von Schäden an den davon betroffenen Objekten werden. Dies gilt besonders für Entscheidungsfehler, wenn sie in die nachfolgende Produktionsphase unkorrigiert einfließen.

4.1 Übersicht

Für Bauleistungen müssen alle für die Planung, technischen und organisatorischen Vorbereitung und Ausführung erforderlichen Maßnahmen im Zusammenhang entschieden werden.
Je nach Größe und Bedeutung des Objektes, an dem die Bauleistungen zu erbringen sind, ist der Entscheidungsträger ein Architekt oder ein unter seiner Leitung stehendes Team aus Bauspezialisten, zu dem bei Bauleistungen an Objekten von kulturhistorischer Bedeutung auch Denkmalpfleger und Restauratoren gehören können. Fehlende Kooperation zwischen den am Bauobjekt beteiligten Fachleuten und die sich daraus ergebenden zusammenhanglos getroffenen Entscheidungen und Maßnahmen sind sehr häufig die Ursache für Fehlleistungen, die

Mängel und Schäden zur Folge haben. Mit dem Bild 1.12 in Kapitel 1 wird ein Überblick über die im Zusammenhang zu entscheidenden Maßnahmen der Planung, Vorbereitung und Ausführung von Bauleistungen gegeben.

Aus diesem Bild geht bereits die folgende Einteilung der Maßnahmen hervor.
- **Planung der Bauleistung durch eine kompetente Arbeitsgruppe**

Aufgabe, Zielstellung und Funktion des vorgesehenen Bauvorhabens
Genehmigungen, Abstimmung mit den für den Standort des Bauobjekts zuständigen Institutionen, z. B. staatliches oder/und kirchliches Bauamt und Denkmalschutzbehörde
Terminierung der Vorbereitungs- und Ausführungsphasen und des Bauabschlusses
Prüfung und Bestätigung des Planungsergebnisses durch die dafür zuständige, kompetente, an der Planung nicht beteiligte Fachkraft (oder Kommission u. a.)
- **Entwerfen und technische Planung**

Gestaltung: Größen, Formen, Strukturen, Farben usw.
Arbeitstechniken: Materialeinsatz und -verarbeitung, Verfahren, Vorschriften und Bedingungen der Ausführung
Qualität der Bauleistungen
Prüfung und Bestätigung der Entwurfsarbeit
- **Vorbereitung der Ausführung**

Organisatorische Vorbereitung: Art und Qualität von Vorleistungen der einzelnen oder anderer Gewerke, ggf. Abstimmung der Arbeitstechnik und Termine mit anderen Gewerken; zeitlicher und arbeitstechnischer Ablauf der Ausführung; Ausführungsbedingungen
Technische Vorbereitung: Befähigte Arbeitskräfte; Materialbeschaffung und -bereitstellung, Arbeitsmittel, Energie- und Wasserbereitstellung, Sanitäreinrichtung; Sicherungsmaßnahmen am Objekt; Arbeits-, ggf. Brand- und Umweltschutz
- **Ausführung:**

Planungs-, fach- und termingerecht; ggf. Prüfung und Abnahme von Teilleistungen; abschließende Abnahme und Übergabe.

4.2 Vorbeugen durch richtige Planung

In der Phase der Planung werden alle die Qualität der Bauleistungen bestimmenden Entscheidungen getroffen. Sie bilden die Grundlage für die Leistungsbeschreibungen. Entsprechend der VOB, Teil A, § 9 ist „Die Leistung eindeutig und so erschöpfend zu beschreiben, dass alle Bewerber die Beschreibung im gleichen Sinne verstehen müssen und ihre Preise sicher und ohne umfangreiche Vorarbeiten berechnen können". Sofern der mögliche Auftraggeber keine ausführliche Leistungsbeschreibung vorgibt – das ist bei kleineren, handwerklichen Bauleistungen im privaten Bereich häufig der Fall – muss der interessierte Auftragnehmer in seinem Angebot die Leistung ausführlich beschreiben. Die nachfolgenden zwei Beispiele sollen dies verdeutlichen.

Pos. 3   60 m^2 hammerrechtes Schichtenmauerwerk, 49 cm dick, mit auf der Baustelle vorliegenden, alten gereinigten, hammergerecht bearbeiteten Natur-Kalksandsteinen und hydraulischem Kalkmörtel gemäß DIN 1053, Teil 1 mauern, beidseitig Fugen um 2 cm tief freilegen und von anhaftetem Mörtel reinigen.

Pos. 1   250 m^2 neuen, ausgeriebenen Fassadenputz PIIa durch Fluatbehandlung, z. B. Keim-Ätzflüssigkeit 1:3 mit Wasser verdünnt oder gleichartigem Fluat von Kalksinterhaut befreien und mit 2 Dispersions-Silicatfarbenanstrichen, weiß, z. B. Keim-Granital oder gleichartigem Anstrichstoff, gemäß DIN 18363 versehen.

Ein großer Teil der Entscheidungen in der Planungsphase bezieht sich auf die Qualität bzw. Funktionstüchtigkeit der Bauwerksoberflächen. Fehlentscheidungen führen fast immer zu Funktionsverlusten des Objektes, zu beschleunigtem Verschleiß und oft zu Bauschäden, die

Tab. 4.1 *Matrix zur Vorauswahl von Bau- und Beschichtungsstoffen zur Fassadengestaltung*

Putz Anstrich	Eignung als Untergrund							Gebrauchseigenschaften											
	I	II	III	IV	V	VI	VII	A	B	C	D	E	F	G	H	I	J	K	L	M
01	3	4	4	0	2*	0	2	3	2	1	2	2	2	3	1	2	4	1	1	2
02	4	4	4	2	3	0	3	3	3	2	2	3	3	3	2	3	4	2	1	3
03	4	4	2	4	3	0	3	4	4	2	3	3	3	4	2	4	3	2	2	3
04	1	1	0	4	2	0	2	4	4	3	3	4	4	4	2	4	2	3	2	4
05	1	1	0	4	2	0	2	4	4	3	4	4	4	3	4	2	3	2	4
06	0	0	0	2	2	0	4	4	3	4	2	3	3	4	2	3	2	2	3
07	0	0	0	2	2	0	4	4	3	3	2	3	3	2	2	3	3	2	3
08	0	0	0	2	2	2	4	4	2	3	2	3	3	2	1	3	2	3	2	2
09	0	0	0	3	3	2	4	4	4	3	3	3	3	3	2	3	3	4	3	3
10	1	1	1	1	0	0	3*	2*	2*	1	2	1	2	3	1	1	4	0	1	2
11	1	1	1	1	0	0	3*	2*	2*	2	2	1	2	3	1	2	4	3	2	3
12	1	1	1	1	0	0	3*	2*	2*	2	2	1	2	2	1	1	4	1	1	2
13	3	2	2	2	2	0	4	4	3	4	2	2	2	4	2	4	1	1	3
14	3	2	2	2	2	0	4	4	3	4	3	2	3	4	4	3	4	3	2	3
15	3	2	2	3	3	0	4	4	3	3	3	2	3	3	3	2	3	2	2	3
16	0	1	0	2	2	4	4	0	0	1	0	1	0	0	0	0	4	0	0	2
17	2	3	2	3	3	3	3	4	3	2	2	3	2	1	3	2	3	2	2
18	2	2	0	3	3	2	3	3	3	3	2	3	3	3	0	3	1	3	3	2
19	2	2	0	3	3	2	3	4	3	3	3	3	3	3	2	3	3	4	3	2

* unter 01, nur wenn mit geeignetem Haftgrund, z. B. volldeckendem Spritzbewurf vorbereitet; unter 10 bis 12, auf frischem Putz infolge chemischer Bindung besonders vorteilhaft.

Realisierungsvarianten
- ■ Bindemittelgrundlage der Putze (Putzmörtelgruppe nach DIN 18 550)
- 01 Luftkalk- und Wasserkalkhydrat (PIa/b)
- 02 Kalkhydrat, hochhydraulisch (PIIa)
- 03 Kalkhydrat-Zement (PIIb)
- 04 Portlandzement (PIII)
- 05 Zement, sulfatresistent (PIII)
- 06 Kaliumwasserglas (Silicatputze)
- 07 Kaliumwasserglas und Polymerisatharzdispersion (Dispersions-Silicatputze)
- 08 Polymerisatharzdispersion oder -lösung (Kunstharzputze)
- 09 Siliconharzemulsion und Polymerisatharzdispersion

- ■ Bindmittelgrundlage der Anstriche (Anstrichnachbehandlung)
- 10 Luftkalkhydrat oder/und Zement
- 11 Luftkalkhydrat oder/und Zement (Hydrophobierung)
- 12 Kalkcasein
- 13 Kaliumwasserglas
- 14 Kaliumwasserglas (Hydrophobierung)
- 15 Kaliumwasserglas u. Polymerisatharzdispersion
- 16 Pflanzenleim
- 17 Polymerisatharzdispersion
- 18 Polymerisatharzlösung
- 19 Siliconharzemulsion und Polymerisatharzdispersion

4.2 Vorbeugen durch richtige Planung

Tab. 4.1 Fortsetzung

- **Eignung als Putzgrund und Anstrichuntergrund**
- I Natursteinmauerwerk, porös
- II Ziegelmauerwerk, neu
- III Ziegelmauerwerk, alt, verminderte Festigkeit
- VI Beton, dicht
- V Silicatgasbeton
- VI Gipsdielen, Gips- und Anhydritmörtelputz
- VII Kalk-Zementmörtelputz und Zementmörtelputz (PII u. PIII)

- **Gebrauchswerteigenschaften**
  Resistent gegen:
- A Atmosphäre, außen
- B hohe Luftfeuchte
- C Verbrennungsabgase
- D extremen Klimawechsel
- E mechanische Einflüsse
- F feuchte Reinigung
- G biologische Einflüsse
- H Feuer

- **Sonstige Eigenschaften**
- I Wetterschutzwirkung
- J Diffusionsvermögen
- K Wasserabweisung
- L Verschmutzungsabwehr
- M Alterungsbeständigkeit

- **Funktionswerte**
- 0 ungenügend, nicht geeignet
- 1 mangelhaft, unsicher
- 2 befriedigend, noch geeignet
- 3 gut, zuverlässig
- 4 sehr gut, optimale Eignung

- **Methode der Vorauswahl**

Durch Addieren der jeweils höchsten Funktionswerte der geforderten Gebrauchswerteigenschaften kann die optimale Variante ermittelt werden.

Beispiel:
Gesucht wird ein Fassadenanstrich auf Putzuntergrund PIIa (VII), der sich wegen einer Beanspruchung durch wechselhaftes, feuchtes Meeresklima durch einen hohen Funktionswert in folgenden Eigenschaften auszeichnen soll: Resistent gegen hohe Luftfeuchte (B) und extremen Klimawechsel (D), Wetterschutzwirkung (I), Diffusionsvermögen (J) und Wasserabweisung (K).

Mögliche Variante	VII	B	D	I	J	K = Funktionswert
11 Kalkfarbenanstrich mit Hydrophobierung	3	2	2	2	4	3 = 16
14 Silicatfarbenanstrich mit Hydrophobierung	4	3	3	3	4	3 = 20
15 Dispersions-Silicatfarben-Anstrich	4	3	3	2	3	2 = 17
17 Dispersionsfarbenanstrich	3	2	2	3	2	3 = 15
19 Siliconharz-Emulsionfarbenanstrich	3	3	3	3	3	4 = 19

Den höchsten Funktionswert erreicht der Silicatfarbenanstrich mit Hydrophobierung.

später nicht oder nur mit hohem Kostenaufwand beseitigt werden können. Für die Entscheidungsfindung in der Planungsarbeit ist die Methode bzw. das folgerichtige Vorgehen besonders wichtig. Diese Vorgehensweise wird auch anhand von Beispielen unter dem Stichwort „Planung und Vorbereitung" im Abschnitt „1.3.3 Vermeiden von Mängeln und Schäden" beschrieben.

Einen groben Überblick über Planungsfehler, die Sichtflächenschäden verursachen können, zeigte bereits Tabelle 2.1 im Abschnitt „2. Ursachen der Schäden an Sichtflächen".

Planung mit Hilfe von Realisierungsvarianten

Gewöhnlich stehen zur Realisierung von Bauaufgaben mehrere technische Varianten zur Verfügung. Daraus die Variante auszuwählen, die in ihren Eigenschaften den Anforderungen der jeweils gestellten Bauaufgabe am besten gerecht wird, gehört zu den wichtigsten Entscheidungen der Planungsphase. **Bild 4.2** zeigt als Beispiel die Auswahl eines geeigneten Außenputzes für feuchte- und salzbelastetes, altes Ziegelmauerwerk aus mehreren ggf. anwendbaren Putzarten.

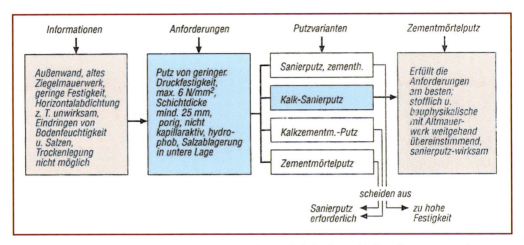

Bild 4.2 Zusammenhang und Folge der Entscheidungen bei der Auswahl eines Putzes aus mehreren Varianten

Die Auswahl geeigneter technischer Varianten kann mit Hilfe von Programmierungsmodellen und Optimierungshilfen, z. B. EDV-Programmen mit Angaben zu Gebrauchswerten für die Werkstoff- und Funktionsbemessung, rationell durchgeführt werden. Eine Matrix zur Vorauswahl von Putzen und Anstrichen für Fassaden enthält **Tabelle 4.1**. Die darin verwendeten Zahlen- und Buchstabensymbole werden im Zusammenhang mit der Tabelle erklärt.

4.3 Bautenschutz durch Oberflächenvergütung

Die Oberflächen massiver Baustoffe werden im Sinne des Bautenschutzes vergütet, wenn sie die vorgesehene Schutzfunktion, z. B. Schutz vor Regen, Luftimmission, Spritzwasser und technische Chemikalien, nicht erfüllen können.

Die Begriffe „Bautenschutz" und erst recht „chemischer Bautenschutz" sind nur kausal leicht zu begründen und abzugrenzen, nicht aber von der vielfältigen Technologie her. Zum ersten dient die Mehrzahl der Verfahren zur Oberflächenvergütung und damit dem Schutz der Baustoffe und zwar durch den Einsatz von hauptsächlich chemischen Produkten. Bei der deshalb erforderlichen großzügigen Abgrenzung kann der Bautenschutz in die nachfolgend genannten, zunächst nur in ihrer Funktion und ihrem Wirkprinzip beschriebenen Teilgebiete eingeteilt werden.

4.3 Bautenschutz durch Oberflächenvergütung

4.3.1 Chemischer Bautenschutz

Enger gefasst ist darunter zu verstehen, die Anwendung von Chemikalien, die von sich aus oder durch chemische Reaktion mit Substanzen der Baustoffrandzone Stoffe bilden, die die Oberfläche in ihrer Resistenz und Schutzwirkung gegen die zu erwartenden zerstörenden Einflüsse vergüten. Als Bautenschutzmittel eingesetzte Chemikalien, die keine chemische Reaktion mit dem Baustoff eingehen, sind z. B. verdünnte Harzlösungen zur Imprägnierung von porösen, mineralischen Baustoffen und auch die Holzschutzmittel.

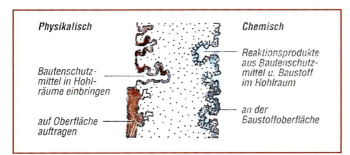

Bild 4.3 Bautenschutzmittel können auf die Baustoffoberfläche physikalisch einwirken, d. h. eine Schutzschicht bilden oder durch chemische Reaktion mit dem Baustoff die Oberfläche resistent machen.

Die Bildung resistenter Stoffe durch chemische Reaktion des Bautenschutzmittels mit dem zu vergütenden Baustoff erfolgt z. B. beim Fluatieren (s. dort) kalkhaltiger Baustoffe und beim Phosphatieren von Eisen, bei dem die Phosphorsäure und das Zinkphosphat des Phosphatierungsmittels durch Reaktion mit dem Eisen eine kurzzeitig vor Korrosion schützende Eisen-Zink-Phosphatschicht bildet.

Schon an diesen Beispielen ist zu erkennen, dass dem chemischen Bautenschutz Arbeitstechniken zugeordnet werden können, die auch im Korrosions- und Säureschutz sowie in der Vorbehandlung von Beschichtungsuntergründen angewendet werden. Mit dem **Bild 4.3** wird lediglich die Wirkungsweise der verschiedenen Arbeitstechniken des chemischen Bautenschut-

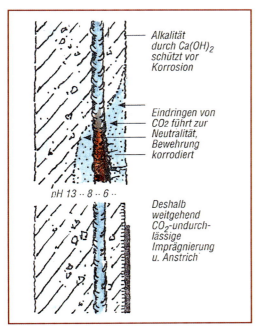

Bild 4.4 Carbonatisierung von Stahlbeton und Carbonatisierungs-Schutzanstrich (vgl. Bild 5.19)

zes gezeigt. Da der chemische Bautenschutz für die Vermeidung und Beseitigung von Sichtflächenschäden besonders wichtig ist, werden die zugehörigen Arbeitstechniken im Abschnitt „4.4 Verfahren des chemischen Bautenschutzes" ausführlicher beschrieben.

4.3.2 Carbonatisierungsschutz

Der für außen stehende Stahlbetonbauteile häufig angewandte sogenannte Carbonatisierungsschutz kann ebenfalls dem chemischen Bautenschutz zugeordnet werden. Die Stahlbewehrung wird hauptsächlich durch die Alkalität des im Beton vorhandenen Calciumhydroxids vor Korrosion geschützt.
Die korrosionsschützende Alkalität wird durch die Reaktion des Calciumhydroxids mit eindringender Kohlensäure im Calciumcarbonat aufgehoben; $Ca(OH)_2 + H_2CO_3 \rightarrow CaCO_3 + 2H_2O$. Aus diesem Grunde wird zunächst mit einer ausreichend dicken (außen > 2 cm) und dichten Betondeckung und zusätzlich mit Hilfe von geeigneten Imprägnierungen oder Anstrichen der in der Luft und im Regenwasser vorhandenen Kohlensäure der Zutritt in den Beton verwehrt (**Bild 4.4,** vgl. Bild 5.19).

4.3.3 Säurebau und Säureschutz

Gebäudeteile und Betriebsanlagen, die ständig in Kontakt mit Säuren, Laugen, Salzen und auch von Ölen, Fetten und Lösemitteln stehen, sind extrem gefährdet. Die meisten im Hochbau eingesetzten Bau- und Werkstoffe erleiden durch diese Medien starke Schäden oder werden sogar völlig zerstört. Deshalb werden diese zum Beispiel in der Chemie-, Zellstoff-, Papier-, Textil- und Lederindustrie sowie in Galvanisier- und Industrielackierbetrieben vorkommenden Bauwerks- und Anlagenteile im Säurebau hergestellt oder/und durch Säureschutztechniken behandelt. Im Säurebau werden alle massiven Bau- und Anlagenteile aus säurebeständigen Materialien hergestellt. Zum Säureschutz gehören alle Arbeitstechniken zum Aufbringen von säurebeständigen, flüssigkeits- und gasundurchlässigen Beschichtungen, Belägen und Verblendungen, die chemisch stark beanspruchte Gebäude- und Anlagenteile sicher und dauerhaft schützen. Mit dem **Bild 4.5** wird ein grober Überblick über Säurebau und Säureschutz gegeben.

Säurebau

Aufgabe
Planen und herstellen von Bauwerksteilen und Anlagen, die gegen baustoffaggressive chemische Stoffe, mit denen sie während ihrer Nutzung in Kontakt stehen, widerstandsfähig sind.

Technisches Prinzip
Anwendung von Konstruktionen und widerstandsfähigen Bau- und Werkstoffen, die die Betriebs- und Standsicherheit der Bauwerksteile oder Anlagen gewährleisten.

Säureschutz

Aufgabe
Zuätzlicher Oberflächenschutz der im Säurebau hergestellten Bauwerksteile oder Anlagen oder alleiniger Oberflächschutz von Bau- und Werkstoffen, die gegen chemisch affressive Stoffe nicht widerstandsfähig sind.

Technisches Prinzip
Ausführung von undurchlässigen, widerstandfähigen Verblendungen, Belägen und Beschichtungen.

Bild 4.5 Übersicht über den technischen Säureschutz

4.3 Bautenschutz durch Oberflächenvergütung

Bild 4.6 Korrossion der Bewehrung ist die am häufigsten vorkommende Ursache von Schäden an Stahlbetonen, in diesem Fall unzureichende Betondeckung.

4.3.4 Korrosionsschutz

Dazu gehören alle unter den Begriff „aktiver Korrosionsschutz" zusammenzufassenden Maßnahmen, wie zum Beispiel die Beseitigung von Korrosionsmedien, der Einsatz von korrosionsbeständigen Werkstoffen und die korrosionsschutzgerechte Konstruktion von Bau- und Anlagenteilen sowie das Fernhalten von Korrosionsmedien von den gefährdeten Bau- und Anlagenteilen durch widerstandsfähige Überzüge – Letzteres als „passiver Korrosionsschutz" bezeichnet. Die zerstörende Auswirkung der Korrosion an Metallen sowie die an Betonen und anderen nichtmetallischen Werkstoffen häufiger vorkommenden Korrosionsschäden werden einschließlich der Korrosionsschutztechniken in den Abschnitten „5.2 Korrosionsschäden" und „5.2.3 Korrosion u. a. Schäden an Betonen" beschrieben.

4.3.5 Holzschutz

Holzbauteile werden nach DIN 68800 durch vorbeugende Holzschutzmaßnahmen vor Schäden geschützt. Eingeteilt werden diese vorbeugenden Maßnahmen in baulichen Holzschutz und chemischen Holzschutz (**Bild 4.7**). Der Holzschutz umfasst auch alle Maßnahmen zur Bekämpfung von holzzerstörenden Bakterien sowie pflanzlichen und tierischen Holzschädlingen. Im **Bild 4.8** sind die im Bauwesen am häufigsten angewendeten Holzschutz-Arbeitsverfahren dargestellt. Auch der vorbeugende Brandschutz für Holzbauteile gehört zum Holzschutz, zu-

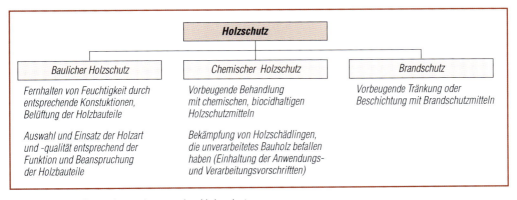

Bild 4.7 Einteilung des vorbeugenden Holzschutzes

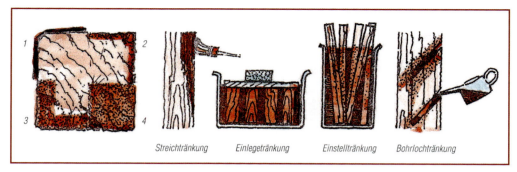

Bild 4.8 Verfahren der Anwendung von chemischen Holzschutzmitteln im Bauwesen

mal die meisten dafür bestimmten chemischen Stoffe das Holz gleichzeitig vor dem Befall durch Holzschädlinge schützen. Ausführlicher werden die Holzschutz- und Brandschutztechniken im Zusammenhang mit den Holzschäden im Abschnitt „5.6 Schäden an Holzbauteilen" beschrieben.

4.4 Chemischer Bautenschutz – Verfahren

Im Altbaubereich müssen vor der Anwendung des chemischen Bautenschutzes die dafür vorgesehen Oberflächen fast ausnahmslos gereinigt werden. Einen Überblick über die im Buch „Historische Beschichtungstechniken" ausführlich beschriebenen Reinigungsverfahren gibt **Tabelle 4.2**.

Den Verfahren des chemischen Bautenschutzes liegen in Hinblick auf die Verhinderung oder Beseitigung von Schäden an Sichtflächen folgende Wirkprinzipien zugrunde:

■ Erhöhen der Resistenz der Bau- und Werkstoffe an der Sichtfläche bzw. im Oberflächenrandbereich gegen äußere, schädigende Einflüsse, z. B. Wasser, saure Luftimmissionsstoffe und Organismen
– entweder durch die Einführung der Lösungen resistenter Stoffe in die Kapillaren und Hohlräume des Baustoffs **(Bild 4.9)**.

Tab. 4.2 Überblick über Verfahren der Oberflächenreinigung

Reinigungsmittel und ihre Einteilung	Anwendbarkeit, Wirkungsweise	Hinweise für die Verarbeitung
Mittel für mechanisch wirksame Reinigungsverfahren		
1. Schleifmittel:		
Schleifpapier, Wasserschleifpapier als Bogen, Scheiben und Streifen mit 25 Schleifkorngrößen und unterschiedlicher Kornhärte, vorrangig Siliciumcarbid, Mohshärte 9,5	Durch Schleifen Verkrustungen, morsche Oberflächensubstanz, Rost, Altbeschichtungen und Verunreinigungen mechanisch abtragen. Verkrustungen, Rostschichten; Körnung 20 – 30. Altanstriche; Körnung 40 – 80 Metall-Oxydationssubstanz 100 – 120	Arbeitsschutz einhalten: Augen-, Haut- und Atemschutz Umweltschutz: Schleifmittel und Schleifstaub auffangen oder aufsaugen und nach Vorschrift entsorgen.
Schleifkörper, z. B. aus Bimsstein und kunstharzgebundenen Siliciumcarbidkörnern	Metall entgraten und Entfernen dicker Rostschichten, grobes Reinigen von Beton, Hartgestein u. a.	
Schleifvlies grob und fein	Reinigen von Profilen, Skulpturen u. a. unebenen Oberflächen.	

4.4 Chemischer Bautenschutz – Verfahren

Tab. 4.2 Fortsetzung

Reinigungsmittel und ihre Einteilung	Anwendbarkeit, Wirkungsweise	Hinweise für die Verarbeitung
Mittel für mechanisch wirksame Reinigungsverfahren		
2. Strahlmittel: Für Freistrahlen (verlorene Strahlmittel), z. B. Schlackensand, Basaltgranulat u. a.	Trockenes Strahlen oder als Zusatz zum Dampf- und Hochdruck-Wasserstrahlen zur Reinigung von Naturstein, Beton, Ziegel und auch Entrostung.	Vollkörperschutz, Schutzhelm mit Frischluftzuleitung; Umweltschutz beachten; Strahlverbot an dünnwandigen und explosivgefährdeten Anlagen.
Für stationäres Strahlen (nicht verlorene Strahlmittel), z. B. Hartgussschrot, Drahtstrahlkorn Elektrokorund u. a.	Entzundern, Entrosten und Raustrahlen von Eisen und Stahl; Elektrokorund auch zum sogenannten Polierstrahlen.	
3. Kaltwasser: evtl. mit Tensidzusatz, drucklos oder sprühen	Vornässen, Reinigen mineralischer Bauoberflächen von wasserbenetzbaren, locker anhaftenden Schmutz	Angrenzende Flächen, vor allem Fenster schützen; Schutzkleidung; Wasser mit umweltgefährdenten Stoffen auffangen und entsorgen.
Mittel für chemisch wirksame Reinigung		
1. Flusssäure- und kieselfluorwasserstoffsäurehaltige Reinigungsmittel: meist stark mit Wasser verdünnt	Hauptsächlich silicatisch gebundene Bauoberflächen, z. B. Beton, Naturstein, Ziegel und Zementmörtelputz reinigen von Schmutz, Kalkresten und Kalkverkrustungen. Vornässen, Absäuern und sofort mehrmals nachwaschen.	Augen- und Hautschutz; angrenzende Flächen und Pflanzenwuchs schützen; Abwasser neutralisieren, erst dann in Abwasserkanal.
2. Salzsäurehaltige Reinigungsmittel: meist stark mit Wasser verdünnt	Vor allem Kalkverunreinigungen auf Ziegel, Klinker und Naturstein; setzt diese in wasserlösliches Calciumchlorid um – auch andere Verunreinigungen; Vornässen, Absäuern und mehrmals nachwaschen.	Wie 1; Konzentration und Einwirkzeit beachten.
3. Alkalische Reinigungsmittel: z. B. natron- oder kalilaugehaltige Mittel	Vor allem fett-, öl-, teer- und rußhaltige Verunreinigungen werden durch Verseifung wasserlöslich. Lauge mit Kunststoffborsten-Bürste reibend aufstreichen, lösen, mehrmals nachwaschen, evtl. neutralisieren.	Wie 1. und 2.
4. Alkalische Abbeizmittel: handelsübliche oder Selbstzubereitung aus Kalkhydrat und Sodalösung	Entfernen von verseifbaren Stoffen, z. B. Fett-, Öl- und Wachsverunreinigungen, Altanstriche auf Öl-, Alkydharz- und Ölemulsionsbasis. Auftragen, einwirken lassen, entfernen, mehrmals nachwaschen, neutralisieren.	Wie 1. und 3.; Vorschriften der Entsorgung beachten.
5. Lösende Abbeizmittel: auch Lösemittelgemische	Wie 4., auch Altanstriche auf Polymerisatharz-, Cellulosenitrat-, Chlor- und Cyclokautschukbasis. Auftragen, einwirken lassen, entfernen, mit Lösemittel abreiben.	Augen-, Haut- und Atemschutz, Brandschutz; vorgeschriebene Entsorgung.

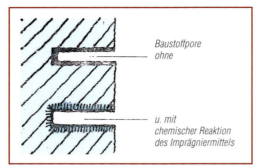 

Bild 4.9 **Bild 4.10**

Bild 4.9 Imprägnieren ohne und mit chemischer Reaktion mit dem Baustoff

Bild 4.10 Hydrophobe Wirkung von Silanen und Siloxanen bei gleichzeitiger Festigung
1 auf Kalk-Zementmörtelputz (Probe); 2 auf Ziegelmauerwerk.

Beispiele:
Mit der Kieselsäureesterlösung, eingeführt in Natursteinhohlräume, wird die Resistenz des Randbereichs der Natursteine gegen Witterungseinflüsse wesentlich erhöht.
Durch die Einführung von Harzlösung in die Kapillaren von Gipsbauteilen kann der sonst wasserunbeständige Gips gegen zeitweilige Wassereinwirkung widerstandsfähig gemacht werden.
– Silan-, Siloxan- und Siliconharzlösungen verhindern durch ihre Abweisung von Regen- und Spritzwasser Putze, Naturstein und Ziegelmauerwerk Feuchtigkeits- und Frostschäden **(Bild 4.10)**
– oder durch die chemische Umwandlung des gegen bestimmte äußere Einflüsse unbeständigen Baustoffs im Randbereich in resistente Stoffe (vgl. Bilder 4.3 und 4.9).

Beispiele:
– Ein phosphorsäurehaltiger Grundanstrich (Washprimer) bildet auf Stahloberflächen durch chemische Reaktion mit dem Stahl und den Inhaltsstoffen des Washprimers (z. B. Chromat, Zinkpigment und Harnstoffharz) eine chemisch mit dem Stahl verbundene, passivierende, korrosionsschützende Grundbeschichtung **(Bild 4.11)**.

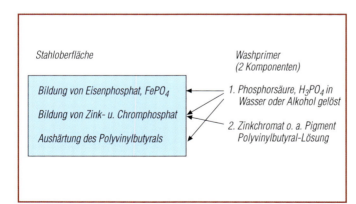 

Bild 4.11 **Bild 4.12**

Bild 4.11 Chemische Vorgänge beim phosphorsäurehaltigen Washprimer-Grundanstrich auf Eisen und Aluminium

Bild 4.12 Festigen von oberflächlich absandendem Kalk- und Kalk-Zementmörtelputz mit verdünntem Kaliumwasserglas (Fixativ).
1 Fixativ zu Wasser 1:1 einbringen; 2 Poren müssen offen bleiben

4.4 Chemischer Bautenschutz – Verfahren

In den Randbereich von quarzsandreichen Kalkmörtelputz eingebrachte Kaliumwasserglaslösung bildet an den Grenzflächen zwischen Quarzsand und Wasserglas Silicate, die die Festigkeit und Witterungsbeständigkeit der Putzoberfläche etwas erhöhen (vgl. **Bild 4.12**).

■ Fernhalten von Wasser und darin gelösten aggressiven Stoffen vom Bau- oder Werkstoff
– entweder durch die Beseitigung der Wasserbenetzbarkeit der Baustoffoberfläche durch hydrophobe Imprägnierungen bzw. Hydrophobierung oder wasserabweisende Anstriche

Beispiele:
Hydrophob eingestellte Silane und Siloxane haben auf porösen mineralischen Oberflächen sowohl eine sehr gut wasserabweisende als auch festigende Wirkung (vgl. Bild 4.10).
Siliconharz-Emulsionsfarben ergeben auf mineralischen Untergründen sehr gut wasserabweisende, diffusionsfähige Anstriche (Wasseraufnahmekoeffizient < 0,1 kg/m² $h^{0,5}$).
– oder durch Versiegelung, z. B. mit wasserundurchlässigen Anstrichsystemen oder Spachtelschichten auf Polyurethan- und Epoxidharzbasis. Dieser hermetische Abschluss gegenüber Luft, Wasser und anderen Medien führt zu vollständigem Verlust der Diffusionsfähigkeit.

Verfahren für mineralische Bau- und Werkstoffoberflächen
■ **Okratierverfahren**
Angewendet wird das Verfahren zur Behandlung von neuen Betonteilen zwecks Erhöhung ihrer chemischen Beständigkeit. Die Teile werden im Autoklav bei 4 bis 6 bar gasförmigem Siliciumtetrafluorid, SiF_4, ausgesetzt, das mit dem vorhandenen Calciumhydroxid zu chemisch beständigem Calciumfluorid, CaF_2 reagiert und ebenso resistentes, härtendes Siliciumhydrat bildet.

$$2Ca(OH)_2 + SiF_4 \rightarrow 2CaF_2 + Si(OH)_4$$

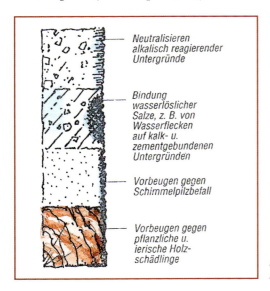

Bild 4.13 Anwendungszwecke von Fluaten, besonders Zinkfluat

■ **Fluatieren**
Die Anwendung von Fluaten (Salze der Fluorokieselsäure $Me(SiF_6)$, vorzugsweise von Zinkfluat, $ZnSiF_6$, kann verschiedenen Zwecken dienen **(Bild 4.13)**.
Beim Fluatieren von kalkhaltigen Baustoffen, z. B. Kalk- und Zementmörtelputz, Beton und Kalkstein, reagiert das Zinkfluat mit Calciumcarbonat oder Calciumhydroxid zu Calciumfluorid und bildet außerdem Zinkfluorid und Siliciumdioxid.

$$2CaCO_3 + ZnSiF_6 \rightarrow 2CaF_2 + ZnF_2 + SiO_2 + 2\,CO_2$$
$$2Ca(OH)_2 + ZnSiF_6 \rightarrow 2CaF_2 + ZnF_2 + SiO_2 + 2H_2O$$

Obzwar die entstandenen Reaktionsprodukte chemisch resistent sind, ist die durch Fluatieren erreichte Oberflächenfestigung gering, weil die an der Oberfläche einsetzende Reaktion keine Tiefenwirkung zulässt. Sollen Anstriche folgen, muss nach dem Trocknen der Fluatierung das an der Oberfläche evtl. chemisch nicht gebundene Fluat abgewaschen werden.

Außerdem können durch Fluatieren alkalisch reagierende Putz- und Betonoberflächen neutralisiert, durch Anstrich durchschlagende Salze trockener Wasserflecke gebunden und Schimmelpilzsporen abgetötet werden.

Stark saures Zinkfluat wird zum Aufätzen von Kalksinterhäuten auf Kalk- und Zementmörtelputz vor der Ausführung von Silicatfarbenanstrichen sowie zur Reinigung von eisen- und manganoxidfreien Naturstein-, Putz- und Betonoberflächen eingesetzt.

■ **Imprägnierung**
Die Begriffe Imprägnieren und Tränken von porigen mineralischen Baustoffen sind vom arbeitstechnischem Vorgang und vom Zweck her synonym; doch besteht ein wesentlicher Unterschied zwischen dem Imprägnieren mit dünnflüssigen Stoffen, die mit dem Baustoff chemisch reagieren und der Imprägnierung, bei der das Imprägniermittel in den Hohlraum des Baustoffs eingebracht wird, ohne mit ihm chemisch zu reagieren (vgl. Bild 4.9).
Bei Ersterem entsteht zumindest an der Grenzfläche zwischen Baustoff und Imprägniermittel (an den Kapillarwandungen) ein neues Produkt, das die Qualität der Imprägnierung weitgehend bestimmt. Bei rein physikalischer Einbindung des Imprägniermittels bestimmt es allein die Qualität der Imprägnierung.

Wichtige Hinweise für das Imprägnieren
■ Der Feststoff der Imprägniermittel darf die Kapillaren und andere Höhlräume der Baustoffe nicht ausfüllen, sondern sie nur durch Haftung an den Hohlraumwandungen verengen, damit das Diffusionsvermögen des imprägnierten Baustoffes weitgehend erhalten bleibt. Deshalb soll der Feststoffanteil der Imprägniermittel gering sein – möglichst unter 10 %. Das Imprägniermittel muss nach dem Aufbringen unverzüglich aufgesaugt werden.
■ Ein tieferes Eindringen der Imprägniermittel setzt voraus, dass sich in den Kapillaren kein Wasser befindet, d. h. dass der Baustoff trocken ist.
Wird mehrmals imprägniert, dann folgt der zweite oder dritte Arbeitsgang unmittelbar nach dem Aufsaugen des vorhergehend aufgebrachten Imprägniermittels, weil durch eine Zwischentrocknung ein weiteres und tiefergehendes Aufsaugen verhindert würde.
■ An senkrechten Flächen wird von unten nach oben zu imprägniert, weil bei umgekehrter Arbeitsweise herablaufendes Imprägniermittel die Aufnahmefähigkeit des Baustoffs vorzeitig einschränkt.

Imprägnieren mit chemischer Reaktion
Am häufigsten wird das Tränken von porigen, quarzhaltigen Baustoffen mit Kaliumwasserglaslösung und Kieselsäureestern angewendet.

■ **Kaliumwasserglas-Tränkung** (Bild 4.12)
Die wasserverdünnte Kaliumwasserglaslösung,

$K_2O \cdot n\,SiO_2 \cdot x\,H_2O$

bildet in den Poren von unzureichend festem Kalk- und Zementmörtelputz oder von Sandstein, in die es eingebracht wurde, durch Reaktion mit Luftkohlendioxid und unter Ausscheidung von Kaliumcarbonat Kieselgel, das mit dem Quarz an den Baustoffoberflächen unter Bildung von Silicaten chemisch reagiert.

$K_2O \cdot n\,SiO_2 \cdot x\,H_2O + CO_2 \rightarrow n\,SiO_2 \cdot y\,H_2O + K_2CO_3$

Das chemisch resistente Kieselgel bindet z. B. in der durch Verwitterung morschen Randzone von Putz und Sandstein die freiliegenden Quarzkörner wieder ein. Obzwar bei mehrmaligem nass-in-nass-Auftragen des stark verdünnten Kaliumwasserglases eine gute Penetration und

4.4 Chemischer Bautenschutz – Verfahren

Tiefenwirkung erreicht wird, darf es keinesfalls zur Ausfüllung der Hohlräume mit Kieselgel und Kaliumcarbonat und damit zur Bildung einer spannungsreichen Schale kommen. Sobald die Lösung nicht mehr unmittelbar nach dem Aufbringen aufgesaugt wird, ist das Imprägnieren zu beenden. Das ausgeschiedene, wasserlösliche Kaliumcarbonat (Pottasche) reagiert stark alkalisch. Deshalb ist durch Fluatieren zu neutralisieren, wenn die imprägnierte Fläche alkaliunbeständige Anstriche u. a. erhalten soll.

■ **Kieselsäureester-Tränkung**
Verbindungen der Kieselsäure mit Alkoholen, die Kieselsäureester, z. B. Ethylsilicat, $Si_5O_4(OR)_{12}$, bilden nach der Einführung in die Hohlräume des Baustoffs durch Hydrolyse und Kondensation unter Abspaltung von Alkohol und Wasser hochmolekulares Siliciumdioxid, das mit dem Quarz des Baustoffs fest verkieselt.

■ **Hydrolyse**

$$Si_5O_4(OR)_{12} + 12H_2O \rightarrow Si_5O_4(OR)_{12} + 12ROH$$
(ROH = Ethanol)

■ **Kondensation**

$$Si_5O_4(OH)_{12} \rightarrow Si_5O_{10} + 6H_2O$$

Die Kieselsäureesterlösung dringt infolge ihrer guten Penetrierfähigkeit und der langsamen chemischen Reaktion tief in die Hohlräume von Putzen, Beton, Ziegel, Sand- und Kalkstein ein. Die festigende Wirkung beruht auf der Auskleidung der Hohlräume mit dem resistenten Siliciumdioxid. Alkylgruppenhaltige Kieselsäureester haben zusätzlich hydrophobierende Wirkung und werden auch für die Mauerwerksdichtung durch Injektage eingesetzt (vgl. Bild 4.10).

Imprägnieren ohne chemische Reaktion
Eingesetzt werden Kunstharzlösungen, deren Feststoffanteil 10 % nicht übersteigen soll, damit sie gut penetrierfähig sind und die Baustoffhohlräume nur auskleiden und nicht ausfüllen. Da Imprägnierungen die Diffusionsfähigkeit der Baustoffe nicht stärker verringern dürfen, ist ein Porenverschluss infolge eines Überangebotes an Harz zu vermeiden. Kunstharz-Imprägnierungen sind neben ihrer festigenden Wirkung wasserabweisend.
Die am häufigsten für Imprägniermittel eingesetzten Kunstharze sind Polymerisatharze, meist als Co- und Terpolymere der Monomere Methacrylat, Vinylchlorid, Ethylen, Styrol und Vinylacetat und Reaktionsharze, vor allem aminhärtende Epoxidharze sowie Polyurethan- und Polyesterharz bildende Reaktionspartner.

Sichtflächenhydrophobierung durch Imprägnieren
Die Abweisung von Regen- und Spritzwasser mit Hilfe von hydrophobierten mineralischen Baustoffen, Putzen, Kalk- und Silicatfarbenanstriche von Fassaden und anderen Bauteilen kann für Bauwerke folgende Vorteile haben (vgl. Bild 4.10):

■ Schutz der Wände vor Durchfeuchtung, die ihren Wärmedurchlasswiderstand stark verringern würde und zu Schäden, z. B. Absprengungen und Rissen durch Frost, Ausblühungen, Schimmel und Fäulnis führen kann.
■ Schutz der Baustoff-, Putz- oder Anstrichoberflächen vor schneller Verwitterung vor dem Einschwemmen von Staub und Ruß, d. h. vor Verschmutzung.

Die hydrophobierende Imprägnierung ist stets der letzte Arbeitsgang der Sichtflächenbehandlung. Hydrophobierungsmittel werden auf die gereinigten, trockenen Oberflächen von unten nach oben durch Streichen oder druckluftloses Spritzen satt fließend aufgebracht.

Als Hydrophobierungsmittel werden eingesetzt:
■ Silan- und Siloxanlösungen in Alkoholen
■ Siliconharzlösungen in Kohlenwasserstoffen

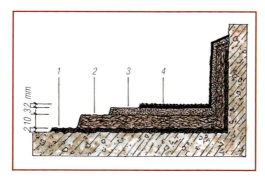

Bild 4.14 Aufbau einer Epoxidharz-Versiegelung auf einen Betonfußboden und -sockel, die mechanisch und durch Wasser beansprucht werden
1 Epoxidharz-Grundierung;
2 Spachtel, gefüllt, faserbewehrt;
3 Feinspachtel;
4 Anstrich mit eingestreutem Quarzgranulat (rutschsicher)

■ Siliconatlösungen mit Wasser verdünnt, z. B. Kalium- und Natriummethylsiliconat. Letztere scheiden weißliches Natriumsalz aus und können deshalb nicht für farbige Sichtflächen verwendet werden.
■ Sonstige unter „Imprägnieren ohne chemische Reaktion" genannte, stark verdünnte Kunstharzlösungen.

Versiegeln mineralischer Baustoffe
Unter Versiegeln versteht man den vollständigen Abschluss mineralischer Baustoffe gegen den Einfluss von Luft u.a. Gasen und Flüssigkeiten mit streich- oder spachtelbaren, gefüllten oder ungefüllten Kunstharzlösungen **(Bild 4.14)**.
Porige Baustoffe erhalten vor dem Versiegeln einen Grundanstrich mit dem stark verdünnten Harz.

Voraussetzungen für das Versiegeln sind:
– Trockener, fester Untergrund, der der starken Spannung der Versiegelung widersteht,
– Baukörper, in den von der Seite, die der Versiegelung gegenüber liegt, keine Feuchtigkeit eindringt.

Bild 4.15 Treppe mit Epoxidharz-Versiegelung mit eingebundenem farbigen Gesteinsgranulat, dadurch auch dekorativ und rutschsicher

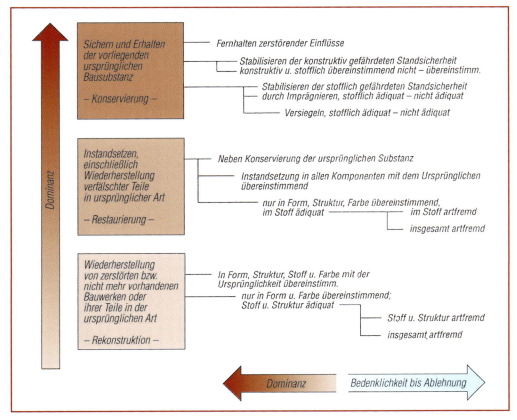

Bild 4.16 Maßnahmen der Bauwerks-Denkmalpflege

Zum Versiegeln eignen sich vor allem Epoxidharze, Polyurethanharze und andere Reaktionsharze, weil sie dickschichtig aufgetragen werden können und gegen mechanische und chemische Angriffe sehr widerstandsfähig sind. Mehrere Schichten werden vor Abschluss der Aushärtung des vorangegangenen Auftrags aufgebracht, damit sich die Schichten chemisch verbinden. Auf Fußböden kann die Oberflächenglätte zur Vermeidung der Rutschgefahr durch Einstreuen von Quarzgranulat in die frische Harzschicht abgestumpft werden **(Bild 4.15)**.

4.5 Schutzmaßnahmen an denkmalgeschützten Objekten

Der praktischen Umsetzung des Bau-Denkmalschutzes liegen die drei arbeitstechnischen Maßnahmen
Konservieren, Restaurieren und Rekonstuieren
zugrunde, die sich in ihren Verfahren besonders beim Instandsetzen der Bauwerksoberflächen häufig überschneiden. Aus **Bild 4.16,** das einen Überblick über diese Maßnahmen und Verfahren gibt, geht hervor, dass im Denkmalschutz das Sichern und Erhalten der ursprünglichen, ggf. noch vorhandenen Bausubstanz den Vorrang hat.

Abweichungen von der Ursprünglichkeit auf konstruktivem und stofflichem Gebiet sind nur dann möglich, wenn die nicht mehr gegebene oder bedrohte Standsicherheit durch die Anwendung der ursprünglichen Konstruktion oder des ursprünglichen Material nicht erreichbar ist.

4.5.1 Voraussetzungen für denkmalgerechte Instandsetzung

Für die Planung und Vorbereitung der Instandsetzung von Fassaden und Räumen denkmalgeschützter Gebäude sind folgende Voraussetzungen unverzichtbar:

- Einheitliche Interpretation und klare Zielstellung für die Instandsetzung
- Zusammenarbeit aller an Planung, Vorbereitung, Ausführung, Kontrolle und Abnahme der Instandsetzungsarbeiten Beteiligten. Besonders wichtig ist die Zusammenarbeit von Eigentümer, Auftraggeber und Auftragnehmer, meist Handwerksbetriebe, mit der Denkmalschutzbehörde. Im **Bild 4.17** ist diese Zusammenarbeit und die sich daraus ergebenden wechselseitigen Beziehungen dargestellt.
- Ausreichende Disponibilität und Komplexität des Wissens, in der Entscheidungsfindung und bei den daran beteiligten Handwerkern in den für die denkmalgerechte Ausführung erforderlichen Kenntnissen und Fertigkeiten **(Bild 4.18)**.

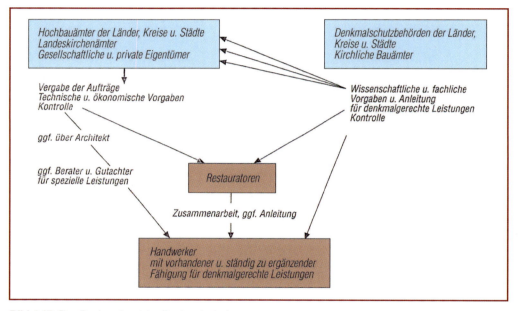

Bild 4.17 Das Bauhandwerk im Denkmalschutz

4.5.2 Schwerpunkte der Instandsetzung von Sichtflächen historischer Bauwerke

An Beispielen aus der Geschichte, aber auch schon aus der Gegenwart der Baukunst kann an zahlreichen Beispielen die für die Funktionsfähigkeit und Dauerhaftigkeit der Bauwerke vorteilhafte Wechselwirkung zwischen aufeinander abgestimmten stofflichen, ästhetischen und bauphysikalischen Qualitätsmerkmalen bewiesen werden. Die hohe Lebensdauer historischer Bauwerke ist gerade auf diese Harmonie zurückzuführen.

Die Störung des harmonischen Gleichgewichts in der Stoffart und den daraus resultierenden Unterschieden in der Festigkeit, Porosität, Dehnbarkeit, im Alterungsverhalten und anderen technischen Eigenschaften zwischen Mauerwerk, Putz und Anstrich sowie die Vernachlässigung der Instandhaltung haben i. d. R. zu schweren Schäden und zu Verfallserscheinungen an historischen Bauwerken geführt **(Bild 4.19)**. Es soll hier nur an die verheerenden Auswirkungen erinnert werden, die die Einführung des Zements in die bislang kalkgebundene historische

4.5 Schutzmaßnahmen an denkmalgeschützten Objekten

Wissen
- *Stilepochen*
- *Arten*
- *Zeitbestimmung*
- *Architekturmerkmale*
- *Bezeichnung der Bauwerksteile*
- *Materialien*
- *Struktur und Farben*

Kenntnisse
- *Historische Arbeitstechniken seines Berufs*
- *Anwendbarkeit*
- *Vorbereitung*
- *Art, Auf- oder Zubereitung u. Verarbeitung der Materialien*

Fertigkeiten
Sichere Handhabung historischer Werkzeuge

Bild 4.18 Wissen, Kenntnisse und Fertigkeiten des im Denkmalschutz tätigen Handwerkers

Bausubstanz mit sich brachte und auch an die Zerstörung kalkgebundener Fassadenputze durch Anstrichkrusten auf Basis von Ölfarben- und Dispersionsfarben.

Zur Sicherung der hier angesprochenen Harmonie sollte Folgendes bei Instandsetzungsarbeiten an historischen Bauwerken besonders beachtet werden:

■ Putz, Anstrich, kurzum die Oberflächengestaltung müssen, sofern sie erneuert werden, architektonisch und stofflich – strukturell mit der vorhandenen historischen Bausubstanz im Einklang stehen **(Bild 4.20)**.

■ Die in der Denkmalpflege bevorzugten herkömmlichen Technologien sollten in ihren chemischen und physikalischen Vorgängen, z. B. der Carbonatisierungsvorgang zwischen frischem Putz und Kalk- oder Caseinfarben, voll genutzt werden.

Bild 4.19   **Bild 4.20**

Bild 4.19 Vernachlässigung der Instandhaltung historischer Bauwerke über lange Zeit führt vor allem an ihren Fassaden zu schweren Schäden.

Bild 4.20 Sehr sorgfältig denkmalgerecht mit Kalkmörtelputz und einen mit Silicatlasur getönten Silicatfarbenanstrich instandgesetzte Fassade der „Alten Münze" in Saalfeld

Bild 4.21 *Auf ökologisch-biologische Art durch eine Lehmschicht mit Grasbewuchs (hier kurz nach der Aussaat) mit verrottungsfähigen Kokosfasernetzen gesicherte Mauerkrone der kriegszerstörten Stadtkirche in Zerbst (Foto: Prof. Kreuziger)*

■ Vom Hersteller in der Zusammensetzung nicht offengelegte Mörtel, Anstrichstoffe, Malfarben usw. sind grundsätzlich abzulehnen. Auch mit geringfügigen Zusätzen modifizierte mineralische Beschichtungsstoffe sind nur unter Vorbehalt einzusetzen.

■ Die Industrie sollte nicht nur bestrebt sein, ihre marktgängigen Fertigprodukte in der Denkmalpflege zu etablieren, sondern dem Denkmalpfleger auch reine Ausgangsstoffe, wie z. B. Weißkalkteig, Zuschläge aller Art, Reinpigmente, Caseinpulver, Glutinleime und andere Bindemittel besser als bisher zur Verfügung zu stellen.

■ In der Bauwerksdenkmalpflege sollte wie im Bauwesen insgesamt der ökologische Aspekt von Baumaßnahmen stärker berücksichtigt werden. Da dafür ohnedies auf Naturstoffbasis aufbauende, historische Bau- und Beschichtungsstoffe bevorzugt, bzw. meist eingesetzt werden müssen, ergibt sich die Lösung dieser Aufgabe oft von selbst. Ein Beispiel einer Baumaßnahme auf ökologischer Grundlage ist die Sanierung der 1,45 m breiten Mauerkrone der kriegszerstörten Stadtkirche „St. Nicolai" in Zerbst. Unter Anleitung durch die Herren *Prof. Dr. Kreuziger* und *Dipl.-Ing. (FH) Marco Dittwe* von der Hochschule Magdeburg-Stendal (FH), Fachbereich Bauwesen, wurde nach dem Aufmauern von drei Schichten mit historischen Ziegeln und einem Kalk-Sand-Ziegelmehlmörtel eine Lehm-Sand-Schicht aufgebracht, in die heimische Grasarten eingesät wurden. Ein aufgelegtes weitmaschiges, später verrottendes Kokosfasernetz schützt den jungen Grasbewuchs vor Sturm und Regenausschwemmung. Diese mit den Mauerbaustoffen unmittelbar im Kontakt stehende, schöne Begrünung führt im Gegensatz zu undurchlässigen Abdeckungen aus Blech oder mit Bewuchswannen zur hydrologischen und thermischen Entspannung der Mauerkrone **(Bild 4.21)**.

Weiterführende, konkrete Informationen über die sehr vielseitigen Arbeitstechniken zur Sichtflächengestaltung historischer Bauwerke enthält das Buch „Historische Beschichtungstechniken".

5 Schäden an Baustoffoberflächen

Die Baustoffoberflächen der Wände und Decken und vieler anderer statisch-konstruktiver Bauteile bilden an Gebäuden und technischen Anlagen entweder die Sichtflächen oder den Träger für Vorsatzschichten, Putze, Anstriche und Beläge. Sie sind mit ihrer Festigkeit und Resistenz gegen äußere Einflüsse sowie durch ihre Farbe und Struktur in hohem Maße an der dauerhaften Standfestigkeit und optischen Erscheinung, kurzum an der Funktionstüchtigkeit der Bauwerke beteiligt. Schadhaftigkeit der Baustoffoberflächen führt zur Abwertung der Qualität und der Funktionstüchtigkeit.

Schäden an den Sichtflächen sind nur selten auf mangelhafte Qualität der Baustoffoberflächen selbst zurückzuführen, sondern sind zumeist das äußere Erscheinungsbild von Mängeln und Schäden in der tieferliegenden Bausubstanz mit unterschiedlicher Auswirkung:

Bild 5.1 Die Natursteinkorrosion an einem Strebepfeilerbogen eines gotischen Doms beeinträchtigt die Standsicherheit.

- Minderung der statischen oder/und schützenden Funktion der betroffenen Massivbaustoffe, z. B. durch Korrosion, Absanden, Absprengungen, treibende Salze, Fäulnis und Pilzbefall **(Bild 5.1)**.
- Gefährdung der Standsicherheit der betroffenen Bauteile, z. B. durch statisch bedingtes Reißen, Setzen, Sprengen und Brechen.
- Beeinträchtigung der optischen Erscheinung der Gebäude und Anlagen, z. B. durch fleckige oder ganzflächige Verfärbungen, Ausblühungen, Durchfeuchtung und Versottung.

Die genannten schweren Schäden führen immer zu Qualitätsverlust im Erscheinungsbild der betroffenen Bauteile.

5.1 Übersicht

Mit der **Tabelle 5.1** wird ein Überblick der in diesem Kapitel beschriebenen Baustoffoberflächen mit ihren Eigenschaften, möglichen Gefährdungen und Schädigungen gegeben. Außerdem ist anhand dieser Tabelle eine Vororientierung über die Ursachen der in alphabetischer Reihenfolge beschriebenen Schäden möglich.

Tab. 5.1 Übersicht zu Schäden an Baustoffoberflächen

Baustoffe	Mögliche Schäden	Ursachen* 1	2	3	4
Baumetalle	Ebenmäßige Korrosion	■	■		
	Erosionsschäden u. Verschleiß		■		
	Kavitationsschäden				■
	Kontaktkorrosion			■	
	Risse und Brechen			■	■
	Selektive Korrosion	■	■		
Betone	Absprengungen		■	■	
	Ausblühungen			■	
	Auslaugen u. Absanden	■	■		
	Erosions- u. Abriebschäden		■		■
	Korrosionsschäden		■		
	Risse u. Brechen		■	■	
	Schalungsölflecke			■	
	Treiberscheinungen	■	■		
Keramische Baustoffe	Ausblühungen	■	■		
	Aussprengungen	■	■		
	Durchfeuchtung		■		
	Risse	■	■		
	Zerfall	■	■		
Natursteine	Absanden	■	■		
	Absprengungen		■	■	
	Ausblühungen			■	
	Verkrusten		■		
	Zerfall		■		
Lehmbauteile	Absprengungen		■		
	Festigkeitsverfall		■		
	Schwindrisse	■		■	
Holzbauteile	Bläuepilzbefall		■	■	
	Fäulnis		■		
	Harzausfluss	■			
	Insektenbefall		■		■
	Schwammbefall		■	■	
	Verfärbung u. Vergrauung		■		
	Vermorschung		■		
Kunststoffe	Korrosion	■	■		
	Quellen, Anlösen		■		
	Versprödung, Reissen u. Brechen	■	■		

* 1 Baustoffqualität mangelhaft; 2 Baustoffeinsatz falsch, z. B. Beanspruchung bei der Planung und Konstruktion nicht berücksichtigt; 3 Baustoffverarbeitung falsch, z. B. bei ungünstiger Witterung, Kontakt zwischen fügeunverträglichen Baustoffen; 4 schwer einschätzbare Beanspruchung, z. B. an Flüssen und im Hochgebirge

5.2 Korrosionsschäden

Die Bau- und Werkstoffe von Gebäuden, Produktions- und Verkehrsanlagen und anderer technischer Objekte sind ständig äußeren Einflüssen ausgesetzt. Es können physikalische Vorgänge, z. B. Druck, Reibung und Wärmeausdehnung oder chemisch wirksame Stoffe, z. B. Luftsauerstoff, Wasser und ihre möglichen Verunreinigungen sowie Säuren und Salze oder auch beides sein. Die Einflüsse auf die Bau- und Werkstoffe ergeben sich entweder an ihrem Standort aus der Umwelt, z. B. starke Temperaturschwankungen, hohe Luftfeuchte, Verbrennungsabgabe und Mikroorganismen oder aus ihrer Nutzung, z. B. die Einwirkung von Reibung, Meerwasser und Chemikalien **(Bild 5.3)**.

5.2 Korrosionsschäden

Bild 5.2 Durch den Wellenschlag und die Salze im Meerwasser allmählich verursachte Erosionskorrosion an einer Beton-Küstenschutzmauer auf der Insel Rügen. Das Fundament und der Betonzuschlag aus Granit sind unversehrt geblieben.

Die meisten Bau- und Werkstoffe sind durch äußere Einflüsse gefährdet, am häufigsten durch Korrosion. Als Korrosion kann jede von der Oberfläche ausgehende unerwünschte Zerstörung von Bau- und Werkstoffen durch chemische und bei Metallen außerdem durch elektrochemische Reaktion mit ihrer Umgebung bezeichnet werden. Die Korrosion tritt häufig im Zusammenhang mit Zerstörungsvorgängen physikalischer Art auf. Die folgenden Beispiele zeigen, dass es sich dabei um Vorgänge handelt, die entweder die Einwirkung des Korrosionsmediums auf den Bau- oder Werkstoff fördern oder die die Produktionsprodukte (Rost, Salze u. a.) von dem unversehrten Werkstoff abtragen oder aus dem Werkstoffgefüge herauslösen **(Bild 5.2)**.

Beispiele zur Mitwirkung physikalischer Vorgänge bei der Korrosion
■ Unter dem Einfluss aggressiver Medien stehender Stahl von Anlagen Maschinen u. a. wird gleichermaßen durch Korrosion und Erosion (physikalischer Vorgang) angegriffen, wenn diese Flüssigkeiten eine hohe Strömungsgeschwindigkeit aufweisen. Die Zerstörung wird deshalb als „Erosionskorrosion" bezeichnet.
■ Aus dem Beton von Wasserbauten, der ständig dem Wellenschlag und den Salzen des Meerwassers ausgesetzt ist, wird allmählich das durch den Salzeinfluss korrodierende Zementbindemittel durch Erosion herausgelöst **(Bild 5.2)**.

Da die Korrosion am häufigsten an Metallen und Stahlbeton vorkommt, wird sie gemeinsam mit dem erforderlichen Korrosionsschutz in diesem Buch in einen gesonderten Abschnitt ausführlich beschrieben.

5.2.1 Auswirkung der Korrosion

Für alle Wirtschaftsobjekte wird technisch und zeitlich eine optimale Funktionstüchtigkeit erwartet. Eine Voraussetzung ist dafür, dass sie gegen Einflüsse, die sich an ihrem Standort oder aus der Nutzung ergeben, resistent sind; hinsichtlich ihrer Bau- und Werkstoffe und Konstruktion ist das aber häufig nicht der Fall. Ungeschützt unterliegen sie der Korrosion, die ihre Funktionstüchtigkeit herabsetzen oder sogar sie zerstören würde. Korrosion würde auch ihre technische Sicherheit in Frage stellen. Daraus ist ersichtlich, dass die Korrosion und der erforderliche Korrosionsschutz ein beachtliches volkswirtschaftliches Faktum darstellen.

Die technische Auswirkung von Korrosionsschäden und die sich daraus ergebenden wirtschaftlichen Verluste sind im **Bild 5.4** aufgeführt. Die durch Korrosion und den Korrosionsschutz möglichen wirtschaftlichen Verluste können direkter Art sein, z. B. Zerstörung von

Metall und anderen Werkstoffen und Aufwendungen für den Korrosionsschutz oder es sind indirekte Verluste, z. B. Produktionsausfall infolge Korrosionsschäden und deren Beseitigung. Letztere, zu denen auch Havarien und die dadurch verursachten Gefahren für Menschen und die Umwelt gehören, können ein sehr großes Ausmaß haben. In der **Tabelle 5.2** sind die direkten und indirekten wirtschaftlichen Verluste, die auftreten können, zusammengefasst.

Korrosion u. a. Zerstörung ■ sehr stark, unbeständig □ stärkere Angriffe möglich, Resistenz unsicher Leeres Feld: Keine zerstörenden Angriffe, allgemein resistent [1] auch für Säureschutz	Landatmosphäre	Saure Luftimmision	Meeresatmosphäre	Wasser bos 50°C	Meerwasser	Industrieabwasser	Starke Alkalien	Anorganische Säuren	Sulfatlösungen	Chloridlösungen	Ammoniumlösungen	Mineralöl, Fette	Warmluft bis 200°C	Temperatur bis -50°C	Feuer	Organismen, Pilze u. a.	Druck, Reibung, Zug
Metall-Baustoffe																	
Gusseisen	□	□	■	□	■	■		■	□	□			□				□
Stahl, unlegiert	■	■	■	■	■	■		■	□	□				□			
Stahl, hochlegiert								■						□			
Zink		■		□	■	■		■	□	□				□	■		□
Kupfer					□	□	□	□		■						■	
Blei [1]												■				■	□
Aluminium							■	■	□	□						■	□
Nichtmetall-Baustoffe																	
Beton, Portlandzement		□				□		■	■	□	□	□			■		
Beton, sulfatb. Zement								■			□				■		
Stein, Putz, kalkhaltig		■			■	■	■	■	■	■	■	□			■	□	□
Ziegel				□	□	□			□	□	□		□				□
Baukeramik, gesintert [1]																	
Glas, Email [1]						□							□		■		■
Holz, hart						■	□								■	■	
Holz, weich						■	□						■		■	■	□
Polyvinylchlorid, hart [1]												■	■	■			■
Polyethylen, hart [1]												□	■	■	■		□
Kautschuk [1]												□	□	□	■		
Beschichtungsstoffe																	
Epoxidharz [1]						□							□				
Polyurethan						□	□			□			□		■		
Aminoharze [1]						□	□			□			□				
Siliconharz [1]						□	□						□				
Alkydharz				■	■	■	■	■	■	■	□	■	□	■		□	
Öllacke					■	■	■	■	■	■	■	□			■	□	□
Bitumen [1]						■	□			□	■	■			■		■

Bild 5.3 Übersicht über die Gefährdung von Bau- und Beschichtungsstoffen durch Korrosion u. a. äußere Einflüsse mit Schlussfolgerungen über ihre Resistenz

5.2 Korrosionsschäden

Tab. 5.2 Wirtschaftliche Verluste infolge von Korrosion bzw. Korrosionsschutz

Einteilung	Art der wirtschaftlichen Verluste
Direkte Verluste (durch Korrosion und den Korrosionsschutz verursachte Kosten)	■ Baustoffe, Metalle u. a., die durch Korrosion zerstört werden. ■ Baustoffe, Metalle und erforderliche Arbeitszeit für den Ersatz der zerstörten Teile oder für deren Reparatur ■ Arbeitsaufwand für korrosionsschutzgerechte Planung und Konstruktion von Anlagen u. a. (Bild 5.11). ■ Einsatz von korrosionsbeständigen Metallen, Bau- u. a. Werkstoffen (Bild 5.3). ■ Bau- oder Werkstoff-Mehraufwand für Überdimensionierung als Korrosionssicherheitsfaktor ■ Abschwächung der Aggressivität von Korrosionsmedien, z. B. durch Zusatz von Korrosionsinhibitoren zum Wasser von Kraftwerken ■ Aufwendungen für den elektrochemischen Korrosionsschutz für metallische Objekte im Erdboden oder Wasser ■ Aufwendungen für Metall-, Kunststoff- und Anstrichstoffbeschichtungen, die Korrosionsmedien von den zu schützenden Bau- und Werkstoffen fernhalten sollen.
Indirekte Verluste (Kosten für die wirtschaftliche Auswirkung von Korrosionsschäden)	■ Durch Korrosionsdurchbrüche aus Behältern, Rohrleitungen u. a. verlorengehende flüssigen und gasförmigen Produkte sowie durch Korrosionsschäden an elektrischen Anlagen verlorengehende elektrische Energie ■ Produktionsausfall durch Korrosionsschäden, die zu Betriebsstörungen, Stilllegung und Havarien führen können ■ Verunreinigung von Erzeugnissen in Behältern, Rohrleitungen u. a. mit korrodierenden Innenwandungen ■ Rohre, die infolge abgelagerter Korrosionsprodukte verengt sind, erfordern für den Flüssigkeitstransport einen höheren Energieaufwand ■ Wärmeverluste durch Rostablagerungen in Heizungsanlagen ■ durch Korrosion verursachte Explosionen, Brände und Havarien können Gesundheit und Leben von Menschen und die Umwelt gefährden.

Kostenaufwand

Vorbeugender Korrosionsschutz
Korrosionsschutzgerechte Konstruktionen, Materialauswahl, Bauausführung
Beseitigung oder Abschwächung korrosiv wirkender Medien

Verluste durch Korrosion
Bau- und Werkstoffzerstörung
Ausfall oder Minderung der Funktion der von der Korrosion betroffenen Objekte
Umweltbelastung durch Korrosionsprodukte

Bild 5.4 Wirtschaftliche Auswirkungen der Korrosion

5.2.2 Metallkorrosion

Nach der Art der Reaktion des Werkstoffs auf das von der Oberfläche her einwirkende Korrosionsmedium wird zwischen der chemischen und der elektrochemischen Korrosion unterschieden. Chemische Korrosionsvorgänge kommen bei Metallen seltener vor; meist sind es elektrochemische Reaktionen, die bei Nichtmetallen nicht auftreten können.

Chemische Metallkorrosion
An chemischen Korrosionsvorgängen an Metallen ist kein Wasser beteiligt, sondern trockene Gase, z. B. Sauerstoff, Chlorwasserstoff und Schwefeldioxid. Meist besteht die Metallkorrosion aus einem Vorgang, in dem die Oxidation und Reduktion zur gleichen Zeit ablaufen.

Beispiel: Chemische Korrosion von Zink durch trockenes Chlorwasserstoffgas

Elektrochemische Metallkorrosion

Dabei treten in Gegenwart eines stromleitenden Elektrolyten, z. B. Feuchtigkeit oder sauer reagierendes Wasser, elektrische Ladungsträger auf. Die Gesamtreaktion besteht aus mindestens zwei gleichzeitig ablaufenden Teilreaktionen; einer anodischen, die Elektronen liefert, und einer katodischen, die Elektronen verbraucht. Diesem Vorgang liegt die Bildung von Korrosionselementen zugrunde, die auch als Lokalelemente bezeichnet werden, weil ihr Wirkungsbereich sehr klein ist (meist < 1 mm^2). Sie bestehen aus einem metallisch katodischen Bereich (der Katode) und dem metallisch anodischen Bereich (der Anode), die beide durch den stromleitenden Elektrolyten miteinander verbunden sind. Im Korrosionselement geht immer das Metall mit dem negativen Standardpotential, die Anode, unter Abgabe von Elektronen in Lösung – es korrodiert.

Ursachen für die Bildung von Korrosionselementen – Bilder 5.5 bis 5.9

- zwei verschiedene Metalle mit unterschiedlichem Standardpotential, die bei Anwesenheit eines Elektrolyten in Kontakt stehen.
- verschiedene Stoffe an der Metalloberfläche, z. B. unterschiedliche Gefügebestandteile aus dem Herstellungsprozess oder in Legierungen.
- unterschiedliche Spannungen im Metall durch Verformung und Belastung
- stoffliche Unterschiedlichkeit des Elektrolyten, besonders in der Sauerstoffkonzentration
- örtliche Unterschiede der physikalischen Einflüsse, z. B. der Temperatur

Die Ausschaltung dieser Ursachen ist für den Korrosionsschutz wichtig.

Die an bekannten Baumetallen häufiger vorkommende Zerstörungsvorgänge, vor allem die Korrosion, sind mit ihrem Schadensbild, Ursachen sowie mit Blick auf die Beseitigung und Vermeidung dieser Schäden in der **Tabelle 5.3** beschrieben.

Korrosionsschutz

In der Praxis werden werden die zahlreichen organisatorischen und technischen Maßnahmen des Korrosionsschutzes in aktiven und passiven Korrosionsschutz eingeteilt **(Bild 5.10)**. Zum

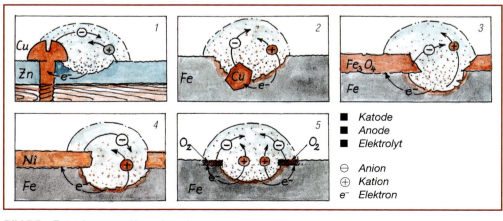

Bild 5.5 Entstehung von Korrosionselementen
1 Kontakt zwischen zwei verschiedenen Metallen; 2 Technische Metallverunreinigung; 3 Zunderschicht; 4 Riss im Nickel- oder Chromüberzug; 5 Belüftungselement

5.2 Korrosionsschäden

REM-Aufnahme der Metallkorrosion

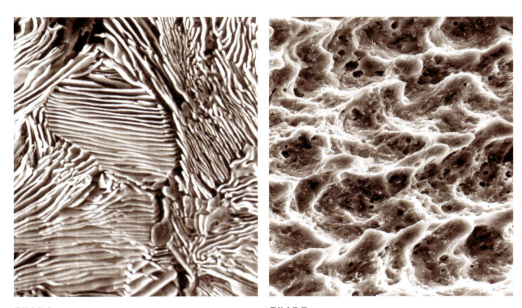

Bild 5.6   Bild 5.7

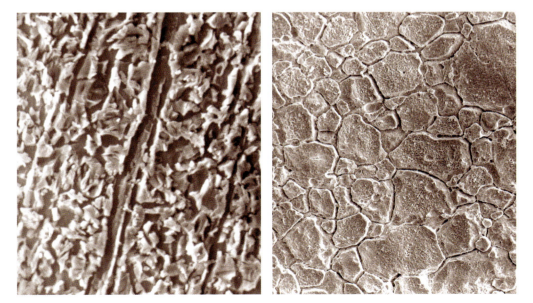

Bild 5.8   Bild 5.9

Bild 5.6 Kristallstruktur von unlegiertem Stahl. Beim Ätzen mit Schwefelsäure ist das Ferrit (Anode) herausgelöst, das Perlit (Katode) blieb erhalten.

Bild 5.7 Innenfläche eines wasserführenden, korrodierten Rohrs, an der durch die Strömungsrichtung des Wassers verursachte Erosionsstruktur zu erkennen ist.

Bild 5.8 Geätzter Stahl
Die Fe3C-Lamellen des Perlits blieben stehen; das Ferrit wurde herausgelöst

Bild 5.9 Interkristalline, d. h., an den Korngrenzen auftretende Korrosion von Stahl

Korrosionsschutz an Metallen

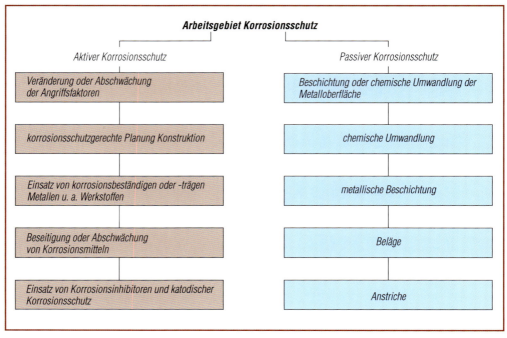

Bild 5.10 Übersicht über den Korrosionsschutz

Bild 5.11 Beispiele für korrosionsschutzgerechte Veränderung von Bauteilen:
1 Konstruktionen, die Wasser stauen und Staub- und Ascheablagerung ermöglichen.
2 Fehlerhaftes Verbinden und Fügen führt meist zu Korrosionsschäden.
3 Konstruktionen, die die Instandhaltung erschweren.

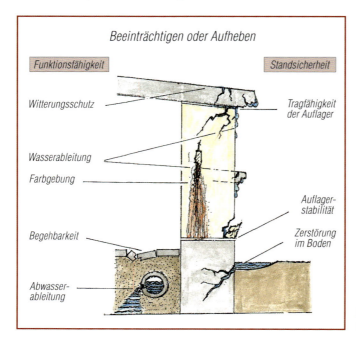

Bild 5.12 Auswirkung von Schäden an Betonbauteilen

5.2 Korrosionsschäden

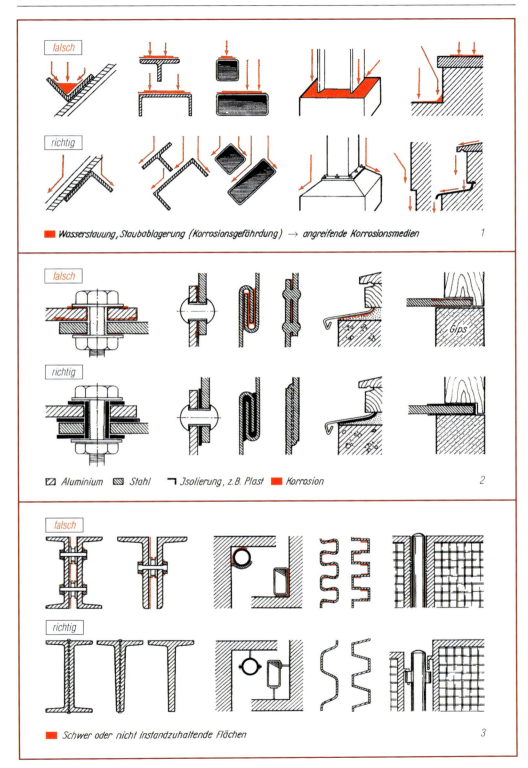

Bild 5.11

Tab. 5.3 Schäden an Baumetallen

Schaden, Ursachen	Vermeiden und Beseitigen
Verschleiß- und Erosionsschäden (Verschleiß- und Erosionskorrosion)	
■ Verschleißschäden sind auf mechanische Beanspruchung, z. B. Reib-, Stoß- und Schlageinwirkung auf bewegliche, sich berührende Metallteile von Anlagen und Maschinen oder die gleichen durch andere Stoffe, z. B. Mörtel in Putzmaschinen oder von Sand auf Metalltreppen zurückzuführen. Die Metalloberflächen aufrauender Verschleiß begünstigt die Korrosion (Verschleißkorrosion).	Konstruktive Maßnahmen; Einsatz von Metallen größter Härte und Verschleißfestigkeit, z. B. gehärteten Stahl, Hartguss oder Hartmetalllegierungen; Minderung der Reibung zwischen Anlagen- und Maschinenteilen durch Schmiermittel; abstumpfende, elastische Boden- und Treppenbeläge. Gleitmittelzusatz bei maschinengängigen Mörteln.
■ Erosionsschäden verursacht durch die Reibung von strömenden Wasser und mitgeführtem Eis, Sand u. a. oder von Wind und dem mitgeführten Regenwasser, Eis, Staub und Sand (Sandstürme). Da durch Erosion die Oberflächen meist aufgeraut werden, begünstigt dies die Korrosion (Erosionskorrosion).	Konstruktionen und Einsatz von Hartmetallen, die den mechanischen Angriff abschwächen. Je nach Angriff dicke Beschichtungen von größter Härte, z. B. auf Epoxidharzbasis, oder elastisch nachgebend, z. B. auf Kautschukbasis.
Kavitationsschäden (Kavitationskorrosion)	
■ In ungleichmäßig schnell strömendem Wasser u. a. Flüssigkeiten bilden sich Hohlräume bzw. Luft-, Gas- oder Dampfblasen. Plötzlicher Stau führt zu Druckanstieg und zur Flüssigkeitskondensation der Blasen. Die damit verbundene plötzlich eintretende Volumenänderung verursacht starke Druckstöße, die sich zerstörend auf angrenzende Metalloberflächen auswirken, z. B. auf Krümmungen und Ventile in Rohrleitungen oder an Turbinen und Schiffschrauben. Die Kavitation tritt gleichzeitig mit Erosion und Korrosion auf (Kavitationskorrosion).	Vermeiden von Konstruktionen, die zu großen Geschwindigkeits- und Druckunterschieden in strömenden Flüssigkeiten führen. Einsatz von widerstandsfähigen Hartmetallen. Mögliche Beschichtungen wie unter „Erosionsschäden".
Korrosionsschäden	
■ Gusseisen ist infolge des hohen, als Graphit vorliegenden Kohlenstoffgehalts weitgehend korrosionsbeständig. Korrosionsherde können sich an der Oberfläche um eingebundene Schlackenverunreinigung oder Fremdmetallpartikeln bilden – wenn diese herausfallen kann es zur „Lochfraßkorrosion" kommen.	Gusseisenteile vor dem Einbau hinsichtlich eingebundener Schlackenverunreinigung überprüfen; evtl. vorhandene große Poren oder Löcher mit Grafit-Eisenglimmer-Öl- oder Reaktions-Lackspachtel ausfüllen; ggf. ganzflächiger, gut füllender Grundanstrich mit gleicher Pigmentierung (Weiteres über Vorbehandlung s. Tab. 5.4).
■ Hochlegierte Stähle (Edelstähle), vorrangig Chrom- und Chrom-Nickelstähle, sind nicht nur sehr hart und zäh, sondern auch beständig gegen höhere Temperaturen, Luft, Wasser und die meisten chemischen Agenzien. Nur selten sind Korrosionsschutzmaßnahmen erforderlich.	Allgemein kein passiver Korrosionsschutz notwendig. Zu vermeiden sind Konstruktionen, bei denen Edelstahl in Kontakt mit anderen Metallen steht, so dass die Gefahr der Kontaktkorrosion besteht.
■ Korrosionsträge Stähle sind niedrig legierte Baustähle (vor allem Ni-, Cu-, Mn- und Si-Legierungszusätze), die allmählich auf ihrer Oberfläche unter atmosphärischen Einfluss eine undurchlässige, schützende Korrosionsschicht bilden. Sie sind nicht beständig gegen saure Medien (auch können sie unter deren Einfluss keine Schutzschicht bilden) und müssen daher durch Anstriche geschützt werden.	Unter normalem atmosphärischen Einfluss schützt die sich bildende, dichte Korrosionsschicht vor weiterer Korrosion. Gegen den Einfluss von sauer reagierenden Korrosionsmedien, z. B. Rauchluft, Verbrennungsabgase, Asche- und Rußablagerung, muss der Stahl durch Anstriche geschützt werden.

5.2 Korrosionsschäden

Tab. 5.3 Fortsetzung

Schaden, Ursachen	Vermeiden und Beseitigen
Korrosionsschäden	
■ Unlegierte Baustähle sind in hohem Maße korrosionsanfällig. Schon ihr Gefüge aus Ferrit (fast reines Eisen) und Perlit (Eisenkarbid, in dem Kohlenstoff gebunden ist) bildet an der Oberfläche anodische und kathodische Bereiche, die bei Zutritt eines Elektrolyten Korrosionselemente ergeben, in denen das anodische Ferrit korrodiert. Die Oberfläche zeigt dann meist feine Korrosionsnarben (Bild 5./5). Auch alle anderen Korrosionsformen können an ungeschützten Baustählen auftreten. So die chemische Korrosion beim Glühen, Schmieden und Walzen, wobei kein Elektrolyt mitwirkt, sich aber der sogenannte Glüh-, Walz- oder Schmiedezunder (Eisen-II u. III-oxid) bildet, der selbst nicht rostet, doch infolge seiner Rissigkeit schnell unterrostet wird. Auch trockene Gase, so z. B. Chlorwasserstoffgas können chemische Korrosion verursachen. Die elektrochemischen Korrosionsvorgänge sind bei unlegierten Baustählen die weitaus häufigste Ursache für Korrosionsschäden. Meistens wird ihre zerstörende Wirkung durch Fehler in Konstruktion und Metallauswahl, infolge fehlerhafter Beurteilung der Metallbeanspruchung und durch physikalische Einflüsse wie Spannung, Rissbildung, Reibung und die bereits beschriebene Erosion und Kavitation ausgelöst oder zumindest verstärkt (s. „Ursache für die Bildung von Korrosionselementen und Bild 5./5). Auch bei der Unterrostung von vorhandenen Anstrichen handelt es sich meist um elektrochemische Korrosionsvorgänge (s. Tab. 5./4).	Korrosionsschutz ist grundsätzlich erforderlich. Ggf. Maßnahmen des aktiven Korrosionsschutzes, wie das Entfernen oder Abschwächen von aggressiven, als Korrosionsmedium wirkenden Stoffen, z. B. durch Staub- oder Flüssigkeitsfilter, Zusatz von Inhibitoren zu Flüssigkeiten, Einsatz korrosionsbeständiger Werkstoffe, korrosionsschutzgerechte Konstruktionen (weiteres s. Bild 5./11). Maßnahmen des passiven Korrosionsschutzes, evtl. im Zusammenhang mit aktiven Korrosionsschutzmaßnahmen, dies sind vor allem gegen das angreifende Korrosionsmedium widerstandsfähige Beschichtungen, die dem Medium den Zugang zum Metall verwehren. Die Stahloberflächen müssen zuerst fachgerecht, in einem der Tab. 5.3 beschriebenen Verfahren vorbehandelt werden. Stahloberflächen, die eine Zink-Spritzmetallisierung erhalten sollen, müssen im Strahlverfahren erreichbare Rautiefe um 50 µm haben, damit die Spritzmetallisierung einen mechanischen Verbund mit dem Stahluntergrund erhält. Das Korrosionsschutz-Beschichtungssystem kann ein Anstrichsystem oder aus einer Verzinkung und mehreren Deckanstrichen aufgebautes Duplexsystem sein. Im Anstrichsystem auf hand- oder flammenstrahlentrosteten Stahl (St 2, 3 und Fl, s. Tab. 5.6) muss der Grundanstrich aktive Korrosionsschutz-Pigmente enthalten.
■ Zink und Feuerverzinkung auf Baustahl bilden auf ihrer Oberfläche unter dem Einfluss von CO_2-haltiger Luft eine dünne Schicht aus basischem Zinkcarbonat, $ZnCO_3 \cdot 3Zn(OH)_2 \cdot H_2O$, die im pH-Bereich 4. – .10 beständig ist und das Zink schützt. Unbeständig ist Zink und die Zinkcarbonatschicht gegen saure Medien, einschließlich saurer Luftimmissionsstoffe. Sie werden schnell aufgelöst. Vor der zuletzt genannten Beanspruchung müssen sie geschützt werden.	Zinkoberflächen können durch Phosphatieren und Chromatisieren gegen schwache chemische Angriffe widerstandsfähiger gemacht werden. Auch bei schwachem chemischen Angriff, z. B. durch saure Luftimmissionsstoffe oder Abwässer, Flugasche- und Rußablagerung, Ammoniakdämpfe usw. erhalten Zinkoberflächen nach fachgerechter Vorbehandlung (reinigen, evtl. entfetten) ein meist aus zwei Anstrichen bestehendes Schutzanstrichsystem. Neue Zinkoberflächen müssen zusätzlich mit einem Zn-Haftgrundanstrich gestrichen werden.
■ Zink-Spritzmetallisierungen müssen infolge ihrer Porigkeit grundsätzlich mit Anstrichen geschützt werden. Sie bilden dann mit dem Anstrich ein sogenanntes Duplex-Korrosionsschutzsystem.	Grundsätzlich mit einem porenverschließenden, schützenden Anstrichsystem versehen – meist reichen hierfür zwei Anstriche aus, die nach Abwitterung erneuert werden.
■ Zinn, dass im Bauwesen gelegentlich als schmückender, vor Korrosion schützender Überzug auf dünnen Blechen vorkommt, ist sehr beständig gegen atmosphärische und chemische Einflüsse.	Allgemein kein Korrosionsschutz erforderlich – allerdings darf die dünne Sn-Schicht auf Stahl nicht beschädigt werden.

Tab. 5.3 Fortsetzung

Schaden, Ursachen	Vermeiden und Beseitigen
Korrosionsschäden	
■ Kupfer wird durch Ammoniak und oxidierende Säuren allmählich gelöst. In CO_2-haltiger Atmosphäre bildet sich darauf eine dünne, das Metall vor weiterer atmosphärischer Korrosion schützende Schicht aus grünen Kupfercarbonat, $CuCO_3 \cdot Cu(OH)_2$. In durch schweflige Verbindungen verunreinigter Luft bildet sich das blauschwarze, wasserlösliche Kupfersulfat, durch das Kupferbleche usw. allmählich zerstört werden und Bauwerksoberflächen, die sich unterhalb der Kupferbleche befinden, durch herablaufende Kupfersulfatlösung verunreinigt werden.	Unter normalem atmosphärischen Einfluss schützt die sich bildende Kupfercarbonatschicht vor weiterer Korrosion. Kupfer darf nicht mit anderen Metallen in Kontakt stehen, z. B. von Befestigungsmitteln, weil durch die mögliche Bildung von Korrosionselementen Kontaktkorrosion auftreten kann. Vor starken chemischen Angriffen, bei denen sich eben keine Kupfercarbonat-Schutzschicht bildet, muss Kupfer durch Anstriche geschützt werden. Der erste Anstrich muss eine Cu-Haftgrundierung sein.
■ Blei, z. B. als Dichtungsblech um Schornsteine, an Dachkanten u. a., ist gegen alle Luft, saure Luftverunreinigungen, Laugen und schwache Säuren beständig. Von schwefliger Säure wird es an der Oberfläche in schwarzgraues Bleisulfid umgewandelt, das Anstriche oder Vergoldungen durchdringen kann.	Nur bei sehr starkem chemischen Angriff sind Schutzanstriche erforderlich. Bleisulfiddurchschläge durch farbgestaltende Anstriche oder Vergoldungen sind mit einem geeigneten Haftgrundanstrich zu verhindern.
■ Aluminium und Al-Legierungen überziehen sich in feuchter Atmosphäre mit einer bis zu 0,2 µm dicken, vor weiterer Korrosion schützenden Schicht aus Aluminiummetahydroxid, die jedoch wie das Aluminium selbst nicht beständig sind gegen Alkalien, z. B. Kalk, Zement, Natron- und Kalilauge und starke nichtoxidierende Säuren.	Aluminium muss vor chemischen Angriffen, vor allem vor Alkalien geschützt werden. Einen temporären Schutz geben die im Eloxalverfahren erreichten Oxidschichten und durch Phosphatieren erzeugten Al-Phosphatschichten. Für einen Langzeit-Korrosionsschutz sind eine Al-Haftgrundierung mit nachfolgenden geeigneten Anstrichen erforderlich.

Ersteren gehören alle Maßnahmen, durch die gegen Korrosion vorgebeugt wird, damit sie gar nicht erst auftreten kann. Der passive Korrosionsschutz umfasst alle Beschichtungen, durch die den Korrosionsmedien der Zutritt zum Metall verwehrt wird. Er kann noch in temporären, d. h. in vorübergehenden, bzw. nur für kurze Zeit bestimmten Korrosionsschutz und in Langzeit-Korrosionsschutz unterteilt werden. Vor der Ausführung von Korrosionsschutz-Beschichtungen müssen Art und Zustand der vorliegenden Metalloberflächen fachgerecht beurteilt und davon ausgehend sorgfältig vorbereitet werden; denn das sind wichtige Voraussetzungen für die Qualität der Beschichtungen! Einen Einblick darüber geben die **Tabellen 5.4 bis 5.6** und das **Bild 5.11**.

5.2.3 Korrosion und andere Schäden an Betonen

Betonbauteile haben an Gebäuden und technischen Anlagen fast ausnahmslos eine bedeutende statische Funktion. Sie geben den Objekten die beabsichtigte Funktionsfähigkeit und Standsicherheit. Schäden können beide Aufgaben beeinträchtigen oder sogar aufheben **(Bild 5.12)**. Diese gefährliche Tragweite verpflichtet zu größter Sorgfalt beim Planen, Herstellen und Einbauen von Betonbauteilen. Werden dennoch Schäden erkannt, sind diese unverzüglich ebenso sorgfältig in ihrer Ursache, Auswirkung und möglichen Beseitigung zu diagnostizieren. Ist zu erkennen, dass sich die Ursache, das Ausmaß und die Auswirkung von Schäden wie Risse und Absprengungen an Betonteilen, die eine statische Funktion haben, auch auf die tieferliegende Betonsubstanz und damit auf die Standsicherheit bezieht, dann ist die Untersuchung des Schadens und die Festlegung einer erforderlichen oder noch möglichen Sanierung einem für Betonschäden spezialisierten Sachverständigen zu übertragen **(Bild 5.13)**.

5.2 Korrosionsschäden

Tab. 5.4 Metalloberflächen und erforderliche Vorbehandlung

Metall	Üblicher Oberflächenzustand[1]	Vorbehandlung: Vor dem Beschichten
Gusseisen, neu	Die beim Abkühlen entstandene Graphitausscheidung	Lose anhaftenden Graphit abbürsten oder mit Druckluft abblasen (Sa 3)
Gusseisen, alt im Erdboden	Durch Spongiose verursachte unzureichende Festigkeit	Bei starkem Festigkeitsverlust Gussteile austauschen.
Unlegierter Stahl (Baustahl), neu	Beim Glühen entstandene Zunderschicht; beim Walzen oder Schmieden entstehende Walz- oder Schmiedehaut	Evtl. Fett- und Ölverunreinigung entfernen, dann Strahlverfahren oder Beizen in Beizanlage (Sa 2 1/2 bis 3, Be), ggf. phosphatieren
Unlegierter Stahl, alt	Zunder-, Walz- oder Schmiedehaut unterrostet, blättert ab oder ist schon gänzlich abgeblättert, dann Rostschicht und -narben	wie zuvor
Korrosionsträger Stahl, neu und alt	Allmählich entstehende, dichte, vor anhaltender Korrosion schützende „Edelrostschicht"	Keine
Hochlegierter Stahl, neu und alt	Allgemein kein negativer Oberflächenzustand	Keine, evtl. Haftgrundierung
Zink, neu	Allgemein metallrein, ggf. Fett-, Öl- und Lötmittelreste	Evtl. Fett-, Öl- und Lötmittelreste entfernen, ggf. Phosphatierung oder Haftgrundierung
Zink, alt	In feuchter Luft entstandene Zinkcarbonat-Schutzschicht	Staub entfernen
Kupfer, neu	Wie neues Zink	Evtl. Verunreinigungen entfernen;
Kupfer, alt	In feuchter Luft entstandene grüne Kupfercarbonatschicht	Haftgrundierung oder auch Einschleifen von Leinölfirnis.
Blei, neu	Allgemein metallrein	Haftgrundierung
Blei, alt	Bleisulfat- oder -sulfidschicht, wenn Luft Schwefelverbindungen enthält.	Sulfat oder Sulfid abschleifen oder -bürsten (giftig!), Haftgrundierung
Aluminium, neu	Allgemein metallrein; auf Blech meist Rest von öligem Ziehhilfsmittel	Entfetten, Haftgrundierung
Aluminium, alt	Aluminiumoxid-Schutzschicht	Keine

(Norm-Reinheitsgrad; vgl. mit Tab. 5.5 und 5.6)
1 Alte Metalloberflächen können noch erhaltene (oder Reste) temporäre bzw. Langzeit-Beschichtungen aufweisen

Tab. 5.5 Rostgrade für unbeschichtete und beschichtete Eisen- und Stahloberflächen

Unbeschichtete Oberflächen nach DIN 55928 T. 4		Beschichtete Oberflächen nach DIN 53210	
Grad	Oberflächenzustand	Grad	Oberflächenzustand
A	Oberfläche mit festhaftendem Zunder bedeckt, aber rostfrei	Ri 0	Oberfläche rostfrei
		Ri 1	bis 1 % der Oberfläche mit Rost bedeckt
B	Oberfläche mit beginnender Zunderabblätterung und beginnender Rostung	Ri 2	1 bis 5 % der Oberfläche mit Rost bedeckt
		Ri 3	ca. 15 % der Oberfläche mit Rost bedeckt
C	Oberfläche mit weggerostetem Zunder oder Zunder leicht abschabbar, sichtbare Rostnarben	Ri 4	ca. 40 % der Oberfläche mit Rost bedeckt
		Ri 5	mehr als 50 % der Oberfläche mit Rost bedeckt
D	Oberfläche mit zahlreichen Rostnarben, Zunder ist weggerostet		

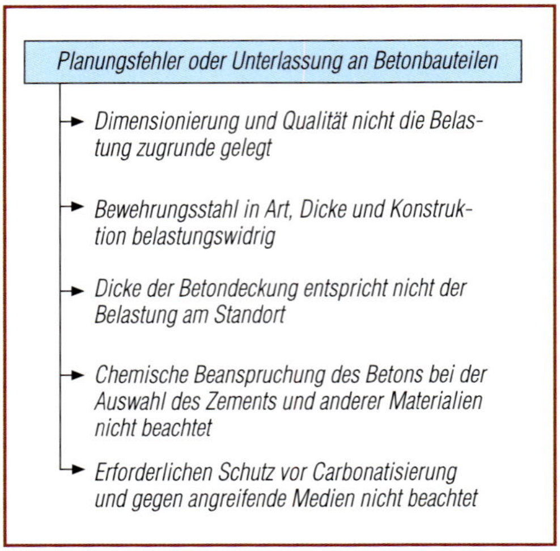

Planungsfehler oder Unterlassung an Betonbauteilen

- Dimensionierung und Qualität nicht die Belastung zugrunde gelegt
- Bewehrungsstahl in Art, Dicke und Konstruktion belastungswidrig
- Dicke der Betondeckung entspricht nicht der Belastung am Standort
- Chemische Beanspruchung des Betons bei der Auswahl des Zements und anderer Materialien nicht beachtet
- Erforderlichen Schutz vor Carbonatisierung und gegen angreifende Medien nicht beachtet

Bild 5.13 Planungsfehler als Primärursachen von Schäden an Stahlbeton

Tab. 5.6 Normreinheitsgrade für Eisen- und Stahloberflächen nach DIN 55928

Normreinheitsgrad	Qualität der Oberfläche	Reinigungsverfahren
Sa 1	Lose, nicht fest anhaftende Zunder-, Walzhaut- und Rostschichten sowie lose Altbeschichtungen müssen entfernt sein.	Strahlverfahren, z. B. Druckluftstrahlen mit Schlackensand, Stahlguss- oder Hartgussschrot oder -kies; in der Vorfertigung auch Schleuderradstrahlen
Sa 2	Nahezu alle Zunder-, Walzhaut- und Altbeschichtungen sind entfernt.	
Sa 2 1/2	Zunder, Walzhaut und Altbeschichtungen sind so weit entfernt, dass nur noch Reste in den Poren als schwache Schattierungen sichtbar bleiben.	
Sa 3	Zunder, Walzhaut, Rost und Altbeschichtungen sind restlos entfernt.	
St 2	Lose Beschichtungen und loser Zunder sind entfernt. Rost ist so weit entfernt, dass die Stahloberfläche schwach metallisch glänzt.	Handentrostung oder maschinelle Entrostung, z. B. mit Klopfgeräten, rotierenden Drahtbürsten oder Schleifscheiben.
St 3	Lose Beschichtungen und loser Zunder müssen entfernt sein; so dass die Stahloberfläche einen deutlichen Metallglanz aufweist.	
Fl	Durch Flammstrahlen sind Beschichtungen, Zunder und Rost so weit entfernt, dass Reste lediglich als Schattierungen sichtbar sind.	Flammstrahlen mit abschließender Bürstenreinigung.
Be	Nach chemischer Reinigung durch Beizen müssen Zunder, Rost und Beschichtungsreste vollständig entfernt sein.	Beizen meist mit Salzsäure

5.2 Korrosionsschäden

Primärursachen von Schäden (Bild 5.14)

Da Betone durch ihre sehr hohe Festigkeit zuverlässige, physikalisch vielseitig beanspruchbare Baustoffe sind, liegen Schäden oder gänzliches Versagen meistens grobe Fehler in der Planung (Bild 5.13), Herstellung und im konstruktiven Einbau zugrunde. Als sekundäre Folge ergeben sich daraus Korrosionsschäden, Risse und Brüche, Absprengungen, Treiberscheinen und alle anderen in der **Tabelle 5.7** beschriebenen Schäden (einschl. **Bilder 5.15 bis 5.18**).
Im Einzelnen sind Schäden dieser Art auf folgende Fehler zurückzuführen:

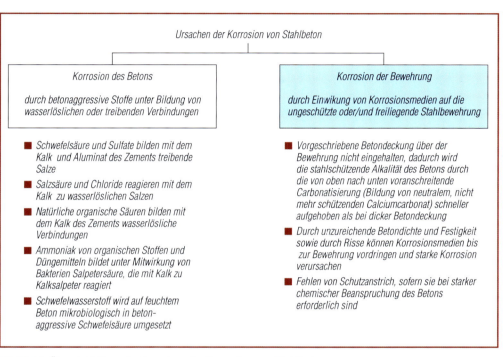

Bild 5.14 Übersicht über die Ursachen der Korrosion von Stahlbeton

■ Fehlerhafte, nicht der Belastung entsprechende Dimensionierung der Betonteile, meist Unterdimensionierung, die vor allem dann, wenn noch Mängel in der Festigkeit, Dichtheit und chemischen Beanspruchbarkeit vorliegen, zu Rissen, Absprengungen oder zu gänzlichem Versagen führen.
■ Fehler in der Bewehrung von Stahlbeton, z. B. in der Dicke, Qualität und Einbettung sowie im Abstand des Betonstahls und in der Dicke der Betondeckung, können Brechen, Korrosion der Bewehrung und die sich daraus ergebenden Betonrisse und -absprengungen zur Folge haben.
■ Unzureichende Beachtung der chemischen Beanspruchung der Betonbauteile am Standort, z. B. durch Salze der aus dem Boden, Abwasser oder biologischen Umsetzungsstoffen in den Beton eindringenden Schwefelsäure, die mit dem Kalk treibendes Calciumsulfat oder Ettringit bildet. Die sich dadurch ergebende Betonkorrosion führt zu Rissen, Absprengungen, Auslaugen und Ausblühungen.
■ Unterlassener oder unzureichender Oberflächenschutz entsprechend der zu erwartenden atmosphären, biologischen und technisch-chemischen Beanspruchung. Hierzu gehören die sogenannten Carbonatisierungsschutzanstriche, Anstriche und Spachtelbeschichtungen, die Abwasser, Moorwasser, Ölen und anderen betonfeindlichen Stoffen den Zugang zum Beton verwehren. Allerdings gehört hier nicht die Beanspruchung dazu, die bei der Planung der Betonbauteile noch nicht bestand oder nicht erkennbar war **(Bilder 5.20 und 5.21)**.

Tab. 5.7 Schäden an Betonen

Schaden, Ursachen	Vermeiden und Beseitigen
Absprengungen	
Frosteinwirkung auf frischen Beton, wie im Winter gegossener Ortbeton mit höherem Wassergehalt	Ausführung und Erhärtung an frostfreien Tagen oder vor Frost schützen durch Abdecken. Schadstellen aufrauen, mit Zementmörtel ausfüllen; flache Stellen mit plastifiziertem (Acrylatdispersion), feinkörnigem Zementmörtel oder -spachtel ausfüllen.
Hohe Wasseraufnahme infolge ungenügender oder ungleichmäßiger Verdichtung des Betons führt zu Frostabsprengungen	Beton ausreichend und gleichmäßig verdichten; auch durch richtige Zuschlagkorngrößen. Für feingliedrige und dünne Schichten bestimmtem Frischbeton eventuell Dichtungsmittel zusetzen.
Zementglätte wird infolge unzureichendem Verbund mit dem Grundbeton oder durch hohe Spannung schuppenartig abgesprengt (Bild 5.17)	Durch Annässen, durch Aufrauen von glattem Grundbeton für guten Verbund sorgen. Für bereits abgebundenen Grundbeton Zementglätte mit plasifizierendem Zusatz verwenden. Dabei grundsätzlich mit feinkörnigem Zuschlag arbeiten und vor dem Glätten in den Grundbeton einreiben.
Infolge von Feuereinwirkung, z. B. an Feuerungsanlagen oder Bränden und Schweißarbeiten an einbetoniertem Stahl. Ursache: Austreiben von Hydratwasser (Dehydratisierung), Zerfall (Dissoziation) des $Ca(OH)_2$, starke Wärmedehnung, bei Stahlbeton vor allem die der Stahlbewehrung.	Für Feuerungsanlagen feuerfeste Betonerzeugnisse und Mörtel einsetzen (Stoffbasis: Silicate, Schamotte, Tonerdeschmelzzement). Feuereinwirkung vermeiden. Im Oberflächenbereich: abblätternden Beton entfernen; Schadstellen aufrauen und mit plastifiziertem, feinkörnigem Zementmörtel ausfüllen.
Bewuchs durch rankende Pflanzen, Flechten und Algen kann durch die Wurzeln in Verbindung mit Huminsäuren in Spalten und Poren Sprengwirkung haben.	Bewuchs verhindern oder entfernen: Wasser durch Strahlen, durch Imprägnierung oder Anstrich fernhalten, eventuell Algicidbehandlung
Ausblühungen	
Wasserlösliche Salze, z. B. Natrium- und Calciumchlorid als Frostschutzmittel oder anderes, z. B. Natrium- und Kaliumcarbonat, Natronwasserglas als Erstarrungsbeschleuniger eingesetzt.	Möglichst keine Zusätze. Als Erstarrungsbeschleuniger, die keine sichtbaren Ausblühungen bilden, könnten z. B. Kaliumcarbonat (Pottasche) und Kaliumwasserglas dienen.
Wasserlösliche Salze, meist Sulfate und Chloride, im Zuschlag oder Anmachwasser.	Zuschläge und Anmachwasser dürfen die Salze nicht enthalten, z. B. Leitungs- und Quellwasser mittlerer Härte.
Salze, die in Wasser gelöst aus dem Baugrund in nicht gegen Bodenfeuchtigkeit gesperrte Bauteile gelangen.	Bauteile gegen Bodenfeuchtigkeit sperren.
Wasserlösliche Reaktionsprodukte aus dem Kalk des Betons und sauren Luftimmissionsstoffen. In Bodennähe evtl. Tausalz (Bild 5.3).	Betonoberfläche hydrophobieren oder mit wasserabweisenden Anstrich versehen. Ausblühungen überall trocken abbürsten und auffangen; ggf. mit stark saurem Fluat behandeln.
Auslaugung und Absanden	
Ungenügend oder ungleichmäßig gemischt und verdichtet; zu geringer Klein- und Feinkornanteil im Zuschlag.	Gut und gleichmäßig mischen und verdichten; gute Packungsdichte durch günstige Sieblinie des Zuschlags sichern.
Anhaltende Einwirkung von Wasser mit darin gelösten Säuren oder Salzen, die Calciumverbindungen des Betons in wasserlösliche Verbindungen umsetzen und herauslösen (s. auch „Erosionsschäden").	Sulfatbeständigen Zement einsetzen. Oberfläche hydrophobieren oder wasserabweisenden Anstrich. Festigende Harz- oder Kieselsäure-Imprägnierung, wenn der Beton nur an der Oberfläche absandet.

5.2 Korrosionsschäden

Tab. 5.7 Fortsetzung

Schaden, Ursachen	Vermeiden und Beseitigen
Auslaugung und Absanden	
Zuschlag enthielt mit Wasser ausschlämmbare Bestandteile, z. B. Lehm, Ton und Humus.	Zuschlag von ausreichender Kornfestigkeit und frei von ausschlämmbaren Bestandteilen einsetzen.
Erosions- und Abriebschäden	
Anhaltender Einfluss von strömendem Wasser, das Sand, Eis und andere Feststoffe mit sich führt, z. B. in Betonwasser- und -abwasserrohren und -rinnen, Anlagen in Flüssen, Häfen und des Küstenschutzes u. a. meist unter Mitwirkung betonfeindlicher Salze.	Betone von höchster Festigkeit und maximaler Dimension anwenden, ggf. strömungsbrechende Konstruktion oder Oberflächenstruktur, z. B. Einbinden von herausragenden Hartgestein-zuschlag. In Rinnen und Rohre evtl. Plast- oder Elastbeläge, Epoxid- oder Polyesteranstriche oder Spachtelschichten.
Abrieb von Beton auf Böden, Fahrbahnen u. a.	Hochfeste Betone, besonders mit Zuschlägen größter Härte anwenden; ggf. Beschichtungen wie zuvor.
Korrosionsschäden	
Korrosion des Betons Chemische Umsetzung von Calciumhydroxid und Calciumaluminat im Zementstein und ggf. auch von Kalk in kalkhaltigen Zuschlägen in wasserlösliche oder treibende Verbindungen durch: Säuren und Salzlösungen in Abwässern, durch saure Immissionsstoffe verunreinigtem Regen- und Schneeschmelzwasser sowie in Erd- und Moorböden, z. B. Schwefel- und Salzsäure, Humin- und Gerbsäure sowie Sulfate und Chloride. Ammoniak, das in der Natur bei der Zersetzung stickstoffhaltiger organischer Stoffe entsteht oder als Düngemittel anfällt, bildet unter Mitwirkung von Bakterien Salpetersäure, die den Kalk des Betons in Calciumnitrat (Kalksalpeter) umsetzt. Schwefelwasserstoff in Faulschlamm, Fäkalien, Moor- und Abwasser wird auf feuchtem Beton mikrobiologisch zu betonaggressiver Schwefelsäure umgesetzt.	Weitgehend korrosionsbeständigen Beton herstellen und einsetzen. Zur Korrosionsbeständigkeit können folgende Maßnahmen beitragen: Auswahl des Zements, der der zu erwartenden Beanspruchung des Betons am besten widersteht, z. B. kalkarme Zemente wie Hochofen- und Hüttenzement, sulfatbeständigen Portlandzement und Tonerdeschmelzzement für Betone, die durch Sulfate und andere betonaggressive Stoffe beansprucht werden. Hohe Verdichtung bzw. Verringerung von Kapillar- und Gefügeporen durch eine optimale Zuschlag-kornform und Korngrößenmischung, durch günstigen Wasser-Zement-Wert und intensive mechanische Verdichtung. Zusatz von Dichtungsmitteln wie Seifen und Eiweißstoffe, die jedoch die Festigkeit herabsetzen. Imprägnieren oder Beschichten der Oberfläche, z. B. mit dünnen Harzlösungen, mit Anstrichen oder Spachtelschichten auf der Basis von Reaktionsharzen.
Korrosion der Stahlbewehrung Der durch die Einwirkung von Luft und Feuchtigkeit mit evtl. darin gelösten sauren Immissionsstoffen ausgelösten Korrosion liegen folgende Ursachen zugrunde: Vorgeschriebene Mindestdicke der Beton-deckung über der Bewehrung nicht eingehalten. Sie ist erforderlich, damit die Alkalität des Betons, die die Bewehrung vor Korrosion schützt, so lange wie nur möglich erhalten bleibt. Wird sie infolge Umsetzung des Calciumhydroxids in Calciumcarbonat (Carbonatisierung) durch mit der Luft und Feuchtigkeit eindringende Kohlensäure aufgehoben, geht die Schutzwirkung verloren; es bildet sich Rost, der durch sein größeres Volumen Beton absprengt (Bild 5.15 u. 5.19).	Die Mindest-Betondeckung beträgt für außen-stehende Stahlbetonteile 2,5 cm, für innen 2,0 cm. Für Betonteile, die unter ständigem Einfluss von Wasser, Abwasser, Erdböden und chemisch aggressiven technischen Stoffen stehen, wird meist die Betondeckungsdicke in der Planung der Herstellung oder Sanierung der Betonteile festgelegt. Im Allgemeinen wird für derartig beanspruchte Betonteile 1 cm zur obengenannten Mindest-deckung zugegeben. Die Beseitigung von lokalen Betonbewehrungs-schäden ist im Bild 5.20 dargestellt.

Tab. 5.7 Fortsetzung

Schaden, Ursachen	Vermeiden und Beseitigen
Korrosionsschäden	
Bei geringer, vom Portlandzementgehalt abhängiger Betongüte, vor allem bei geringer Dichte und Festigkeit, kann die leicht eindringende Luft, Feuchtigkeit und Kohlensäure die Carbonatisierung wesentlich beschleunigen (Bild 5.19).	Portlandzement von guter Qualität und im richtigen Mengenanteil gibt dem Beton die höchste Dichte, Festigkeit und die für den Schutz der Bewehrung erforderliche starke und anhaltende Alkalität.
Unzureichende Dichte des Betongefüges infolge ungünstiger, z. B. plattiger Kornformen und Korngrößenmischung des Zuschlags sowie durch nicht ausreichende mechanische Verdichtung entstandene Gefügelücken beschleunigen den Fortgang der Carbonatisierung und erleichtern den Korrosionsmedien den Zugang zur Bewehrung.	Zuschlag mit gerundeter Kornform und in für die Packungsdichte günstiger Korngrößenmischung verwenden. Notfalls kann das Eindringen von Luft, Feuchtigkeit und Korrosionsmedien in porösen Beton mit geeigneten, undurchlässigen Schutzanstrichen verringert oder verhindert werden (Bild 5.21).
Schwindrisse und Risse anderer Art geben Korrosionsmedien Zutritt zur Bewehrung; es kommt zur lokalen Korrosion und Betonabsprengung.	Dieser Beton muss fachgerecht durch Ausstemmen und Ausfüllen der Risse mit plastifiziertem Zement, ggf. auch durch Bewehrungsschutzanstrich saniert werden.
Eindringen von betonaggressiven Stoffen mit der Luft und Feuchtigkeit, z. B. Schwefeldioxid, Schwefelwasserstoff, Sulfate und Chloride, die nicht nur den Beton angreifen, sondern oft schnell bis zur Bewehrung vordringen und dort starke Korrosionsvorgänge auslösen (vgl. Bild 5.3).	Beton von hoher Festigkeit und Dichte muss noch eine undurchlässige, gegen Wasser und Chemikalien beständige, schützende Anstrich- oder Spachtelbeschichtung erhalten, z. B. auf der Basis von Bitumen, Chlorkautschuk, Vinylchlorid, Polyethylen und Epoxidharz.
Risse	
Statisch konstruktive Mängel, die durch Setzen, Erschüttern und Belastung der Bauwerksteile zur Rissbildung führen.	Mängel, besonders statische Berechnungsfehler vermeiden, Setzungsfugen beachten, Auflager richtig konstruieren.
Fehlen von Bewegungsfugen zwischen großen Bauteilen bei Anschlüssen an andere Baustoffe.	Zwischen große und unterschiedlich „arbeitende" Bauteile geradlinige Bewegungsfugen vorsehen.
Folgen von Treiberscheinungen	Siehe „Treiben".
Schalungsölflecke	
Ungeeignetes Mineralöl als Entschalungsmittel verwendet, evtl. zu reichlich in die Form gesprüht.	Nur Spezial-Entschalungsmittel (Emulsionen) verwenden. Ölflecke mit Industriereiniger-Wasser-Gemisch abreiben. In hartnäckigen Fällen Ölflecke mit Absperrlack überstreichen oder die Betonoberfläche schwach sandstrahler.
Treiben	
Verunreinigung im Zuschlag, z. B. Schwefelkies, Kohle und Branntkalk, die bei Witterungsaufnahme treiben.	Das Verunreinigen von natürlichen reinen Zuschlägen, z. B. durch unsauberes Lagern, vermeiden. Kies und Splitt mit natürlichen treibenden Beimengungen, z. B. Schwefelkies, sind ungeeignet.
Schwefelverbindungen, z. B. Schwefeldioxid, Schwefeltrioxid und Schwefelsäure von Verbrennungsabgasen oder Magnesiumsulfat, Natriumsulfat u.a. in Abwässern oder Bodenfeuchtigkeit in Beton eingedrungen. Sie bilden mit den Calciumverbindungen treibende Sulfate.	Vermeidbar sind Schäden durch „Sulfattreiben" durch die gleichen Maßnahmen, wie sie unter „Absprengungen" und „Auslaugung" angegeben sind.
Beton, der als Unterlagegrund für Magnesiaestrich dient, wird bei unzulässig hohem Zusatz von Magnesiumchlorid zum Magnesiaestrichgemisch durch Auftreiben zerstört.	Mischungsverhältnisse genau einhalten. Betonunterlage mit Bitumenanstrich schützen (erst nach Durchtrocknung Magnesiaestrich auftragen).

5.2 Korrosionsschäden

Korrosionsschäden an Stahlbeton

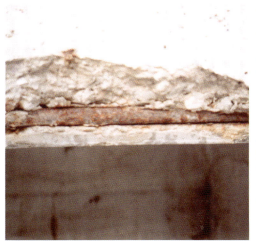

Bild 5.15

Bild 5.17

Bild 5.16

Bild 5.18

Bild 5.15 Korrosionsschäden infolge unzureichender Betondeckung

Bild 5.16 Waschbetonvorsatz auf Stahlbetonplatten mit korrodierender Bewehrung

Bild 5.17 Absprengung infolge unzureichenden Verbundes zwischen Grundbeton und Betondeckschicht

Bild 5.18 Ausblühung und Absprengung verursacht durch anhaltende Aufnahme von Wasser und sauren Luftverunreinigungen

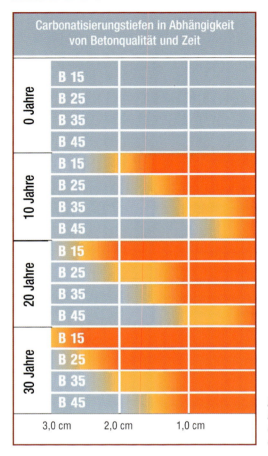

Bild 5.19 Die Carbonatisierungstiefe in Abhängigkeit von der Betonqualität und Zeit der Lufteinwirkung zeigt, dass dafür der Portlandzementgehalt entscheidend ist.

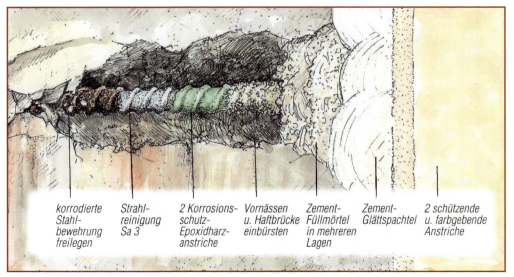

Bild 5.20 Darstellung eines Betoninstandsetzungs-Systems mit KEIM Concretal,-Materialien. Für den Korrosionsschutz der tiefer liegenden Bewehrung wird ein mineralisches Zweikomponentenmaterial eingesetzt.

5.3 Schäden an keramischen Baustoffen

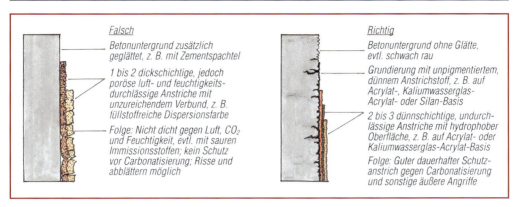

Bild 5.21 Beton-Schutzanstrich

5.3 Schäden an keramischen Baustoffen

Von den keramischen Baustoffen gehören Ziegel und die als Terrakotten bezeichneten Ziegel mit farbigen Glasuren zu den ältesten Baumaterialien. Grund ist, dass die Rohstoffe dafür, nämlich der leicht formbare und gut bildsame Ton und die als Tonmagerungsmittel und für Farbglasuren erforderlichen Mineralien wie Quarzsand, Feldspat und Farberden, vielenorts vorzufinden sind. Auch Holz als Brennmaterial war meist gegeben. In waldfreien Gebieten wurde der geformte Ton auch ungebrannt, für sogenannte, nur an der Luft getrocknete „Luftziegel" verwendet. Ziegel und andere keramische Baustoffe waren seit jeher die am umfangreichsten eingesetzten Rohbaustoffe und in vielfältiger Form, Farbe und Festigkeit in verschiedenen Kulturbereichen und Stilepochen architekturprägende Gestaltungsmittel **(Bild 5.22)**. Auch heute gehören die keramischen Baustoffe zu den Materialien, die sowohl im Neubau als auch beim Sanieren und Instandsetzen älterer Gebäude im Umfang und in der Vielfalt des Einsatzes an erster Stelle stehen. Einen groben Überblick über die keramischen Baustoffe gibt **Bild 5.23**.

Bild 5.22 Ausgehend von der Backsteingotik sind Klinker besonders im nördlichen Europa das dominierende Fassadenmaterial - Postamt Norderney

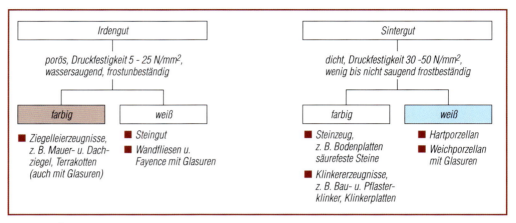

Bild 5.23 Überblick über die keramischen Baustoffe

Kriterium der Festigkeit, Porosität und Beständigkeit

Die Eigenschaften der verschiedenen keramischen Baustoffe sind hauptsächlich von der natürlichen oder durch Aufbereitung erzeugten stofflichen Zusammensetzung der Tone abhängig. So ergeben z. B. die hauptsächlich aus Kaolinit bestehenden Tone bei hohen Brenntemperaturen die als Sintergut zusammenfassbaren Erzeugnisse wie Mauerklinker, Klinker- und Steinzeugplatten sowie Bauporzellan und Tone mit höherem, als flussmittelwirkenden Quarz-, Feldspat- und Eisenoxidanteil bei niedrigeren Schmelztemperaturen die zu Irdengut zusammenfassbaren Erzeugnisse wie Mauerziegel, Wandfliesen, Ofenkacheln, Schamotte und Majolika. Allgemein haben Erstere eine hohe Druckfestigkeit (30 ... 50 N/mm²), geringe Porosität, Was-

Tab. 5.8 Schäden an keramischen Baustoffen

Schaden, Ursachen	Vermeiden und Beseitigen
Ausblühungen auf Ziegeln	
Aus dem Ton stammende Stoffe, die durch den Brand in wasserlösliche Salze umgesetzt wurden, z. B. Magnesium-, Calcium- und Natriumsulfat, seltener wasserlösliche Chloride und Nitrate.	Für Sichtflächen salzfreie Ziegel einsetzen. Nach dem Herauslösen der Salze treten die Ausblühungen nicht mehr auf. Trocken abbürsten – Hartbrandziegel können mit 2%tiger Salzsäure abgesäuert werden, vor allem wenn es sich um Chloride oder Nitrate handelt (gründlich vornässen und nachspülen).
In poröse Ziegel mit der Feuchtigkeit eingedrungene wasserlösliche Salze aus dem Mauermörtel, z. B. auch Frostschutzmittel oder Salze aus ungeeignetem Anmachwasser oder aus angrenzenden Baustoffen, z. B. Estrich oder Holzschutzsalze (Bild 5.24).	Den genannten Mörteleinsatz und die Baustoffkontakte vermeiden. Derartige Ausblühungen können bei wiederholter Durchfeuchtung der Ziegel länger auftreten. Beseitigung wie zuvor beschrieben.
In nicht gegen Bodenfeuchtigkeit gesperrtes Mauerwerk aus dem Baugrund hineingetragene Salze.	Nur durch Sperrungen bzw. Dichtungen gegen die Bodenfeuchtigkeit zu verhindern. Durch starke, lange anhaltende Ausblühungen können infolge des damit verbundenen Kristallisationsdruck Ziegel zerstört werden.
Wasserlösliche Salze, die im Mauermörtel durch eindringende saure Luftimmissionsstoffe gebildet werden, z. B. Calciumsulfat und -chlorid und die bei Feuchtigkeit in die Ziegel überwechseln.	Für Sichtmauerwerk dichte, wenig porige Ziegel oder Klinker einsetzen; für Mauer- und Fugenmörtel sulfatbeständigen Zement verwenden. Fernhalten von Regenwasser durch Hydrophobieren. Beseitigung wie oben.

5.3 Schäden an keramischen Baustoffen

Tab. 5.8 Fortsetzung

Schaden, Ursachen	Vermeiden und Beseitigen
Aussprengungen aus Baukeramik	
Kalksteinstücke im Ton werden beim Brennen in CaO umgesetzt, der bei Feuchtigkeitseinfluss unter Volumenzunahme Löschkalk bildet (Bild 5.26).	Kalksteinstücke durch Schlämmen des Tons entfernen. Ziegel vor dem Einsatz der Witterung aussetzen, damit die Aussprengungen nicht erst am Bauwerk entstehen.
Schwefelkiesstücke im Ton bilden im Brennprozess Eisenoxid und schweflige Säure, die Blasen und Aussprengungen verursachen.	Ausschlämmen der Schwefelkiesstücke aus dem Ton. Schwefelkiesnest aus Aussprengung herauskratzen, verputzen.
Frosteinwirkung auf stark durchfeuchtete Baukeramik. Besonders gefährdet sind glasierte Wandplatten und Fliesen, wenn sie im Winter vom Untergrund her stark durchfeuchtet werden.	Die Durchfeuchtung vom Untergrund her mit Hilfe einer Dichtung verhindern. Außen keine frostunbeständige, glasierte Keramik einsetzen.
Durchfeuchtung von Ziegeln	
Schwächer gebrannte, stark poröse Ziegel außen oder in Feuchträumen eingesetzt.	Nur für Raumtrennwände in trockenen Gebäuden verwenden.
Fehlen der Dichtung gegen Bodenfeuchtigkeit.	Sperrschichten – Dichtungsschicht anbringen. Austrocknung!
Ziegelmauerwerk, dass häufig dem Schlagregen ausgesetzt ist, erhielt keinen Schutz durch Putz, Anstriche, Imprägnierung oder Hydrophobierung.	Wasseraufnahme durch Putz, Anstriche, hydrophob wirkende Imprägnierung verringern oder gänzlich unterbinden.
Ungünstige bauphysikalische Bedingungen, z. B. wenn sich auf Innenwänden von ständig kalten Kellern u. a. Räumen im Sommerhalbjahr Kondenswasser bildet.	Verbesserung der bauphysikalischen Bedingungen, z. B. durch gute Raumlüftung.
Risse in Baukeramik	
Schwefelkiesstaub im Ton. Beim Brennen entsteht daraus schwarzes Eisenoxid und Schwefelsäure, die den Ziegel auftreibt und sprengt.	Die Ziegel sind unbrauchbar oder nur noch als Füllziegel einzusetzen.
Quarzkörner im Ton, die bei hohen Temperaturen ihr Volumen vergrößern.	Abschlämmen aus dem Ton oder durch Mahlen zerkleinern.
Zu fetten, beim Trocknen reißenden Ton für Ziegel verwendet oder ungenügende Austrocknung der Ziegelrohlinge vor dem Brand.	Zu fetten Ton mit feinkörnigem Sand magern – durch die Trocknung müssen die Rohlinge etwa 1/4 ihres Gewichtes verlieren. Risse evtl. mit Ziegelmehlmörtel ausfüllen.
Haarrisse in der Glasur von glasierten baukeramischen Erzeugnissen entstehen, wenn die Glasur einen höheren Wärmeausdehnungskoeffizienten hat als der Scherben selbst.	Die Differenz in der Wärmedehnung zwischen Scherben und Glasur wird mit einer richtigen Tonmischung für den Scherben aus bildsamen und unbildsamen Bestandteilen verringert.
Verfärbungen und Verkrustung	
Folge von Ausblühungen Ablagerung von Kalksinter bis zur Krustenbildung, der durch Umsetzung von Calciumcarbonat im Mauer- oder Fugenmörtel in wasserlösliches Calciumhydrogencarbonat entsteht. Schwefelkieslösung aus den Ziegeln oder Mörteln. Versottung durch Rauchluft, Teerdurchschlag an Schornsteinwandungen.	Siehe „Ausblühungen" Vor allem für Fugenmörtel nur hydraulischen Kalk, z. B. Trasskalk (oder Zement) verwenden, dessen kieselsaure Bestandteile des Calciumhydrogencarbonat binden. Entfernung durch Schleifen oder mit etwa 2%tiger Salzsäure (vorher annässen und nachwaschen). Keine Ziegel oder Mörtelzuschläge mit Schwefelkieskörnern einsetzen (s. „Aussprengungen"). Hierfür dunkle Klinker einsetzen, die auch robust gereinigt werden können.

Keramische Baustoffe: Schäden und ihre Vermeidung

Bild 5.24

Bild 5.25

Bild 5.26

Bild 5.27

Bild 5.24 Ausblühung auf einer Hartbrandziegelwand, bei der es sich um Calciumchlorid handelt, das dem Mauermörtel als Frostschutzmittel zugesetzt wurde.

Bild 5.25 Sulfatausblühung verursacht durch Umsetzung von Mörtelkalk durch schwefelsaures Spritzwasser in Calciumsulfat

Bild 5.26 Mauerziegel mit Kalkaussprengung. Vor dem Verputzen muss das treibende Branntkalkstück herausgekratzt werden.

Bild 5.27 Durch ständig in Bewegung stehende statische Mauerwerksrisse zerstörte Ziegel

seraufnahme und damit Beständigkeit gegen Witterung, Wasser, Frost und chemische Einflüsse. Mauerziegel und anderes Irdengut haben eine geringe Druckfestigkeit (5 ... 25 N/mm^2), eine hohe Porosität und Wasseraufnahme und damit sind sie nicht beständig gegen Frost und anhaltenden Wassereinfluss. Einige in Rohtonen manchmal vorhandene und vor dem Brennen nicht entfernte Stoffe verursachen in baukeramischen Erzeugnissen Schäden, z. B. Quarz-, Kalk- und Schwefelkieskörner führen zu Aussprengungen, Gips zu Sulfatausblühungen.

Schadensursachen
Sie können sich aus Qualitätsmängeln der keramischen Erzeugnisse ergeben, z. B. die bereits genannten Einschlüsse von Quarz-, Kalk-, Schwefelkies-(Pyrit) und Gipskörnern, Risse und Verformungen, aber auch aus Fehlern in der Lagerung, Anwendung und Verarbeitung. Auch kann der Gebrauch von unverträglichem Mauer- oder Fugenmörtel zur Schadensursache werden. Letztlich sind noch Planungs- und Konstruktionsfehler, z. B. fehlende Dichtungen gegen Bodenfeuchtigkeit oder wasserdampfundurchlässige Beschichtungen auf porösem Keramikuntergrund, als mögliche Schadensursache zu nennen. Im Einzelnen werden die Schäden und ihre Ursachen in der **Tabelle 5.8** beschrieben **(Bilder 5.24 bis 5.27)**.

5.4 Schäden an Naturstein

Natürliche Gesteine **(Tabelle 5.9)** werden im Bauwesen unterschiedlich bearbeitet eingesetzt als Roh- oder Werksteine für Skulpturen, Architekturteile wie Pfeiler, Säulen, Gesimse, Treppen, Balustraden und Reliefs, als Setzsteine für Mauerwerk, Fußböden und Pflaster und als

Tab. 5.9 Naturstein als Baustoffe

Einteilung nach Entstehung Gesteinsart	Einige für den Einsatz wichtige Eigenschaften	Einsatz am Bau
Eruptivgesteine		
Granite Syenite Diorite Gabbro Trachyte Basalte Porphyrite	Grob- bis feinkörnig dicht; Härte nach Mohs 6. – .8; druck- und abriebfest; allgemein wasser-, witterungs- und frostbeständig; resistent auch gegen saure Luft- und Wasserverunreinigungen sowie gegen Mikroorganismen; sehr geringes Saugvermögen	Bruch-, Werk- und Pflastersteine; Treppenstufen, Fußboden- und Abdeckplatten für Sockel und Fassaden
Sedimentgesteine		
Quarz- oder/und kalkgebundene Sandsteine Schiefergesteine Quarzgestein Dolomit Kalkstein Muschelkalk Kalktuffe Gips, Alabaster Anhydrit	Vielfache Strukturen: Körnig kristallin, geschiefert, klastisch mit Bindemitteln geschichtet, teilweise mit Organismenresten; Druckfestigkeit und Härte (nach Mohs 2 ... 5) geringer als Eruptivgesteine; Kalkstein u. a. kalkhaltigen Gesteine unbeständig gegen saure Immissionsstoffe in der Luft und im Wasser; Gips und Anhydrit nicht wasserglasecht!	wie oben; Schiefergesteine als Dach- und Fassadenplatten; Sandsteine und Alabaster auch für Bildhauerarbeiten
Umwandlungsgesteine		
Gneise Glimmerschiefer Phyllit Granulit Serpentinit Hornblendegesteine Marmor	Vielfache Strukturen und Farben; teilweise plattig und glimmerreich, so dass sie nicht witterungs- und frostbeständig sind. Marmor ist körnigkristallines Kalkgestein und dadurch polierfähig aber unbeständig gegen saure Luftimmission.	Vielseitig je nach Art, Beständigkeit und auch Farbe für Fassaden- und Fußbodenplatten, Treppen, Steinmetz- und Bildhauerarbeiten

Tab. 5.10 Schäden an Natursteinen

Schaden, Ursachen	Vermeiden und Beseitigen
Absanden	
Folge der Verwitterung, die hauptsächlich bei ton- und kalkgebundenen Standsteinen auftritt. Von der Oberfläche her wird das Calciumcarbonat von der Luftkohlensäure und schwefligen Luftverunreinigungen in wasserlösliche Verbindungen umgesetzt, die gemeinsam mit dem Ton vom Regen herausgewaschen werden. Die freigelegten Quarzkörner sanden ab.	Sandsteine mit höherem Tonbestandteil sind für außen nicht geeignet. In Gebieten mit saurer Luftimmission sollten kalkhaltige Natursteine außen nicht eingesetzt werden. Wichtig ist, dass Schichtgesteine durch richtige Verarbeitung vor übermäßiger Durchfeuchtung geschützt werden (Bild 5.31). Das Verbessern der Resistenz durch Imprägnieren siehe unter „Verkrusten und Treiben".
Auf lange Zeit mit luft- und feuchtigkeitsundurchlässigen Anstrichen oder Putzen beschichtete Sand- u. a. Sediment-Bausteine sanden nach dem Freilegen meist ab. Besonders für kalkgebundene Natursteine ist der Luftzutritt zur Beibehaltung oder Regenerierung ihrer Festigkeit notwendig.	Vor allem großflächige Sediment-Bausteine nicht luft- und feuchtigkeitsundurchlässig beschichten – wenn erforderlich, dann nur mit hochgradig diffusionsfähigen Beschichtungen, z. B. auf Silicat-, Kalk- oder Kalkcaseinbasis (Tab. 5.10).
Absprengungen	
Eindringen von Wasser und aggressiven Luftimmissionsstoffen an falsch konstruierten, wasserstauenden Gesimsen, Fenstersohlbänken u. a. durch Fehlen der Abdeckungen führt bei anhaltender Durchfeuchtung zu Frostabsprengungen, auch Treiberscheinungen durch Salzbildung (Bild 5.33).	Konstruktionsfehler vermeiden. Gesimse, Sohlbänke und andere wasserstauende Bauteile fachgerecht mit Zink-, Titan-Zink- oder Kupferblech abdecken. Ggf. Resistenzverbesserung durch Imprägnieren und/oder Hydrophobieren (Tab. 5.10).
Beim Verarbeiten von Schichtgesteinen die Schichtung nicht beachtet. Folgen sind erhöhte Wasseraufnahme und Absprengungen durch Frost oder bei erhöhter Belastung (Bild 5.31).	Besonders Schichtgesteine so einsetzen, dass das Eindringen von Regen- und Schneeschmelzwasser durch die natürliche Schichtung nicht begünstigt wird.
Absprengungen aus den Kanten größerer Natursteinblöcke infolge zu schmaler Fugen durch Mahlwirkung, wenn die Auflagerflächen uneben oder rau belassen wurden.	Nur Naturstein mit plangeschliffenen Fugenflächen können mit schmalen Fugen, ggf. trocken ohne Mörtel versetzt werden. Steine mit rauen Fugenflächen müssen breitere, mörtelgefüllte Fugen erhalten.
Ausblühungen	
Aus dem Baugrund in nicht gedichtete Wände aus porigen Naturstein mit der Bodenfeuchtigkeit eingedrungene Salze, z. B. Sulfate, Chloride und Nitrate, die beim Verdunsten des Wassers an der Oberfläche und im oberen Bereich der Steine auskristallisieren.	Aufnahme von Bodenfeuchtigkeit durch Horizontaldichtungen verhindern, evtl. nachträglich einfügen. Vorhandene Ausblühungen trocken abbürsten. Durch wiederholtes Anfeuchten, Lösen der Salze, Auskristallisieren lassen und trockenes Abbürsten Salze herauslösen; evtl. auch mit feuchten Kompressen.
Umsetzung von Calciumcarbonat in kalkgebundenen Natursteinen durch schwefelsaure Luftverunreinigungen in Calciumsulfat, das weiße, mehlige Ausblühungen ergibt.	Feuchtigkeitsaufnahme weitgehend verhindern: Abdeckungen, Hydrophobieren, Erhöhen der Resistenz durch Imprägnieren mit Kieselsäureester (Tab. 5.10).
Wasserlösliche Salze aus dem Fugenmörtel, z. B. durch saure Luftverunreinigungen umgesetzter Kalk, Frostschutzmittelzusatz u. a. Die Salzablagerung liegt an den Steinrändern entlang der Fugen (Bild 5.46) – Steinabsprengungen können sich daraus ergeben.	Vor allem gegen Luftkohlensäure und saure Luftverunreinigungen beständigen Fugenmörtel einsetzen, z. B. Trasskalkmörtel. Die Festigkeit und das Diffusionsvermögen des Stein- und Fugenmörtels müssen weitgehend übereinstimmen (Bild 5.35).

5.4 Schäden an Naturstein

Tab. 5.10 Fortsetzung

Schaden, Ursachen	Vermeiden und Beseitigen
Verkrusten und Treiben	
Die in der Luftfeuchtigkeit enthaltene Kohlensäure, die sich durch CO_2 aus Verbrennungsprozessen noch erhöht, setzt Calciumcarbonat von kalkgebundenen Natursteinen in Calciumhydroxid um, $CaCO_3 + H_2CO_3$ $Ca(HCO_3)_2$, das bei erneutem Carbonatisieren an der Luft eine raue, poröse Calciumcarbonatkruste bildet, in die meist Ruß und Staub eingebunden sind. Unter der Kruste bleibt die nicht mehr gebundene Steinsubstanz zurück (Bild 5.32 und 5.36).	In Gebieten und Bereichen, in denen die Atmosphäre ständig durch starke saure Immissionsstoffe aus Verbrennungsprozessen verunreinigt wird, sollten kalkhaltige Naturwerksteine nicht mehr eingesetzt werden. Vorhandene Natursteine sind vor allem vor anhaltender Durchfeuchtung durch Spritz- und Stauwasser zu schützen (Wasserableitung, evtl. Hydrophobierung). Von Skulpturen u. a. Bauschmuck Kruste nicht entfernen, weil mit einem Substanzverlust bis zur Unkenntlichkeit gerechnet werden muss – sondern vorsichtig reinigen und durchgehend bis auf den festen Stein mit Imprägniermittel, z. B. Kieselsäureester, wieder festigen.
Das in Verbrennungsabgasen vorhandene Schwefeldi- und trioxid bildet mit Luftfeuchtigkeit schweflige bzw. Schwefelsäure, die Calciumcarbonat von Natursteinen in wasserhaltiges Calciumsulfat umwandelt. Der damit verbundene Kristallisationsdruck und die Wasserlöslichkeit eines Teils des Sulfats führen zu treibenden Verkrustungen (Bild 5.44).	Die Resistenz von porösen, kalkhaltigen Naturstein gegen saure Luftverunreinigungen kann durch Imprägnieren mit Kieselsäureestern verbessert werden. Durch mehrmaliges, kurz aufeinander folgendes Fluten (nass-in Nass) wird ein tieferes Eindringen des Esters erreicht.

Bild 5.28 Naturstein war das wichtigste Baumaterial für die Fassadengestaltung repräsentativer Gebäude der Stilepoche des Historismus (Teilansicht des Ständehauses in Merseburg)

Bild 5.29 Übersicht über den Einsatz von bearbeiteten Naturgesteinen im Bauwesen

Decksteine in Form dünner Platten für Dachdeckungen und Wandverblendungen **(Bilder 5.28 und 5.29).** Die natürlichen und technisch hergestellten Gesteinsgekörne wie Kies, Sand, Splitt und Brechsand, die vorrangig als Beton- und Mörtelzuschlag eingesetzt werden, fallen nicht mit unter die Beschreibung von Schäden an Naturstein **(Tabelle 5.10).**

Kriterien der Witterungs- und Alterungsbeständigkeit

Die Witterungs- und damit auch die Alterungsbeständigkeit bzw. Schadensanfälligkeit der Natursteine am Bauwerk ist hauptsächlich von ihrer chemischen, teilweise auch von der physika-

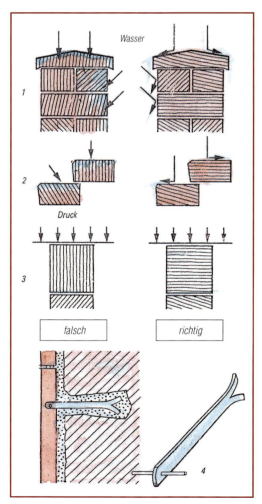

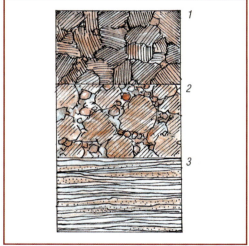

Bild 5.30 Die wichtigsten Kriterien der Witterungs- und Alterungsbeständigkeit von Natursteinen am Bauwerk
1 Härte, Festigkeit; 2 Dichte, Porosität, Wasseraufnahme; 3 Spaltbarkeit

Bild 5.31 Beim Verarbeiten von Naturstein, besonders von Sedimentgestein, muss die natürliche Schichtung wie bei diesem abgedeckten Pfeiler (1), den Treppenstufen (2) und dem belasteten Stützpfeiler beachtet werden, weil fehlerhafte Verarbeitung (3) das Eindringen von Wasser sowie Absprengungen durch Frost und Druck begünstigt. (4) Trageanker für Naturstein-Wandplatten.

5.4 Schäden an Naturstein

Natursteinschäden und ihre Vermeidung

Bild 5.32

Bild 5.33

Bild 5.32 Durch Umsetzen des Kalkbindemittels der Steine des Stützpfeilers einer romanischen Kirche in Calciumhydrogencarbonat, das beim Verdunsten des Wassers wieder zu Calciumcarbonat von poröserkrustiger Struktur zurückgebildet wurde, entstandener Schaden.

Bild 5.33 Stau von Regen- und Schneeschmelzwasser sowie Ablagerung von Staub und Flugasche führen wie hier an diesem Kalksandstein zu Verkrustungen, Treiberscheinungen und Absprengung.

Bild 5.34 Naturstein und Fugenmörtel sind in ihrer Farbe und Festigkeit sorgfältig aufeinander abgestimmt.

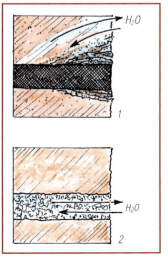

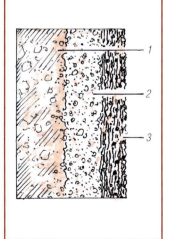

Bild 5.35 Wirkung von Fugenmörtel mit zu hoher Festigkeit und Undurchlässigkeit auf den Naturstein:
1 Zerstörung des Steins entlang der Fuge durch Feuchtigkeit;
2 Feuchtigkeitsaustausch über den porigen Fugenmörtel

Bild 5.36 Krustenbildung auf kalkgebundenem Naturstein:
1 Fester Stein;
2 nicht mehr gebundene Quarzkörner;
3 Kruste mit eingebundenem Staub u. Ruß

Bild 5.35   **Bild 5.36**

Tab. 5.11 Für Sandstein und andere Sedimentsteine geeignete Imprägniermittel und Anstrichstoffe

Geeignete Stoffe (Konzentration u. a.)	Anwendbarkeit, Wirkungsweise	Hinweise für die Verarbeitung
Imprägniermittel		
1. Glutinleimwasser (Glutinleimlösung zu Wasser 1 : 20)[1]	Oberflächenfestigung poröser Steine in trockenen Räumen; auch als Voranstrich für Leimfarbenanstriche und -malereien; geringe Eindringtiefe, wasserlöslich, mit Alaunlösung und Formalin wasserfest härtbar.	Erster Auftrag auf angefeuchtetem Stein, 1 – 2 weitere Anstriche ≈ 5 % Alaunlösung oder Formalin kann auch zugesetzt werden; sofort verarbeiten.
2. Kalkcaseinwasser (Casein, z. B. Magerquark zu Löschkalk zu Wasser 4 : 1 : 30)[1]	Wie 1; also auch als Voranstrich für Kalkcaseinfarbenanstriche und -malereien; bei Vornässen mit Kalkwasser teilweise chemische Bindung.	Stein mit Kalkwasser vornässen, ins Nasse streichen.
3. Kalkwasser (1 l klares Wasser über Löschkalk enthält ≈ 1,65 g gelöstes $Ca(OH)_2$)[1]	Geringe Festigung poröser Steine in trockenen Räumen; auch als Bindemittel für Kalklasuren (Pigmentzusatz < 2 %).	Mehrmals satt aufbringen; nur kalkechte Mineralpigmente.
4. Barytwasser (Lösung von Bariumhydroxid in heißem Wasser)	Wie 3; Barytwasser reagiert mit Luftkohlendioxid zu schwer löslichem Bariumcarbonat; $Ba(OH)_2 + CO_2 \rightarrow BaCO_3 + H_2O$	Mehrmals satt aufbringen.
5. Kaliumwasserglas verdünnt mit Wasser ≈ 1 : 2[1]	Oberflächenfestigung poröser trockener Steine; auch als Bindemittel für Silicatlasuren (Pigmentzusatz < 5 %, möglichst Markenerzeugnis bevorzugen, z. B. Keim-Fixativ).	Mehrmals aufbringen, doch nur so lange die Lösung sofort aufgesaugt wird; sonst Krustenbildung.
6. Saure Fluatlösung, z. B. Magnesiumfluat, $MgSiF_6$	Geringe Oberflächenfestigung nur bei kalkhaltigem Stein durch Calciumfluorid- und Kieselgelbildung, $2CaCO_3 + MgSiF_6 \rightarrow 2CaF_2 + MgF_2 + SiO_2$; bindet auch geringe Menge wasserlöslicher Salze; fungicid wirksam.	Ätzt, Arbeitsschutz beachten; angrenzende Flächen, vor allem Glas und Keramik abdecken.
7. Kieselsäureester, z. B. Ethylsilicat, $Si_5O_4(OR)_{12}$	Festigung poröser Steine; bei nass-auf-nass-Aufbringen gute Eindringtiefe; bilden durch Hydrolyse und Kondensationsreaktion unter Abgabe von Alkohol (OR) hochmolekulares Siliciumdioxid, Si_5O_{10}.	Stein muss trocken sein; bei senkrechten Flächen von unten nach oben aufbringen.
8. Silicon-Bautenschutzmittel, z. B. Siliconharzlösung, Siliconharzemulsion, wässrige Siliconate	Geringe festigende Wirkung, wird hauptsächlich für hydrophobe Imprägnierungen eingesetzt. Siliconharzemulsion auch als Bindemittel für hydrophobe Lasuren.	Sie bilden stets die einzige bzw. abschließende Steinbehandlung, weil keine anderen Stoffe daran haften.
9. Polymerisatharzlösungen, z. B. Acrylharzlösung (Harzanteil < 6 %)	Festigung der Steinoberfläche bei mehrmaligem Auftrag, doch dann besteht Gefahr des Porenverschlusses und Krustenbildung.	Nur aufbringen so lange aufgesaugt wird; sofern keine Versiegelung vorgesehen ist.
10. Polyurethan- und Epoxidharzlösung (Harzanteil < 6 %)	Wie 9; hohe festigende Wirkung, besonders wenn Versiegelung vorgesehen ist.	Wie 9.
11. Stearatlösung (Lösung höherer Fettsäuren)	Weiche, paraffinartige, wasserabweisende Imprägnierung oder Versiegelung auf Innen-Baustein.	Trockener Stein, warme Luft.

5.4 Schäden an Naturstein

Tab. 5.11 Fortsetzung

Geeignete Stoffe (Konzentration u. a.)	Anwendbarkeit, Wirkungsweise	Hinweise
Anstrichstoffe		
1. Weißkalkschlämme und -farben (Kalkhydrat zu Wasser 1 : 3)	Wischfeste Innenanstriche, hochgradig diffusionsfähig, auf trockenen Stein.	Mehrmals dünn auftragen.
2. Kalkcaseinfarbe (Casein zu Löschkalk 4 : 1, kalkechte Pigmente)[1]	Wie 1; jedoch höhere Festigkeit; Bindemittelanteil zu Pigmentbrei ≈ 1 : 2,5.	Nicht zu dick auftragen; hohe Spannung.
3. Leimfarben, vor allem Glutinleimfarben[1]	Wie 1; Glutinleimfarben-Anstriche mit Alaunlösung und Formalin härtbar (Übersprühen oder zusetzen, s. Imprägniermittel 1.).	Beim Schlussanstrich etwas weniger Bindemittel.
4. Silicatfarben (Kaliumwasserglas bzw. Fixativ zu Pigment ≈ 1 : 1)	Weitgehend wasserfeste, hochgradig diffusionsfähige Anstriche auf trockenen Stein, innen und außen (Markenerzeugnisse bevorzugen).	Für wenig saugenden Stein etwas weniger Fixativ.
5. Dispersions-Silicatfarben	Wie 4.	Gebrauchsfertige Anstrichstoffe.
6. Emulsions- bzw. Temperafarben[1]	Beispiel: Kalkcasein-Temperafarbe, möglichst Markenerzeugnisse.	Zwischentrocknung einhalten.

[1] Die Zubereitung und Verarbeitung dieser Stoffe werden im Buch „Historische Beschichtungstechniken" ausführlich beschrieben.

lischen Bindung sowie von ihrer Festigkeit, Porosität und der sich daraus ergebenden Wasseraufnahmefähigkeit abhängig.

Eruptivgesteine, z. B. Granit, Basalt und Syenit, sind infolge ihrer hohen Festigkeit nahezu an allen Standorten unverwüstlich. Anders verhalten sich die meisten Sedimentgesteine, vor allem kalk- und tongebundene Gesteine. Durch ihr meist leicht spaltbares paralleles Gefüge, die geringere Druckfestigkeit und stärkere Porosität sind sie allgemein weniger resistent gegen Wasser, Witterung, Frost und mechanische Einflüsse. Kalkstein und kalkgebundene Sandsteine sind außerdem unbeständig gegen saure Luftimmission **(Bild 5.33)**.
Bei Naturstein mit Schichtstruktur ist auch die unter Berücksichtigung der Schichtung fachgerechte Verarbeitung für die Dauerhaftigkeit wichtig **(Bild 5.31)**.
In der Tabelle 5.9 sind die an historischen Bauwerken am häufigsten vorzufindenden und im Bauwesen meist eingesetzten Natursteine in ihrer geologischen Einteilung und Bezeichnung sowie mit einigen für ihre Beständigkeit und Widerstandsfähigkeit wichtigen Eigenschaften erfasst **(Bilder 5.32 bis 5.36)**.

Instandsetzen und Restaurieren von Naturstein am Bauwerk

Natursteinschäden sind hauptsächlich an älteren Gebäuden durch vorbeugende oder bautechnische Maßnahmen zu verhindern. An den unter Denkmalschutz stehenden Bauwerken, besonders an Skulpturen und gestalterischen Naturstein-Architekturelementen, liegt die Konservierung oder Restaurierung in den Händen von Spezialisten, z. B. von Naturstein-Restauratoren. Bei Gebäuden, an denen Naturstein als Massivbaustoff für Wände, ganze Gebäude, Gesimse, Pfeiler, Treppen usw. eingesetzt wurde und die auch unter Denkmalschutz stehen können, übernehmen die Natursteinbearbeitung meist Steinmetze und andere spezialisierte Baufachleute, für die dieser Abschnitt vorrangig bestimmt ist.

Im Abschnitt „4.4 Chemischer Bautenschutz" wird die Reinigung der Oberflächen mineralischer Baustoffe, darunter auch Naturstein, beschrieben – in der dazugehörigen Tabelle 4.2 sind geeignete Reinigungsmittel erfasst.

In der **Tabelle 5.11** sind die für Sand- u. a. Sediment-Bausteine geeigneten Imprägniermittel und Anstrichstoffe nach ihrer Bindemittelart sowie in ihrer Anwendbarkeit und Wirkungsweise erfasst. Die angegebenen Stoffe können selbstverständlich auch zum Imprägnieren oder Beschichten von anderen mineralischen, porösen Baustoffoberflächen, z. B. von Betonen, Ziegeln, kalk- und zementgebundenen Putzen, eingesetzt werden. Zahlreiche Anwendungsvarianten enthält das Buch „Historische Beschichtungstechniken".

5.5 Schäden an Lehmbauteilen

Die von altersher angewandte Lehmbauweise hat sich infolge der sehr günstigen bauphysikalischen Eigenschaften der Wände und Decken, wie hohe Schutzwirkung gegen Lärm, Sonnenstrahlung, Frost sowie Unbrennbarkeit bis in unsere Zeit behauptet. Diese im Lehmbau auf einfache Weise erreichbaren vorteilhaften Eigenschaften sowie die mit keinem anderen Baustoff

Tab. 5.12 Schäden an Lehmbauteilen

Schaden, Ursachen	Vermeiden und Beseitigen
Festigkeitsverfall	
Anhaltende Durchfeuchtung, z. B. durch Eindringen von Bodenfeuchtigkeit, Spritzwasser oder Regen in nichtverputzte Wände, verursacht Quellung, Gefügelockerung oder Frostabsprengungen.	Lehmbauteile vor anhaltender Durchfeuchtung schützen, z. B. durch ausreichenden Dachüberstand, hohe Mauerwerkssockel und Horizontaldichtung. Zerstörte Lehmteile entfernen, mit gleicher, ggf. bewehrter Lehmmischung ausbessern.
Lehm ohne eingebundenes Bewehrungsmaterial (Stroh, Schilf, Steinsplitt usw.) ist gegen Festigkeitsverfall besonders anfällig.	Beim Lehmbau, auch Lehmputz, die Festigkeit und den Verbund durch innere Bewehrung erhöhen.
Hohlraum unter Putz	
Kein eingebundener oder nachträglich befestigter Putzträger vorhanden.	Putzträger einbinden oder wie im Bild 5.43 dargestellt befestigen.
Zu hohe Festigkeit und Schichtdicke des Putzes.	Putz dünnschichtig von „mager" (lehmhaltig) zu „fett" (kalkhaltig) aufbauen (Bild 5.40).
Schwindrisse im Lehm	
Lehm zu „fett", d. h. zu hoher Feinstoff- bzw. Tonanteil.	„Fetten" Lehm durch Untermischen von scharfen Sand magern.
Lehm mit zu hohem Wasseranteil verarbeitet.	Nur die für die Verarbeitung erforderliche Menge Wasser zusetzen; bei Lehmstampfwänden schichtweise austrocknen lassen.
Statisch-konstruktive Risse und Absprengungen	
Fehlerhafter Verbund von Lehmbauteilen untereinander, z. B. kein homogener, bewehrter Eckverbund gestampfter Lehmwände oder kein fachgerechter Verbund von Lehmquadern; vor allem Erschütterung führt zu Rissen.	Im Lehmbau müssen infolge der geringen Festigkeit des Lehms die für den Mauerwerksbau gültigen Regeln des Verbunds besonders sorgfältig eingehalten werden (Bild 5.41).
Fehlerhafter Einbau von Bauteilen aus anderen Baustoffen, z. B. Holzbalken von Decken oder Türstürzen, Ziegelmauerwerks-Fensterleibungen u. a.; Erschütterung oder Schwinden führt zu Rissen an den Fügeflächen.	Fachgerecht einbauen, z. B. Holzbalkenköpfe mit Dachpappe-Ummantelung, evtl. mit Ziegelauflage; Ziegelmauerwerk im Verbund einfügen. Konstruktion nachträglich verbessern; Risse mit bewehrtem Lehm-Sand-Gemisch ausfüllen.
Ungünstiger Fügeverbund zwischen Fachwerkholz und Lehmausfachung führt zu Rissen, schlimmstenfalls zum Hervor- oder Herausfallen von Ausfachungen (Bild 5.42).	Einbindung der Ausfachungen und den Anschluss an das Fachwerkholz fachgerecht ausführen. Näheres siehe unter „2.2.1 Schäden an Füge- und Auflagerflächen".

5.5 Schäden an Lehmbauteilen

Bild 5.37 In diesem Zustand sind häufig die alten in Lehm- oder Lehm-Fachwerkbau erstellten Häuser vorzufinden. Ursache des Verfalls ist, dass der Nutzungswert dieser Häuser unterschätzt wird. Mit Sachverstand lassen sie sich gut sanieren.

Bild 5.38 Baukonstruktionen, die die Feuchtigkeitsempfindlichkeit des Lehms nicht berücksichtigen, führen meist zu Schäden
1 falsch; 2 richtig

erzielbare günstige ökologische Stoffgrundlage der Lehmbauteile trägt dazu bei, dass der Instandhaltung von alten, mit Lehmquadern gestampften Lehmwänden und mit Lehm ausgefachten Fachwerkhäusern wieder mehr Augenmerk geschenkt wird.

Die Schäden an den i. d. R. sehr alten, massiven Lehmbauten **(Tab. 5.12)** und an den häufig mit lehmgedichteten Staken ausgefachten Fachwerkhäusern sind meistens auf das hohe Alter oder auch auf Vernachlässigung der Instandhaltung der Gebäude, aber oft auch auf konstruktive Mängel zurückzuführen. Es handelt sich dabei um Mängel, die bei dem gegenüber Feuchtigkeit, vor allem anhaltender Durchfeuchtung der besonders empfindlichen Lehmbauteile vermieden werden müssen **(Bild 5.37 und 5.38)**. Es sind:

■ Unzureichende Höhe des Sockelmauerwerks, auf dem die Lehmwände aufliegen und das Fehlen einer funktionsfähigen Horizontaldichtung auf diesem Mauerwerk, so dass die Lehmwände sowohl durch Spritzwasser als auch durch Bodenfeuchtigkeit durchfeuchtet werden
■ Zu geringer Dachüberstand, durch den die Lehmwände bei anhaltendem Regen vor zu starker Durchfeuchtung geschützt würden
■ Ungenügender Verbund des schützenden Putzes mit dem Lehmputzgrund, weil kein Putzträger in den Lehm eingebunden wurde oder nachträglich an der Lehmwand befestigt wurde. Wenn dazu der Putz noch zu fest und zu dickschichtig ist, löst er sich infolge seiner hohen Spannung nach kurzer Standzeit unter Hohlraumbildung vom Lehmputzgrund **(Bild 5.39 und 5.40)**.

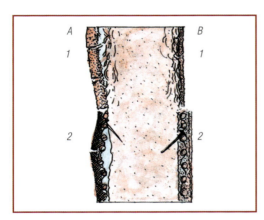

Bild 5.39   **Bild 5.40**

Bild 5.39 Ursachen der Hohlraumbildung unter dem Putz auf Lehmwänden:
A falsch: 1 Putzschicht zu dick; 2 Putzschicht zu fest.
B richtig: 1 Schichtdicke um 0,5 cm; 2 geringe Festigkeit

Bild 5.40 Aufbau eines Putzes auf Lehmwand mit eingebundenem Stroh-Putzträger.
1 Wand; 2 Lehmputz; 3 Kalk-Lehmputz; 4 Kalkanstrich

Lehmputzgrund und Putz müssen in ihrem Verbund und ihrer Festigkeit aufeinander abgestimmt sein; nur dann werden im Lehmbau funktionsfähige Decken- und Wandoberflächen erreicht **(Bild 5.41 bis 5.42)**. Wie im **Bild 5.43** dargestellt, können Putzträger in den Lehm eingebunden oder nachträglich befestigt werden. Häufig müssen an Fachwerkgebäuden Gefache mit strohumwickelten, mit Lehm abgedichteten Holzstaken erneuert werden.

Neben der Ausfachung mit einem Lehm-Sand-Strohhäckselgemisch hat sich auch die Verfüllung mit Leichttonmörtel bewährt. Der im Wesentlichen aus aufgeblähten, gebrannten Tonpartikeln, Kalk und einem Spezialzement bestehende Leichttonmörtel kann in mehreren Lagen sehr rationell mit der Putzmaschine eingebracht werden. Die Verfüllung ist in ihrer geringen Dichte (0,8 kg/dm^3), mäßigen Festigkeit (2,2 N/mm^2) und in der Wärme- und Schalldämmung einer Lehmverfüllung sehr ähnlich.

5.5 Schäden an Lehmbauteilen

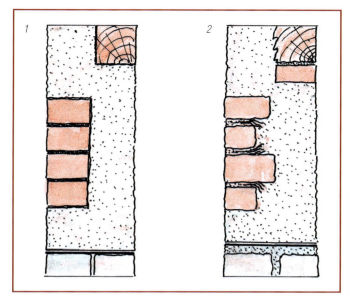
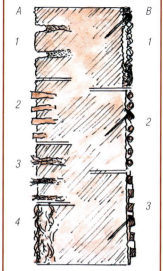

Bild 5.41

Bild 5.43

Bild 5.41 Fehler an Füge- und Auflagerflächen im Lehmbau und deren Vermeidung
1 falsch; 2 richtig

Bild 5.43 Putzträger
A eingebunden: 1 Lehmquaderfugen; 2 Ziegel- oder Steinbruch; 3 Schilf, Zweige; 4 Stroh
B befestigt: 1 Verzinktes Drahtgewebe in Lehmbatzen; 2 Schilfrohrgewebe; 3 Holzstabgewebe

Bild 5.42 Fehlerhafter Anschluss zwischen Fachwerkholz und Lehmausfachung führt zur Lockerung der Ausfachung und Absprengungen

5.6 Schäden an Holzbauteilen

Holz steht im Bauwesen im Umfang und in der Vielfalt des Einsatzes im kompletten Holzbau sowie für tragende Konstruktionen, Dachdeckungen, Verblendungen, Decken und Wände und andere Ausbauteile an vorderster Stelle bei den Baustoffen **(Bild 5.44)**.

Bild 5.44 *Holz wird in großem Umfang, so auch im Fachwerkbau, eingesetzt (Goslar, Rathaus), demzufolge hat der Holzschutz eine große Bedeutung.*

5.6.1 Holz als Baustoff

Die Qualität des Bauholzes ist abhängig von der Herkunft, d.h. von der Baumart, ihrem Alter und ihren Wuchsbedingungen, der Zeit, in der sie geschlagen wurden, den Schnittebenen von Schnittholz im Baumstamm, der Lagerung und Trocknung. Die häufig sehr lange, unversehrte, vor allem schädlingsfreie Standzeit von Bauholz aus früherer Zeit ergibt sich hauptsächlich daraus, dass die Bäume bei höherem Alter, vorzugsweise im Winter geschlagen und dann häufig durch Flößen transportiert und lange luftgetrocknet wurden. Auch wurden als Schnittholz härtere, widerstandsfähige Holzarten, wie Eiche und Buche und dazu noch das harte Kernholz bevorzugt **(Bild 5.45)**.

Bild 5.45 Widerstandsfähigkeit alter Holzbauteile des Doms zu Merseburg, die ohne Holzschutz etwa 400 Jahre schadlos überstanden hat..

Das leicht bearbeitbare Holz ist vom Einsatz her ein recht schwieriger Baustoff. Die Schwierigkeit ergibt sich aus Faktoren, wie sie in den Bildern 5.46 bis 5.53 dargestellt sind. Ihre Nichtbeachtung kann zur Folge haben, dass Holzbauteile ihre Funktion am Bauwerk nicht oder nur unvollständig erfüllen und dass Mängel und Schäden oder auch eine vorzeitige Alterung auftreten. Die Faktoren sind:

■ Holzart mit den spezifischen bautechnischen Eigenschaften wie Druck-, Zug-, Scher- und Verschleißfestigkeit, die bei harten Hölzern wie Eiche und Buche am höchsten ist; Zähigkeit und Elastizität, besonders gut bei Lärche und Rüster; Porigkeit und daraus resultierende Wasseraufnahme und Saugfähigkeit vor allem der weichen Hölzer; die bei allen Hölzern nahezu gleiche geringe Wärmeleitfähigkeit, hohe Schallleitfähigkeit und zuletzt ihre Brennbarkeit.

■ Unterschiedliches Quellen und Schwinden der verschiedenen Schnittebenen des Holzes. Das Quell- und Schwindmaß beträgt im

Axial- oder Hirnschnitt	0,1 bis 0,4 %
Radial- oder Spiegelschnitt	4 bis 6 %
Tangential- oder Fladerschnitt	8 bis 12 %

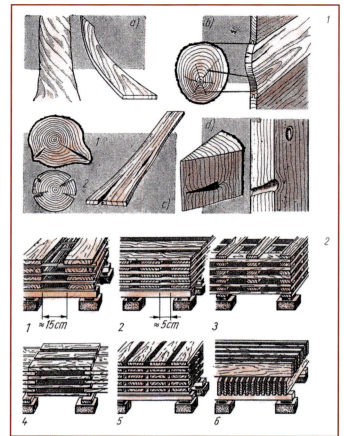

Bild 5.46 Holzeinsatz als Schnittholz
■ *1 Wuchsfehler und deren Auswirkung*
a) Drehwuchs;
b) exzentrischer Wuchs;
c) Risse: 1 Frostrisse; 2 Schwindrisse;
d) Durchfalläste
■ *2 Lagern und Trocknen*
1 Kastenweitstapel für frisches, feuchtes Holz;
2 Kastenengstapel für vorgetrocknetes Holz;
3 Kreuzstapel, ohne Stapelleisten;
4 Rohrfriesenstapel ohne Stapelleisten;
5 wie vor mit Stapelleisten;
6 Hochkantstapel

Die Unterschiedlichkeit kann an Konstruktionen aus Schnittholz aus verschiedenen Schnittebenen zum Werfen, Reißen und Lockerung des Verbunds führen **(Bild 5.46)**.

■ Anisotrope Struktur und heterogene stoffliche Zusammensetzung des Holzes innerhalb der Jahresringe. Die im Sommerhalbjahr sich bildende Frühholzzone ist großlumig, weicher, heller, enthält weniger Inhaltsstoffe wie Lignin und Harze und nimmt deshalb mehr Wasser auf, quillt und schwindet stärker als die im Herbst entstehende kleinlumige, inhaltsstoffreiche und deshalb dunklere, härtere, wenig Wasser aufnehmende und weniger quellende und schwindende Spätholzzone **(Bild 5.47)**. Diese Unterschiede in der Festigkeit, im Saugvermögen und im Quell- und Schwindmaß innerhalb der Jahresringe bewirkt das sogenannte „Arbeiten" des

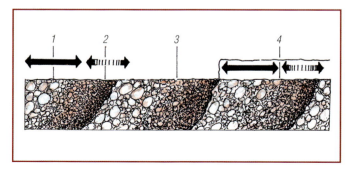

Bild 5.47 Anisotrope Struktur innerhalb der Jahresringe des Holzes
1 Frühholzzone: Dichte und Härte geringer, starkes Quellen und Schwinden; 2 Spätholzzone: Härter, geringere Saugfähigkeit, geringes Quellen und Schwinden; 3 unterschiedliche Eindringtiefe von Imprägnierstoffen; 4 infolge unterschiedlichem Quellen und Schwinden unterschiedliche Zugspannung von Anstrichen

5.6 Schäden an Holzbauteilen

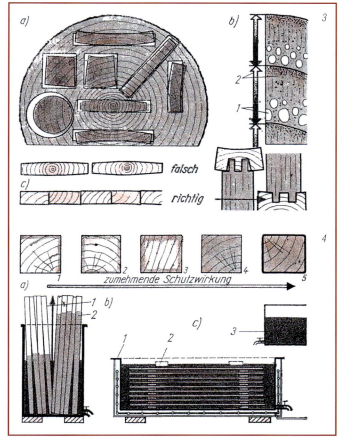

Bild 5.46 Holzeinsatz als Schnittholz
■ **3 Quellen und Schwinden: Auswirkung**
a) Auswirkungen der Gefügeanisotropie des Holzes auf das Schwinden;
b) Frühholz schwindet und quillt stärker als Spätholz: 1 Frühholz im Jahresring; 2 Spätholz im Jahresring;
c) Hinweise zur Verringerung der Auswirkungen des Schwindens und Quellens durch zweckmäßige Anordnung der Querschnitte.
■ **4 Anwendung von Holzschutzmitteln**
a) verschiedene Eindringtiefen: 1 Randteilschutz; 2 Randschutz (durch Streichen und Spritzen); 3 Tiefschutz (durch längeres Tauchen); 4 Vollschutz (durch Langzeittauchen, Kesseldruckverfahren); 5 Vollschutztränkung und Beschichtung;
b) Einstelltränkung: 1 nach einigen Stunden; 2 nach einem Tag;
c) Trogtränkung: 1 beheizbarer Trog; 2 Auftriebssicherung; 3 Vorratsbehälter

Schnittholzes, das am stärksten bei Schnittholz der Tangentialschnittebene ist, weil an ihm die Jahresringe durch ihre Schrägstellung besonders breit sind. Holz ist dadurch auch ein schwieriger Untergrund für Anstriche.

■ Feuchtigkeitsgehalt des Holzes während der Verarbeitung und beim Imprägnieren und Beschichten. Schnittholz passt sich ständig der Luftfeuchtigkeit an seinem Standort an – man spricht von Ausgleichsfeuchte. Richtwerte für den Feuchtigkeitsgehalt von frischem, halbtrockenem und trockenem Bauholz enthält DIN 4074. Die durchschnittliche Holzfeuchtigkeit in Abhängigkeit von der temperaturabhängigen relativen Luftfeuchtigkeit geht aus der **Tabelle 5.13** hervor. Die Verarbeitung von zu feuchtem Holz kann durch Schwinden zur Maßungenauigkeit,

Tab. 5.13 Feuchtigkeitsgehalt von Bauholz

Feuchtigkeitsgehalt von Nadelholz nach DIN 4074									
1. Frisches Bauholz:	Ohne Begrenzung des Feuchtigkeitsgehaltes								
2. Halbtrockenes Bauholz:	Mittlerer Feuchtigkeitsgehalt von maximal 30 %; bei Querschnitten über 200 cm^2 maximal 35 %								
3. Trockenes Bauholz:	Mittlerer Feuchtigkeitsgehalt von maximal 20 %								
Durchschnittlicher Feuchtigkeitsgehalt von Bauholz in Abhängigkeit von der relativen Luftfeuchtigkeit (Ausgleichsfeuchte)									
Relative Luftfeuchtigkeit %	20	30	40	50	60	70	80	90	100
Holzfeuchtigkeit %	4,5	6,2	7,8	9,4	11,2	13,5	16,6	21,3	30,0

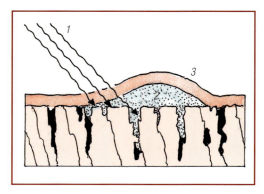

Bild 5.48 Unzureichende Diffusionsfähigkeit von Anstrichen auf zu feuchtem Holz kann zu Blasenbildung führen.
1 Wärme; 2 verdunstende Feuchtigkeit; 3 Anstrichblasen

zur Lockerung des Verbunds und zum Reißen der Holzbauteile führen – extrem ausgetrocknetes Holz kann beim Angleichen an die Standort-Luftfeuchte Werfen und Verquellen der Holzbauteile zur Folge haben. In zu feuchtes Holz können Imprägniermittel nicht eindringen; bei wenig diffusionsfähigen Anstrichen ist bei spontaner Feuchtigkeitsabgabe durch den Dampfdruck die Bildung von Blasen möglich **(Bild 5.48)**.

■ Farbe und Maserung der Schnittholzoberfläche werden häufig beim Einsatz des Holzes als gestaltendes Mittel für die Außen- und Innenarchitektur berücksichtigt.

5.6.2 Ursachen und Auswirkung von Holzschäden

Für Holzschäden gibt es vielfältige Ursachen, die wie folgt zusammengefasst werden können:

Durch natürliche Einflüsse auf die Bäume verursachte Schäden
■ Risse zwischen einigen Jahresringen von drehwüchsigen und exzentrisch gewachsenen Baumstämmen. Beides kommt häufig am Stammholz von freistehenden oder an Waldrändern stehenden und dadurch einseitig dem Wind und dem wachstumsfördernden Einfluss der Sonnenstrahlung und dem Regen ausgesetzten Bäumen vor (Bild 5.46/1). Drehwüchsiges Holz kann in seiner Maserung sehr interessant und schön sein – doch seine Uneinheitlichkeit in der Jahresringbreite und -festigkeit kann zur Rissbildung führen. Derartiges Holz ist durch die Uneinheitlichkeit in der Festigkeit sowie im Quellen und Schwinden für statisch beanspruchte und möglichst maßgenaue Holzkonstruktionen nicht geeignet.
■ Konzentration von Harzen, vor allem um Aststellen herum und in Form von Harzgallen führt an den Oberflächen von Holzbauteilen, die der Sonnenstrahlung oder anderen Wärmestrahlen ausgesetzt sind, zur Ausscheidung des Harzes. Die dadurch klebrige Oberfläche verschmutzt schnell; vorhandene Anstriche werden durchbrochen.
■ Durchfalläste, d. h. Äste, die aus dem Schnittholz nach seiner Trocknung herausfallen. Es sind am Baumstamm abgebrochene, überwachsene Äste. Sie entwerten das Bauholz; sie müssen ausgebohrt und mit eingeleimten Holzdübeln wieder ausgefüllt werden.
■ Schäden, vor allem im Randbereich der Baumstämme verursacht durch Pilze, z. B. den Blättling, Eichenporling und die Moderfäule oder durch Insekten, z. B. Holzwespe und Borkenkäfer, können auch schon an lebenden Bäumen sowie an den geschlagenen, im Wald zu lange liegenden Baumstämmen vorkommen. Ursachen dafür sind starke Nässe bei unzureichender Belüftung und Belassen der Rinde. Diese Schäden können das Holz teilweise entwerten oder als Bauholz gänzlich unbrauchbar machen.

Schäden, die durch Nichtbeachten der nachfolgenden Hinweise über die Auswahl, den Einsatz, die Verarbeitung bis hin zur Pflege des Bauholzes entstehen können.
■ Die Auswahl von Bauholz ist mit der Funktion der daraus herzustellenden Bauteile und deren Beanspruchung, z. B. Druck, Biegezug, Schwingung und Feuchtigkeit, durch Nutzung,

5.6 Schäden an Holzbauteilen

z. B. Schlag, Reibung und Reinigungsmitteleinfluss und durch atmosphärische Einflüsse wie Luft, Regen, Frost und UV-Strahlung abzustimmen **(Bild 5.49)**. Dabei sind die Funktion und Beanspruchung des einzusetzenden Bauholzes mit den unter 5.6.1 beschriebenen allgemeinen technischen Eigenschaften des Bauholzes und den spezifischen Eigenschaften der verschiedenen Holzarten wechselseitig zu beurteilen. Die Vielfalt dieser Beurteilung stellt an das Wissen des Fachmanns hohe Anforderungen. Fehlerhaft, nicht funktions- und beanspruchungsgerecht eingesetztes Bauholz erleidet seltener nur stellenweise auftretende Schäden, sondern wird meistens insgesamt schadhaft und zerstört.

■ Die Auswahl von Bauholz und die Konstruktion der Holzbauteile sind mit den Anforderungen des baulichen Holzschutzes und in besonderen Gebäuden mit den Bestimmungen des vorbeugenden Brandschutzes in Einklang zu bringen. Zu Ersterem gehören gemäß „DIN 68800 Vorbeugender Holzschutz" der funktions- und beanspruchungsgerechte Holzeinsatz, das Fernhalten von Nässe, besonders das Vermeiden von Staunässe und die Belüftung der Holzbauteile durch entsprechende Konstruktionen. Der vorbeugende Brandschutz nach DIN 4102 bezieht sich auf die Anwendung von Bauholz in Gebäuden, in denen Brände eine besonders verheerende Auswirkung hätten, z. B. Hoch-, Geschäfts- und Krankenhäuser, Schulen, Sport- und Gaststätten, Verwaltungsgebäude und Garagen. Besonders durch den baulich-konstruktiven Holzschutz können zahlreiche Schäden sowie vorzeitige Alterung und Zerstörung vermieden werden **(Bild 5.50)**.

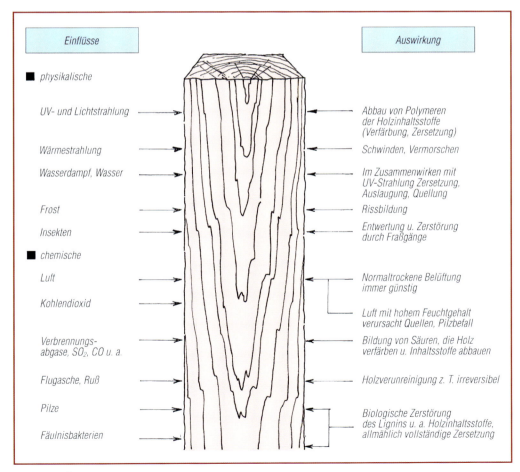

Bild 5.49 Äußere Einflüsse auf Bauholz und deren Auswirkung

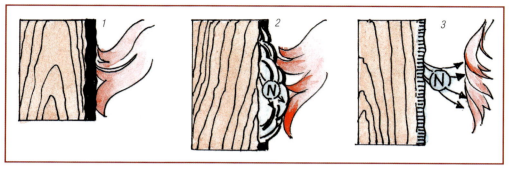

Bild 5.50 Brandschutzmittel
1 Abschirmende Stoffe; 2 Schaumbildende Stoffe; 3 Gasende Stoffe

 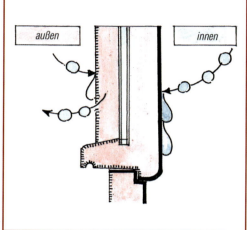

Bild 5.51   **Bild 5.52**

Bild 5.51 Etwa 200 Jahre altes Dachbauholz mit Trockenfäule verursacht durch eine dicke Anstrichschicht

Bild 5.52 Empfehlung für Anstriche auf Holzfenster in Feuchträumen. Innen undurchlässiger Anstrich. Außen wasserabweisende, dampfdurchlässige Imprägnierung

■ Die Pflege und der Schutz von Holzbauteilen durch Imprägnierungen, lasierende und deckende Anstriche kann sich auf die Erhaltung der Funktionstüchtigkeit und einer hohen Standzeit vorteilhaft auswirken; kann aber auch bei unbegründeter Anwendung und beim Einsatz ungeeigneter Imprägnier- und Holzschutzmittel und Anstrichstoffe nachteilig sein **(Bild 5.51)**.
Gut belüftetes Bauholz, das sich ungehindert in seinem Feuchtigkeitsgehalt der Luftfeuchtigkeit an seinem Standort angleichen kann, wird kaum von Holzschädlingen befallen. So sind in trockenen Räumen keine schützenden Imprägnierungen und Anstriche erforderlich – dort haben sie lediglich die Funktion, den Holzoberflächen die gewünschte Farbe und Glätte bzw. Pflegeleichtigkeit zu geben. Anders ist es bei Holzbauteilen, vor allem bei Fenstern und Außentüren, die z. B. in Feucht- und Nassräumen durch hohe Luftfeuchtigkeit oder sogar durch Kondens- oder Spritzwasser beansprucht werden. Die wasserbeanspruchte Seite dieser Bauteile sollte wasserundurchlässig versiegelt werden; die davon abgewandte Holzoberfläche ist luft- und wasserdampfdurchlässig zu belassen. Dadurch wird die Wasseraufnahme be- oder verhindert; die Abgabe von Feuchtigkeit aber gewährleistet **(Bild 5.52)**. Die allseitige luft- und wasserdampfundurchlässige Versiegelung, z. B. durch Lackfarben-Anstrichsysteme, luftfeuch-

5.6 Schäden an Holzbauteilen
125

tigkeits- und besonders stark wasserbeanspruchter Holzbauteile führt meistens zu Staunässe im Holz und Fäulnis. Der „Mechanismus" dieser Schadensentwicklung besteht darin, dass die Anstriche bei länger anhaltender Feuchtigkeitsbeanspruchung allmählich Wasser zum Holz durchlassen, selbst durch Quellung ihre geringe Porigkeit verlieren, so dass sie das Wasser im Holz zurückhalten bzw. bei eventueller Sonneneinstrahlung die Wasserverdunstung verhindern – ggf. kann der Anstrich dabei durch den Druck des Wasserdampfes Schaden in Form von Blasen, Rissen und Abblätterungen erleiden (siehe Bild 5.48).

Für bewitterte Holzbauteile sind gut wasserabweisende, jedoch luft- und wasserdampfdurchlässige, gegen den Einfluss der Witterung und UV-Strahlung beständige Holzschutzmittel-Imprägnierungen, Holzschutz-Lasur- und -Deckanstriche anzuwenden. Auch hier sind diffusionsunfähige, evtl. dazu noch dickschichtige Lack- und Lackfarben-Anstrichsysteme zu vermeiden. Eine besonders wichtige Funktion der Außenanstriche und -Imprägnierungen ist der Schutz des Holzes und der Beschichtungen selbst vor der ultravioletten Strahlung; denn die UV-Strahlen bewirken die Depolymerisation und damit die Zerstörung des Lignins und anderer Holzinhaltsstoffe sowie die Zerstörung von filmbildenden Bindemittel in Anstrichen und Imprägnierungen. Farblose und nur schwach pigmentierte Imprägnierungen und Anstriche verhindern auch bei Zusatz von UV-Absorptionsmitteln den Zugang der UV-Strahlung nicht oder nicht gänzlich; sondern nur stärker pigmentierte, dunklere Holzschutzmittel, -Lasuren und Anstriche können die UV-Strahlung brechen und vom Holz fernhalten **(Bild 5.53)**.

5.6.3 Schäden durch Alterung

Die Alterung von Bauholz an der Oberfläche einschließlich vorhandener Imprägnierungen und Anstriche ist zwar ein unvermeidbarer Vorgang, er kann aber durch geeignete Maßnahmen verzögert werden. Äußerlich zeigt sich die Alterung an Vergrauung, Vermorschung und Aufrauung der Holzoberfläche und häufig durch Bildung feiner Risse. Verursacht wird sie in erster Linie durch die beschriebene Wirkung der UV-Strahlung auf Holz und Anstriche, außerdem durch ununterbrochenes Quellen und Schwinden, Wärmedehnung, Einfluss von chemisch wirksamen Luft- und Regenwasserverunreinigungen u. a. Im Bild 5.49 sind die holzaggressiven, physikalisch oder chemisch wirksamen Einflüsse zusammengefasst. Dem Alterungsvorgang kann mit Anstrichen oder Imprägnierungen, die das Bauholz vor dem Einfluss der Witterung und der UV-

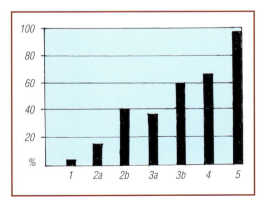 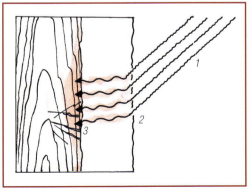

Bild 5.53   **Bild 5.54**

Bild 5.53 *Mittelwerte für die UV-Undurchlässigkeit von Anstrichen*
1 farblose Lackierung; 2 helle Holzschutzlasur (a ohne und b mit UV-Absorber); 3 dunkle Holzschutzlasur (a ohne und b mit UV-Absorber); 4 dunkle Dickschichtlasur; 5 deckender Anstrich

Bild 5.54 *Aufheizung von Bauholz mit dunklem Anstrich*
1 Sonnenlicht; 2 Umwandlung der Lichtstrahlung in Infrarotstrahlen; 3 Aufheizung und Auswirkung

Tab. 5.14 An Bauholz vorkommende pflanzliche und tierische Holzschädlinge

Holzschädlinge ■ Einteilung	Vorkommen und äußere Erscheinung (s. Bilder 5.55 und 5.56)	Auswirkung
Pflanzliche Holzschädlinge		
■ Holzverfärbende Pilze		
Stammholzbläue Schnittholzbläue	Waldfrisches Holz, vor allem Kiefer. Nicht luftig gelagertes feuchtes Schnittholz, graublaue Streifen.	Keine Verringerung der Holzfestigkeit, sondern streifige Holzverfärbung; dadurch nicht mehr für naturfarbenbelassene, gebeizte und lasierte Holzbauteile geeignet. Anfällig für den Befall durch andere Pilze.
Anstrichbläue	Auf nassem, nicht austrocknendem Holz unter Anstrichen, schwärzlich.	
Rotfärbung von Rotbuchenholz	Pilze von roter Färbung im Kern von Rotbuchen.	
■ Holzzerstörende Pilze		
Blättlinge	Außen feucht stehende Holzbauteile; Innenfäule, die meist erst durch blattförmigen gelbbraunen Fruchtkörper erkannt wird.	Am Holzkern beginnende Zerstörung des Holzes.
Echter Hausschwamm, infolge seiner Wasserabscheidung auch als „tränender" Hausschwamm bezeichnet (Bild 5.55)	Oft im Verborgenem, an einer feuchten, dunklen, schlecht belüfteten Stelle, z. B. an überdecktem Dach- und Deckengebälk, Fachwerkholz sowie auf der Rückseite von Fußbodendielen und Wandverblendungen entstehender brauner Fruchtkörper mit weißem Rand, in dem sich die Pilzsporen bilden, die weiße Pilzfäden und braunes Myzelgeflecht und -stränge entwickeln. Die langen Myzelstränge können auch poröses Mauerwerk durchwachsen. Der echte Hausschwamm braucht wenig Wasser und produziert dies aus seiner Atmungsfeuchtigkeit selbst. Unter Luftbewegung, Belichtung und Temperaturen über 26 °C stirbt er ab.	Die wichtigste Wachstumsvoraussetzung ist das als Nährstoff dienende Holz, das verhältnismäßig schnell durch Braun- oder Destruktionsfäule zersetzt wird, in würfelartige Stücke aufreißt, die sich zu Pulver zerreiben lassen. Das Holz verliert allmählich seine Festigkeit und Tragfähigkeit.
Porenhausschwamm	Der wabenartige weiße Fruchtkörper, von dem weiße Myzelstränge ausgehen, ist nur an feuchtem Holz lebensfähig. Dadurch ist die Ausbreitung begrenzt.	Er zerstört an seinem Standort das Holz durch Vermorschung.
Kellerschwamm (Bild 5.55)	Er wächst nur auf dauernd feuchtem, schlecht belüftetem Holz. Die Fruchtkörper sind dünne lehmfarbene Krusten mit hellgelben Rändern besetzt mit braunen Warzen. Das zuerst weiße, dünne Myzel ist im Alter braun bis schwarz.	Er verursacht meist örtlich begrenzte Fäulnis und Vermorschung, die bis zur vollständigen Zerstörung führen kann.
Moderfäule (Bild 5.55)	Entstehung an wenig belüftetem, ständig feuchten Holz, z. B. an Holz im Erdboden.	Von der Oberfläche ausgehende, fasrige Zersetzung und Zerstörung.
Weißfäule, z. B. Eichenporling	Vorwiegend an ständig sehr feuchtem Eichenholz u. a. Laubhölzern vorkommend; ockergelber Belag mit weißen Rändern und braunen Warzen.	Holzzerstörung im Oberflächenbereich.
Tierische Holzschädlinge		
■ Frischholzinsekten		
Kernholz- und Borkenkäfer	Es sind holzbrütende Insekten, deren Larven sich in den Bohrgängen von Ambrosiapilzen ernähren; deshalb auch Ambrosiakäfer genannt.	Kurze, kreisrunde Bohrgänge in Faserrichtung; in trockenem Holz sterben die Pilze und damit die Käfer ab.

5.6 Schäden an Holzbauteilen

Tab. 5.14 Fortsetzung

Holzschädlinge ■ Einteilung	Vorkommen und äußere Erscheinung (s. Bilder 5.55 und 5.56)	Auswirkung
Tierische Holzschädlinge		
■ Frischholzinsekten		
Holzwespen	Es sind Insekten, die am Kernholz- und Borkenkäfer an lebenden und frisch gefällten Bäumen vorkommen und deren Larven vom Holz leben.	20 – 40 cm lange, runde Fraßgänge in Faserrichtung; runde Fluglöcher. Tragfähigkeit des Holzes wird kaum beeinflusst.
■ Trockenholzinsekten		
Hausbock (Bild 5.56)	Die 8 – 20 mm langen, im Juni bis August aus den Puppen schlüpfenden Hausbockkäfer legen ihre Eier in Holzrisse. Die daraus schlüpfenden weißlichen, bis 30 mm langen, 3 – 6 Jahre lebenden Larven leben im und vom Nadel-Splintholz und hinterlassen in Faserrichtung verlaufende, mit Holzmehl gefüllte Fraßgänge, nach außen wenige bis 7 mm große ovale Fluglöcher.	Allmähliche Schwächung der Tragfähigkeit des Bauholzes bis zum völligen Funktionsverlust.
Nagekäferarten, z. B. „Totenuhr" (Bild 5.56)	Braune, bis 5 mm lange Käfer, deren bis zu 4,5 mm lange, bis 5 Jahre lebende weißen Larven vor allem Möbelholz in alle Richtungen durchfressen.	Durch dichtes Fraßgangnetz allmählich vollständige Zerstörung des Holzes.
Brauner Splintholzkäfer	Im Splintholz von Laubholz; runde um 1mm große Fluglöcher.	Starke Schwächung der Holz-Tragfähigkeit.
Schiffsbohrwurm	In feucht stehenden Holzpfählen bis zu 25 cm langer Wurm.	Bruch der Pfähle bei Belastung.
Termiten	An tropischen Hölzern vorkommend.	Vollständige Zerstörung des Holzes

und Wärmestrahlung schützen, entgegengewirkt werden. Demzufolge müssen sie folgende Eigenschaften haben:

■ Wasserabweisung, ausreichende Diffusionsfähigkeit und dauerhafte Elastizität, damit sie Regenwasser fernhalten, den Feuchtigkeitsaustausch zwischen der Luft und dem Holz in begrenztem Maße zulassen und der Wärmedehnung standhalten.
■ Weitgehende Undurchlässigkeit gegenüber der UV-Strahlung. Deckende Anstriche erfüllen diese Anforderung; doch mit lasierenden Anstrichen und Imprägnierungen kann der Einfluss der UV-Strahlung auf das Holz nur mehr oder weniger reduziert werden, z. B. durch einen entsprechenden Farbton bzw. angemessenen Pigmentanteil und Zusatz von strahlungsbrechenden UV-Absorbern **(Bild 5.53)**.
■ Weitgehendes Reflexions- und Remissionsvermögen gegenüber dem Sonnenlicht. Anstriche und Imprägnierungen können zwar nicht die Wärmestrahlung vom Holz fernhalten, jedoch können sie Absorption der Lichtstrahlung verhindern. Dunkle, vor allem schwarze Anstriche, absorbieren die Lichtstrahlen und wandeln sie in die längerwellige Wärmestrahlung um, die zur „Aufheizung" und der damit verbundenen Wärmedehnung von Anstrich und Holz führt **(Bild 5.54)**.
Der Widerspruch zwischen der Undurchlässigkeit gegenüber UV-Strahlung (dunkle oder deckende Anstriche) und Lichtstrahlung (weiße u.a. helle, deckende Anstriche) kann mit hellen, voll deckenden Anstrichen aufgehoben werden. Lasierende Anstriche und Imprägnierungen sollten einen mittleren Helligkeitswert haben, damit sie sowohl in begrenztem Maße UV-strahlungsundurchlässig sind als auch ihre Lichtabsorption gering ist.

Bild 5.55 Pflanzliche Holzschädlinge
1 Echter Hausschwamm, junger Fruchtkörper; 2 Hausschwamm, fortgeschrittener Fruchtkörper; 3 Hausschwamm und Braunfäule mit Würfelbruch; 4 Myzel des braunen Kellerschwamms, gewachsen unter einem PVC-Fußbodenbelag; 5 Nassfäule mit Fruchtkörper an Dachsparren; 6 Nassfäule an Gesimsbrettern; 7 Trockenfäule mit muschelförmigem, kurzem Faserbruch an scheinbar gesundem Holz; 8 Korrosion durch übermäßige Anwendung von Holzschutzsalzen; 9 Korrosion von Holz und Eisen durch Kochsalzdämpfe in einem Siedehaus

5.6 Schäden an Holzbauteilen

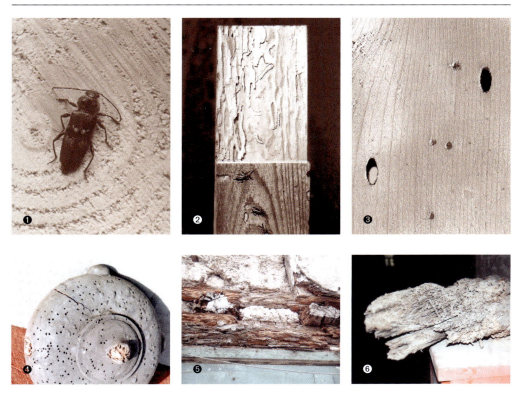

Bild 5.56 Tierische Holzschädlinge
1 Hausbockkäfer; 2 Hausbockkäfer und -larven in ihren Fraßgängen; 3 Schlupflöcher des aus den Larven entstandenen Käfers, an denen der Hausbockbefall erkennbar ist.; 4 Fraßlöcher einer Nagekäferart, 5 durch eine Nagekäferart zerstörtes Holz, das dann durch Erosion herausbrach, 6 Durch langjährigen Nagekäferfraß, Nassfäule und Erosion zerstörtes Holz

5.6.4 Maßnahmen des Holzschutzes

Die Maßnahmen des Holzschutzes können nach der Zeit und Art ihrer Anwendung wie folgt eingeteilt werden:

Maßnahmen zur Beseitigung von Holzschäden und ihren Ursachen
Dazu gehören:
■ Sicherung der statischen Funktion von Holzbauteilen und -konstruktionen, die von Holzschädlingen befallen und beschädigt wurden, z. B. durch Ausbau oder Herausschneiden der schadhaften, nicht mehr sicher druckfestem und tragfähigen Holzteile und diese durch artgleiches, mit Holzschutzmittel imprägniertes neues Holz ersetzen. Am häufigsten ist diese Maßnahme erforderlich beim Sanieren von Altbauten, die vom Hausschwamm befallen sind. An verbleibenden Holzbauteilen und an den damit konstruktiv verbundenen Decken- und Wänden ist eine schädlingsbekämpfende und vorbeugende Imprägnierung, z. B. im Bohrlochverfahren vorzunehmen. Das entfernte, von Schädlingen befallene Holz, vor allem bei Hausschwammbefall, ist unverzüglich, den Vorschriften entsprechend zu entsorgen.
■ Bekämpfung und Beseitigung von pflanzlichen und tierischen Holzschädlingen, die sich in Holzbauteilen und in mineralischen Baustoffen angrenzender Decken und Wände befinden. Allgemein ist dabei folgende Vorgehensweise üblich:
– Reinigen und eventuelles Freilegen der Holzoberfläche, z. B. von Anstrichen, die die Holzschutzimprägnierung behindern.

Tab. 5.15 Zusammenfassung von Schäden an Holzbauteilen

Schaden, Ursachen	Vermeiden und Beseitigen
Bläuepilzbefall	
Befällt das Splintholz von lange im Wald liegenden Baumstämmen und von schlecht belüftetem gestapelten Schnittholz. Der Pilz zeigt sich als streifige, hellblaue bis blauschwarze Verfärbung. Das Holz behält seine Festigkeit, ist dadurch aber anfällig gegen weiteren Pilzbefall.	Lagerndes Holz gut belüften. Vorbeugende Tränkung mit Holzschutzsalzlösung, die vor Bläuepilzen schützt. Die Holzverfärbung durch Bläuepilze kann durch Abreiben mit einem Bleichmittel, z. B. Wasserstoffperoxid, aufgehellt werden.
Fäulnis	
Folgeerscheinung von Pilzbefall, vor allem von feuchtem, nicht oder unzureichend belüfteten Holz (auch unter Anstrichen) durch Schimmelpilze. S. Tab. 5.14.	Pilze abtöten, z. B. durch trocknen, evtl. mit Heißluft und belüften; im Anfangsstadium noch mit Holzschutzmittel behandeln. Anstriche müssen diffusionsfähig sein.
Harzausfluss	
Aus Harzgallen, die vor allem bei Kiefernholz zwischen den Jahresringen liegen können, läuft das Harz unter Wärmeeinwirkung aus. Aus harzreichem Holz, besonders aus dem Holz im Astbereich läuft bei Erwärmung Harz aus, das zu einer unschönen, klebrigen Oberfläche führt und vorhandene Anstriche durchbricht.	Derartiges Holz für Ausbauteile möglichst nicht verwenden. Durch Erwärmen mit Heißluft das Harz herauslösen, aus- und abkratzen, mit harzlösendem Mittel, z. B. Terpentinölersatz, abreiben und mehrmals mit einem Absperrlack, überstreichen.
Insektenbefall, z. B. Hausbock und Nagekäfer[1]	
■ Hausbockbefall, meist Splint von Kiefernholz an bereits eingebauten Holzbauteilen (s. Tab. 5.14 und Bild 5.56). ■ Nagekäfer, dessen Larven das Holz mit ihrem Netz aus rund 2 mm großen Fraßgängen allmählich zerstören (s. Tab. 5.14).	Vorbeugende Tränkung mit geeigneten Holzschutzmitteln. Bekämpfung durch Heißlufteinwirkung (mehrere Stunden 80 bis 90 °C), Vollschutz-Tränkung mit geeignetem öligen Holzschutzmittel; am eingebautem Holz z.B. im Bohrlochverfahren (Bild 4.8) einbringen.
Pilzbefall, z. B. echter Hausschwamm, Porenhaus- und Kellerschwamm[2]	
■ Echter Hausschwamm Sein Myzel ist zuerst weiß und watteartig, im Alter bildet das Myzel bis bleistiftstarke Stränge von schmutzig grauer Farbe. Sie scheiden „Atemwasser" aus und können sich deshalb auch auf trockenem Holz und Mauerwerk ausbreiten. Die Fruchtkörper bilden sich an feuchten Stellen und haben eine braune Farbe. Das Herauslösen der Cellulose durch den Hausschwamm führt zu würfelartigem Zerfall und zur Zerstörung des Holzes (Bild 5.55). ■ Porenhausschwamm Er ist nur an feuchtem Holz lebensfähig; im Trockenen stirbt er ab. ■ Kellerschwamm Sein Myzel ist im Frühstadium weiß, im Alter braunschwarz (Bild 5.55).	Bauholz muss vor dem Einbau mit einem Holzschutzmittel getränkt werden, das eine anerkannte Schutzwirkung gegen holzzerstörende Pilze, Moderfäule und gegen den Befall durch holzzerstörende Insekten hat. Die zu erreichende Eindringtiefe des Mittels (Voll-, Teil- oder Randschutz) entscheidet die spätere Beanspruchung und Gefährdung des Holzes. Keller- und Hausschwamm sind sofort nach dem Erkennen zu entfernen. Dabei sind verdeckte Holzflächen freizulegen. Die Pilzsporen werden durch Abflammen und dann mit geeigneten Holzschutzmitteln abgetötet. Auch angrenzendes Mauerwerk wird mitbehandelt, z. B. im Bohrlochverfahren.
Verfärbung	
Einwirkung von UV- und Lichtstrahlung auf ungeschütztes Holz verursacht Depolymerisation der Holzinhaltsstoffe und damit einhergehende meist bräunliche irreversible Verfärbungen.	Verhinderung der Strahleneinwirkung durch deckende Anstriche; Milderung der Einwirkung durch dunklere Holzschutzlasuren, evtl. mit UV-Absorberzusatz.

5.6 Schäden an Holzbauteilen

Tab. 5.15 Fortsetzung

Schaden, Ursachen	Vermeiden und Beseitigen
Verfärbung	
Einwirkung von alkalisch reagierenden Stoffen, z. B. Kalk, Zement, Wasserglas, alkalische Reinigungs- und Abbeizmittel, auf gerbstoffreiches Holz, z. B. Eichen- und Lärchenholz, verfärbt das Holz durch chemische Reaktion irreversibel von braun bis schwarz.	Keinen Kontakt mit alkalischen Stoffen zulassen; verfärbtes Holz durch Feinschleifen abtragen; durch Bleichmittelbehandlung ist eine geringe Aufhellung des verfärbten Holzes möglich.
Pilzbefall, vor allem mit Schwarzschimmel, verursacht eine meist fleckige, schwärzliche irreversible Verfärbung.	Schwarzschimmelbefall durch Trockenheit vermeiden; Schimmel trocken abbürsten, evtl. Bleichmittelbehandlung.
Verfärbung durch gelöste Metalloxide und -salze von korrodierenden metallischen Beschlägen, Verbindungsmitteln u. a. vor allem durch Rost aber auch Zinksalze, Kupfersulfat usw. Die Metalle korrodieren z.B. beim Kontakt mit Gerbsäuren von Eichen- und Lärchenholz.	Entweder korrosionsbeständige Metallteile anwenden oder das Metall, z. B. durch geeignete Schutzanstriche vor Korrosion schützen.

1 Durch weitere tierische Holzschädlinge verursachte Schäden werden in Tab. 5.14 beschrieben.
2 Weitere pflanzliche Holzschädlinge und ihre Holzschädigung werden in der Tab. 5.14 beschrieben.

– Bei Pilzbefall Entfernen von anhaftender Pilzsubstanz, z. B. von Fruchtkörpern oder von Pilzfäden (Hyphen) und Myzel des Haus- oder Kellerschwamms.
– Starkes Erhitzen der Oberflächenbereiche mit Heißluft oder der offenen Flamme, zur Abtötung von Pilzsporen oder tierischen Schädlingen, sofern dies nicht aus Sicherheitsgründen unterbleiben muss.
– Einbringen eines geeigneten Holzschutzmittels in einem Verfahren, mit dem die erforderliche Eindringtiefe erreicht wird, z. B. bei Randschutztränkung durch mehrmaliges Streichen oder Spritzen, bei Tief- und Vollschutztränkung das Bohrlochverfahren. In den Tabellen 5.14, 5.17 und 5.18 sind die am häufigsten vorkommenden Holzschädlinge und die Holzschutzmittel erfasst.

Tab. 5.16 Chemischer Holzschutz; Gefährdungsklassen nach DIN 68800, Teil 3

Gefährdungs-klasse	Anwendungsbereiche	Anforderungen an Holzschutzmittel
0	Räume mit üblichem Wohnklima: Holzbauteile durch Bekleidung abgedeckt oder zum Raum hin kontrollierbar	keine
1	Innenbauteile (Dachkonstruktionen, Geschossdecken, Innenwände) und gleichartig beanspruchte Bauteile, relative Luftfeuchte < 70 %	Insektenvorbeugend
2	Innenbauteile, mittlere relative Luftfeuchte > 70 % Innenbauteile (im Bereich von Duschen), wasserabweisend abgedeckt. Außenbauteile ohne unmittelbare Wetterbeanspruchung.	Insektenvorbeugend, pilzwidrig
3	Außenbauteile ohne Erd- und/oder Wasserkontakt Innenbauteile in Nassräumen	Insektenvorbeugend, pilzwidrig, witterungsbeständig
4	Holzteile mit ständigem Erd- und/oder Wasserkontakt	Insektenvorbeugend, pilzwidrig, witterungsbeständig, moderfäulewidrig

Tab. 5.17 Holzschutzmittel

Einteilung, Arten	Stoffliche Grundlage, Wirkungsweise	Anwendung*
Holzschutzsalze	Wasserlösliche Salze, z. B. Borate, Fluoride, Fluorosilicate, Kupfersalze, Chromate und Arsenate	Vorbeugender Holzschutz für trockenes und halbtrockenes Holz (Tab. 5.13) unter Berücksichtigung der Vorschriften für Anwendung und Kennzeichnung.
Ölige Holzschutzmittel	Teerölige Stoffe und organische lösemittelhaltige metallorganische Verbindungen meist mit Zusatz von weiteren fungizid und insektizid wirkenden Stoffen	Vorbeugender und schädlingsbekämpfender Holzschutz, Feuchte- und Witterungsschutz für trockenes und halbtrockenes Holz, vorzugsweise außen, entsprechend den Anwendungs- und Verarbeitungsvorschriften
Kombinierte Holzschutzmittel		
Holz-Brandschutzmittel	Brandschutzmittel mit vorbeugender fungizider und insektizider Wirkung (s. Tab. 5.18)	Brandschutzbeschichtungen auf Holzbauteile
Holzschutzlasuren	Ölige und wässrige Lasurfarben mit vorbeugend fungizid und insektizid wirkendem Zusatz als Imprägnier- und Dickschichtlasuren	Tönende bis stark farbige Lasuranstriche auf Außen- und Innen-Holzbauteile, die schöne, witterungsbeständige, pflegeleichte Oberflächen ergeben.
Gasende Holzschutzmittel	Meist in Tablettenform, die tierische Holzschädlinge abtötende Gase, z. B. Phosphorwasserstoff, entwickeln	Zur Schädlingsbekämpfung in mit undurchlässigen Planen eingehüllten Holzstapeln, in abgedichteten Räumen u. a.

* vgl. Bilder 5.46/D und 5.47/3

Tab. 5.18 Brandschutzmittel*

Arten und Wirkungsweise	Stoffliche Grundlage	Anwendung
Sperrschichtbildner. Bildung einer gegen hohe Temperaturen beständigen, unbrennbaren Schicht, die Flammen eine begrenzte Zeit vom Holz u. a. Baustoffen fernhält.	Gemische aus mineralischen Stoffen, vorzugsweise Wasserglas als Bindemittel, Füllstoffe, z. B. Quarz-Kieselgur- und Schiefermehl; evtl. mit Mineralpigmenten eingefärbt.	Innenstehendes Holz, möglichst mit schnittrauer Oberfläche, damit ein guter mechanischer Verbund zustande kommt. Schichtdicke um 1 mm (2 Anstriche).
Schaumschichtbildner. Unter Flammeneinwirkung erweicht die Beschichtung, die dann durch den dabei freiwerdenden Stickstoff zu einer kohligen, unbrennbaren Schaumschicht aufgebläht wird.	Ammoniumsalze und Harnstoffharz, mineralische Füllstoffe, auch eingefärbt mit mineralischen Pigmenten.	Holzbauteile u. a. brennbare Baustoffe; auch für Metallbauteile, die vor Feuer geschützt werden sollen. Die Schicht kann einen zusätzlichen Schutzlacküberzug erhalten. Schichtdicke um 1 mm.
Glasbildner. Unter Flammeneinwirkung geben die Ammoniumsalze Stickstoff ab (gleichzeitig bildet sich eine unbrennbare Schmelze), der den Sauerstoff verdrängt und keine Entflammung zulässt.	Ammoniumsalze und wasserlösliche Phosphate und Fluoride, die gleichzeitig eine biozide Wirkung haben.	Innenstehende Holzbauteile u. a. brennbare Baustoffe mit porös-saugfähiger Oberfläche. Die Lösung ist durch Streichen, Spritzen und Tauchen verarbeitbar.

* vgl. Bild 5.50

Maßnahmen des vorbeugenden Holzschutzes

Gemäß DIN 68800 wird der vorbeugende Holzschutz in baulichen und chemischen Holzschutz eingeteilt.

■ **Baulicher Holzschutz**

Aufgabe und Ziel des baulichen Holzschutzes ist es, übermäßige Feuchtigkeit, Wasser und andere holzschädigende Medien vom Holz fernzuhalten und eine der Beanspruchung der Holzbauteile gerecht werdende Auswahl der Holzart bzw. Holzqualität. Ersteres wird hauptsächlich erreicht, indem Holzbauteile so konstruiert, gestaltet, eingebaut und genutzt werden, dass sie kein Wasser stauen, aufgenommene Feuchtigkeit ungehindert wieder abgeben können und gut belüftet sind. Da zwischen den verschiedenen Holzarten erhebliche Unterschiede in der Härte und Festigkeit sowie in der Beständigkeit gegen Witterungseinflüsse und Holzschädlinge bestehen, ist die Auswahl der Holzart und -qualität, die der Beanspruchung durch Standort- und Nutzungseinflüsse gerecht wird, ebenfalls sehr wichtig. Hinweise über die Holzarten und deren spezifische Qualität sind in den Tabellen 5.14 und 5.19 enthalten.

■ **Chemischer Holzschutz**

Unter chemischen Holzschutz ist die Anwendung von Holzschutzmittel und auch von Brandschutzmitteln zu verstehen. Eine Grundlage für die Auswahl und Anwendung von Holzschutzmitteln bilden die Anforderungen an Holzschutzmittel nach den Gefährdungsklassen, denen die Art und Stärke der Gefährdung von Holzbauteilen an den verschiedenen Standorten durch Holzschädlinge zugrunde liegt. Die **Tabelle 5.16** „Chemischer Holzschutz; Gefährdungsklassen nach DIN 68800, Teil 3" gibt darüber einen Überblick. Die Holz- und Brandschutzmittel sind in den **Tabellen 5.17** „Holzschutzmittel" und **5.18** „Flammschutzmittel" zusammengefasst..

5.7 Schäden an Kunststoffen

Kunststoffe werden in ständig zunehmendem Umfang und größerer Variabilität als Baustoffe mit statischer und bauphysikalischer Funktion, in Form von Fertigerzeugnissen und als Werkstoff für Verblendungen, Beläge und Beschichtungen eingesetzt **(Bild 5.57)**.
Es sind hochpolymere organische Stoffe, die aus niedrigmolekularen Monomeren durch Polymerisations-, Polykondensations- oder Polyadditionsreaktionen oder durch Umwandlung von makromolekularen Naturstoffen entstehen. Nach ihrem strukturellen Aufbau und den sich daraus ergebenden anwendungs- und verarbeitungstechnischen Eigenschaften werden sie wie folgt eingeteilt:
■ Plastomere, früher als Thermoplast bezeichnet, die unter Wärmeeinwirkung reversibel plastisch form- und verformbar sind.
■ Doromere, die früher als Duroplast bezeichnet wurden und bei Erwärmung nicht verformbar, sondern irreversibel sind.
■ Elastomere, die sehr große elastische Formänderungen ertragen.

Allgemeine vorteilhafte Eigenschaften der Kunststoffe sind:
Geringe Rohdichte und Wärmeleitfähigkeit, hohe Festigkeit, Elastizität, Undurchlässigkeit, Korrosionsbeständigkeit, chemische Gemenge- und Fügerverträglichkeit sowie elektrische Durchschlagfestigkeit.

Die Undurchlässigkeit gegenüber Luftfeuchtigkeit kann sich bei spezieller Anwendung, z. B. als Wand- und Deckenbelag oder -beschichtung bauphysikalisch sehr ungünstig auswirken. Die Festigkeit und Elastizität sind abhängig von der Temperatur und vom Alter der Kunststoffe. Nachteilig können sich außerdem die große Wärmeausdehnung, die geringe Temperaturbeständigkeit der meisten Kunststoffe, die elektrostatische Auflading der Oberflächen und das ungünstige Brandverhalten auswirken.

Die Unterschiede, die in den für den Einsatz und die Verarbeitung besonders wichtigen Eigenschaften zwischen den verschiedenen Kunststoffen bestehen, gehen aus der **Tabelle 5.19** her-

Tab. 5.19 Zu Kunststoffen am Bau

Einteilung nach ■ Struktur ☐ verarbeitungs- technische Eigenschaften	Arten (Kurzzeichen)	Eigenschaften[1]					Hauptsächliche Anwendung am Bau
		M	UV	S	L	U	
Plastomere (alt: Thermoplaste) ■ meist Polymerisate, kettenförmige Moleküle ☐ warm verformbar; schmelz- bzw. verschweißbar; Klebverbindungen; für Anstrich- beschichtung spezielle Haftgrundierung erforderlich	Polyvinylchlorid, hart (PVC hart), gefüllt, evtl. noch faserbewehrt, meist eingefärbt	2	2	1	1	3	Fenster, Rolläden, Dachrinnen, Rohre, Fassadenplatten, Profile, Fußleisten, Stoßkanten
	PVC weich, gefüllt, evtl. noch faserbewehrt, meist eingefärbt	2	2	3	3	3	Bodenbeläge, Dach- u. Gerüstplanen, Folien, Wand- u. Decken- verblendungen, Metall- u. Holzüberzüge, Dichtungen
	Polyethylen, hart (PE hart), gefüllt, meist eingefärbt	3	3	1	1	3	Rohre, Be- u. Entlüftungs- schächte, Wand- u. Decken- verblendungen, Profile
	Polyethylen, weich (PE weich)	3	3	3	3	4	Dach-, Gerüst- u. Dichtungsfolien
	Polystyrol (PS), transparent u. eingefärbt	4	4	3	3	4	Schaumstoffe, Gehäuse, Leuchten
	Polymethylmethacrylat (PMMA), transparent u. eingefärbt	2	1	4	2	4	Lichtkuppeln u. -platten, Dachplatten, Sanitärzellen
	Polyamid (PA), gefüllt auch eingefärbt	2	2	3	4	4	Beschläge, Dübel u. Schrauben, Faserstoffe
	Polypropylen (PP) transparent u. eingefärbt	2	3	3	2	3	Heißwasserrohre, Behälter, Faserstoffe
	Polycarbonat (PC) transparent u. eingefärbt	1	2	2	4	3	Unzerbrechliche Lichtplatten u. Verglasungen, Rohre, Profile, Leuchten
Duromere (alt: Duroplaste) ■ Polyadditive oder Polykondensate; stark vernetzte Moleküle ☐ nicht schmelzbar und nicht schweißbar, Klebverbindungen nur auf der Basis der jeweiligen Duromere; für Anstrich- beschichtung spezielle Haftgrundierung erforderlich	Ungesättigtes Polyesterharz (UP), transparent	2	3	3	3	4	Lichtkuppeln u. -platten, Rohre, Holz- u. Metall- beschichtungen
	UP glasfaserbewehrt, evtl. eingefärbt	1	2	3	3	3	Dach- u. Fassadenplatten, Behälter, Schwimmbecken, Verbundelemente
	Epoxidharze (EP) ungefüllt u. gefüllt, auch mit Zuschlag	1	1	2	2	3	Epoxidharzbeton, -mörtel, -Bodenspachtel, Verguss von Bodenfugen
	Polyurethan (PUR) transparent u. eingefärbt	2	1	4	3	3	Schaumstoffe, Holz- u. Metallbeschichtungen
	Phenol-, Harnstoff- u. Melamin-Formaldehyd- harz (PF, UF, MF) transparent, meist hochgefüllt mit Fasern, Spänen, Papier u. a.	1	2	2	3	1	Schichtpressstoffplatten, Schichtpressholz, Spanplatten, Formzeile, Schaumstoffe

5.7 Schäden an Kunststoffen

Tab. 5.19 Fortsetzung

Einteilung nach ■ Struktur ☐ verarbeitungs-technische Eigenschaften	Arten (Kurzzeichen)	Eigenschaften[1]					Hauptsächliche Anwendung am Bau
		M	UV	S	L	U	
Elastomere (alt: Elaste) ■ Polymerisate, weitmaschig vernetzte Moleküle ☐ Klebverbindungen auf der Basis der jeweiligen Elastomere	Polybutadien-Kautschuk (BR) gefüllt	3	2	2	2	3	Flachdachplanen, Bautenschutzfolien, Dichtungsmassen
	Butadien-Styrol-Kautschuk (SB), gefüllt	3	3	2	3	4	Dichtungsprofile
	Siliconkautschuk (SI), gefüllt	3	2	1	1	2	Dichtungen u. a. für einen hohen Temperaturbereich (– 50 bis + 200 °C)
	Polysulfidkautschuk (SR), gefüllt	3	2	2	2	2	Dichtungsmassen, Dichtungen
	Polychloropren, gefüllt	3	2	2	3	2	Elastische Baulager, Flachdachdichtungsbahnen

1 Eigenschaften, die für die Beurteilung des Einsatzes, der Beständigkeit und Schadensanfälligkeit wichtig sind:
Beständigkeit gegen: M mechanische Einflüsse, UV UV-Strahlung u. a. atmosphärische Einflüsse, S Säuren, L Laugen und U Unbrennbarkeit
Beurteilung: 1 sehr gut, 2 gut bis genügend, 3 unsicher bis ungenügend, schadensanfällig, 4 absolut ungenügend

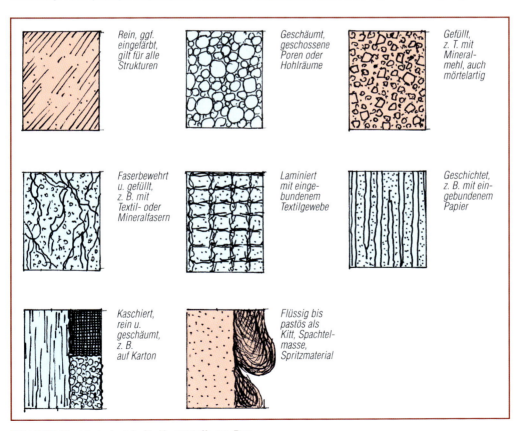

Bild 5.57 Strukturbeispiele für Kunststoffe am Bau

Tab. 5.20 Schäden an Kunststoffen

Schaden, Ursachen	Vermeiden und Beseitigen
Brechen	
Anhaltender Einfluss höherer Temperatur (um 100 °C) auf wenig temperaturbeständige Plastomere, z. B. PVC, PE und PS führt zur Versprödung durch thermische Zersetzung und zu Brüchen.	Temperaturbeständige evtl. faserbewehrten Kunststoff einsetzen, z. B. Polypropylen, Siliconkautschuk, Epoxidharz und Phenolharz.
Anhaltender starker Frosteinfluss (unter –30 °C) hebt Elastizität auf, der Kunststoff wird glasartig spröd und bricht bei mechanischer Belastung.	Kunststoffe mit hoher Kältebeständigkeit einsetzen, z. B. Siliconharze und Siliconkautschuk.
Montagefehler, z. B. bei festem Verbund mit Materialien, deren Wärmedehnung wesentlich geringer ist als die der Kunststoffe, z. B. Beton und Stahl, kann zum Bruch führen – auch der Verbund mit Holz im Außenbereich, kann infolge Quellen des Holzes zum Brechen des Kunststoffs führen.	Derartigen Verbund entweder vermeiden oder einen flexiblen Verbund anwenden, z. B. Dehnungsfugen belassen, evtl. mit eingelegtem kompressiblen Werkstoffstreifen; Klemm- und Falzverbindungen, lockere Schraubverbindungen mit ovalen Schraubenlöchern.
Überhitzen beim thermischen Verformen und beim Schweißen führt zu selektiver Versprödung und zu Brüchen.	Beim thermischen Behandeln von Kunststoffen die dafür zulässige Temperatur nicht überschreiten.
Anhaltender Wassereinfluss mit nachfolgendem Frost. Einige Kunststoffe, z. B. Polystyrol, Polyvinylchlorid weich und Polyamid, quellen im Wasser; plötzliches Gefrieren kann Brüche verursachen.	Für anhaltend wasserbeanspruchte und auch für frostbeanspruchte Bauteile dafür geeignete Kunststoffe einsetzen, z. B. Siliconkautschuk und Phenol-Formaldehydharz.
Korrosion	
Ständiger Klimawechsel in kurzen Zeitabständen, z. B. feucht-trocken; warm-kalt im Hochgebirge und an Meeresküsten, evtl. verbunden mit intensiver Licht- und UV-Strahlung kann zum Auflösen der Hauptvalenzbindungen führen – diese Strukturveränderung mindert die Festigkeit und Elastizität und führt zu Oberflächenrauheit und Substanzabbau.	Dauerelastische Kunststoffe, z. B. Siliconkautschuk und Polychloropren oder Plastomere von hoher Festigkeit, z. B. Epoxid-, Polyurethan-, Phenol- und Harnstoffharze einsetzen – auch Faserbewehrung und geeignete dauerelastische Anstriche erhöhen die Resistenz.
Luftimmissionsstoffe, wie SO_2, SO_3, HCl und Ammoniak verursachen an chemisch unbeständigen Kunststoffen, z. B. PVC weich, PS und PA, zur Oberflächenkorrosion.	Die o. g. beständigen Kunststoffe einsetzen. Schutzanstrichsysteme: Anschleifen, Spezialhaftgrundierung, Anstriche auf Silicon- oder Polysulfidkautschukbasis.
Vor allem an weichmacherhaltigen Kunststoffen können Schimmelpilze u. a. Organismen korrosive Vorgänge auslösen.	Weichmacherfreie, auf der Basis von Co- und Terpolymer aufbauende Kunststoffe einsetzen.
Einige Schaumstoffe, z. B. Polyurethanschaum korrodieren unter dem Einfluss von Sonnen- bzw. UV-Strahlung im Zusammenwirken mit hoher Luftfeuchtigkeit.	So anwenden, dass sie nicht der Sonnen- und UV-Strahlung ausgesetzt sind.
Quellen und Anlösen	
Einige Plastomere, z. B. PVC weich, Polystyrol und Polyester nehmen unter Quellen und schwachen Anlösen Ether, Ketone, Ester, Benzol und Halogenalkane auf. Die Folgen von wiederholtem Quellen und Anlösen sind eine stumpfe bis raue Oberfläche, evtl. auch feine Spannungsrisse.	Wo mit dem Einfluss von Lösemitteln zu rechnen ist, dagegen beständige Kunststoffe einsetzen, z. B. Polyamid, Polyester, Phenol-Harnstoff- und Melaminharz. Geschädigte Oberflächen anschleifen, Haftgrundierung und Anstriche auf der Basis o. g. Kunststoffe.

5.7 Schäden an Kunststoffen

Tab. 5.20 Fortsetzung

Schaden, Ursachen	Vermeiden und Beseitigen
Risse	
Dehnungsrisse können durch stark unterschiedliche Wärmeausdehnung in einem Kunststoffbauteil entstehen, z. B. an z. T. überdeckten und z. T. der Sonnenstrahlung ausgesetztem Kunststoff; oder bei partieller starker Erwärmung beim Schweißen.	Statische und Wärmebeanspruchung der Kunststoffe bei ihrer Auswahl und bei der Montage beachten – auch die Wärmeausdehnung und eventuelle Quellung der Kunststoffe und der konstruktiv damit verbundenen Materialien berücksichtigen. Für druck-, zug-, biegezug- und schwingungsbeanspruchte Konstruktionen faserbewehrte Kunststoffe einsetzen. Auch sollte durch den Einsatz von weichmacherfreien Co- und Terpolymeren und eventuell durch Schutzanstriche die Versprödung außenstehender Kunststoffe durch Sonnen- und UV-Strahlung verhindert werden.
Statische Risse verursacht durch Überbelastung der Kunststoffe, besonders bei Kälte, z. B. durch Schnee- und Eismassen auf Flachdachabdeckungen; durch Winddruck u. a. Spannungsrisse, z. B. infolge unflexiblen Verbundes mit anderen Werkstoffen, Quellen und Austrocknen.	
Verfärbung	
Farbig-transparente Kunststoffe, die lichtunbeständige Farbstoffe oder Pigmente enthalten.	Besonders außen nur licht- bzw. farbbeständige Kunststoffe einsetzen; farbige Kunststoffe mit hohem Füllstoffgehalt bevorzugen.
Einfluss von Chemikalien, die die Oberfläche angreifen und dabei die farbgebenden Stoffe zerstören, z. B. starke Laugen.	Die chemische Beanspruchung bei der Kunststoffauswahl berücksichtigen; ggf. Schutzanstriche.
Aufrauen und Versottung der Oberfläche durch Einbinden von Ruß.	Reinigen und Schutzanstrichsysteme aufbringen.

vor. Auch sind in dieser Tabelle die hauptsächlichste Anwendung und die Kurzzeichen der Kunststoffe aufgeführt.

Die häufigsten Ursachen für Schäden an Kunststoffbauteilen sind unzureichende Berücksichtigung der Beanspruchung der Kunststoffe bei ihrer Auswahl und Fehler im Einbau und im Zusammenfügen mit anderen Baustoffen. Die **Tabelle 5.20** enthält die Beschreibung häufiger vorkommender Schäden, deren Ursachen, Vermeidung und der möglichen Beseitigung.

6 Schäden an Vorsatzschichten

Im Rahmen dieses Buches wird der Begriff „Vorsatzschicht" auf Platten, Tafeln und Mosaikteilchen begrenzt, die durch Klebeverbindungen oder durch Einbetten in Mörtel auf der Oberfläche von massiven Baukörpern befestigt sind. Gelegentlich werden die Flächenwerkstoffe noch zusätzlich mit korrosionsbeständigen Metallankern oder mit Hilfe von Kunststoffdübeln und Schraubverbindungen am massiven Baukörper befestigt. Letzteres trifft vor allem für Maßnahmen des nachträglichen Wärmeschutzes und für den Gebäudeausbau mit vorgefertigten Flächenwerkstoffen, den sogenannten Trockenbau zu.
Als Synonym wird neben dem Begriff „Vorsatzschicht" das Wort „Verblendung" gebraucht.

Vorsatzschichten haben am Bauwerk keine statische Funktion, sondern sollen die bauphysikalischen oder chemischen Eigenschaften ihres Trägers ergänzen, z. B. hinsichtlich der Wärmedämmung, des Schallschutzes und des Schutzes gegen Wasser und andere äußere Einflüsse, oder zur architektonisch-ästhetischen Bauwerksgestaltung beitragen.

6.1 Übersicht

Für die Beurteilung von Schäden **(Bild 6.1)**, die an Vorsatzschichten vorkommen können, ist folgende Einteilung sinnvoll:

Bild 6.1 Schöne Naturstein-Sockelverblendung, die durch von der Sohlbank herablaufendes Regenwasser leider geschädigt wird.

Konstruktive Vorsätze
Durch mechanische Verankerung und Dübel-Schraubverbindung am Massivbaukörper befestigte Platten und Tafeln aus Gips, Gipskarton, Faserverbundmaterial, dichtem und geschäumtem Kunststoff, Keramikmaterial, Glas, emaillierten Metallplatten, Naturstein, dichtem und geblähtem Beton sowie Holz. Auch die durch Klebeverbindung am Baukörper befestigte Platten und Tafeln sind konstruktive Vorsatzschichten. Häufig wird die Klebeverbindung wie zum Beispiel bei der nachträglichen Wärmeschutz- und Schallschutzdämmung von Außenwänden mit der mechanischen Dübel-Schraubverbindung gekoppelt. Einen Überblick über konstruktive Vorsätze gibt **Bild 6.2**.

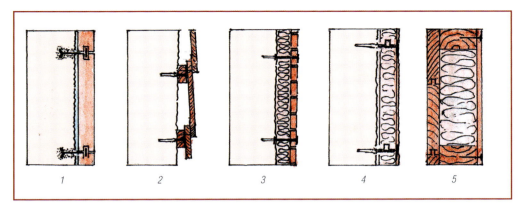

Bild 6.2 Konstruktive Vorsätze
1 Natursteinplatten; 2 Holzbretter, Kunststoff u. a.; 3 Schalldämmung; 4 Wärmedämmung;
5 Wärmedämmung zwischen Holzbalken

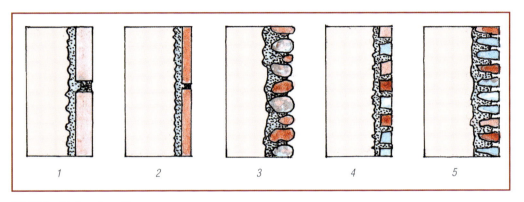

Bild 6.3 Verbundvorsätze
1 Klinkerplatten, 2 Fliesen, 3 Kiesel (Waschputz), 4 Mosaik, 5 historisches Stiftmosaik

Verbundvorsätze
Durch Einbetten in Mörtel oder mörtelähnliche, hochgefüllte Klebstoffe und Spachtelmassen am massiven Baukörper befestigte Platten und Mosaikteilchen aus Naturstein, Keramik, Opak- und Überfang-Farbglas sowie Kiesel, Muschelschalen und Scherben aller Art **(Bild 6.3)**.

6.2 Schäden an konstruktiven Vorsätzen

Mit der Einführung der nachträglichen Wärmeschutz- und Schallschutzdämmung von Außenwänden haben Umfang und Vielfalt der Ausführung konstruktiver Vorsätze stark zugenommen. Angesichts der noch kurzen Standzeit dieser Vorsätze sind daran Schäden nur selten vorzufinden – wohl aber Planungs- und Ausführungsfehler, durch die konstruktive Vorsätze oder die Wände selbst Schaden erleiden können oder in ihrer Funktionsfähigkeit beeinträchtigt werden. Es sind:

– Unzureichende Prüfung oder fehlerhafte Beurteilung von Konstruktion und Formbeständigkeit des Trägers, z. B. Schwingungen bei Erschütterung oder Quellen und Wärmeausdehnung nicht beachtet. Einen Konstruktionsschwerpunkt bilden die hinterlüfteten Wetterschutz-Vorsätze, ausgeführt auf die massive Wand oder auf Wärmeschutz- oder Schallschutz-Vorsatzschichten.

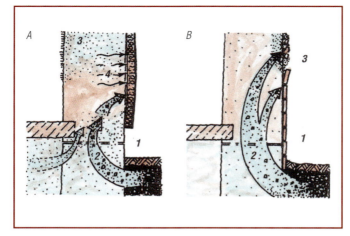
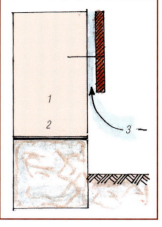

Bild 6.4 *Bild 6.5*

Bild 6.4 Auswirkung von Feuchtigkeit in der Trägerschicht auf Vorsätze und auf das Bauwerk selbst.
A Wärmedämmung auf einer Wand mit aufsteigender Bodenfeuchtigkeit: 1 keine oder wirkungslose Horizontaldichtung; 2 aufsteigende Feuchtigkeit mit Salzen; 3 Durchfeuchtung, Schimmel usw. im Inneren; 4 Dampfdruck auf die Dämmschicht
B Sockelverblendung auf feuchter Wand: 1 keine Horizontaldichtung, 2 aufsteigende Feuchtigkeit mit Salzen; 3 Durchfeuchtung und Schäden über der Verblendung

Bild 6.5 Voraussetzungen für Träger von Verblendungen
1 Tragfestigkeit für Befestigungsmittel von konstruktiven Vorsätzen und für den Mörtel oder Klebstoff von Verbundvorsätzen; 2 Dichtung gegen Feuchtigkeit u. a.; 3 möglichst Hinterlüftung konstruktiver Vorsätze

– Unzulänglichkeit der bauphysikalischen Beurteilung des Trägers, z. B. der Festigkeit, Feuchte- oder sogar Salzbelastung. Unzureichende Festigkeit, aufsteigende Bodenfeuchtigkeit mit darin gelösten Salzen und andere Durchfeuchtungen durch Staunässe, Kapillar- und Kondenswasser, die unbeachtet bleiben, gefährden nicht nur die Vorsatzschichten, sondern können auch die Funktionsfähigkeit der davon betroffenen Wände stark beeinträchtigen **(Bilder 6.4 und 6.5)**.
– Nichtbeachten der Beanspruchung der Vorsatzschichten durch Nutzungs- und Standorteinflüsse, z. B. Spritzwassereinfluss mit nachfolgendem Frost.

Bild 6.6 Die großformatigen Steinzeugplatten wurden ohne ausreichende Verankerung und in ein nur teilweise gefülltes Mörtelbett eingelegt

Tab. 6.1 Nutzungseigenschaften von Oberflächenbeschichtungen im Fassaden-Vollwärmeschutz

Bindemittelbasis der Beschichtungen	Nutzungseigenschaften
Kalkhydrat-Weißzement mit organischem Haftstoffzusatz	Hochgradig, diffusionsfähig ($s_d < 0{,}02$ m) hohe Farbbeständigkeit, besonders wenn für weiße Mörtel u. a. Beschichtungsstoffe als Zuschlag und Füllstoff nur weißer Marmor eingesetzt ist; Wasser- und Schmutzabweisung kann durch Hydrophobierung verbessert werden.
Kaliumwasserglas und Dispersionsbindemittel (Dispersions-Silicatbeschichtungsstoffe)	Gut diffusionsfähig ($s_d < 0{,}1$ m) und wasserabweisend $w < 0{,}5$ kg/m² h^{0,5}), gute Farb- und Witterungsbeständigkeit; bei Alterung allmähliche Abwitterung, die einen Selbstreinigungseffekt mit sich bringt und bei Erneuerung Krustenbildung verhindert.
Dispersionsbindemittel, hauptsächlich Acrylatdispersion	Diffusionsfähig ($s_d \approx 0{,}5$ m) in der Erstbeschichtung, bei Erneuerung stark abnehmend, auch Bildung von spannungsreichen Schichten möglich, wasserabweisend; infolge unterschiedlicher Qualität große Abweichungen in der Farb- und Witterungsbeständigkeit möglich.
Polymerisatharze, wasser- oder lösemittelverdünnbar	Wasserdampfbremsend ($s_d > 2{,}0$ m), wasserabweisend ($w < 0{,}5$ kg m² h^{0,5}); Farbbeständigkeit von der Harzqualität abhängig, Bräunung möglich; durch thermoplastisches Verhalten Feinstaubanhaftung.
Siliconharze	Diffusionsfähigkeit ($w < 0{,}1$ m) bei Erneuerung abnehmend, wasserabweisend bis -undurchlässig ($w < 0{,}1$ kg/m² h^{0,5}); gute Farb- und Witterungsbeständigkeit.

- Fehler in der Ausführung, z. B. Befestigung der Platten und Tafeln mit zu schwachen oder zu wenigen Dübel-Schraubverbindungen; Fehlen oder Verwendung von ungeeigneten Sockel- und Eckleisten; Einsatz von korrosionsunbeständigen oder schnell alternden Befestigungsmitteln, Haftmörteln usw.
- Mangelhafte Qualität der Vorsatzmaterialien und Fugendichtungsmassen, z. B. in ihrer Dauerhaftigkeit der Elastizität.
- Mängel in der Oberflächenbeschichtung, z. B. unzureichende Überbrückung von Plattenstößen, geringe Klebkraft des Haftmörtels, keine ausreichende und dauerhafte Schutzwirkung der Schlussbeschichtung und auch keine Abstimmung der Diffusionsfähigkeit zwischen Träger, Vorsatzschicht und Oberflächenbeschichtung. Nähere Erklärungen hierzu geben **Bild 6.6** und **Tabelle 6.1**.
- Unzureichende Farbbeständigkeit und Verschmutzungsunempfindlichkeit der Schlussbeschichtung.

6.3 Schäden an Verbundvorsätzen

Am häufigsten sind an Platten- und Mosaikvorsätzen solche Schäden zu finden, die auf die Verringerung oder Aufhebung der Haftung im Mörtel-, Klebkitt- oder Klebstoffbett zurückzuführen sind.
Besonders deutlich wird an diesen Schäden, dass sie meistens auf ungenügende Beachtung der Wechselwirkung zwischen den physikalischen oder chemischen Eigenschaften der Einbettungsmaterialien, der eingebetteten Platten oder Mosaikteilchen und der Untergründe zurückzuführen sind. In der **Tabelle 6.2** sind an Verbundvorsätzen häufiger vorkommende Schäden erfasst.

Tab. 6.2 Schäden an Verbundvorsätzen

Schäden, Ursachen	Vermeiden, Beseitigen
Abfallen von Wandplatten	
Absprengung durch Dampf- oder Eisdruck auf die Rückseite der Platten, die sich auf durchfeuchteten Bauteilen befinden. Ursachen der Durchfeuchtung können fehlende Dichtungen und Wasserdampf aus Feuchträumen sein (Bilder 6.4, 6.5 und 6.6).	Die Dichtungsmängel sind zu beheben, bevor Platten-, Fliesen- und Mosaiksätze ausgeführt werden können. Ist das nicht möglich, dann ist auf Vorsatzschichten zu verzichten.
Zu schmale Fugen (Knirschfugen) führen bei Wärmeausdehnung der Platten zur Mahlwirkung in den Fugen und evtl. zum Absprengen. Da sie meist nicht völlig mit Mörtel ausgefüllt sind, kann Wasser eindringen.	Ausreichend, gleichmäßig breite Fugen, die die vollständig mit Mörtel, Spachtelmasse usw., die sich ja auch mit dem Mörtelbett fest verbinden, ausgefüllt sein müssen.
Großflächige, schwere Naturstein- oder Keramik-Wandplatten in ein nicht voll ausgefülltes Mörtelbett oder/und ohne zusätzliche Befestigung mit Metallankern gelegt.	Das Mörtelbett muss für alle Wandplatten grundsätzlich voll ausgefüllt sein; Hohlräume darf es nicht geben. Große, schwere Platten müssen zusätzlich mit korrosionsbeständigen Metallankern befestigt werden (Bild 6.6).
Abfallen von Wandplatten als Folge von Erschütterung, übermäßige Druckbelastung, Treibwirkung kristallisierender Salze am Untergrund.	Näheres über die Ursachen, das Vermeiden und Beseitigen ist in der Tabelle 2.7 nachzulesen.
Herausfallen von Mosaikteilchen	
Falsches Mischungsverhältnis des Einbettungsmörtels, z. B. zu hoher Zement/Kalk- oder Wasseranteil führt zu starkem Schwinden und damit zur Lockerung der Einbettung.	Der Mörtel ist in der Korngröße des Zuschlags der Mosaikart und -fugenbreite und in der nach dem Erhärten erreichten Festigkeit der Festigkeit des Untergrundes anzugleichen. Das Mischungsverhältnis Bindemittel zu Zuschlag beträgt etwa 1 : 3. Der Frischmörtel muss steif sein.
Zu schmale Fugen bzw. Abstände zwischen den Mosaikteilchen, die nicht mit Mörtel ausgefüllt werden können.	Schmale Fugen sind beim Einbetten pyramidenstumpfförmiger Mosaikteilchen in feindispersen Haftmörtel und gefüllten Klebstoff möglich.
Keine vollständige Erhärtung des Einbettungsmörtels infolge zu schneller Austrocknung.	Im Sommer Untergrund gut annässen; das frische Mosaik mehrmals anfeuchten, evtl. mit feuchten Tuch zuhängen.
Frosteinwirkung auf dem frischen Mörtel des Mosaiks.	Ausführungs- und Erhärtungszeitraum muss frostfrei sein.
Treibwirkung von Salzen, die sich im Untergrund befinden.	Baukörper mit Staunässe und Salzen sind als Untergrund ungeeignet.
	Weiteres siehe Tabellen 2.6 und 2.7.
Sprünge in Wandplatten	
Alle zuvor unter „Abfallen von Wandplatten" beschriebenen Einflüsse können Sprünge in Wandplatten verursachen.	Siehe Thema: Abfallen von Wandplatten sowie Bilder 6.4 und 6.5.
Frosteinwirkung auf durchfeuchtete Wandfliesen, Majolika-, Fayence- und Glasplatten führt zu Rissen, Aussprengungen bis zur völligen Zerstörung.	Für Vorsatzschichten, die zeitweilig dem Frost ausgesetzt sind, nur frostbeständige Keramikplatten, z. B. Klinker und Steinzeug, einsetzen; Staunässe verhindern.
Haarrisse in der Glasur von Wandfliesen, Ofenkacheln u. a. glasiertem Irdengut sind auf die unterschiedliche Ausdehnung des Scherbens und der Glasur bei Wärme- und Feuchtigkeitseinfluss zurückzuführen.	Glasiertes Irdengut sollte nicht in Räumen mit hohen Luftfeuchte- und Temperaturschwankungen eingesetzt werden, weil z. B. der Scherben von Wandfliesen bis zu 18 % Wasser aufnimmt, die Glasur aber nicht.

6.3 Schäden an Verbundvorsätzen

Tab. 6.2 Fortsetzung

Schäden, Ursachen	Vermeiden, Beseitigen
Unebenheiten in Mosaiken	
Ungleichmäßiges Schwinden des in unterschiedlicher Dicke aufgetragenen Mörtelbetts.	Größere Untergrundunebenheiten zuerst mit Ausgleichmörtel einebnen.
Falsche Arbeitsweise beim Eindrücken der Mosaikteilchen in das vorgelegte Mörtelbett, z. B. in schon zu stark angezogenen Mörtel.	Nur die Mörtelmenge auftragen, die bis zur vollständigen Besetzung mit Mosaikteilchen plastisch bleibt. Mosaikteilchen mit großflächigem Reibebrett ebenflächig andrücken.

Das Grundlagenwerk für die Baubranche!

Henning/Knöfel
BAUSTOFFCHEMIE
Eine Einführung für Bauingenieure und Architekten

Aktuell!

Aufgrund der Vielzahl der heute zum Bauen verwendeten organischen und anorganischen Ausgangsstoffe und angesichts der unterschiedlichen z. T. sehr komplexen Beanspruchungen sind oftmals grundlegende chemische bzw. physikalisch-chemische Zusammenhänge zur Abklärung bestimmter Erscheinungen heranzuziehen.

Die 6. Auflage der Baustoffchemie bietet eine bewährte Auswahl naturwissenschaftlicher Grundlagen in konzentrierter Form auf Basis der neuen Euro-Normen für Baustoffe. Ein Buch für Bauingenieure und Architekten in Planung und Bauausführung, Neubau und Sanierung, Baustoffhandel sowie Studenten einschlägiger Fachrichtungen.

- Allgemeine Grundlagen für die Baustoffchemie
- Chemie des Wassers
- Chemie der metallischen Baustoffe
- Chemie der nichtmetallisch-anorganischen Baustoffe
- Chemie der organischen Baustoffe
- Bearbeitung baustoffchemischer Aufgaben
- Verzeichnisse

6., bearb. Auflage 2002
192 Seiten,
ca. 150 Bilder,
100 Tafeln,
Hardcover
ISBN
3-345-00799-1
€ 29,90

 HUSS-MEDIEN GmbH
Verlag Bauwesen
10400 Berlin

Tel.: 030/ 421 51 – 325
Fax: 030/ 421 51 – 468
e-mail: versandbuchhandlung@hussberlin.de
www.bau-fachbuch.de

7 Putzschäden

Bild 7.1 Dieser Bossenputz bestimmt die Architektur dieses Gebäudes

Der weitaus größte Teil der Sichtflächen in Räumen und an Fassaden gehört zu der Kategorie Putze. Sie haben einen hohen Wert für die Funktionsfähigkeit der Bauwerke. Putze geben Wänden, Decken und anderen Bauteilen die vorgesehene Oberflächenstruktur, schützen sie vor Witterungseinflüssen und verbessern ihre Schall- und Wärmedämmfähigkeit. Häufig bilden sie den Untergrund für Anstriche und Wandbekleidungen **(Bilder 7.1 und 7.2)**.

7.1 Auswirkung von Putzschäden

Bei Schadhaftigkeit oder Zerstörung können Putze diese vielseitigen Aufgaben nicht mehr erfüllen. Die Funktionsfähigkeit der betroffenen Räume oder der Fassaden wird dadurch meist stark beeinträchtigt.
Mit den Putzschäden werden auch die am Putz haftenden Anstriche oder Wandbekleidungen zerstört **(Bilder 7.3 und 7.4)**.

7.2 Übersicht

Die in DIN 18 550, Teil 1 *„Putz; Begriffe und Anforderungen"* und Teil 2 *„Putze aus Mörteln mit mineralischen Bindemitteln, Ausführung"* gegebenen Informationen über Anwendbarkeit, Ausgangsstoffe, Mörtel, Putzgrundvorbereitung, Aufbau und Ausführung der Putzsysteme sind so umfassend, dass bei ihrer strengsten Beachtung in der Praxis keine oder kaum noch Putzschäden vorkommen dürften. Doch neben Versäumnissen subjektiver Natur in der Planung, Vorbereitung und Ausführung von Putzarbeiten gibt es immer wieder putzschädigende Einflüsse, die im Voraus nicht oder nur bedingt erkannt werden können. Auch der Einsatz von meist maschinengängigen Werkmörteln für Putzarbeiten hat nicht zur Verringerung von Putzschäden beigetragen. Werkmörtel garantieren einerseits eine gleichbleibende Qualität, andererseits „entbinden" sie den Planer und Anwender weitgehend vom fachlich fundierten Denken und Entscheiden über wichtige Details der Putztechnik wie z. B. Bindemittelart, Mörtelmischungsverhältnis, Kornformen und Korngrößenverteilung des Zuschlags.

Die Ursachen für Putzschäden **(Tabelle 7.1)** können im Falle des Einsatzes von Werkmörteln beim Mörtelhersteller, Planer oder beim Ausführenden liegen. Im Falle der Verwendung von Baustellen-Putzmörteln liegt die Verantwortung für die Anwendung, Qualität und Verarbeitung des Mörtels und möglicher Schäden am Putz fast ausschließlich beim Ausführenden.

Der nachfolgenden Schadensbeschreibung der Putze liegt die Einteilung der Putzmörtelgruppen, nach DIN 18550 und DIN 18558 *„Kunstharzputze"* zugrunde. Schäden an Lehmputzen oder an Putzen auf Lehmputzgrund sind im Abschnitt *„5.5 Schäden an Lehmbauteilen"* beschrieben.

Da kalk- und zementgebundene Putze im Anwendungsumfang mit großem Abstand an erster Stelle stehen, enthält der Abschnitt 7.2, in dem Schäden dieser Putze beschrieben werden, die wichtigsten allgemeingültigen Hinweise über die Ursachen von Putzschäden und vor allem über ihre Vermeidung.

Bild 7.2 *Mit Putzmörtel rustikal gestalteter Raum*

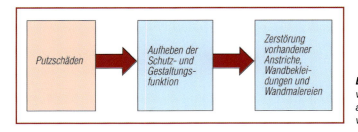

Bild 7.3 Auswirkung von Putzschäden auf die Funktionsfähigkeit von Sichtflächen

Bild 7.4 Ein Schwerpunkt der Instandsetzung dieses denkmalgeschützten Gebäudes ist die Rekonstruktion des durch Vernachlässigung der Instandhaltung zerstörten historischen Kalkmörtelputzes

Außerdem wird allen mit der Planung, Vorbereitung, Ausführung und Restaurierung von Putzen, Sgraffiti, Putzintarsien und anderen Mörtelgestaltungsarbeiten beschäftigten Fachleuten empfohlen, ihr Wissen, ihre Kenntnisse und Fertigkeiten auf diesem Gebiet mit Hilfe des Buches *„Historische Beschichtungstechniken"* zu ergänzen und zu erweitern.

7.3 Schäden an kalk- und zementgebundenen Putzen

7.3.1 Umfang der Schäden

Die meisten Innen- und Außenwände sowie Decken tragen kalk- und zementgebundene Putze, die unter allen Putzarten im Umfang sowie in der technischen und gestalterischen Vielfalt der Anwendung mit großem Abstand an erster Stelle stehen. Gründe dafür sind:

7.3 Schäden an kalk- und zementgebundenen Putzen

Tab. 7.1 Häufig vorkommende Putzschäden[1]

Putze, eingeteilt nach Bindemittel	Schäden	Ursachen[2] 1	2	3
Kalk- und zementgebundene Putze	Abblättern		■	■
	Absanden	■		■
	Absprengungen	■	■	■
	Ausblühungen	■	■	■
	Hohlraumbildung	■	■	■
	Mauersalpeter		■	
	Rissbildung	■	■	■
	Ungleichmäßige Putzoberfläche			■
	Verfärbungen	■	■	■
	Vermorschung	■		
	Versottung	■		
	Verunreinigungen			
Gips- und anhydritgebundene Putze	Abpulvern	■		
	Moderflecke	■		■
	Rost- und Wasserflecke		■	■
	Treiben	■		■
Silicat- und Dispersions-Silicat-Putze	Abblättern und Absprengen	■	■	
	Ansätze u. a. Strukturmängel		■	■
	Rissbildung	■	■	
	Unzureichende Festigkeit und Resistenz		■	■
	Verfärbungen	■	■	
Kunstharzputze	Anhaftung unzureichend		■	■
	Rissbildung			■
	Verfärbungen	■		
	Verschmutzungsneigung	■		
Siliconharzputze	Abblättern		■	■
	Rissbildung		■	

1 beschrieben in Tab. 7.6 bis 7.10
2 1 Putzeinsatz falsch, 2 Prüfung und Vorbereitung des Putzgrundes unzureichend, 3 Fehler im Aufbau und in der Ausführung

■ Zwischen den in der Zusammensetzung und Festigkeit auf den jeweils vorliegenden Putzgrund eingestellten, fachgerecht ausgeführten kalk- und zementgebundenen Putzen und dem Mauerwerk oder anderen Putzgründen mineralischer Stoffart besteht eine, den architektonischen und bauphysikalischen Anforderungen im Allgemeinen gerecht werdende, strukturell-stoffliche Harmonie.

■ Die Variierbarkeit der physikalischen, im begrenzten Umfang auch der chemischen Eigenschaften und des gestalterischen Erscheinungsbildes der Putze ist durch die Vielfalt der einsetzbaren Bindemittel, Zuschläge ggf. auch Zusatzmittel und Zusatzstoffe sowie der Putzweise und des Aufbaus von Putzsystemen sehr groß **(Tabelle 7.2** und **Bild 7.5).** Durch ihre stoffliche Übereinstimmung mit den natürlichen carbonatischen und silicatischen Mineralien ordnen sich kalk- und zementgebundene Putze aus der Sicht des Rohstoffeinsatzes, der Umweltbelastung und Entsorgung in das ökologische Systeme vorteilhaft ein **(Bild 7.6).**

Aus dem sehr großen Anwendungsumfang und der meisten sehr langen Standzeit der kalk- und zementgebundenen Putze, ergibt sich eine scheinbar hohe Schadensquote – scheinbar deshalb, weil auch die durch den unvermeidbaren natürlichen Abbau der Putzstruktur schadhaft gewordenen Putze in die Schadenssumme einbezogen werden.

Gelegentlich ist es schwierig, die „echten", d. h. vermeidbaren, auf subjektive Fehlentscheidungen, zurückzuführende Putzschäden vom Verschleiß durch naturbedingte Verwitterung bzw. Alterung zu unterscheiden **(Bild 7.7).**

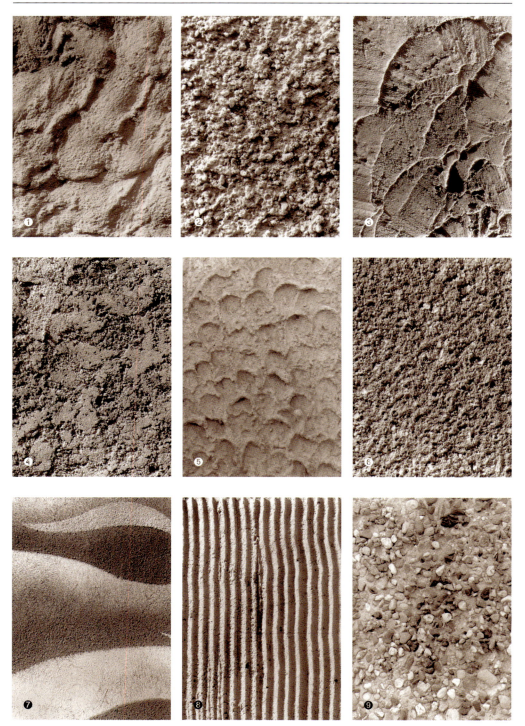

Bild 7.5 Architekturgestaltende Putze
1 Fladenförmiger Kellenwurfputz, schwach verwaschen; 2 Kellenwurfputz; 3 Rustikaler Kellenstrichputz;
4 Geriebener Putz; 5 Eine Art des sogenannten Patschputzes; 6 Kratzputz;
7 Schablonen-Spritzputz; 8 Gekämmter Putz; 9 Waschputz

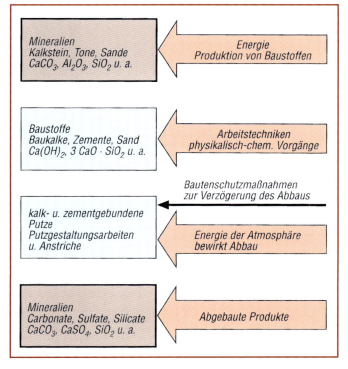

Bild 7.6 Kalk- und zementgebundene Putze haben eine günstige ökologische Grundlage

■ Ursachen, für die der Planer oder Ausführende nicht verantwortlich ist.
  Normale, fachlich anerkannte Alterungs- und Witterungserscheinungen.
  Veränderung der Beanspruchung im Laufe der Standzeit.

■ Ursachen, die in der Verantwortung des Planers oder Ausführenden liegen.
  Bei der Auswahl des Putzes die zu erwartende Beanspruchung nicht beachtet.
  Nichtbeachtung der Festigkeit, Oberflächenstruktur und Verträglichkeit des Putzgrundes.
  Keine, unzureichende oder falsche Vorbereitung und Vorbehandlung des Putzgrundes.
  Fehlerhafte Auswahl, Lagerung, Aufbereitung und Verarbeitung des Putzmörtels.
  Fehlerhafter Aufbau des Putzsystems.
  Nichtbeachtung der erforderlichen Ausführungsbedingungen.
  Maßnahmen zur Sicherung der Putzerhärtung, z. B. Nachnässen, auch zu frühe Anstrichausführung, nicht beachtet.

Bild 7.7 Ursachen von Putzschäden

7.3.2 Ursachen der Putzschäden

Wie zuvor gesagt, können Schäden an kalk- und zementgebundenen Putzen auf zwei grundsätzliche Ursachen zurückgeführt werden:

Unvermeidbare Schädigung infolge der im Voraus einschätzbaren Alterung und Verwitterung, aber auch durch Standort- und Nutzungseinflüsse, die in der Zeit der Planung und Ausführung nicht bestanden und deshalb nicht berücksichtigt werden konnten. Bei Letzteren kann es sich um Veränderungen am Standort, z. B. verstärktes Auftreten kalkfeindlicher Luftverunreinigungen oder in der Nutzung handeln, z. B. wenn für normale Innenatmosphäre projektierte Räume als gewerbliche Nassräume genutzt werden.

Tab. 7.2 Putze und Putzmörtel-Gestaltungsarbeiten auf Kalk-, Kalk-Zement- und Zementbasis*

Einteilung Putz-Gestaltungsarbeit	Für die Anwendung wichtige Bestandteile und Eigenschaften	Geeignete oder bevorzugte Anwendbarkeit
Putze nach Mörtel, DIN 18550		
Luftkalkmörtel (besonders Weißkalkmörtel)	Hellgrau bis weiß, Druckfestigkeit und Wetterbeständigkeit von der Ausführung abhängig, Frostbeständigkeit unsicher	Historische Putze in der Denkmalpflege, Putze auf Mauerwerk geringer Festigkeit, vor allem innen
Wasserkalkmörtel	Auch hydraulisch erhärtend, feuchtigkeitsbeständig, sonst wie Luftkalk	wie Luftkalkmörtel, auch in Feuchträumen
Hydraulischer Kalkmörtel	Druckfestigkeit > 1 N/mm^2; feuchtigkeits-, witterungs- und frostbeständig	Außen- und Innenputz auf Mauerwerk von mittlerer Festigkeit, auch in Feuchträumen sowie Ziegel- und Naturstein-Verfugung
Hochhydraulischer Kalkmörtel	Druckfestigkeit $> 2,5$ N/mm^2; sonst wie hydraulischer Kalkmörtel	
Kalkzementmörtel	Druckfestigkeit und Beständigkeit vom Zementgehalt abhängig; jedoch beständig und über $2,5$ N/mm^2	Außen- und Innenputz auf festes Mauerwerk, auch Nassräume und Sockel
Zementmörtel	Druckfestigkeit > 10 N/mm^2; beständig gegen mechanische Einflüsse, Wasser, Witterung und Frost	Festes bis sehr festes Mauerwerk, Beton, Spritzwassersockel, Sohlbänke usw.
Putze mit spezieller Funktion		
Leichtputz	Putze mit leichtem, meist porigem Zuschlag, z. B. Bims- und Blähtongranulat	Leichtmauerwerk, Trennwände geringer Dicke, Rabitzdecken
Sanierputz	Putz auf feuchte- und salzbeanspruchtes Mauerwerk	Altbausanierung
Sperr- oder Dichtungsputz	Putz mit porenverschließenden Zusätzen	Vertikale Wanddichtung gegen Bodenfeuchtigkeit
Bewehrungsputz	Portlandzementmörtel-Putz, sehr fest, lange Zeit alkalisch zwecks Korrosionsschutz	Umhüllen der Betonstahlbewehrung, Beschichten von Stahlfachwerk
Brandschutzputz	Schamottgranulat-Putz, weitgehend feuerfest	Feuerungsanlagen
Strahlenschutzputz	Zementmörtelputz mit Schwerstzuschlag, z. B. Schwerspat, Stahlgranulat	Räume für Strahlungsgeräte, z. B. für Röntgendiagnostik
Putze für Oberflächengestaltung		
Farbige Putze	Putze mit farbigem Zuschlag oder/und kalkechten Mineralpigmenten	Farbige Fassaden- und Innenputze, auch als Strukturputze
Strukturputze, z.B. Kellenwurf- und Kellenstrichputze, gezogene, geriebene und gespritzte Putze, Kratz- und Waschputze, steinmetzmäßig bearbeitete Putze	Durch entsprechende Zuschläge, handwerkliche Putzweisen oder Nachbehandlung erreichte, schöne, plastische Putzoberflächenstrukturen. Beständigkeitsgrad und Festigkeit ist vom Bindemittel abhängig.	Hauptsächlich Fassaden, auch als historische Putze und auch auf Mauerwerk im Innenbereich
Putzintarsie Kratzputzintarsie Geglättete Intarsie	Hohe Festigkeit, witterungs- und frostbeständig, sehr dauerhaft	Hauptsächlich Fassadengestaltung und -schmuck

7.3 Schäden an kalk- und zementgebundenen Putzen

Tab. 7.2 Fortsetzung

Einteilung Putz-Gestaltungsarbeit	Für die Anwendung wichtige Bestandteile und Eigenschaften	Geeignete oder bevorzugte Anwendbarkeit
Putze für Oberflächengestaltung		
Sgraffiti Naturfarbenes Sgraffito (Putzritzung) Einfarbiges Sgraffito Mehrfarbiges Sgraffito **Putzschnitte** Tieferliegender Putzschnitt Reliefartiger Putzschnitt	Festigkeit, Witterungs- und Frostbeständigkeit vom Bindemittel, den farbgebenden Bestandteilen und der Ausführung abhängig. Wasserabweisung durch mögliche Hydrophobierung erhöht die Witterungsbeständigkeit und die Fähigkeit zur Schmutzabweisung	Innen und in regengeschützter Lage oder mit Zementanteil auch außen; Fassaden- und Raumgestaltung und -schmuck
Stuccolustro	Kalkmörtelputz-System mit geglättetem Malstuck	Innen und außen, evtl. mit schützendem Wachsüberzug

* Ausführliche Beschreibung im Buch „Historische Beschichtungstechniken"

Vermeidbare Schäden die sich vor Ablauf der für die jeweilige Putzart abschätzbaren Mindeststandzeit oder sogar in der Zeit der für Bauleistungen gültigen Gewährleistungsfrist zeigen und die auf folgende Fehler in der Planung oder Ausführung zurückzuführen sind:

■ **Auswahl von Putzarten bzw. -systemen,**
die den gestellten Anforderungen bezüglich ihrer Funktion am jeweiligen Bauwerk und der zu erwartenden Beanspruchung durch Standort- oder Nutzungseinflüsse nicht gerecht werden. So z. B., wenn Außensockelputz, der u. a. das Mauerwerk vor Regen- und Spritzwasser schützen soll und frostbeständig sein muss, die in DIN 18550 geforderte Mindestdruckfestigkeit von 10 N/mm^2 nicht erreicht und der w-Wert (Wasseraufnahmekoeffizient) größer als 0,5 kg/m^2 h^{0,5} ist **(Tabelle 7.3** und **Bild 7.8).**

Bild 7.8 Absanden und andere Erscheinungen unzureichend fester Putze sind fast ausschließlich auf Ausführungsfehler zurückzuführen.

Tab. 7.3 Anwendbarkeit kalk- und zementgebundener Putze unter Berücksichtigung ihrer Druckfestigkeit und ihres Wasseraufnahmekoeffizienten

Putzart (Bindemittel)	Putzmörtelgruppe	Mindestdruckfestigkeit, N/mm², nach DIN 18550	Max. Wasseraufnahme, kg/m²h^{0,5}	Anwendbarkeit	
				Putzgrund	Objekte
Luftkalk	PIa	keine Anforderungen	7,0	Neues und gealtertes Vollziegel-, Lochziegel und Natursteinmauerwerk, Festigkeit > 2 N/mm²	Innen- und Außenputze ohne besondere Anforderungen auch Feuchträume
Wasserkalk	PIb		6,0		
Hydraulischer Kalk	PIc	1,0	5,0		
Hochhydraulischer Kalk, Mauerbinder	PIIa	2,5	4,0	wie oben jedoch höhere Festigkeit um 5 N/mm²	Wasserhemmende Putze und Außenputze mit erhöhter Festigkeit, Feucht- und Nassräume
Kalk-Zement	PIIb	2,5	4,0		
Zement	PIII	10,0	2,0	wie oben, auch Klinker, Beton, Festigkeit < 5 N/mm²	

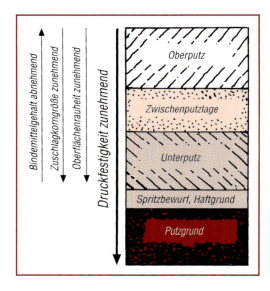

Bild 7.9 Putze und Putzgrund müssen in ihrer Druckfestigkeit weitgehend übereinstimmen.

■ **Auswahl von Putzen, deren Druckfestigkeit von der Festigkeit des Putzgrundes stark abweicht.** Putz und Putzgrund sollen annähernd die gleiche Druckfestigkeit haben.
Putze der Gruppen PII und PIII von erhöhter Festigkeit und einer dementsprechenden starken Spannung, die sich auf Putzgründen von geringer Festigkeit befinden, verlieren oft schon nach kurzer Standzeit ihren Verbund (Hohlraumbildung). Zum anderen würden Putze von geringer Festigkeit der Gruppe PI auf sehr festem Putzgrund, z. B. Beton, die äußeren mechanischen Einflüsse allein „aufnehmen" müssen und dadurch schnell altern.
Ist die Übereinstimmung der Druckfestigkeit zwischen Putzgrund und Putz nicht möglich, wie z. B. beim Verputzen von Lehmwänden mit Kalk-Zement-Putzen, dann ist ein Putzträger unerläßlich (vgl. Tabelle 7.3, **Bilder 7.9 und 7.10).**

■ **Unzureichende Vorbereitung der Putzgründe,** die hauptsächlich einen mangelhaften bzw. keinen dauerhaften Verbund zwischen Putz und Putzgrund zur Folge hat. Dieser Verbund – auch zwischen einzelnen Putzlagen – ist entscheidend für die Dauerhaftigkeit der Putze. Er

7.3 Schäden an kalk- und zementgebundenen Putzen

Bild 7.10 **Bild 7.11**

Bild 7.10 Fugen nicht freigelegt, kein Spritzbewurf und eine unzureichende Dicke des Außenputzes endet mit diesem Schaden.

Bild 7.11 Wände aus großformatigen Ziegelsteinen können nicht einlagig und dünnschichtig überputzt werden – oft markieren sich schon nach kurzer Zeit die Fugen als Risse – erforderlich ist eine Gewebebewehrung der unteren Putzlage

wird be- oder sogar verhindert durch Glätte des Putzgrundes und durch Stoffe auf der Putzgrundoberfläche, die als Trennschicht die mechanische, adhäsive und evtl. chemische Bindung des Putzes an den Putzgrund, also den Kontakt zwischen beiden verhindert, z. B. können das Staub, Salzablagerungen, Bewuchs, Anstrichreste und bei Beton Rückstände von Entschalungsmitteln sein. Außerdem haben hohes Saugvermögen, Uneinheitlichkeit der Festigkeit und der Oberflächenstruktur, z. B. von Mischmauerwerk, negativen Einfluss auf den Verbund sowie auf Einheitlichkeit und Dauerhaftigkeit der Putze.

Auf Putzgründen von unzureichender Festigkeit wird der anfangs bestehende gute Verbund zwischen dem Neuverputz und Putzgrund durch die Spannung der Putzschicht und dem damit einhergehenden Herausreißen von Teilen aus dem porösen Putzgrundgefüge meistens schon nach kurzer Standzeit aufgehoben **(Bild 7.10)**.

In **Tabelle 7.4** sind die wichtigsten Arbeiten aufgeführt, durch die nach sorgfältiger Prüfung und Beurteilung die als Putzgrund vorgesehenen Oberflächen als einwandfreier Putzgrund vorbereitet werden. Einen Schwerpunkt bildet dabei die Entscheidung, ob eine zusätzliche Haft- und Verbundbrücke – meist in Form eines Spritzbewurfes oder Haftmörtels – notwendig ist. Notwendigkeit, Arten und Funktion der Haft- und Verbundbrücken sind im **Bild 7.12** zusammengefasst.

■ **Fehler im Aufbau oder in der Ausführung von mehrlagigen Putzen,** also von Putzsystemen oder von Beschichtungssystemen, die aus kalk- oder zementgebundenen Putzen mit Kunstharz- oder Silicatoberputz oder Anstrichen bestehen. Der grundlegende Fehler, der meist Reißen, Abblättern und Absprengen des Oberputzes oder einer anderen Deckschicht zur Folge hat, besteht darin, dass wie zuvor beschrieben, der Verbund zwischen den Lagen oder Schichten des Systems sowie die Übereinstimmung der Druckfestigkeit und Spannung der einzelnen Lagen oder Schichten missachtet wird. Grundsätzlich dürfen die Festigkeit und

Tab. 7.4 Vorbereitung von Putzgründen und -trägern

Putzgrund, Putzträger[1]	Meist erforderliche Vorbereitung
Ziegelmauerwerk, einheitlich fest und saugend	Fugen um 15 mm tief frei legen, evtl. Spritzbewurf, z. B. wenn ein Wärmedämmputz oder anderes dickschichtiges Putzsystem vorgesehen ist.
Ziegel- und Natursteinmauerwer, alt, verwittert, porös, uneinheitlich fest und saugend	Zerstörte Teile ausstemmen, ergänzen oder mit grobkörnigem Kalkzementmörtel auswerfen; voll deckender Spritzbewurf PII bis PIII
Mischmauerwerk, z. B. aus Ziegel, Naturstein und Kalksandstein; uneinheitlich fest und saugend	Fugen wie oben freilegen; voll deckender Spritzbewurf PII, wenn Putz der PMG I vorgesehen ist, PIII, wenn Putz der PMG II folgen soll
Hartbrannziegelmauerwerk und Beton; hohe Festigkeit; gering saugend	Wenn möglich, Fugen wie oben frei legen und Betonoberfläche rau belassen; nicht voll deckender Spritzbewurf PIII
Holzfachwerk, Ausfachung Lehm oder Ziegel (soll überputzt werden)	Holzfachwerk imprägnieren und mit Dachpappstreifen überdecken; alles mit einem Putzträger, z. B. korrosionsbeständigem Drahtgitter oder -gewebe, überspannen; dünner voll deckender Spritzbewurf PII (Bild 7.14)
Stahlfachwerk, Ausfachung Ziegelmauerwerk (vollflächig überputzen)	Baustahl mit Portlandzementschlämme beschichten oder alles mit alkalibeständigem Korrosionsanstrich versehen; mit korrosionsbeständigem Drahtgitter überspannen, voll deckender Spritzbewurf PIII
Holzwolleleichtbauplatten, zementgebunden	Anordnung und Überbrückung der Stöße entsprechend der Merkblätter der Hersteller
Lehmstampf- und Lehmquaderwände, geringe Festigkeit, stark saugend	Erforderlich sind eingebundene oder nachträglich befestigte Putzträger; bei Letzterem dünner, voll deckender Spritzbewurf

1 Gipsdielen sollten nur mit gips- oder gips-kalkgebundenem Mörtel beschichtet werden.

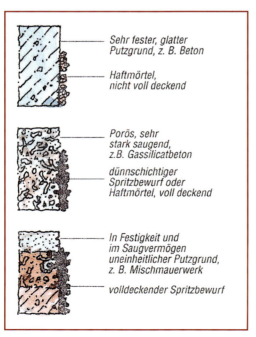

Sehr fester, glatter Putzgrund, z. B. Beton

Haftmörtel, nicht voll deckend

Porös, sehr stark saugend, z.B. Gassilicatbeton

dünnschichtiger Spritzbewurf oder Haftmörtel, voll deckend

In Festigkeit und im Saugvermögen uneinheitlicher Putzgrund, z. B. Mischmauerwerk

volldeckender Spritzbewurf

Bild 7.12 Notwendigkeit und Zweck von Haftbrücken

7.3 Schäden an kalk- und zementgebundenen Putzen

Spannung der Lagen oder Schichten im System nach oben zu nicht größer werden (Bild 7.9). Aus diesem Grunde sind auch für Silicatoberputze und vor allem für die spannungsreicheren Oberputze und Anstriche auf der Bindemittelbasis von Kunstharzen einschließlich Siliconharz, nur Unterputze bzw. Putzuntergründe von erhöhter Festigkeit der Putzmörtelgruppen PII und PIII als Träger geeignet.

Beim Aufbau von Putzsystemen mit Kalk- und Zementmörtel ist neben einem guten mechanischen Verbund der Putzlagen untereinander durch die Bildung von Calciumcarbonat- und -silicatbrücken an der Grenzfläche zwischen den Putzlagen auch eine chemische Bindung anzustreben. Allerdings wird die für den chemischen Verbund erforderliche Reaktionsfähigkeit des Mörtelbindemittels an den Grenzflächen durch die notwendige Erhärtungszeit des Unterputzes bis zum Aufbringen des Oberputzes stark verringert.

Kalk- und zementgebundene Putze können mit kaliumwasserglas-, kunstharz- und siliconharzgebundenen Beschichtungs- und Anstrichstoffen erst nach ausreichender Abbindung und Austrocknung (im Sommer mind. 14 Tage Standzeit) beschichtet werden.

Auch ist zu beachten, dass für kalkgebundenen Putz nur gut luft- bzw. kohlendioxiddurchlässige Anstriche geeignet sind, weil der alternde Kalkmörtelputz für seine Regenerierung CO_2 braucht. Die früher mit den weitgehend luftundurchlässigen Ölfarbenanstrichen beschichteten Kalkmörtelputze haben ihre Festigkeit allmählich verloren **(Bild 7.13)**.

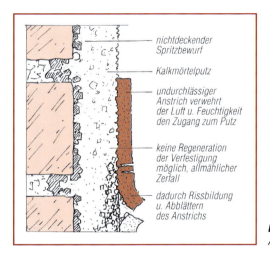

Bild 7.13 Auswirkung von luftundurchlässigem Anstrich auf Kalkmörtelputz

Fehler und Nachlässigkeiten in der Vorbereitung der Putzgründe und im Aufbau und der Ausführung der Putze.
Am häufigsten tritt man folgende fehlerhafte Ausführungen an:

- Weglassen des Ausgleichsputzes bei maßungenauem oder stark unebenem Mauerwerk, das zu stark unterschiedlicher Putzschichtdicke und Schwindrissen führt.
- Entscheidungsfehler bei der Auswahl des Spritzbewurfes oder eines anderen Haftgrundes oder ungerechtfertigtem Weglassen oder zu frühes Überputzen des Spritzbewurfes, denn er muss erst ausreichend durchgehärtet sein (vgl. Tabelle 7.4).
- Überputzen von unzureichend festem Baustoff, z. B. Lehmwänden oder von Decken und Wänden, die zur Rissbildung neigen, aus verschiedenen Baustoffen mit stark unterschiedlichem Verhalten bestehen oder auch von anderen ebenfalls als Putzgrund ungeeigneten Konstruktionen, die allesamt vor dem Verputzen einen Putzträger erhalten müssen **(Bild 7.14)**. Als häufiger Fehler bei der Ausführung der Putze sollen wie bereits im vorangegangenen Punkt umschrieben, der ungenügende mechanische Verbund zwischen Unter- und Oberputz, infolge unzureichender Rauheit der Unterputzoberfläche und eine unangemessene Erhärtungszeit des Unterputzes, bis

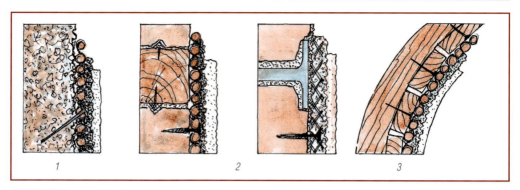

Bild 7.14 Notwendigkeit von Putzträgern
1 unzureichende Festigkeit, z. B. Lehm für dickschichtigen Putz; 2 uneinheitlicher Putzgrund, z. B. Holz- und Metallfachwerkwand; 3 stark „arbeitender" oder schwingender Putzgrund, z. B. Holzkonstruktion

zum Aufbringen der oberen Putzlage genannt werden. Ersteres kann später zum Absprengen des Oberputzes führen; Letzeres kann bereits im Zeitraum der Erhärtung zur Bildung von Schwindrissen führen, wenn Putzmörtel mit zu kleiner Zuschlagkorngröße und höherem Bindemittel- und Wassergehalt, evtl. sogar noch bei größerer Putzschichtdicke, eingesetzt werden.

Im Allgemeinen soll für Unterputz die Erhärtungszeit bis zum Überputzen je Millimeter Schichtdicke einen Tag betragen. Doch wie zuvor angedeutet, kann bei geringer Schichtdicke und Einsatz von Putzmörtel mit maximaler und gut verteilter Zuschlagkorngröße und mit anderen Qualitätsmerkmalen, die das Schwinden der frischen Putzlagen nahezu verhindern, die Zwischenerhärtung des Unterputzes zeitlich unterboten werden.

■ Als letzter Fehler, der das Abbinden von kalk- und zementgebundenen Putzen bis zur vorgesehenen Festigkeit stark behindern kann, ist die **Ausführung und Erhärtung der Putze unter ungünstigen Bedingungen** zu nennen, z. B. bei Temperaturen um und sogar unter dem Gefrierpunkt. Nicht nur Frostschäden sind zu erwarten, sondern wenn vorsorglich als Frostschutzmittel wasserlösliche Salze, z. B. Calciumchlorid oder Soda eingesetzt werden, auch Ausblühungen und Festigkeitsverlust. Niedrige Temperaturen verzögern die hydraulische Erhärtung von Zement und hydraulischen Kalkbindemitteln sehr stark.

■ Ebenso problematisch ist **Feuchtigkeitsmangel im Putz während des Erhärtungszeitraumes**, z. B. wenn der Putz ohne zusätzliche Feuchtigkeitszufuhr bei sehr warmer, trockener Witterung ausgeführt wird und erhärtet. Die Feuchtigkeit ist für die Kohlensäurebildung zur carbonatischen Erhärtung des Kalkhydrats und für den Hydrationsvorgang bei der Zementerhärtung erforderlich. Bekannterweise kann die zu schnelle Austrocknung des frischen Putzes durch mehrmaliges Vornässen des Putzgrundes und vor allem durch mehrmaliges Anfeuchten des angezogenen Putzes innerhalb der ersten Tage nach der Ausführung verhindert werden. Zur Vermeidung des Auswaschens von Bindemitteln und bei farbigen Putzen von Pigmenten muss das Wasser so fein wie möglich aufgesprüht werden.

7.3.3 Kalk- und zementgebundene Putze: Arten und Anforderungen

Zu kalk- und zementgebundenen Putzen gehören alle Putze, die mit den in DIN 18550, Teil 2, in der Tabelle 7.3 genannten Putzmörteln ausgeführt sind.

Die Putzmörtel müssen je nach Putzart und -anwendung die nach DIN 18550, Teil 1, an den Putz zu stellenden Anforderungen erfüllen. Schwerpunkt bildet dabei die zu erreichende Mindestdruckfestigkeit der Putze. Danach wird für die Putze der einzelnen Putzmörtelgruppen fol-

7.3 Schäden an kalk- und zementgebundenen Putzen

gende Mindestdruckfestigkeit gefordert: PIa, b keine Anforderungen, PIc 1,0, PII 2,5 und PIII 10,0 N/mm². Neben der Druckfestigkeit sind noch weitere Eigenschaften der Putze oder Putzsysteme, z. B. Schichtdicke, Diffusionsvermögen, Wasseraufnahme oder -abweisung, für die an bestimmte Putzsysteme gestellten Anforderungen ausschlaggebend.

Während die Auswahl von Putzsystemen für Putzgründe von hoher Festigkeit im Neubau aus den bewährten Systemen der Putzmörtelgruppen PII und PIII allgemein unproblematisch ist, kann sie für gealterte, weniger oder uneinheitlich feste Putzgründe von Altbauten durch die anzustrebende stoffliche und bauphysikalische Harmonisierung zwischen Putzgrund und Putzsystem recht problembehaftet sein **(Bild 7.15)**.
Für diese Putzgründe können Putzmörtel mit höherem Zementgehalt und erst recht Mörtel der Gruppe PIII meist nicht angewendet werden, sondern es werden dafür Putze der Gruppen PI und PIIa bevorzugt.

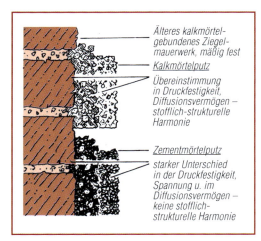

Bild 7.15 Bewertung der Eignung von kalk- und zementgebundenem Putz auf älterem Mauerwerk

Da besonders für den Außenbereich für die mit Luftkalk oder hydraulischem Kalk gebundenen Putze die optimal erreichbare Druckfestigkeit und Beständigkeit gegen die Witterung und andere äußere Einflüsse angestrebt werden muss, sind alle Möglichkeiten in der Auswahl der Ausgangsstoffe, bei der Putzgrundvorbereitung und beim Ausführen zu nutzen, die zu einer hohen Putzqualität beitragen. Obzwar die wichtigsten davon bereits unter „Ursachen der Putzschäden" umschrieben wurden, sollen sie hier nochmals zusammengefasst werden:

■ Einsatz von einwandfreien Ausgangsstoffen
für selbstzubereitete Baustellenmörtel oder von Werkmörtel, für die der Qualitätsnachweis erbracht wird.
Für die Kalkbindemittel sind besonders wichtig die Kornreinheit und ein minimaler Sulfatgehalt. Für Fresco- und Stuccolustro-Malgründe darf der dafür eingesetzte abgelagerte Weißkalkteig gar kein Sulfat enthalten, wie das bei elektrisch oder mit Holz oder anderen schwefelfreiem Brennstoff gebranntem Kalk der Fall ist. Länger eventuell sogar über Jahre hinweg in der Kalkgrube eingelagerter, stets feucht gehaltener Weißkalkteig ist für Kalkmörtelputze das beste Bindemittel.
Der hauptsächlichste Zuschlag für kalkgebundene Putze sind Natursand, Brechsand und Gesteinsgranulate auf Quarzbasis oder Kalksteinbasis, die erforderlichenfalls durch Waschen von abschlämmbaren Bestandteilen befreit wurden. Außerdem können folgende Eigenschaften des Zuschlags zu erhöhter Putzfestigkeit beitragen:
Günstige, eine *enge Packung* ergebende Kornform und Korngrößenverteilung sowie raue Oberfläche der Körner.
Auch durch den *Zusatz von Zuschlägen* (auch im gemahlenen Zustand), die an ihrer Oberfläche mit den Kalkbindemitteln latent hydraulische Reaktionen eingehen können, kann die Putzfes-

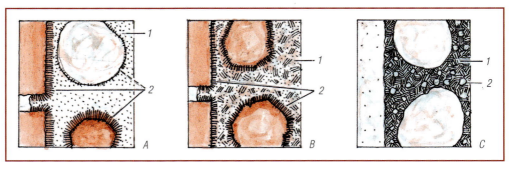

Bild 7.16 Erhärtungsvorgänge:
A Kalkmörtelputz; P Ia: 1 Bildung von Calciumcarbonat; 2 Reaktion von Kalkhydrat mit latent hydraulisch wirksamen Ziegel- und Ziegelmehloberflächen unter Bildung von Calciumsilicat
B Putzmörtel mit hydraulischem Kalk: 1 Bildung von Mischkristallen aus Calciumcarbonat und -silicat; 2 Calciumsilicatbildung an der Grenzfläche
C Zementmörtelputz, P III: 1 Bildung von Calciumsilicat; 2 Calciumhydroxid

tigkeit erhöht werden. Derartige, durch ihren hohen Gehalt an SiO_2, Al_2O_3 und Fe_2O_3 hydraulisch reagierende, seit altersher eingesetzten Zuschläge sind z. B. Trass, Puzzolanerde und Ziegelmehl **(Bild 7.16)**.

■ **Vorbereitung des Putzgrundes**
in der Weise, dass er mit dem Putz sowohl im Makro- als auch im Mikrobereich einen intensiven dauerhaften mechanischen Verbund eingeht **(Bilder 7.12 und 7.17)**.

■ **Der richtige Aufbau der Putzsysteme**
Die fachgerechte Verarbeitung der Putzmörtel (Bild 7.9) und eine günstige Witterungslage sind die bereits beschriebenen Schwerpunkte der Ausführung.
Fehler in der Planung, Vorbereitung und Ausführung können zu folgenden, alphabetisch geordneten Mängeln und Schäden an kalk- und zementgebundenen Putzen führen:

– Abblättern, Absanden, Absprengungen
– Ausblühungen einschließlich Mauersalpeter
– Hohlraumbildung, Rissbildung
– ungleichmäßiger Putzoberfläche
– Verfärbungen, Versottung, Vermorschung.

Diese Schäden werden in ihren Ursachen, ihrer Vermeidung und Beseitigung in der **Tabelle 7.5** und den **Bildern 7.18 bis 7.26** beschrieben.

Schritte der Vorbereitung	1. Prüfen	2. Reinigen, Entfernen	3. Ausgleichputz, Haftbrücke
Neuwertige Putzgründe	Art, Festigkeit, Saugfähigkeit, Tragfähigkeit	Staub, evtl. Trennmittel	Evtl. Haftgrundierung, Haftmörtel oder Spritzbewurf
Gealterte Putzgründe	Art, Festigkeit der Steine, des Fugenmörtels u. a., evtl. Schäden	Immissionsstoffe, evtl. Altputz, zerstörte Stein- oder Fugenmörtelteile	Evtl. artgleiche Steine einmauern oder Ausgleichputz, häufig Spritzbewurf
Putzträger erforderlich	Art der tragenden Konstruktion, Formbeständigkeit, Stabilität	Zerstörte Teile entfernen, ausbessern	Nach Sicherung der Stabilität Putzträger befestigen

Bild 7.17 Übersicht über die Putzgrundvorbereitung

7.3 Schäden an kalk- und zementgebundenen Putzen

Schäden an kalk- und zementgebundenen Putzen

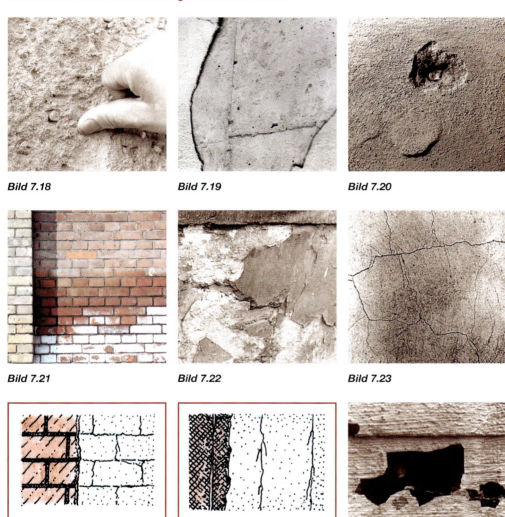

Bild 7.18

Bild 7.19

Bild 7.20

Bild 7.21

Bild 7.22

Bild 7.23

Bild 7.24

Bild 7.25

Bild 7.26

Bild 7.18 Absanden eines Kalk-Zementmörtel-Kratzputzes, der nach der Ausführung bei sommerlich trockener Witterung nicht nachgenässt wurde.

Bild 7.19 Unzureichender Verbund des Putzes mit der fast glatten Betonoberfläche führte zu diesem Schaden

Bild 7.20 Aussprengungen durch nachlöschende Branntkalkkörner

Bild 7.21 Aus den Mauerziegeln kommende Sulfatausblühungen

Bild 7.22 Putzzerstörung durch Mauersalpeter

Bild 7.23 Schwindrisse in einem Kalkmörtelputz
Ursachen: Zu hoher Kalkanteil, zu feinkörniger Zuschlag, zu große Schichtdicke

Bild 7.24 Lager- und Stoßfugen-Putzrisse, die vor allem über den Fugen vom Mauerwerk aus großformatigen Mauerziegeln entstehen können.

Bild 7.25 Nicht ausreichende Überlappung von Putzträgern führt meistens über den Stößen zu Putzrissen.

Bild 7.26 Auf einem Bitumen-Sperranstrich haftet kein Putz

Tab. 7.5 Schäden an kalk- und zementgebundenen Putzen

Schaden, Ursachen	Vermeiden, Beseitigen
Abblättern	
Schuppenförmig durch Frosteinwirkung im Erhärtungszeitraum durch Frosteinwirkung	Ausführung und Erhärtung nur bei frostfreier Witterung. Entfernen bis zum festen Putz bzw. Putzgrund. Überfilzen oder neu putzen.
Tiefergehende Putzschollen – infolge Treibwirkung von Salzen aus dem Mauerwerk	Salzaufnahme, z. B. mit Dichtungen verhindern oder/und Sanierputz anwenden. Salzverseuchten Putz entfernen, ggf. Mauerwerk dichten oder/und entsalzen. Neuverputz, ggf. Sanierputz.
Flaches Abblättern von Glattputzen – wegen Treibwirkung von Calciumsulfat (Gips), das sich durch Reaktion schwefliger Luftverunreinigungen mit dem Kalk gebildet hat.	An Standorten mit saurer Luftimmission calciumsilicatbildende, sulfatwiderstandsfähige Bindemittel bevorzugen, z. B. hochhydraulischen Kalk und Hochofenzement; Putzoberfläche zur Minderung von Treibwirkungen rauer und poröser belassen. Beseitigung wie oben. Weiteres siehe unter „Absprengungen" und „Verkrustungen".
Absanden	
Gesamte Putzlage – infolge zu geringen Bindemittelgehaltes	Richtiges, zweckgebundenes Mischungsverhältnis für Putzmörtel. Entfernen und neu putzen.
Durchgehend, weil das Bindemittel infolge zu schneller Austrocknung des frischen Putzes nicht vollständig erhärtet (Bild 7.18).	Härtet bei späterem Feuchtigkeitseinfluss zwar nach, doch stets mit Festigkeitsverlust. Länger feuchthalten, z. B. durch Annässen des Putzgrundes und mehrmaliges feines Besprühen des frischen Putzes mit Wasser.
Putzoberfläche – infolge Verwitterung oder durch Umsetzung von Kalkbindemitteln durch saure Luftimmission in wasserlösliche Verbindungen umgesetzt.	Verzögerung der Schädigung der Putzoberfläche und Verhindern der Wasseraufnahme durch Hydrophobieren, evtl. auch höherfesten Putz anwenden. Entfernen der Substanz durch Abbürsten, Hochdruck-Wasserstrahlen usw. festigende Imprägnierung, evtl. vorher überfilzen.
Absprengungen	
Großflächig bis zum Putzgrund – infolge unzureichendem Verbund des Putzes an zu glattem Putzgrund, z. B. vollfugigem Mauerwerk oder Beton (Bild 7.19).	Für einen mechanischen Verbund zwischen Putzgrund und Putz sorgen, z. B. durch etwa 15 mm tiefes Auskratzen des Mauermörtels aus den Fugen, durch Aufrauen oder durch Anwerfen eines grobkörnigen Spritzbewurfes.
Putz von höherer Festigkeit befindet sich auf weniger festem Putzgrund, der der Spannung des Putzes nicht standhält.	Der Putz darf keine höhere Festigkeit als der Putzgrund haben. Unzureichend druckfeste Baukörper sind als Putzgrund nicht geeignet; sie müssen zum Ausgleich einen fachgerecht befestigten Putzträger erhalten. Putz mit derartigen Absprengungen ist zu erneuern.
Putz auf Stahlbeton mit unzureichender Betondeckung; Rostende Stahlbewehrung sprengt Putz ab (Bild 5.14).	Ein dichter Zementmörtelputz kann die Unzulänglichkeit einer zu dünnschichtigen Betondeckung mildern. Schadhafte Stellen sind bis zur Stahlbewehrung auszustemmen und fachgerecht zu sanieren (vgl. „5.2.3 „Korrosion u.a. Schäden an Betonen").
Trennung mitsamt eines nicht ausreichend befestigten Putzträgers vom Baukörper.	Putzträger nach Anweisung der Hersteller am Baukörper befestigen. Beim Überspannen eingefügter Bauteile muss der Putzträger mindestens 100 mm auf den umgebenden Putzgrund, an dem er befestigt wird, übergreifen.
Kleinflächig, meist nicht bis zum Putzgrund – Staunässe im Putz und Putzgrund, z. B. von nicht gegen Bodenfeuchtigkeit oder Spritzwasser gedichteten Wänden, unter nicht abgedeckten Gesimsen und aus Feuchträumen eindringend, gefriert bei Frost.	Staunässe durch bautechnische Maßnahmen, z. B. Dichtungen und Abdeckungen, verhindern. Durchfeuchtete Bauteile austrocknen; prüfen ob Salze, z. B. aus dem Boden, mit aufgenommen wurden, schadhaften Putz entfernen und Neuverputz. Für nicht sicher trockenzulegenden und/oder salzbelasteten Putzgrund ggf. Sanierputz anwenden.

7.3 Schäden an kalk- und zementgebundenen Putzen

Tab. 7.5 Fortsetzung

Schaden, Ursachen	Vermeiden, Beseitigen
Absprengungen	
Mit Branntkalk- oder Kalkhydratpulver zubereiteten Kalkmörtel ohne Einhalten der Liegezeit verarbeitet.	Vom Hersteller vorgeschriebene Mörtelliegezeit zum Löschen oder Nachlöschen des Kalkbindemittels einhalten. Derartigen mangelhaften Putz stark nässen, zeigen sich dann noch Absprengungen – entfernen, erneuern.
Im Putz nachlöschende oder quellende Kalkkörner von schlecht gelöschtem oder falsch gelagertem Kalkhydrat (Bild 7.20).	Nur einwandfreies Kalkhydrat verwenden; körnigen Löschkalk aufschlämmen und sieben, Putz mehrmals anfeuchten, damit Kalkkörner nachlöschen, größere Körner herauskratzen, ausbessern.
Ausblühungen, einschließlich Mauersalpeter	
Nichttreibende Ausblühungen – Anmachwasser oder Zuschlag mit wasserlöslichen Salzen verwendet; schwache, wolkige Ausblühungen auf farbigem Putz, Anstrich oder Wandmalerei (Bild 7.21).	Einwandfreie Ausgangsstoffe einsetzen, Zuschläge, die wasserlösliche Salze enthalten, müssen durch Waschen davon befreit werden. Ausblühungen trocken abbürsten; evtl. durch mehrmaliges Annässen trocken lassen und abbürsten. Salze herauslösen.
Kalkbindemittel mit hohem Sulfatgehalt verwendet; Gipsausblühungen auf farbigem Putz, Anstrich und Wandmalerei sichtbar.	Für farbige Putze, Anstriche und Wandmalereien durch Ablagerung, Aufschlämmen und Feinsieben von Gipskörnern befreiten Weißkalkteig verwenden. Wiederholt trocken abbürsten.
Zusatz von Frostschutzmitteln, z. B. $CaCl_2$ zum Putz- oder Mauermörtel bei Winterbauten.	Einsatz von ausblühenden Frostschutzmitteln vermeiden, besonders bei farbigem Putz. Annässen, trocknen lassen, abbürsten.
Eindringen von Salzen, z. B. $MgCl_2$, Na_2CO_2 und $CaCl_2$ mit der Bodenfeuchtigkeit oder Straßen-Spritzwasser in Wände ohne oder mit unwirksamen Dichtungen.	Durch bautechnische Maßnahmen, z. B. Dichtungen gegen Bodenfeuchtigkeit, hydrophobe Anstriche gegen Spritzwasser, die Wasseraufnahme verhindern. Im Sommer wiederholt anfeuchten, Salz trocken abbürsten, schwache Ausblühungen ggf. Fluatieren.
Treibende Ausblühungen – Sulfatische Stoffe in Verbrennungsabgasen in Industrieabwässern usw. bilden mit dem Kalkbindemittel Calciumsulfat.	Bindemittel mit höherem Sulfatwiderstand einsetzen, z. B. hochhydraulischer Kalk und Hochofenzement. Aufnahme der gelösten Sulfate durch Dichtungen und undurchlässige Anstriche usw. verhindern. Sulfatdurchsetzte Putze entfernen, erneuern.
Gemeinsamer Einsatz von Zement und Gips oder Anhydrit kann zur Bildung des stark treibenden Ettringits führen.	Derartige Mischungen, z. B. zur Verkürzung der Erhärtungszeit, sind unzulässig; ggf. frühhochfesten Zement einsetzen. Durch Ettringit geschädigter Putz muss entfernt werden.
Mauersalpeter – Ein weißes, leicht wasserlösliches Nitrat, das sich durch chemische Reaktion des Kalkbindemittels mit ins Mauerwerk eindringenden Stickstoffverbindungen bildet, die sich z. B. in Chemie-, Toiletten- und Stallabwasser, gelagerten Düngemitteln, Ammoniakdämpfen, Moor- und Humusböden befinden. Die Umsetzung des Kalks führt zur Zerstörung von Putz und Mauerwerk (Bild 7.22).	Eindringen von stickstoffhaltigem Wasser, auch von Ammoniakdämpfen verhindern, z. B. durch Ableiten und Dichtungen. Erst dann zerstörte, auch teilweise zerstörte und noch stark mit Salpeter durchsetzte Putz- und Mauerwerksteile entfernen und erneuern. Beim Auftreten nach der Beseitigung der Mängel, die zur Aufnahme von Stickstoff führen, bei trockener, warmer Witterung durch wiederholtes starkes Annässen und trockenes Abbürsten den Salpeter herauslösen, dann evtl. Fluatieren und Putz ausbessern. Noch besser: Putzerneuerung mit Sanierputz.
Hohlraumbildung	
Zwischen Putz und Putzgrund – infolge unzureichendem Verbund mit glattem Grund, z. B. Beton und vollfugiges Mauerwerk.	Durch Aufrauen bzw. Mauerwerksfugen auskratzen oder/und Spritzbewurf oder anderem Haftgrund für guten Verbund sorgen, Putz erneuern.

Tab. 7.5 Fortsetzung

Schaden, Ursachen	Vermeiden, Beseitigen
Hohlraumbildung	
Auf Putzgrund von unzureichender Festigkeit, z. B. verwittertem Ziegelmauerwerk.	Als Putzgrund ungeeignet; mit einem am Standort geeigneten Putzträger versehen, außen z. B. korrosionsbeständiges Drahtgitter.
Infolge zu hoher Festigkeit und Spannung des Putzes, z. B. der PMG III.	Die Druckfestigkeit des Putzgrundes muss höher sein als die des Putzes, z. B. Putz der PMG II mit der Mindestdruckfestigkeit 10 N/mm^2 verlangt mindestens die gleiche Druckfestigkeit vom Putzgrund.
Zwischen dem Baukörper und dem mit einem Putzträger verbundenen Putz, weil der Putzträger nicht fachgerecht befestigt wurde.	Die Befestigungspunkte müssen im Abstand so klein sein, dass der Putzträger bei der Putzaufnahme nicht durchhängt, sondern seine Spannung behält. Träger richtig befestigen.
Zwischen den Putzlagen – Die Oberfläche des Unterputzes ist zu glatt und bietet dem Oberputz keinen ausreichenden Verbund.	Unterputzoberfläche rau belassen oder aufrauen. Die Rautiefe sollte das Maß der Schichtdicke des nachfolgenden Oberputzes nicht übersteigen.
Der Oberputz ist fester und spannungsreicher als der Unterputz.	Die Putzlagen in ihrer Festigkeit aufeinander abstimmen.
Rissbildung	
Netzartige feine Schwindrisse – durch zu hohen Bindemittel- oder/und Wasseranteil im Putzmörtel	Beides reduzieren; zu schnelles Austrocknen des Putzes verhindern. Überfilzen oder Schlämm- oder faserhaltiger Grundanstrich.
Durch ungünstige Korngrößenzusammensetzung (meist zu klein) und/oder Kornformen des Zuschlags, z. B. plattig	Durch günstige Korngrößenverteilung und kubische Kornform hohe Packungsdichte des Zuschlags erreichen. Bei Glattputz kann die Korngröße des Grobanteils die Hälfte der Lagerdicke betragen.
Höherer mehliger oder sogar abschlämmbarer Bestandteil im Zuschlagstoff	Mehlige Zuschlaganteile nur in Streich-, Spachtel- und Spritzputzen, sonst vermeiden, ungünstige Bestandteile heraussieben oder abschlämmen.
Schwindrisse mit weißen Rändern oder Überkrustungen – Sie entstehen, wenn das aus den Rissen verdunstete Wasser gelöste Salze mit zur Oberfläche bringt. Es können auch durch Umsetzung von Kalk und entstandene Salze sein, z. B. Calciumhydrogencarbonat oder Calciumsulfat.	Putzgrund auf Gehalt an wasserlöslichen Salzen prüfen und ggf. geeignete bautechnische Maßnahmen einleiten (Näheres siehe unter „Ausblühungen"). Je nach Festigkeit die Salzablagerungen trocken abbürsten oder abschleifen; geringe Reste evtl. durch Fluatieren wasserlöslich binden, dann Schwindrisse durch Überfilzen, Schlämmanstrich oder mit faserhaltiger Grundierung schließen bzw. überbrücken.
Netzartige grobe Schwindrisse (Bild 7.23) – Bei zu dicker Putzlage (oder Putzlagen) meist auf maßungenauem oder sehr unebenem Putzgrund, der nicht mit Ausgleichputz eingeebnet wurde; oft im Zusammenhang mit zu feinkörnigem Putzmörtel (Bild 7.24).	Starke Maßabweichungen und tiefe Unebenheiten im Putzgrund müssen vor dem Aufbringen des Unterputzes mit grobkörnigem Ausgleichsputz eingeebnet werden. Höhere Putzdicken sind nur durch mehrere Putzlagen zu erreichen. Die maximale Dicke der einzelnen Lage beträgt bei kalk- und zementgebundenen Putzen allgemein 15 mm.
Zu kurze Erhärtungszeit des Unterputzes bis zum Aufbringen des Oberputzes	Besonders bei luftkalkgebundenen Unterputzen ist die erforderliche Erhärtungszeit einzuhalten (CO_2-Aufnahme) etwa 1 Tag je mm Schichtdicke.
Waagerecht verlaufende Setzrisse – Sie entstehen im Putz, der auf neues Mauerwerk zu früh, d. h. vor dem Setzen ausgeführt wurde.	Neues Mauerwerk muss sich im Zeitraum der Austrocknung und Erhärtung des Mauermörtels, in dem ein geringes Schwinden auftritt, erst setzen bevor es verputzt wird. Stärkeres Schwinden ist bei zu feinkörnigem sowie lehm- und tonhaltigem Mauermörtel zu erwarten.

7.3 Schäden an kalk- und zementgebundenen Putzen

Tab. 7.5 Fortsetzung

Schaden, Ursachen	Vermeiden, Beseitigen
Rissbildung	
In Richtung der Putzträgerstruktur, z. B. bei Holzstabgewebe, oder der Putzträgerbefestigung verlaufende Risse; bei Letzteren, weil nicht überlappt befestigt oder Stöße nicht mit überbrückt wurden (Bild 7.25).	Auf Schilfrohrmatten, Holzspalierplatten und Holzstabgewebe möglichst, evtl. in dünner Schicht, zweilagig ausführen; bei einer dünnen Putzlage kann Quellung des Trägers zu den feinen Rissen führen. Nicht wesentlich auftragende Gitter, Gewebe und Matten sind an den Stößen mindestens 100 mm zu überlappen. Platten werden versetzt befestigt; die Stöße sind mit geeignetem Gewebe zu überbrücken.
Erschütterungsrisse – Erschütterungsrisse im Putz von leichten Decken- oder Wandkonstruktionen, die mit einem Putzträger überspannt wurden.	Für unter Erschütterung stehende Baukonstruktionen sind auf den sorgfältig befestigten Putzträgern möglichst faserbewehrte Putze der PMG PI oder PII anzuwenden.
Übertragene Risse (statische Risse) Auf den Putz übertragene Risse in den Baukonstruktionen, z. B. durch ungleichmäßiges Setzen von Wänden, Überlastung von Stützen, Balken usw. Schubwirkung durch unterschiedliches Ausdehnen, Quellen und Schwinden konstruktiv verbundener Baustoffe.	Die konstruktiven Fehler müssen vermieden werden; wenn möglich, sind sie zu beseitigen. „Zur Ruhe gekommene" Risse keilförmig tief ausstemmen, evtl. von beiden Seiten und mit Zementmörtel auspressen. Danach diese Risse oder auch noch „arbeitende" nicht ausgefüllte Risse mit einem Putzträger überspannen, z. B. Rippenstreckmetall, etwa 25 cm breit befestigen und zweilagig verputzen.
Ungleichmäßige Putzoberflächenstruktur	
Bei ausgeriebenem Putz zu trockene, d. h. wundgeriebene körnige Putzstellen oder zu nass geriebene schlierige Stellen.	Nach überall gleichmäßigem Anziehen nicht zu trocken ausreiben. Nachglätten durch Filzen mit feinkörniger Mörtelschlämme.
Mehrmals nicht fachgerecht ausgebesserter Putz, z. B. mit Mörtel von anderer Zusammensetzung als der Altputz.	Mörtel zum Ausbessern muss von gleicher Qualität sein wie der des Putzes; Ränder gut ausreiben, schwach aufrauen, z. B. mit feinkörnigem Mörtel filzen.
Bei Strukturputzen Zuschläge in ihrer Kornform, -größe und Korngrößenzusammensetzung fehlerhaft, d. h. nicht zweckentsprechend ausgewählt.	Zuschlag in der Kornform, Korngrößenverteilung evtl. auch in der Farbe so auswählen, dass er die vorgesehene Putzoberflächenstruktur ergibt. Bei Unsicherheiten, besonders in der Putzweise, Probeflächen ausführen.
Fehler oder unzureichende handwerkliche Fertigkeiten beim Auftragen und Strukturieren des Putzmörtels.	Durch entsprechende Vorbereitung und Arbeitsorganisation ggf. auch Üben der Putzweise auf Probeflächen, den zügigen, ununterbrochenen Arbeitsablauf sichern.
Verwaschener Strukturputz – Zu frisch verwaschen, dadurch Streichfurchen.	Erst nach dem Anziehen, wenn keine Streichfurchen mehr entstehen, verwaschen.
Mit zu viel Wasser verwaschen, dadurch zuoberst liegenden Zuschlag freigelegt.	Nur mit wenig Wasser gefüllter Streichbürste verwaschen, damit die Zuschlagstoffkörner nicht freigespült werden, sondern eingebunden bleiben.
Verfärbungen	
Stellenweise weiße oder getönte wolkige Ausblühungen, insbesondere auf dunklem oder farbigem Putz sichtbar.	Die Bildung von Ausblühungen vermeiden (siehe unter „Ausblühungen"). Trocken abbürsten, ggf. durch Hydrophobierung Wasser fernhalten und damit den Salztransport zur Oberfläche verhindern oder verringern.
Staunässe und andere Durchfeuchtungen	Durch bautechnische Maßnahmen verhindern; austrocknen.
Vom Putzgrund durchschlagende Stoffe, z. B. Bitumen oder Weichmacher aus Dichtungen, Isolierungen überlasteter elektrischer Leitungen oder Beton-Entschalungsmitteln.	Bautechnische Fehler vermeiden. Durchschlagende Stoffe mit organischem Lösemittel weitgehend herauslösen; einzelne Stellen evtl. nur herauskratzen; dann verdünnten Absperrlack auf Cellulosenitratbasis auftragen.

Tab. 7.5 Fortsetzung

Schaden, Ursachen	Vermeiden, Beseitigen
Verfärbungen	
Ganzflächig, meist wolkig Kalkbindemittel durch saure Luftimmission in ausblühendes weißes Calciumsulfatdihydrat umgesetzt.	Eindringen der Immissionsstoffe verhindern, z. B. durch hydrophobe Imprägnierung; vorhandene Ausblühungen vorher trocken abbürsten.
Eingefärbten Putzmörtel zu Glattputz ausgerieben oder den Putz verwaschen. Dabei kommen Mörtelpigment und Kalk ungleichmäßig stark an die Oberfläche.	Farbige, vor allem mit Pigmenten eingefärbte Mörtel sind nicht für ausgeriebene und verwaschene Putze geeignet, sondern nur für Putzweisen, bei denen die Mischung nicht beeinträchtigt wird, z. B. Kellen-, Spritz- und Kratzputz.
Putzmörtel mit nicht farbbeständigem Pigment eingefärbt.	Nur mineralische farb-, wetter- und alkalibeständige Pigmente, auch farbiges Gesteins- oder Keramikmehl einsetzen.
Zu hoher Zusatz an Mörtelpigment wird vom Regen herausgewaschen.	Max. Einsatz von 5 Vol.-% berechnet zum Mörtelbindemittel. Putz evtl. mit mineral. Anstrich versehen.
Verkrustung der Oberfläche – Alterungszustand bei kalkgebundenen, an der Oberfläche, z. B. durch Kellenstrich stärker verdichteten Außenputzen. Durch Kohlensäureeinfluss wird Calciumcarbonat in wasserlösliches Calciumhydrogencarbonat umgesetzt, das an der Putzoberfläche unter Lufteinfluss wieder Calciumcarbonat bildet und zwar als raue Kruste.	Die Krustenbildung kann durch folgende Maßnahmen verhindert oder zumindest verzögert werden: Arbeitsweise zur Ausbildung der Putzoberfläche anwenden, die nicht zur Verdichtung der Oberfläche durch Bindemittelanreicherung führt; hydraulisch erhärtenden Kalk einsetzen; durch Hydrophobierung das Regenwasser fernhalten. Die Verkrustung kann samt der darunterliegenden morschen Putzzone mechanisch abgetragen werden – damit wird gleichzeitig aufgeraut -, dann könnte in dünner Lage unter Berücksichtigung der o. g. Hinweise neu überputzt werden.
Versottung der Oberfläche	
Unter anhaltendem Einfluss von Verbrennungsabgasen lagern sich Ruß, nicht verbrannte Teer-, Kohle- und Ölpartikel in den Unebenheiten und Hohlräumen der Putzoberfläche ab; die Folge ist eine unansehnliche bräunliche, durch verschiedene Anstriche durchschlagende Versottung.	Das Anhaften und Einschwemmen der festen Immissionsstoffe kann durch hydrophobe Imprägnierungen und Anstriche stark gehemmt und verzögert werden. Bereits durch Versottung verunreinigte Putzoberflächen lassen sich ohne Substanzverlust nur schwer reinigen. Am besten ist dafür das Hochdruck-Heißwasser- oder Dampfstrahlen geeignet, evtl. mit einem Zusatz eines neutralen Netzmittels.
Vermorschung, Mürbigkeit	
Umsetzung von Kalkbindemittel durch saure Luftimmission in wasserlösliche Verbindungen, z. B. Calciumchlorid oder -sulfat, durch dessen Herauslösung der Putz allmählich seine Bindemittel verliert.	An Standorten mit stark saurer Luftimmission Mörtel der Gruppen PIc und PIIa, also mit den dagegen resistenten hydraulischen Kalken einsetzen. Nach der Durchhärtung oder bei allem bereits leicht geschädigtem Putz nach der Reinigung mit einem für den Einzelfall geeigneten Imprägniermittel hydrophobieren.
Verhinderung oder starke Einschränkung des Luftzutritts zum Kalkmörtelputz durch zu frühes Beschichten mit nicht oder nur wenig diffusionsfähigen Anstrichen.	Mit Ausnahme von kalk-, kalk-zement- und kalkcaseingebundenen Anstrichen und Wandmalereien kann neuer Kalkmörtelputz erst nach ausreichender Durchhärtung (mind. 4 Wochen Standzeit) mit Anstrichstoffen, Malfarben, Klebstoffen und Feinmörteln beschichtet werden.
Auch älterer Kalkmörtelputz verliert bei Luftabschluss durch undurchlässige Anstriche allmählich seine Festigkeit, weil der Luft- und Feuchtigkeitszutritt für die fortwährende Regeneration des Calciumcarbonats erforderlich ist.	Zu bevorzugen sind Anstriche usw., die auch nach mehrmaligem Auftrag ihr hohes Diffusionsvermögen behalten, wie z. B. Kalkfarben-, Kalkcaseinfarben- und Silicatfarbenanstriche, ggf. Hydrophobieren.

7.4 Schäden an Gips- und Anhydritputzen

Gips- und Anhydritputze können in ungeschütztem Zustand nur in trockenen Räumen angewendet werden. Sowohl gipsgebundener Stuck und Putz, als auch Anhydritputz werden seit Jahrhunderten auch an Fassaden angewendet - doch werden sie dort sehr sorgfältig allseitig mit wasserabweisenden Imprägnierungen und Anstrichen vor der Witterung geschützt. Umfangreich wurde Anhydritmörtel in Gebieten eingesetzt, in den natürliches Anhydrit vorgefunden wird, z. B. im Südharz **(Bild 7.27)**.

Gips- und Anhydritputze dürfen weder von außen noch vom Putzgrund her längere Zeit unter dem Einfluss hoher Luftfeuchtigkeit oder von Wasser stehen, weil dadurch Gips aufgelöst wird, der durch erneute Hydration unter Volumenzunahme den Putz zerstören kann. Für gips- und anhydritgebundene Putze können nur korrosionsbeständige Putzträger oder -bewehrungen eingesetzt werden, z. B. verzinktes Rippenstreckmetall und Drahtziegelgewebe, Edelstahldraht-, Schilfrohr- und Holzstabgewebe. Träger oder Bewehrung aus Baustahl würden schnell rosten, weil Gips und Anhydrit nicht alkalisch reagieren und deshalb keine Korrosionsschutzwirkung haben.

Bild 7.27 Teilansicht der im Stil des Spätklassizismus erbauten Kirche in Bennungen mit einem Anhydrit-Außenputz, der dort im Südharz infolge des dort vorkommenden Anhydritgesteins seit jeher angewendet wird und sich bewährt hat.

Bild 7.28 Gips-Kalkmörtel ist der im Neubau am häufigsten eingesetzte Innen-Putzmörtel

Tab. 7.6 Schäden an gips- und anhydritgebundenen Putzen

Schaden, Ursachen	Vermeiden, Beseitigen
Abpulvern	
Wiederholter, anhaltender Feuchtigkeitseinfluss führt zum Auflösen von Gips und Anhydrit; die Lösung kristallisiert in den Putzporen und an der Oberfläche, der Kristallisationsdruck hebt die Putzfestigkeit auf. (Bild 7.29)	Ungeschützt nur in trockenen Räumen anwenden. Die Feuchtigkeitsempfindlichkeit kann durch Zusatz von Kalkhydrat verringert werden. Außen nur anwendbar, wenn der Putz sorgfältig vor Feuchtigkeit geschützt wird. Ggf. mit „Tiefengrund" wieder festigen.
Moderfäule (Stockflecke)	
Die „Auflockerung" des Gips- und Anhydrit-Putzgefüges durch längeren Feuchtigkeitseinfluss fördert den Befall durch Schimmelpilze und Fäulnisbakterien.	Feuchtigkeit fernhalten, ggf. durch Imprägnieren mit dünnflüssiger Kunstharzdispersion oder -lösung („Tiefengrund") oder mit feuchtigkeitsundurchlässigen Anstrichen.
Begünstigt wird der Befall durch organische Stoffe, z. B. Leime von Leimfarbenanstrichen, Wandmalereien und Polimentvergoldungen oder wenn sie dem Gips als Verzögerer zugesetzt wurden.	Zur Verzögerung der Versteifung keinen Leim zusetzen, sondern Vermeidung von Umrühren auch durch Zusatz von Borax- oder Alaunlösung.
Rost- und Wasserflecke	
Eisenoxidhydrate (Rost) von nicht korrosionsbeständigem Stahl, der als Bewehrung, Haken usw. mit dem Gips in Kontakt steht oder gelöst im Wasser vorkommt, das in den Gipsputz gelangt. (Bild 7.30).	Nur rostfreies Metall einsetzen. Die durchschlagenden Rost- und Wasserflecke können nur mit lösemittelhaltigem Tiefengrund gebunden werden – nicht durch Fluatieren wie beim Kalkmörtelputz.
Treiben	
Gips- und Anhydritputz nehmen bei anhaltendem Wassereinfluss eine erhebliche Wassermenge auf (w: bis 69 kg/m^2 h^{0,5}); durch die damit verbundene Volumenzunahme kann der Putz vom Putzgrund abgesprengt werden.	Wasseraufnahme verhindern, z. B. Dichtung gegen Bodenfeuchtigkeit, Kondenswasser usw. Spritzwasser kann durch hydrophobierende Kunstharz-Imprägnierungen ferngehalten werden.
Mit Stuck-, Putz- oder Modellgips ausgeführte Verfugungen von Wandplatten quellen bei Feuchtigkeitsaufnahme, bilden Wülste und können die Plattenränder absprengen.	Weißzement oder den feuchtigkeitsbeständigen, nicht quellenden Alaungips oder spezielle kunstharz- oder siliconharzgebundene Fugenmassen verwenden.
Zusatz von Zement oder Kontakt mit noch nicht abgebundenem Zementmörtelputz oder Beton.	Zement muss von Gips und Anhydrit ferngehalten werden.

7.5 Schäden an Silicat- und Dispersions-Silicatputzen

Gips- und Anhydritmörteln darf kein Zement zugesetzt werden. Auch der Kontakt von Gips- und Anhydritputz mit noch nicht vollständig abgebundenem Zementmörtelputz und Beton ist zu vermeiden. Mit Wasserglas darf Gips- und Anhydritputz nicht in Berührung kommen – Silicatfarben würden schon beim Auftragen sulzartig eindicken.

Die Vorteile von Gips- und Anhydritmörteln und ihrer Putze sind die zügige, zeitsparende Verarbeitung, das sehr gute Anhaften der Mörtel am Putzgrund, ihre besonders für Stuckarbeiten vorteilhafte gute Bildsamkeit; die guten schall- und wärmedämmenden Eigenschaften und die Unbrennbarkeit der Putze generell **(Bild 7.28)**.

Stuck- und Putzgipse werden außer der Verwendung in der Putztechnik für Decken- und Wandstuck, Gipsabgüsse und unter Zusatz von Haftstoffen als Verbundstoff für Gipsdekore-, Gipskarton- und Holzwolle-Leichtbauplatten eingesetzt. Sie werden ferner im variierbaren Mischungsverhältnis zusammen mit Kalkhydrat als Putzmörtelbindemittel verwendet.

Die beiden hier in ihren möglichen Schäden beschriebenen Putzmörtelgruppen werden nach DIN 18550, Teil 2 entsprechend ihrer Zusammensetzung wie folgt unterteilt:

Putzmörtel-	PIV a	Gipsmörtel
gruppe:	PIV b	Gipssandmörtel
	PIV c	Gipskalkmörtel
	PIV c	Kalkgipsmörtel
Putzmörtel-	PV a	Anhydritmörtel
gruppe:	PV b	Anhydritkalkmörtel

Bild 7.29   *Bild 7.30*

Bild 7.29 Zerstörung von Gips-Kalkmörtelputz auf einer ständig feuchten Wand

Bild 7.30 Im weißen Gipsputz markieren sich Wasserflecke besonders deutlich

Die Beschreibung der Schäden in ihren Ursachen, in der Vermeidung und Beseitigung in der **Tabelle 7.6** (vgl. auch **Bilder 7.29 und 7.30**) ist weitgehend übertragbar auf gleichartige Schäden an Gipsstuck, Gipsabgüssen und gipsgebundenen Bauplatten.

7.5 Schäden an Silicat- und Dispersions-Silicatputzen

Beide Putzarten werden als dünnschichtige, glatte oder strukturierte Oberputze vorzugsweise auf ebenflächige Unterputze der Mörtelgruppe PII und auch als Schlussbeschichtung auf Wärmeschutz- und Schallschutzverblendungen angewendet **(Bilder 7.31 und 7.32)**.
Eingesetzt werden dafür vorrangig mit pulverigem und gekörntem Quarz hochgefüllte Silicat- bzw. Dispersions-Silicatbeschichtungsstoffe. Erstere enthalten als Bindemittel nur Kaliumwas-

Bild 7.31   **Bild 7.32**

Bild 7.31 Forminstabile Untergründe erhalten eine dünne Beschichtung mit faserbewehrten Haftmörtel oder eine in den Haftmörtel eingebundene Gewebebewehrung bevor der Dispersions-Silicatputz ausgeführt wird.

Bild 7.32 Die sehr gut diffusionsfähigen, witterungs- und farbbeständigen Dispersions-Silicatputze sind auch für die Beschichtung von Fassaden-Wärmedämmvorsätze vorzüglich geeignet.

serglas.Dispersions-Silicatbeschichtungsstoffe enthalten außerdem bis maximal 5 % Masseanteil Dispersionsbindemittel (vgl. Abschnitt 8.5 „Schäden an Silicat- und Dispersions-Silicatfarbenanstrichen").

Silicatbeschichtungsstoff wird unter Berücksichtigung der Hinweise des Herstellers, der Oberflächenstruktur und Saugfähigkeit des Unterputzes und der für den Silicatputz vorgesehenen Schichtdicke und Struktur durch Mischen der Pigment-Füllstoffkomponente mit Silicatbindemittel (Fixativ) und gekörntem Zuschlag zubereitet.

Dispersions-Silicatbeschichtungsstoff wird gebrauchsfertig und lagerungsbeständig geliefert und wenn erforderlich, durch Verdünnen mit dem zugehörigen Bindemittel (Fixativ) auf die von den oben genannten Aspekten abhängige Verarbeitungskonsistenz verdünnt.
Als Untergrund werden, wie eingangs gesagt, Unterputze der Mörtelgruppe PII bevorzugt, aber auch mit hydraulischem Kalk und Zement gebundene Putze, Beton und Ziegelmauerwerk sowie die Oberflächen von Vollwärmeschutz- und Schallschutz-Verblendungen sind geeignet. Gips- und anhydritgebundene Putze sind nach dem Vorstreichen mit Spezialfixativ nur für Dispersions-Silicatbeschichtungsstoff geeignet. Die Untergründe müssen fest und trocken sein; mäßiges Saugvermögen und geringe Rauheit bzw. Griffigkeit begünstigen die Haftfestigkeit der Putzschichten. Die fachgerecht ausgeführten Putze zeichnen sich durch Witterungs-, Feuchtigkeits-, hohe Farbbeständigkeit sowie durch hohe Wasserdampfdurchlässigkeit aus. Während Dispersions-Silicatputz Regen- und Spritzwasser abweist, müsste Silicatputz eine Siliconat- oder Siloxan-Hydrophobierung erhalten, wenn er wasserabweisend sein soll.

Die Beschichtungsstoffe können in vielfältiger Weise aufgetragen werden, z. B. durch Streichen, Spritzen mit einem hand- oder pneumatisch betriebenen Spritzgerät, durch Anwerfen mit der Kelle oder durch Aufziehen mit der Flächenspachtel, Glättkelle oder Traufel. Da beim Spritzen und Anwerfen Gefügelücken zurückbleiben können, erhält der Untergrund vor dem Auftragen des Beschichtungsstoffes einen gleichfarbenen Voranstrich gleicher Bindemittelgrundlage. Für Putze, bei denen der aufgetragene Beschichtungsstoff durch Reiben eine raue Oberflächenstruktur erhalten soll, kann nur Dispersions-Silicatbeschichtungsstoff verwendet werden.

7.6 Schäden an Kunstharzputzen

Fehler in der Beurteilung und Vorbereitung der Untergründe sowie in der Verarbeitung der Beschichtungsstoffe können zu folgenden Mängeln und Schäden an den Putzen führen (vgl. **Tabelle 7.7**):

- Abblättern und Absprengen
- Ansätze u. a. Strukturmängel
- Rissbildung
- unzureichende Festigkeit und Resistenz
- Verfärbungen.

Ergänzt wird der Inhalt dieses Abschnitts durch Ausführungen in den Abschnitten *„8.6 Schäden an Silicat- und Dispersions-Silicatfarbenanstrichen"* und *„10.6 Schäden an Silicatfarbenmalereien"*.

7.6 Schäden an Kunstharzputzen

Kunstharzgebundene Beschichtungen mit putzartiger Oberflächenstruktur werden besonders an neueren Gebäuden sowohl im Innenbereich als auch auf Außenflächen in erheblichem Umfang angewendet. Sie bilden auf ebenen Untergründen oder mineralischen Unterputzen der Putzmörtelgruppe II oder III stets den Oberputz **(Bild 7.33)**.

DIN 18558 *„Kunstharzputze; Begriffe, Anforderungen, Ausführung"* unterscheidet zwischen
- Beschichtungsstofftyp P Org 1 für Außen- und Innenputz
- Beschichtungsstofftyp P Org 2 für Innenputz.

Bindemittelbasis beider Beschichtungsstofftypen kann eine Polymerharzdispersion, z. B. Acrylharzdispersion oder eine Polymerharzlösung sein. Die Eigenschaften der Kunstharzputze,

Bild 7.33 Kunstharzputze (Sto-Erzeugnisse)
1 Rauputz, schwammgeglättet; 2 Kellenputz; 3 gespritzt;
4 aufgezogen und mit Gummiwalze strukturiert; 5 mit Kunststoff-Zahnspachtel strukturiert; 6 Buntsteinputz

Tab. 7.7 Schäden an Silicat- und Dispersions-Silicatputzen

Schaden, Ursachen	Vermeiden, Beseitigen
Abblättern und Absprengen	
Stofflich ungeeigneter Untergrund für Silicatputz, z. B. gips- oder anhydritgebundenen Unterputz, alter, stark versotteter oder mit Dispersionsfarbresten behafteter alter Putz, der mit dem Kaliumwasserglas (Fixativ) unter Bildung von Silicaten an der Kontaktfläche nicht reaktionsfähig ist.	Für Silicatputz müssen die Untergrundoberflächen mit dem Kaliumwasserglas chemisch reagierende Substanz aufweisen; das sind in Putz und Beton quarzhaltige Sande, Kies und Gesteinsgranulate. Da Kaliumwasserglas im Kontakt mit Gips- und Anhydritbinder verklumpt, sind damit gebundene Putze usw. als Untergrund nicht geeignet. Gips- und anhydritgebundene Untergründe und solche, die z. B. durch Versottung oder in Unebenheiten noch vorhandene Dispersionsfarbreste nur mangelhaft reaktionsfähig sind, können nach entsprechender spezieller Grundierung einen Dispersions-Silicatputz erhalten (Bild 7.31).
Forminstabiler Untergrund, z. B. bei Erschütterung schwingende Rabitzwände und -decken oder lehmhaltige, quellende Putze.	Für die nicht dehnbaren Silicatputze ungeeigneter Untergrund; die mäßig dehnbaren Dispersions-Silicatputze könnten angewandt werden, evtl. mit vorgeklebten Gewebeträgern oder eingebundener Gewebebewehrung (Bild 7.32).
Zu glatter Untergrund, z. B. von gegossenem, gefügedichtem Beton, durch Kalksinterhaut dichter Glattputz sowie Klinker- und Hartbrandziegel-Mauerwerk.	Mechanisch schwach aufrauen, z. B. durch Schleifen oder Strahlen; Kalksinterhaut mit ätzender Fluatierung zerstören; ggf. auch körnige Silicathaftgrundierung aufbringen, damit ein mechanischer Verbund zwischen Untergrund und Putz möglich ist.
Unzureichend fester Untergrund, z. B. oberflächlich verwitterter Putz; der den festen Silicat- oder Dispersions-Silicatputz nicht dauerhaft tragen kann.	Durchgängig morsche Putze u. a. mineralische Baustoffe sind als Untergrund nicht geeignet; oberflächlich verwitterte bzw. morsche Untergründe werden durch Tränken mit verdünntem Fixativ wieder gefestigt, bevor sie beschichtet werden.
Unterlassene Grundierung auf stark saugenden Untergründen, die deshalb aus dem Beschichtungsstoff zu viel Fixativ absaugen.	Stark saugende Untergründe erhalten wie oberflächlich unzureichend feste Untergründe zur Verringerung ihres Saugvermögens einen Grundanstrich mit verdünntem Fixativ (Fixativ zu Wasser 1 : 2).
Frosteinwirkung auf den frischen Putz während der Ausführung oder Verfestigung.	Keine Ausführung bei Temperaturen unter +5 °C oder bei Nachtfrostgefahr, auch nicht auf Untergründen mit gefrorener Feuchtigkeit.
Zu hohe Schichtdicke von einlagig ausgeführten Putzen kann zu starkem Schwinden, Rissbildung und besonders von glattem Untergrund zum Abblättern führen.	Ausschlaggebend für die maximale Schichtdicke einlagig aufgetragener Silicat- und Dispersions-Silicatputze ist die Korngröße ihrer Füll- und Zuschlagstoffe. Sie kann rund doppelt so groß sein wie die Größe des Grobkornes, z. B. bei Korngrößen bis 2 mm: 4 mm und bei Korngrößen bis 5 mm: 10 mm.
Ansätze und andere Strukturmängel	
Starkes Saugvermögen des Untergrundes erschwert das gleichmäßige Auftragen und durch schnelles Anziehen des aufgetragenen Beschichtungsstoffes eine gleichmäßige Verteilung und Strukturierung.	Durch Grundierung mit verdünntem Fixativ, gips- und anhydritgebundener Untergrund mit dem zum Dispersions-Silicatbeschichtungsstoff gehörenden Spezialfixativ starkes Saugvermögen verringern. Beschichtungsstoff evtl. in zwei Lagen auftragen.
Unebenheiten des Untergrundes markieren sich in dünnschichtigem Silicat- und Dispersions-Silicatputz.	Untergründe sollen etwas rau und griffig, aber ebenflächig sein, starke Unebenheiten abschleifen bzw. mit geeignetem Mörtel oder Silicatspachtel füllen und ausgleichen.

7.5 Schäden an Silicat- und Dispersions-Silicatputzen

Tab. 7.7 Fortsetzung

Schaden, Ursachen	Vermeiden, Beseitigen
Ansätze und andere Strukturmängel	
Falsche Arbeitsweise bei manuellem Auftrag des Beschichtungsstoffs.	Beschichtungsstoff evtl. in Zweier- oder Dreiergruppe ohne Unterbrechung nass-in-nass und Hand-in-Hand auftragen.
Falsche Arbeitstechnik bei der Strukturgebung des aufgetragenen Beschichtungsstoffes.	Die Art und Weise der vorgesehenen Strukturgebung ist im Rahmen der Arbeitsvorbereitung zu erproben.
Spritzputz zu nass in einem Arbeitsgang aufgebracht, unschöne, fladige Struktur oder sogar herablaufen.	Beim Auftragen mit dem hand- oder pneumatisch betriebenen Spritzgerät ist der dünnflüssig gehaltene Beschichtungsstoff in Abständen von 5 bis 10 Minuten in 3 bis 4 nicht voll ausgespritzten Lagen aufzubringen.
Rissbildung	
Forminstabiler Untergrund.	Siehe unter „Abblättern und Absprengungen".
Zu hohe Schichtdicke, besonders bei einlagigem Auftrag, kann zur Bildung von Schwindrissen führen	Besonders mit feinkörnigem Beschichtungsstoff sind höhere Putzschichtdicken nur durch mehrmaligen Auftrag erreichbar; vgl. unter „Abblättern und Absprengungen". Feine Alterungsschwindrisse können mit einem Dispersions-Silicatfarbenanstrich geschlossen werden.
Schwindrisse im Unterputz markieren sich im Silicat- oder Dispersions-Silicatputz.	Unterputz schwindrissfrei ausführen; Schwindrisse mit faserbewehrtem Silicat- oder Dispersions-Silicatfarben-Grundanstrich überbrücken.
Übertragung statischer Decken- und Wandrisse auf den Putz.	Gründliche Risssanierung, evtl. auch mit vorgeklebtem Gewebeträger überbrücken und zusätzliche Faserbewehrung der Beschichtung.
Unzureichende Festigkeit und Resistenz	
Mängel am Untergrund, z. B. für Silicatputz unzureichend, chemisch reaktionsfähige, zu glatte oder nicht ausreichend feste Untergrundoberflächen.	Da die Festigkeit und Resistenz der Putze in hohem Maße von der chemischen Bindung des Kaliumwasserglases durch Silicatbildung und vom mechanischen Verbund mit dem Untergrund abhängig ist, wirken sich Untergrundmängel stets negativ aus. Weiteres siehe unter „Abblättern und Absprengungen".
Zu geringer Bindemittelgehalt, schlimmstenfalls verursacht durch unzulässiges Verdünnen mit Wasser oder durch Vornässen des Untergrundes.	Verdünnen stets mit Fixativ oder dem zugehörigen Spezialfixativ; ein Bindemittelüberschuss, der glasige Fleckenbildung zur Folge hätte, ist bei den Beschichtungsstoffen infolge ihres hohen Füll- und Zuschlagstoffgehaltes nicht möglich.
Wassereinfluss auf den frischen Putz, z. B. durch Auftragen auf nassen Untergrund, Einfluss von Regen, Nassnebel und Tau.	Zu den Ausführungsbedingungen gehören ein trockener Untergrund und nach Möglichkeit eine trockene, warme Witterungslage, die auch über den Zeitraum der Verfestigung anhält.
Stark wechselhafte atmosphärische Beanspruchung, z. B. durch Hochgebirgs- und Meeresklima.	Entgegenwirken durch beste Arbeitstechnik, wie optimale Qualität des Untergrundes, mehrschichtiges Auftragen des Putzes; Silicatputz auch hydrophobierende Nachbehandlung mit Siliconaten oder Siloxanen.
Verfärbungen	
Vom Untergrund ausgehende Verfärbungen, z. B. durchschlagende Teerversottung an Schornsteinwandungen, Schalungsmittelrückstände an Betonplatten.	Die Untergrundmängel sind durch bautechnische Maßnahmen zu vermeiden oder zu beheben, z. B. durch Beseitigen von versotteten Teilen des vorhandenen alten Putzes oder Mauerwerks und Erneuerung; Dichten der Wände gegen salzhaltige Bodenfeuchtigkeit; Entsalzen der Wände, ggf. als Unterputz einen Sanierputz anwenden.

Tab. 7.7 Fortsetzung

Schaden, Ursachen	Vermeiden, Beseitigen
Verfärbungen	
Ausblühen von wasserlöslichen Salzen aus dem Baugrund, den Baustoffen oder die als Frostschutzmittel zugesetzt wurden.	Schwache, z. B. durch Rauchluft verursachte Versottung sowie geringfügige Ausblühungen können vor der Ausführung von Dispersions-Silicatputz mit einer Spezial-Fixativ- oder Kieselsäureester-Grundierung gesperrt werden.
Auf unzulässige Zusätze im Beschichtungsstoff zurückzuführende Verfärbungen, z. B. Natron- oder Mischwasserglas, das beim Verfestigen weiße Soda ausscheidet, nicht zum Sortiment gehörende Pigmente oder Farbkonzentrate zum Abtönen oder farblichem Nuancieren, die nicht alkalibeständig und wasserglasecht, nicht lichtecht und farbbeständig sind.	Den Beschichtungsstoffen dürfen nur die zum Sortiment gehörenden Materialien zugesetzt werden, z. B. Fixativ oder Spezialfixativ zur Veränderung der Konsistenz, mit Fixativ zur Paste gemischte Spezialpigmente oder fabrikfertige, mit Fixativ gebundene Farbkonzentrate zum Abtönen oder Farbnuacieren, fixativgebundenes Quarzmehl, sofern dies z. B. zur Zubereitung von Streich- oder Spachtelputzmasse erforderlich ist.

Tab. 7.8 Schäden an Kunstharzputzen

Schaden, Ursachen	Vermeiden, Beseitigen
Anhaftung unzureichend	
Zu glatter evtl. dazu noch feuchter Untergrund, z. B. dichter Beton, ohne Vorbehandlung verringert das adhäsive Haften und verhindert den mechanischen Verbund des Putzes.	Der Untergrund muss trocken sein. Bei zu hoher Glätte ist mechanisch, z. B. durch Schleifen, Strahlen usw. aufzurauen oder/und eine Haftgrundierung aufzutragen.
Stark saugender Untergrund, z. B. Gipsputz oder Gipskartonplatten, erhielt keinen Grundanstrich zur Verminderung der Saugfähigkeit und als Haftbrücke.	Starke Saugfähigkeit erfordert grundsätzlich einen geeigneten, d. h. im Bindemittel dem vorgesehenen Putz angeglichenen Grundanstrich („Tiefengrund").
Rissbildung	
Schwind- oder Spannungsrisse infolge zu hoher Schichtdicke des Kunstharzputzes.	Die vom Hersteller vorgeschriebene maximale Schichtdicke, die allgemein vom Gehalt und der Korngröße des Zuschlages abhängig ist, nicht überschreiten.
Risse des Untergrundes, die sich auf die Kunstharzputzschicht übertragen.	Untergrundrisse erst mit einem in Kunstharzspachtel eingebetteten Bewehrungsgewebe überbrücken.
Verschmutzungsneigung	
Kunstharzbestandteile von geringer Qualität neigen in den Kunstharzputzen bei Sonnenwärmestrahlung durch hohe Thermoplastizität zur Klebrigkeit. Dadurch haften Ruß und Feinstaub fest.	Kunstharzputze von entsprechender Qualität anwenden. Am wenigsten neigen mit Acrylharzdispersion und Siliconharzemulsion gebundene Putze zur Verschmutzung, weil sich diese Harze kaum oder gar nicht thermoplastisch verhalten.
Da die meisten Kunstharzputze bei zunehmender Standzeit nicht wie die mineralisch gebundenen Putze in ihrer Substanz und im anhaftenden Schmutz abwittern, fehlt ihnen der Selbstreinigungseffekt.	Verschmutzte und verfärbte Kunstharzputze sind mit Dispersionsfarben überstreichbar.
Verfärbungen	
Auch Verfärbungen sind hauptsächlich auf eine geringe Qualität des Kunstharzes zurückzuführen; derartige Harze verbräunen unter Lichteinwirkung.	Qualitätsgerechte Putze mit lichtbeständigem Bindemittel, z.B. Acrylharz und Siliconharz und lichtechten Pigmenten, Füllstoffen und Zuschlägen einzusetzen.

vor allem die Farb- und Witterungsbeständigkeit, Verschmutzungsneigung und Dauerhaftigkeit, sind von der Qualität ihres Kunstharzbindemittels, der Pigmente und Füllstoffe abhängig.

Ausführliche Information über die Vielfalt der Anwendung von kunstharzgebundenen Putzen als Struktur-, Streich-, Roll-, Buntstein-, Wärmedämm- und Schallschluckputz erhält man von den Herstellern oder Händlern der gebrauchsfertigen Kunstharz-Putzmörtel. Fehler in der Auswahl, Anwendung und Verarbeitung können zu folgenden Schäden **(Tabelle 7.8)** führen:

– Unzureichende Anhaftung bzw. Haftfestigkeit
– Bildung von Rissen
– schnelle Verschmutzung durch Ruß und Staub
– Verfärbung.

7.7 Schäden an Siliconharz-Putzen

Siliconharzgebundene Werkmörtel werden fast ausschließlich für dünnschichtige Streich-, Glatt- und Strukturputze auf Beton und ebenflächige mineralische Unterputze angewendet. In seltenen Fällen erhalten sie noch einen farbgebenden Siliconharz-Schlussanstrich – mit dem sie aber nach längerer Standzeit versehen werden könnten. Das hervorstechende Qualitätsmerkmal der Siliconharz-Putze ist ihr hohes Wasserabweisungsvermögen (w-Wert $< 0,1$ kg/m$^2 \cdot$ h^{0,5}) bei gleichzeitig günstigen Diffusionsvermögen (s_d-Wert 0,05 m). Daraus ergibt sich ihre gute Schutzwirkung gegenüber Regenwasser und Spritzwasser mit den darin gelösten, meist aggressiven Verunreinigungen.

Siliconharzgebundene Putzmörtel enthalten als Bindemittel neben dem Siliconharz meist noch andere Kunstharze, insgesamt entweder als Lösung oder Emulsion **(Bild 7.34)**. Ihre Zuschläge, Füllstoffe und Pigmente sind mineralischer Herkunft. Die für den Aufbau von Siliconharz-Putzen erforderlichen Materialien werden in der Regel als Beschichtungssystem im Handel angeboten – dazu gehören ein zur Festigung von alten Putzgründen bestimmtes Imprägniermittel, ein Spritzbewurf, der Siliconharz-Putzmörtel und ggf. eine Siliconharzfarbe.

Mögliche Mängel und Schäden wie Abblättern und Rissbildung von Siliconharz-Putzen **(Tabelle 7.9)** sind zurückzuführen auf

– unzureichende Prüfung und Vorbereitung des Putzgrundes
– Fehler im Aufbau und in der Verarbeitung der Materialien
– unzulässige Verwendung von Materialien, die nicht für das Putzsystem bestimmt bzw. nicht geeignet sind.

Bild 7.34 Mit der Glättkelle (Traufel) aufgezogener und schuppenförmig strukturierter Siliconharz-Putzmörtel

Tab. 7.9 Schäden an Siliconharz-Putzen

Schaden, Ursachen	Vermeiden und Beseitigen
Abblättern	
Putzgrund unzureichender Festigkeit in der gesamten Schichtdicke, z. B. Kalkmörtelputz mit zu geringem Kalkgehalt; durch Alterung oder Verwitterung morscher Putz oder Stuck	Für die Dünnschicht-Siliconharzputze muss der Unterputz eine Mindestfestigkeit von 2 N/mm^2 haben. Durchgehend morschen Putz entfernen und erneuern.
Alter Putz, Beton, Stuck und Stein sandet im Oberflächenbereich ab, so dass er die Spannung von Siliconharz-Putz nicht aufnehmen kann.	Nach Reinigung mit Imprägniermittel auf Kieselsäureesterbasis festigen.
Haftvermittelnden Grundanstrich weggelassen, so dass dem Putzmörtel das Wasser und Bindemittel entzogen wurde.	Stets den für den vorliegenden Putzgrund vorgesehenen Grundanstrich (Tiefengrund) ausführen.
Zu dicker Schichtauftrag auf sehr glattem Putzgrund; kein mechanischer Verbund bei hoher Putzschichtspannung.	Sehr glatten Putzgrund aufrauen oder mit körnigem Haftgrundanstrich versehen; zulässige Schichtdicke nicht überschreiten.
Unzulässige Materialien, z. B. als Grundanstrich oder farbgebenden Schlussanstrich eingesetzt, z. B. auf Kalk- oder Wasserglasbasis.	Nur die zum Putzsystem gehörenden Materialien einsetzen.
Rissbildung	
Statische bzw. konstruktiv bedingte Risse, z. B. durch Setzen der Wände, unterschiedliche Wärmeausdehnung oder Quellung ineinander gefügter Baustoffe, Schubwirkung von Dächern und Geschossdecken verursacht.	Bei geradlinigen Rissen evtl. Bewegungsfuge anordnen oder nachträglich einschneiden. Riss ausstemmen, Rundschnur einlegen, Überbrückung 10 ... 20 cm breit mit Bewehrungsgewebe, Verbundmörtel und Verputz.
Putzgrundbedingte Risse, z. B. Fugenrisse bei Mauerwerk aus großformatigen Steinen.	Einbetten von Bewehrungsgewebe, zweischichtiger Putz oder Elastobeschichtungssystem anwenden.
Schrumpf- oder Schwindrisse infolge zu dickem Putzmörtelauftrag, zu hohem Wassergehalt, zu schneller Austrocknung.	Ausfüllen mit füllstoffreichen, elastischen Grundanstrichstoff oder faserbewehrte Spachtelung.
Verunreinigungen	
Staub- und Rußverunreinigung, Straßenschmutz im Spritzwasser.	Lassen sich von Siliconharzputz meist durch Wasserstrahlen leicht entfernen.
Öl- und Fettverunreinigung.	Abwaschen mit Warmwasser mit Seifenzusatz.
Graffiti-Verunreinigungen, meist auf der Bindemittelbasis von Cellulosenitrat-Kombinationslack.	Sicherung einer leichten Beseitigung durch Wachs- oder Polymerharz-Schutzimprägnierung. Entfernen mittels Heißwasser-Hochdruckstrahlen, Graffito-Schutzimprägnierung.
Salze aus den Putzgrund, die weiße oder farbige Ausblühungen bilden.	Trocken abbürsten und auffangen; Fluatieren.
Kalksinterkrusten, entstanden durch Herauslösen von Kalkbindemittel, z. B. aus Fugenmörtel.	Trocken abstrahlen, z. B. in Mikro-Soft-Strahltechnik; auch Umsetzen durch Säurereiniger (Vornässen, Reinigen, sofort reichlich nachwaschen).
Gipskrusten, durch Einfluss schwefelsaurer Luftimmission auf Kalk entstanden.	Wie zuvor, trocken abstrahlen.
Mikroorganismen, z. B. Algen, Moose, Flechten, Pilze und Bakterien.	Trocken- oder Dampfstrahlen, fungicid- oder algicideingestelltem Imprägnier- und Anstrichstoff behandeln.

7.8 Schäden an Baustuck

7.8.1 Bedeutung und Zustand

Decken- und Wandstuck wird in der heutigen zeitgenössischen Architektur sehr selten oder nur sehr sparsam angewendet. Dagegen war er vom 16. bis Anfang 20. Jahrhundert an den Fassaden und in den Räumen stilgerecht geschaffener Gebäude ein bedeutendes, oft sogar das architektonisch dominierende Gestaltungselement. Während der Stuck in der Renaissance – und auch noch in der frühen Barockarchitektur meist noch als „preiswerter Ersatz" für die vom Steinmaterial und Arbeitsaufwand her kostspieligen Bildhauer- und Steinmetzarbeiten angewandt wurde, haben sich danach Stuckarbeiten von der Planung her bis zur Ausführung zu einer eigenständigen Arbeitstechnik entwickelt. Besonders im Spätbarock und im Rokoko bezog sich die gestalterische Funktion des Stucks in Räumen häufig nicht nur auf seine plastische Form, sondern auch auf die farbig-strukturelle Erscheinung der Oberfläche. Daraus ergab sich die bevorzugte Anwendung der Imitation von Marmor- und anderen Gesteinsoberflächen, ja selbst von Holzstrukturen, in den Stuckmarmor- und Stuccolustrotechnik, Marmor- und Holzmalerei sowie von Vergoldungen auf Wand- und Deckenstuck und freistehende Stuckbauteile, z. B. Säulen, Balustraden und Putten. Einmalig war die Bedeutung von Stuckarbeiten für die Gestaltung von Gebäuden besonders ihrer Fassaden und damit auch der Anwendungsumfang im Historismus, vor allem im Neubarock. In dieser, in der sogenannten Gründerzeit bis An-

Bild 7.35 In farbigem Kontrast mit einem Silicatfarbenanstrich (Keim-Purkristalat) wirkt weißer ornamentaler Stuck wie hier am Haus der Sparkasse Luckau besonders effektvoll.

Bild 7.36 Infolge unterlassener Instandhaltung fast vollständig zerstörter, etwa 100 Jahre alter Gips- und Kalkmörtel-Fassadenstuck

Bild 7.37 Renaissance-Ornamentik in Gipsstuck auf einer Gewölbefläche
1 mit zahlreichen Anstrichen überdeckt; 2 nach der Freilegung bzw. Beseitigung der Anstriche

Bild 7.38 Hier legt der hallesche Stukkateurmeister Köstler historischen Stuck mittels Dampfstrahlverfahren frei

fang 20. Jahrhundert angewendeten Architekturform entstanden die meisten Häuser, oft die ganzer Straßenzüge unserer Städte und Villen. Der prächtige, oft überschwängliche Stuck der Fassaden, Eingangsportale und -flure, Treppenhäuser und mancher Räume hatte neben seiner architektonischen Funktion meist auch den Zweck der Repräsentation **(Bild 7.35)**.

Der aus Putzmörteln oder Gips bestehende Stuck dieser Stilepoche ist inzwischen um hundert Jahre alt. Fassadenstuck konnte diesen langen Zeitraum nur dann schadlos überstehen, wenn er vor dem Einfluss der Witterung durch fachgerecht ausgeführte, dauerhafte Blechabdeckungen auf regenwasserstauenden Stuckteilen, wasserabweisende Imprägnierungen oder Anstriche geschützt wurde. Doch dies wurde nicht selten unterlassen oder nicht ausreichend von Zeit zu Zeit überprüft und ggf. repariert oder erneuert. Die Folge waren und sind erhebliche Schäden, wie Absprengungen und Risse am Stuck bis hin zur völligen Zerstörung **(Bild 7.36)**.

Innenstuck ist im Allgemeinen seltener schadhaft; doch meistens ist er, manchmal bis zur Unkenntlichkeit, seiner plastischen Formen beraubt, mit dicken Anstrichkrusten versehen. Deshalb steht gegenwärtig in der Stuckateurarbeit die Instandsetzung, Rekonstruktion und an denkmalgeschützten Gebäuden die Restaurierung von historischem Stuck an erster Stelle **(Bilder 7.37 und 7.38)**.

Aus diesem verbreiteten Zustand von Fassaden-, Decken- und Wandstuck ergeben sich für die Planung der Arbeit an vorhandenem schadhaften Stuck folgende Schwerpunkte:

- Beurteilung der Funktionsfähigkeit des Stucks, besonders der Ursachen und Auswirkung von Schäden.
- Entscheidungsfindung, ob Schäden, einschließlich dicker Verkrustungen, beseitigt werden können oder ob die Schadhaftigkeit einer völligen Zerstörung gleichkommt, so dass eine Beseitigung und Rekonstruktion erfolgen muss.
- Festlegen der Technologie zur Instandsetzung, einschließlich der Beseitigung von Anstrichkrusten, des verbleibenden, schadhaften Stucks.
- Festlegen der für den instandgesetzten Stuck erforderlichen Schutzmaßnahmen, z. B. Abdeckungen, Imprägnierung und Hydrophobierung.

7.8.2 Grundsätzliches über Ursachen und Vermeidung von Schäden

Schäden, die sich aus dem Stuck selbst ergeben
Nach dem Bindemittel gibt es Gips-, Kalkmörtel-, Kalkgipsmörtel-, Zementmörtel- und in alten, in Lehmbauweise errichteten Häusern noch den kalküberzogenen Lehmstuck. Bekannterweise hat jedes der genannten Stuckmaterialien seine in Art und Dauer spezifische Erhärtung, im damit verbundenen Schwindverhalten sowie in der Festigkeit und Beständigkeit gegen äußere Einflüsse. In diesen Eigenschaften besteht eine weitgehende Übereinstimmung zwischen den frischen und erhärteten Stuck- und Putzmörteln. Ihre Beschreibung entfällt deshalb hier, weil sie bereits in den Abschnitten 7.3 und 7.4 über Schäden an Putzen ausführlich beschrieben sind. Lediglich auf die Auswirkung des Schwindens im Erhärtungszeitraum auf den Stuck wird eingegangen. Das hauptsächlich durch die Wasserverdunstung verursachte Schwinden kann die Bildung breiterer Risse oder von sehr schmalen, sogenannten Schwindrisse zur Folge haben. Dies gilt vor allem für Kalkmörtel- und Lehmstuck. Besonders ungünstig wirkt sich das Schwinden aus, wenn in den Stuck eine nichtschwindende Metallbewehrung oder quellende Holzbewehrung eingebunden ist **(Bild 7.39)**. Dem Schwinden wird entgegengewirkt durch:

- Mehrlagigem Aufbau mit entsprechender Zwischenverfestigung des Grobzuges bzw. Unterstucks
- mit hohem, großkörnigem Zuschlag und geringstem Wassergehalt im Unterstuck und
- mit geringster Schichtdicke der feinkörnigen oder sogar zuschlagfreien Feinzug- bzw. oberen Stuckschicht **(Bild 7.40)**.

Tab. 7.10 Schäden an Baustuck*

Schaden, Ursachen	Vermeiden und Beseitigen
Abblättern	
Schuppenförmig – im Erhärtungszeitraum oder unmittelbar danach durch Frosteinwirkung.	In frostfreier Zeit ausführen und erhärten. Entfernen bis zur festen Stuckstubstanz, evtl. leicht aufrauen und mit Feinmörtel überziehen.
Treiben von Salzen, die aus dem Träger in den Stuck gelangen (s. „Ausblühungen").	Träger gegen Feuchtigkeit und Salze sperren; ggf. Stuck aus Sanierputzmörtel herstellen.
Absanden und Abpulvern	
Kalk- und kalkgipsgebundener Stuck kann absanden durch: Zu geringem Bindemittelgehalt.	Richtiges Bindemittel-Zuschlag-Mischungsverhältnis einhalten.
Zu schnelle Austrocknung verhinderte die chemische Erhärtung des Kalkhydrats.	Bei starker Wärme, vor allem Sonneneinstrahlung frischen Stuck abdecken oder/und nachnässen.
Im Gipsstuck bei häufigem Feuchtigkeitseinfluss, z. B. von der Rückseite her, Gips durch Dehydratisierung gelöst, an die Oberfläche transportiert und dort abgelagert (Bild 7.36).	Gipsstuck besonders gut vor Durchfeuchtung schützen, z. B. durch Vollhydrophobierung oder/und durch feuchtigkeitsundurchlässige Anstriche von allen Seiten.
Verwitterung von Fassadenstuck oder Kalk in kalkgebundenem Stuck durch saure Luftimmission in wasserlösliche Verbindungen umgesetzt.	Verhinderung der Wassereinwirkung durch Hydrophobierung, Schutzanstriche und selbstverständlich durch Abdeckungen. Die Absandungen können meist trocken abgebürstet werden, um danach eine festigende Imprägnierung auszuführen.
Aus- und Absprengungen	
Frosteinwirkung auf frischen oder auf durchfeuchteten Fassadenstuck.	Vor Frosteinwirkung und vorher auch vor Durchfeuchtung schützen.
Zement und Gips gemeinsam als Bindemittel eingesetzt; Gips bindet unter geringer Volumenvergrößerung schneller ab als Zement, behindert dadurch die Zementerhärtung und verursacht Treiben.	Zement und Gips sind unverträglich; nicht gemeinsam einsetzen. Auch den Kontakt von Gips an frischen Zementmörtelputz oder Beton vermeiden.
Korrodierende Eisen- oder Stahlbewehrung oder quellende Holzbewehrung im Stuck.	Nur korrosionsbeständige oder -geschützte Metallbewehrung anwenden; Stabholz- oder Holzgeflechtbewehrung, z. B. für Gipsstuck, vorher mit Wasser anquellen.
Ausblühungen	
Salze, die aus dem Träger durch Feuchtigkeit in den Stuck transportiert werden und auf dessen Oberfläche auskristallisieren.	Träger vor der Stuckausführung sanieren bzw. die Salzaufnahme durch Sperrung u. a. unterbinden. Evtl. Stuck aus Sanierputzmörtel.
Dem Stuckmörtel oder vorher dem Putzmörtel Salze, z. B. $CaCl_2$, $MgCl_2$ oder $NaCL$, als Frostschutzmittel bei Winterarbeit zugesetzt. Mit der Austrocknung gelangen sie an die Oberfläche.	Keine gegen Frosttreiben schützende, wasserlösliche Salze zusetzen. Entweder anderen Frostschutz, z. B. abdecken anwenden bzw. bei Frost Arbeit einstellen oder höherwertige Alkohole als Frostschutzmittel verwenden (allerdings Festigkeitsverlust).
Rissbildung	
Statische Risse im Träger nicht beachtet, Stuck ohne vorher ein überbrückendes Trägermaterial anzubringen, aufgezogen oder befestigt zu haben (Bild 7.39 und 7.40).	Statische Risse übertragen sich meist sehr schnell auf verbundfesten Stuck. Die Risse müssen, wenn nicht schon vorher auf Decke oder Wand, zumindest unter dem Stuck ausreichend übergreifend mit einem Putzträger überbrückt werden; ggf. Bewegungsfuge anordnen.

7.8 Schäden an Baustuck

Tab. 7.10 Fortsetzung

Schaden, Ursachen	Vermeiden und Beseitigen
Rissbildung	
Fugenrisse von Wänden aus großformatigen Bausteinen, die sich auf den Stuck übertragen.	Im Mörtel eingebundenen Putzträger unter den Stuck anbringen und evtl. den Stuck zusätzlich bewehren.
Rissbildung an den Stoßstellen nebeneinander befestigter Stuckelemente, meist aus Gips oder an den Stellen, an denen Stuckrisse ausgebessert wurden. Bei beidem wurden die aneinanderstoßenden Flanken oder die der Risse, nicht durch Anschrägen verbreitert, sondern der Gips u. a. zum Ausbessern verwendetes Material wurde über die meist schmalen Risse hinweggezogen (Bild 7.41).	Da der Gips u. a. Material bei dieser Arbeitsweise nicht oder nur unzureichend in die Fugen und Risse hineingedrückt wird, besteht kein fester Verbund. Die Stoßfugen müssen entweder breiter belassen, die Risse verbreitert werden oder/und die Flanken werden angeschrägt, damit eine größere Kontaktfläche für das hineingedrückte Material entsteht. Die Flanken von stärker saugendem Stuck müssen mit Tiefengrund vorgestrichen werden.
Erschütterungs- oder Schwingungsrisse in Stuck auf leichten Decken- und Wandkonstruktionen oder neben Türen, die fortwährend zugeschlagen werden u. a.	Derartige Träger müssen stabilisiert werden, z. B. mit einem in Haftmörtel eingebundenen weitmaschigem Gewebe, bevor der Stuck ausgeführt wird.
Bewegungs- oder Dehnungsfugen an Anschlüssen aus unterschiedlichen Baustoffen wurden mit dem verbundfesten Stuck überdeckt.	Diese im und am Bau angeordneten Fugen müssen sich an gleicher Stelle auch im Stuck fortsetzen.
„Arbeitende", d. h. quellende und schwindende Holzbretterdecken und -wände als Träger.	Sie sind als Träger für verbundfesten Stuck ungeeignet und müssen mit einem Putzträger überspannt werden.
Schwindrisse infolge übermäßiger Dicke einzelner Stuckmörtellagen oder des gesamten Stucks oder der Deckschicht; auch infolge zu hohem Wassergehalts des Mörtels, zu geringer Zuschlagkorngröße der unteren Stuckmörtellage sowie durch zu schnelle Austrocknung des frischen Stucks.	Dickschichtigen Stuck aus mehreren Lagen unter Einhaltung der Zwischenhärtung aufbauen; die Deckschicht so dünn wie möglich; Zuschlag und Wasseranteil des Mörtels fachgerecht einsetzen; schnelle Austrocknung verhindern (vgl. Anschnitt 7.8.2).
Verfärbungen	
Durchschlagende Stoffe aus dem Stuckträger, z. B. Salze von Wasserflecken, teeriger Ruß, Rost von korrosionsunbeständiger Metallbewehrung.	Diese Stoffe entweder vorher oder sofern vorher nicht erkannt auf der Stuckoberfläche sperren, z. B. mit Absperrmittel oder -lack („Kronengrund") u. a.
Unter alten, entfernten Anstrichen, z. B. wasserlösliche Farbstoffe (Anilinfarben – Anfang 20. Jahrhunderts häufig in Anstrichen eingesetzt).	Ebenfalls wie oben beschrieben absperren.

* Weiteres s. unter Abschnitt 7 „Putzschäden"

Schäden, die auf fehlerhaften Verbund des Stucks mit dem Träger zurückzuführen sind
Fassaden-, Decken- und Wandstuck bildet mit seinem Träger bzw. dem Untergrund eine statische Einheit, sofern beide miteinander irreversibel verbunden sind. Das ist meistens der Fall. Dadurch können die physikalischen und auch chemischen Eigenschaften und Zustände, wie Zugspannung, Wärmedehnung, Feuchtigkeits- und Salzgehalt vom Träger auf den Stuck und auch umgekehrt übertragen werden. Letzteres ist infolge der im Verhältnis zum Träger geringen Masse kaum von Bedeutung. Doch Nichtübereinstimmung oder auch schon größere Abweichungen der Eigenschaften und des Zustandes zwischen Träger und Stuck, z. B. Spannung und Wärmedehnung und den deshalb erforderlichen Dehnungs- oder Bewegungsfugen sowie in der Festigkeit und im Feuchtigkeitsspeichervermögen, können zu schweren Schäden wie

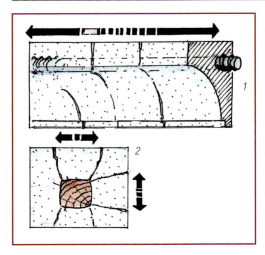 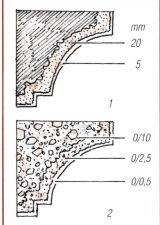

Bild 7.39 **Bild 7.40**

Bild 7.39 Mögliche Rissbildung verursacht durch die Bewehrung:
1 Wärmedehnung der Metallbewehrung; 2 Quellen der Holzbewehrung

Bild 7.40 Verhinderung der Rissbildung bei Putzmörtelstuck
1 Mehrlagigkeit und Dicke; 2 Zuschlagkorngröße (Beispiel für Kehle mit 15 cm Ausladung)

Rissbildung, Absprengungen und Frostschäden bei Feuchtigkeitsstau am Stuck führen **(Bilder 7.41 bis 7.44).**

Sofern der Baukörper z. B. infolge unzureichender Festigkeit, ständiger Erschütterung und Schwingung, starkem Quellen und Schwinden oder häufiger Durchfeuchtung mit Frosteinwirkung, keinen dauerhaften Verbund mit dem Stuck eingehen kann, ist er als Träger nicht geeignet. In diesem Fall muss wie in der Putztechnik ein künstlicher Träger, z. B. Edelstahl-Drahtgitter, verzinktes Rippenstreckmetall oder Schilfrohrmatten eingebunden in Putzmörtel, den Untergrund für den Stuck bilden **(Tabelle 7.10).**

 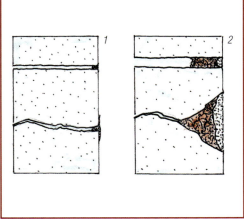

Bild 7.41 **Bild 7.42**

Bild 7.41 Rissbildung zwischen zwei Gipsstuckteilen infolge fehlerhaftem Fügeverbund (s. Bild 7.39)

Bild 7.42 Ausfüllen von Fugen und Rissen im Gipsstuck
1 falsch; 2 richtig

7.8 Schäden an Baustuck

Bild 7.43 Fehlende und schadhafte Abdeckungen führen zu schweren Schäden

Bild 7.44 Ein derartig schwieriger Untergrund erfordert eine sorgfältige Vorbereitung durch Unterputz, Bewehrung im Putz und Stuck

8 Anstrichschäden

Anstriche stehen unter den Beschichtungen im Umfang und in der Vielfalt der Anwendung an erster Stelle **(Bild 8.1)**. Ebenso vielfältig sind die Anforderungen an die Anstriche, ihre Materialgrundlage und Ausführung. Dadurch ist leider auch die subjektiv bedingte Fehlerquote und die sich daraus ergebenden Mängel und Schäden nicht unerheblich.

8.1 Anstriche: Funktion und Anforderungen

Anstriche bilden auf den Anstrichträgern – den Untergründen – die Oberfläche, bzw. die Sichtfläche oder auch die Grenzfläche zwischen dem beschichteten Objekt und der Atmosphäre oder anderem Berührungsmedium. Durch ihre Qualität wie Farbe, Struktur, Festigkeit und Resistenz gegen äußere Einflüsse, komplettieren sie die Objekte. Danach können sie eine oder mehrere die nachfolgend genannten Funktionen haben:

■ Technische Komplettierung bzw. Vergütung der rohen, zunächst nicht beschichteten Objektoberflächen. Der Zweck kann allgemein technischer Art, z. B. Schaffung einer der Beanspruchung und Pflege gerecht werdenden festen Oberfläche oder spezifischer Art, z. B. Raumhygiene und vorbeugender Brandschutz, sein. Meist gehören die nachfolgenden Funktionen zum Zweck der Oberflächenkomplettierung.
■ Farbgebung entsprechend der Planung. Die Aufgabe der Farbe des Anstrichs am Objekt kann vielseitig sein, z. B. optische Betonung der Architektur, der Bauweise und Konstruktion des Objekts, optische Einordnung in ein Gebäude- und Anlagenensemble oder in eine Objekt-

Bild 8.1 In der Gestaltung von Sichtflächen stehen Anstriche im Anwendungsumfang an erster Stelle: Historische Gebäude am Marktplatz in Naumburg/S. mit Anstrichstoffen auf Silicatbasis gestaltet

8.1 Anstriche: Funktion und Anforderungen

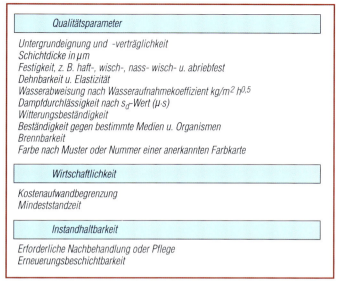

Bild 8.2 Grundlegende Anforderungen an Anstriche

serie, Kennzeichnung des Objekts sowie physische, psychische und ästhetische Stimulierung der Objektnutzer (vgl. Bild 9.3 und 9.4).
■ Farbgestaltung durch optische Gliederung des Objekts mit Farben, durch illusionäre Farbeindrücke, z. B. Vortäuschung von Leichtigkeit, Zerbrechlichkeit oder Schwere und Stabilität von Bauwerksteilen sowie durch flächenbelebende Farbstrukturen, z. B. Lasuren.
■ Schützen des Bau- oder Werkstoffs des Objekts und seiner technischen Funktion durch Anstriche vor aggressiven äußeren Einflüssen, z. B. Witterung, Luftverunreinigungen, Wasser, Organismen, Feuer und auch vor starker Erwärmung von Raumluft oder Flüssigkeiten in Behältern durch Wärmestrahlung.

Die Anforderungen an Anstriche ergeben sich sowohl aus ihrer beschriebenen vielseitigen Funktion als auch aus ihrer Wirtschaftlichkeit. Grundlegende Anforderungen sind (vgl. **Bild 8.2**):

■ Erfüllung der geplanten Qualitätsparameter in den technischen, bauphysikalischen und optischen Eigenschaften. Sofern diese Eigenschaften nicht mit Kenndaten festgelegt sind, z. B. Schichtdicke eines Korrosionsschutz-Anstrichsystems 150 µm oder Wasseraufnahmekoeffizient eines Sockelanstrichs < 0,5 kg/m² h^{0,5}, sondern nur verbal genannt werden, z. B. haft- oder wasserfest, diffusionsfähig und witterungsbeständig, dann ist stets das Optimale der Ei-

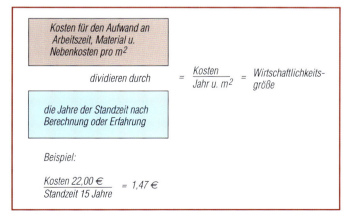

Bild 8.3 Die Wirtschaftlichkeit der Anstriche

Tab. 8.1 Für die Anwendbarkeit wichtige Anstricheigenschaften (Durchschnittswerte)

Anstriche nach Bindemittelgrundlage	Eignung für den Untergrund*					Eigenschaften					Resistenz gegen:*					
	Kalkmörtelputz, neutral	Zementmörtelputz, Beton, neutral	Gips, Gipsmörtelputz	Holz, Holzfaserplatten	Metalle	Wasseraufnahmekoeffizient, kg/m²h	System-Schichtdicke, µm s_d-Wert <	Wasserfestigkeit	Wärmebeständigkeit, °C	Brennbarkeit	Reibung	Witterung	Alkalien, z. B. Kalkhydrat, Zement	Anorganische Säuren	Mineralöl, Fett	Schimmel, Fäulnis
Kalkhydrat	1	1	–	–	–	>2	200 0,1	3	100	4	3	3	1	4	3	2
Zement	2	1	–	–	–	>2	200 0,1	2	80	4	2	2	1	3	3	2
Kaliumwasserglas	1	1	–	–	–	>2	150 0,01	2	200	4	2	1	1	2	3	2
Kaliumwasserglas u. < 5 % Kunststoff	1	1	–	–	–	<0,5	150 0,05	2	200	4	2	1	1	2	2	2
Pflanzenleime	1	2	1	3	–	>2	200 0,05	4	100	3	4	4	3	4	4	4
Öl- Emulsionen	1	1	1	2	–	>2	150 1,0	3	50	2	3	4	4	4	3	4
Siliconharz-Emulsionen	1	1	2	2	–	<0,1	150 0,1	2	200	2	2	1	1	2	2	2
PVAc-Latex bindemittel	3	1	2	2	–	<2	150 20	3	50	2	2	2	4	3	3	4
Acrylharz-dispersion	2	1	2	2	–	<2	150 10	2	80	2	2	1	1	3	3	2
Leinölfirnis	3	3	2	1	1	<2	150 100	2	60	3	2	1	4	3	3	2
Alkydharz	3	2	2	1	1	<2	150 100	1	80	3	2	1	4	3	2	2
Cellulosenitrat-Alkydharzkombination	3	3	3	3	1	<2	150 50	2	80	4	2	2	3	3	2	1
Polymerharzlacke, z. B. PVC, PE	2	2	3	3	1	<0,5	150 100	1	60	2	2	3	1	2	2	1
Chlorkautschuk- u. Chlorbunalacke	3	3	3	3	1	<0,5	150 100	1	60	1	2	3	1	2	2	1
Polyurethanharz-Lacke	3	2	4	2	1	<0,1	120 200	1	150	1	1	2	2	2	1	1
Epoxidharz-Lacke	2	1	4	2	1	<0,1	150 500	1	200	1	1	1	1	1	1	1
Aminoharzlacke, wärmehärtend	–	–	–	–	1	0,1	150 500	1	200	1	1	1	1	2	1	1
Bitumen	3	1	–	3	2	<2	200 100	2	50	4	3	3	2	2	4	1

* Bewertung: 1 sehr gut; 2 gut; 3 ausreichend bis unsicher; 4 ungenügend; – nicht anwendbar

8.2 Auswirkung und Ursachen von Anstrichschäden

genschaften anzustreben. In der **Tabelle 8.1** sind zur Vororientierung zur Auswahl von Anstrichen einige für die Anwendbarkeit wichtige Eigenschaften zusammengefasst.
- Wirtschaftlichkeit der Anstriche, die sich aus dem Verhältnis des Aufwandes zum Nutzen ergibt. Zum Nutzen gehören die Qualitätsparameter Funktionstüchtigkeit und Dauerhaftigkeit bzw. Standzeit des Anstrichs, die hauptsächlich den Auftraggeber, Käufer, Nutzer u. a. Leistungsnehmer interessieren. Den Aufwand erbringt der Auftragnehmer. Für Objekte und Anstriche, für die nur eine kurze Nutzungszeit vorgesehen ist, kann der Aufwand infolge der nicht erforderlichen langen Dauerhaftigkeit begrenzt werden. Die Ermittlung des richtigen Aufwand-Nutzen-Verhältnisses ist Hauptaufgabe der Kostenkalkulation **(Bild 8.3)**.
- Instandhaltbarkeit, die für die meisten Anstriche gefordert wird, weil sie nach einer im Voraus geschätzten oder sogar berechneten Standzeit als Untergrund für einen gleichartigen Erneuerungsanstrich dienen sollen. Besonders positiv ist die Instandhaltbarkeit zu bewerten, wenn der Altanstrich ohne aufwendige Vorbehandlung und ohne Bedenken hinsichtlich seiner Haftfestigkeit neu beschichtet werden kann und wenn sich durch den Erneuerungsanstrich die spezifischen Eigenschaften, z. B. Diffusionsfähigkeit und Witterungsbeständigkeit, nicht wesentlich verändern.

8.2 Auswirkung und Ursachen von Anstrichschäden

Die Auswirkung von Schäden an Anstrichen reicht vom Verlust ihrer farbgebenden oder farbgestaltenden Funktion bis hin zur Aufgabe von technischen Funktionen, vor allem des Schutzes der Objekte vor äußeren aggressiven Einflüssen. Während im Ersteren die Schutzfunktion noch vollständig erhalten bleiben kann, ist mit Letzterem meist die Zerstörung des Anstrichs verbunden **(Bild 8.4)**.

Bild 8.4 Auswirkung von Anstrichschäden
1 Verlust der Farbgebung; 2 Verlust der Schutzwirkung und Farbgebung

Tab. 8.2 Trocknung/Erhärtung der Anstrichstoffe und daraus resultierende Anstricheigenschaften

Anstrichstoff	Trocknung/Erhärtung	Anstricheigenschaften
Kalkfarben	Carbonatisierung (Reaktion mit Kohlensäure)	Irreversibel (nicht umkehrbar), auf frischem Kalkmörtelputz wetterbeständig, antiseptisch, hohe Wasserdampfdurchlässigkeit.
Zementfarben	Hydratation (Wasseranlagerung)	Irreversibel, ähnlich wie Kalkfarben, doch höhere Festigkeit.
Caseinfarben	Durch Wasserentzug über den Sol- und Gelzustand in festes Casein; Kalkcaseinfarben noch durch Carbonatbildung	Reversibel; Kalkcaseinfarben besonders auf alkalisch aktiven Untergrund irreversibel und wetterbeständig.
Silicatfarben	Kieselgelbildung durch Reaktion mit CO_2 und Wasserentzug	Irreversibel, nur für mit Wasserglas reaktionsfähige Untergründe, wetterbeständig, hohe Wasserdampfdurchlässigkeit.
Dispersions-Silicatfarben	Silicat- und Filmbildung	Irreversibel, wetterbeständig, gut wasserdampfdurchlässig.
Leimfarben	Durch Wasserentzug, Leimfilmbildung.	Reversibel (umkehrbar, wasserlöslich), nur wischfest, schimmel- und fäulnisanfällig
Emulsionsfarben	Wasser- und Lösemittelverdunstung, Filmbildung	Irreversibel, je nach Sorte wasserfest bis wetterbeständig
Siliconharz-Emulsionsfarben	wie zuvor, Filmbildung	Irreversibel, wetterbeständig, wasserabweisend, im Erstanstrich gut wasserdampfdurchlässig.
Kunststoff-Dispersionsfarben	wie zuvor, Filmbildung	Irreversibel, Wetterbeständigkeit von Sorte abhängig, begrenzt wasserdampfdurchlässig.
Ölfarben	Filmbildung durch Oxydation und Polymerisation	Irreversibel, wetterbeständig, verseifbar, kaum oder nicht dampfdurchlässig.
Alkydharz-Lackfarben	Filmbildung durch Lösemittelverdunstung, Oxydation und Polymerisation	Irreversibel, ähnlich wie Ölfarben, infolge vieler Sorten unterschiedliche Eigenschaften.
Lackfarben, wasserverdünnbar	Lösemittelverdunstung, Filmbildung	Meist irreversibel, wetterbeständig, weitere Eigenschaften vom Harz abhängig.
Cellulosenitratlacke	Lösemittelverdunstung, Filmbildung	Reversibel (auflösbar mit Lösemittel), spröd, begrenzte Wetterbeständigkeit
Polymerharzlacke	wie zuvor	Meist reversibel und schnelle Versprödung; allgemein wasser- und chemikalienbeständig.
Zweikomponenten- oder Reaktionslacke	Filmbildung durch Polyaddition	Irreversibel bis Resitzustand (Endzustand), hart, undurchlässig, allgemein gegen Wetter und Chemikalien beständig.
Wärmehärtende Lacke	Filmbildung durch Polykondensation	Resitzustand, hart, undurchlässig und sehr resistent.

Anstrichschäden sind zum größten Teil auf Fehler in der Planung, Vorbereitung und Ausführung der Anstriche zurückzuführen. Auch Schäden, die sich aus dem Einsatz von Anstrichstoffen von unzureichender Qualität ergeben, beruhen häufig auf Entscheidungsfehlern in der Planung und Vorbereitung, weil diesen meist die Nichtbeachtung von Erfahrungswerten über die Qualität der Anstrichstoffe und ihrer Anstriche zugrunde liegt. Im Einzelnen können folgende Ursachen vorliegen:

■ Materialabhängige Ursachen, z. B. fehlerhafte, nicht funktions- und beanspruchungsgerechte Auswahl der Anstrichstoffe, ihre falsche Lagerung und Aufbereitung sowie Nichtbeachtung unzureichender Anstrichstoffqualität (vgl. Tabelle 8.1).

- Anstrichträgerabhängige Ursachen, z. B. Anstrichträger (Untergrund) falsch beurteilt und nicht geprüft – erforderliche Vorbehandlung falsch, unzureichend oder sogar unterlassen.
- Ausführungsbedingte Ursachen, z. B. Witterungslage und andere Ausführungsbedingungen nicht berücksichtigt; fehlerhafter Aufbau von Anstrichsystemen; falsche Verarbeitung der Anstrichstoffe, vor allem Nichtbeachtung der Art und Dauer der Trocknung. Da Letzteres für die Anwendung und Verarbeitung der Anstrichstoffe sowie für die Vermeidung von Anstrichmängeln und -schäden besonders wichtig ist, wird mit der **Tabelle 8.2** ein Überblick über die Trocknung/Erhärtung und die daraus resultierenden Anstricheigenschaften gegeben. Der Begriff „Erhärtung" gilt für Anstrichstoffe, die durch chemische Reaktion ihrer Komponenten verfestigen, z. B. Zweikomponenten- bzw. Reaktionslacke.

8.3 Übersicht über die Schäden

In der **Tabelle 8.3** sind alle Schäden aufgeführt, die an den verschiedenen Anstrichen vorkommen können und die in den nachfolgenden Abschnitten beschrieben werden.

8.4 Schäden an kalk- und zementgebundenen Anstrichen

Die Qualitätsspanne dieser preisgünstigen Anstriche reicht vom einfachen Schlämmanstrich zum Weißfärben und Glätten von Beton, kalk- und zementgebundenem Putz, über hellgetönte Decken- und Wandanstriche von antiseptischer Wirkung in Feuchträumen bis zum Fassadenanstrich an ländlichen und historischen Gebäuden.

Außen erreicht man nur auf frischem oder zumindest noch alkalisch reagierendem Kalk- und Zementmörtelputz sowie Beton witterungsbeständige Anstriche.

Der Grund dafür ist die chemische Bindung des Kalk- oder Kalk-Zementfarbenanstrichs infolge gemeinsamer Carbonatisierung des Kalkhydrats im Anstrich und Untergrund nach folgender Gleichung **(Bild 8.5)**:

$Ca(OH)_2 + H_2CO_3 \rightarrow CaCO_3 + 2H_2O$.

Für die Kohlensäurebildung und für die Umsetzung des Zements in Calciumsilicat ist Feuchtigkeit erforderlich – deshalb ist zu schnelles Austrocknen der Anstriche zu verhindern. Für Kalk-

Bild 8.5 Kalkanstriche ohne und mit Caseinbindemittelanteil werden am häufigsten an und in historischen Bauwerken angewendet

Tab. 8.3 Übersicht über Anstrichschäden

Anstriche	Schäden	Ursachen*		
		1	2	3
Kalk- und Kalkzement-farbenanstriche	Abblättern	■	■	■
	Ansätze	■		■
	Verfärben		■	■
	Wischen, unzureichende Festigkeit		■	■
Caseinfarbenanstriche	Abblättern			■
	Ansätze	■		■
	Schimmel- und Fäulnisflecke	■		■
	Verfärbung	■	■	
	Wischen	■	■	■
Silicat- und Dispersions-Silicatfarbenanstriche	Abblättern	■		■
	Ansätze			■
	Ausblühungen	■		
	Schwindrisse			■
	Verfärbung	■		
	Wischen, vorzeitige Verwitterung	■	■	■
Leimfarbenanstriche	Abblättern	■		■
	Ansätze			■
	Farbige Streifigkeit		■	■
	Schimmelbefall	■		
	Ungleichmäßige Oberflächenstruktur	■		■
	Verfärbungen	■		
	Wischen, unzureichende Festigkeit		■	
Emulsions- und Dispersionsfarbenanstriche	Abblättern	■		
	Abkreiden		■	■
	Ansätze	■		■
	Blasenbildung	■	■	
	Fleckigkeit	■		
	Pilzbefall	■		
	Reißen			■
	Verfärbungen	■	■	
	Verseifung			■
Siliconfarbenanstriche	Abblättern	■		■
	Reißen	■		■
	Verfärbung	■	■	
Öl- und Alkydharzlack-farbenanstriche	Abblättern	■		■
	Abkreiden		■	
	Ansätze in Lasuranstrichen	■		■
	Blasenbildung	■	■	
	Glanzverlust an Schlussanstrichen	■		■
	Kleben	■		■
	Laufen			■
	Pilzbefall	■		
	Reißen	■	■	■
	Runzeln			■
	Unterrostung	■		■
	Verfärbung	■	■	
	Verseifung	■		
	weiße Streifen			■
Lackierungen	Abblättern	■		■
	Blasenbildung	■		■
	Blauanlaufen			■

8.4 Schäden an kalk- und zementgebundenen Anstrichen

Tab. 8.3 Fortsetzung

Anstriche	Schäden	Ursachen* 1	2	3
Lackierungen	Einfallen	■		■
	Glanzverlust		■	
	Kleben	■	■	■
	Kraterbildung	■	■	
	Hochgehen			■
	Laufen			■
	Reißen	■		
	Spritznarben		■	■
	Unterrostung	■	■	■
	Verfärbungen	■	■	■
	Versprödung		■	

* Ursachen: 1 Anstrichuntergrund unzureichend vorbehandelt oder ungeeignet;
2 Anstrichstoff falsch ausgewählt, falsch gelagert oder aufbereitet;
3 Fehlerhafte Ausführungen des Anstrichs

Zementfarben dürfen nur reine, kalkechte, in Wasser eingesumpfte Mineralpigmente verwendet werden; ihr maximaler Zusatz zum Kalkhydratbrei beträgt 10 Vol.-%.

Den Kalkfarben können zur Verbesserung der Anstricheigenschaften folgende Stoffe zugesetzt werden:
■ bis 1 % Kochsalz (nur weißer Kalkfarbe), hält durch seine Hygroskopität die für die Erhärtung erforderliche Festigkeit zurück
■ bis 5 % Magermilch oder Magerquark, die mit dem Kalkhydrat Calciumcasein bilden, das die Festigkeit und Beständigkeit der Anstriche erhöht **(Bild 8.6)**
■ bis 10 % alkalibeständige Acrylatdispersion, zur Verbesserung der Festigkeit.

Kalk-Anstrichstoffe sind pulverförmig oder mit Wasser angeteigt im Fachhandel. Der Fachmann stellt sie meist selbst her. Die Zusammensetzung der Kalk-Anstrichstoffe ist in den **Bildern 8.7 und 8.8** dargestellt. In **Tabelle 8.4** mit den **Bildern 8.9 und 8.10** sind mögliche Schäden beschrieben.

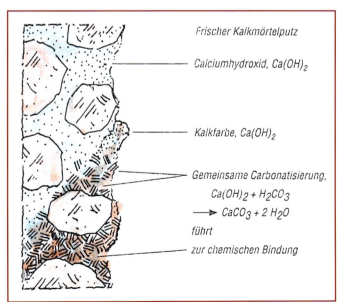

Bild 8.6 Verfestigung von Kalkfarbenanstrichen auf frischen kalk- und kalkzementgebundenen Putz (frescaler Anstrich) führt infolge chemischer Bindung zu Witterungsbeständigkeit und Dauerhaftigkeit.

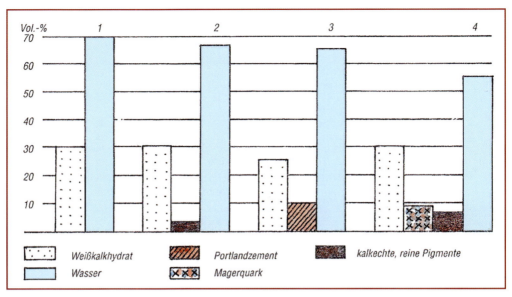

Bild 8.7 Bestandteile von Kalkschlämme (1), hellgetönter Kalkfarbe (2), Kalk-Zementschlämme (3), Kalkfarbe mit Quarkzusatz (4)

Bild 8.8 Für Kalkfarben und Caseinfarben sowie zum Einfärben von kalk- und zementgebundenen Putzen und Beton geeignete Pigmente (im Original KREMER-Pigmente verwendet)

8.4 Schäden an kalk- und zementgebundenen Anstrichen

Tab. 8.4 Schäden an kalk- und zementgebundenen Anstrichen

Schaden, Ursachen	Vermeiden, Beseitigen
Abblättern	
Ungeeigneter Untergrund, z. B. Gipsputz, alte Leimfarben und Dispersionsfarbenanstriche.	Nur auf geeigneten Untergründen ausführen. Ungeeignete alte Anstriche restlos entfernen.
Untergrund zu glatt oder verstaubt.	Wenn möglich aufrauen, Staubbelag abwaschen.
Alter morscher Kalk- oder Zementfarbenanstrich als Untergrund.	Nicht ausreichend haftfeste Anstriche abbürsten, abkratzen, von Beton auch abstrahlen.
Kalk- und Zementfarbe zu dickschichtig aufgetragen.	Kalk- und Zementfarbe dünn, wenn erforderlich mehrschichtig auftragen.
Frosteinwirkung auf frischen Anstrich.	Anstriche nur bei frostfreiem Wetter ausführen und trocknen.
Ansätze	
Untergrund zu trocken und übermäßig saugend.	Vornässen und zügig ins Nasse streichen oder spritzen.
Zu hohe Konsistenz der Kalk- oder Zementfarbe.	Dünnflüssig zubereiten, z. B. Löschkalk zu Wasser = 30 : 70 %; mehrmals dünn streichen.
Ausführung bei starker Sonneneinstrahlung.	Im Schatten streichen oder spritzen, evtl. vornässen.
Kalk- und Zementfarbe nicht zügig auf große Flächen mit Unterbrechungen aufgetragen. Deckfähigkeit ungenügend.	Stets zügig nass-in-nass und beim Streichen großer Flächen ohne Unterbrechung Hand-in-Hand auftragen.
Untergrund, z. B. Zementmörtelputz, infolge zu hohen Bindemittelgehaltes zu dicht und ungenügend saugfähig.	Für Anstriche vorgesehenen Putz nicht mit zu bindemittelreichem Mörtel herstellen, z. B. Verhältnis von Zement zu Sand für Zementmörtelputz = 1 : 3.
Sehr feuchter Untergrund, z. B. infolge ständiger Kondenswasserbildung auf Feuchtraumwänden.	Kalk- und Zementfarbe für Feuchträume dickflüssiger zubereiten, z. B. Zement und Löschkalk zu Wasser = 50 : 50% evtl. Schwemmsand zusetzen.
Verfärben	
Schäden des Untergrundes, die den Anstrich durchdringen, z. B. Ausblühungen, Wasserflecke, Schalungsölflecke, Rauch- und Rußflecke, Bitumenflecke, Tintenflecke und Kopierstiftstriche, wasserlösliche, unzureichend verlackte Farbstoffe eines alten Kalkfarbenanstriches.	Entfernen oder unwirksam machen, dann erst Anstrich ausführen. Abbürsten, Fluatieren. Einzelne Flecke auskratzen und mit Zementschlämme ein- bis zweimal überstreichen. Bedecken diese Schäden große Flächen, dann müssen sie abgesperrt werden. Bei schwachem Auftreten ein bis zwei Anstriche mit Zementschlämme oder Alaunlösung; bei starken Schäden mit Absperrlack (auf Absperrlack können keine Kalk- und Zementfarbenanstriche ausgeführt werden).
Aufreiben von unzureichend mit Wasser benetztem Pigment beim Streichen.	Pigment der Kalk- oder Zementfarbe nicht trocken, sondern in Wasser eingesumpft zusetzen.
Verfärben von alkalienunbeständigem Pigment (Bild 8.10, vgl. Bild 3.11).	In Kalk- und Zementfarbe nur alkalienbeständiges Pigment einsetzen.
Ausbleichen von lichtunbeständigem Pigment.	Besonders für Außenanstriche nur lichtechtes Pigment verwenden.
Befall durch Schimmelpilze in feuchten, nicht belüfteten Räumen.	Räume besser belüften, Zement- oder Silicatfarbenanstriche bevorzugen. Zusatz von fungiziden Stoffen ist genehmigungspflichtig!

Tab. 8.4 Fortsetzung

Schaden, Ursachen	Vermeiden, Beseitigen
Wischen, unzureichende Festigkeit	
Wenig geeigneter Untergrund, z. B. alle, durch Küchenausdünstungen versottete Kalkfarbenanstrich- oder Putzoberfläche oder Ziegelmauerwerk (unzureichende Verankerung des Anstrichs).	Kalk-, Zement- und Kalk-Zementfarben ein Zusatzbindemittel zugeben z.B. 5 bis 10 % alkalienbeständiges Dispersionsbindemittel, für innen auch bis 10 % Methylcelluloseleimlösung.
Unvollständiges Abbinden des Kalks oder Zementes infolge Feuchtigkeitsmangel beim Ausführen und Trocknen des Anstrichs (Bild 8.9)	Die Anstriche erhärten nur bei Anwesenheit von ausreichend Feuchtigkeit. Deshalb die Anstrichtrocknung verzögern (keine Sonnenstrahlung, Untergrund vornässen, zu schnell trocknenden Anstrich mit Wasser fein und schwach übersprühen).
Anstriche mit zu hohem Pigmentzusatz.	Höchstzusatz 10 % zum unverdünnten Löschkalk oder Zement.
Chemische Umsetzung des Anstrichs durch den Einfluss von gelöstem Schwefeldioxid und schwefliger Säure (Umsetzungsprodukte von Verbrennungsabgasen).	Durch Verbrennungsabgase beanspruchte Objekte nicht mit den säureunbeständigen Kalkfarbenanstrichen versehen. Für Zementfarbenanstriche kalkarmen Zement, z. B. Sulfathüttenzement einsetzen. Besonders widerstandsfähig sind Silicatfarbenanstriche.

Bild 8.9 Auf stark saugenden, nicht vorgenässten Untergrund aufgetragen und deshalb streifiger, wischender Kalkfarbenanstrich

Bild 8.10 Verfärbung kalkunechter Pigmente im Kalkfarbenanstrich
1 Chromgelb; 2 Berliner Blau

8.5 Schäden an Caseinfarbenanstrichen

Die als historisch zu bewertenden Caseinfarbenanstriche gewinnen wieder infolge ihrer günstigen ökologischen Grundlage ihres Caseinbindemittels an Bedeutung. Das Bindemittel ist alkalisch aufgeschlossenes Casein, fast ausschließlich Milchsäurecasein (Magerquark). Es ist als pulverförmiges Caseinbindemittel oder pigmentiert als Caseinfarbe im Fachhandel – kann aber vom Fachmann auch selbst hergestellt werden **(Bild 8.11).** Nach dem Aufschlussmittel wird unterschieden zwischen

- Kalkcaseinbindemittel, das durch Aufschluss von 80 Vol.-% Magerquark mit 20 Vol.-% Weißkalkhydratteig hergestellt werden kann,
- Alkalicaseinbindemittel, bei dem 1 kg Magerquark mit Alkalien, z. B. 150 g Boraxpulver oder 150 ml Salmiakgeist aufgeschlossen wird. Borax wirkt gleichzeitig als Konservierungsmittel.

Ein Zusatz eines trocknenden öligen Bindemittels, z. B. Leinölfirnis, zum Caseinbindemittel ergibt ein Caseinemulsionsbindemittel, das auch als Caseintemperabindemittel bezeichnet wird. Während die handelsüblichen Caseinbindemittel- und Caseinfarbpulver lagerungsbeständig sind, können selbthergestellte schimmel- und fäulnisempfindliche Caseinfarben (außer Boraxcasein-Farben) nur 1 bis 2 Tage aufbewahrt werden. Mit einem Konservierungsmittelzusatz kann die Verarbeitungs- und Lagerungszeit etwas verlängert werden.

Wichtige Hinweise für die Anwendung
(vgl. mit **Tabelle 8.5**)
- Infolge der Alkalität der Caseinbindemittel sind für Caseinfarben nur kalkechte Pigmente verwendbar **(Bild 8.8 und 8.12).**
- Alkalicaseinfarben sind nur für Anstriche auf mineralische Untergründe, Holz und Papier in trockenen Räumen anwendbar; Kalkcaseinfarben können auch außen für Anstriche auf mineralische Untergründe, die nicht unmittelbar dem Regen ausgesetzt sind, eingesetzt werden **(Bild 8.13).**

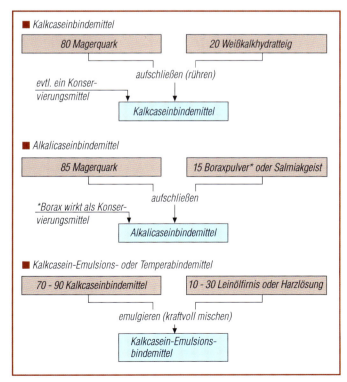

Bild 8.11 Bestandteile von Kalk- und Alkalicaseinbindemittel sowie Caseintemperabindemittel in Vol.-%

Tab. 8.5 Schäden an Caseinfarbenanstrichen

Schaden, Ursache	Vermeiden, Beseitigen
Abblättern	
Untergrund unzureichend fest oder mit nicht haftfestem Altanstrich.	Fester Untergrund erforderlich; nicht tragfähigen Altanstrich entfernen.
Übermäßige Spannung des Anstrichs, insbesondere des Schlussanstrichs.	Kein zu hoher Bindemittelzusatz; Pigmentbrei zu Bindemittel etwa 70 zu 30 Vol.-%.
Ansätze	
Anstrich auf stark saugenden Untergrund, z. B. Gipsputz.	Saugvermögen durch Voranstrich mit stark verdünntem Caseinbindemittel verringern (Bindemittel zu Wasser = 1 : 10).
Caseinfarbe zu dick.	Caseinfarben stärker verdünnen, dünn streichen.
Schimmel- und Stock- bzw. Fäulnisflecke	
Durch hohe Luftfeuchtigkeit Kondenswasserbildung an Innenwandflächen.	Raumbelüftung verändern oder keine Caseinfarben einsetzen.
Feuchter Untergrund, evtl. nur stellenweise, z. B. durch aufsteigende Bodenfeuchtigkeit.	Nach Beseitigung der zur Durchfeuchtung führenden Baumängel Untergrund erst austrocknen lassen.
Verfärbung	
Nicht kalkechte Pigmente eingesetzt, die durch die Alkalität des Caseinbindemittels oder durch Untergrundalkalität verfärbt werden.	Keine kalkunechten Pigmente verwenden, z. B. Chromgelb, Chromgrün und Berliner Blau.
Durchschlagende Substanzen des Untergrundes, z. B. Wasser-, Rauch-, Ruß-, Rost- und Tintenflecke, wasserlösliche Farbstoffe.	Wasserflecke in kalkhaltigem Untergrund fluatieren, die anderen Substanzen evtl. auskratzen und verputzen oder mit Absperrlack überstreichen.
Wischen	
Schlecht wasserbenetzbare Pigmente eingesetzt.	Nur gut benetzbare Pigmente verwenden.
Überlagerte Caseinfarbe verwendet.	Nur Tagesbedarf selbst herstellen.
Vorzeitige Verwitterung von Außenanstrich.	Außen nur Kalkcaseinfarbe auf frischem Putz einsetzen (Bild 8.13).

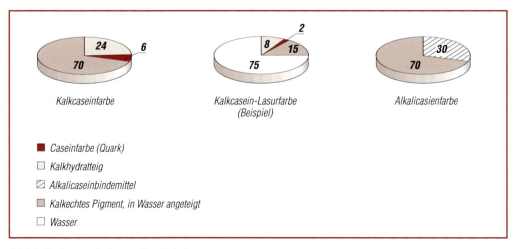

Bild 8.12 Bestandteile von Caseinfarben

8.6 Schäden an Silicat- und Dispersions-Silicatfarbenanstrichen

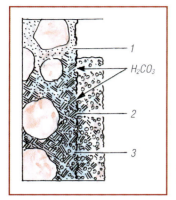

Bild 8.13 Mit frischen, Kalkmörtelputz geht Kalkcaseinfarbe eine witterungsbeständige chemische Bindung ein
1 Kalkhydrat; 2 Calciumcarbonat; 3 festes Kalkcasein

■ Auf frischen Kalkmörtel- und Kalk-Zementmörtelputz aufgetragen, ergeben Kalkcaseinfarben witterungsbeständige Anstriche
■ Caseinfarbenanstriche sind spannungsreich und erfordern deshalb einen festen Untergrund. Ausführliche Informationen über die Anwendung und Verarbeitung von Caseinfarben enthält das Buch „Historische Beschichtungstechniken".

8.6 Schäden an Silicat- und Dispersions-Silicatfarbenanstrichen

Die Anstriche werden mit Silicatfarben von rein mineralischer Zusammensetzung oder mit Dispersions-Silicatfarben auf mineralischen Untergründen ausgeführt **(Bild 8.14)**. Nach der VOB Teil C (DIN 18363) unterscheiden sich die zwei genannten Beschichtungsstoffe wie folgt **(Bild 8.15):**

Bild 8.14 Die klimatisch stark beanspruchte Fassade des Hotels „Saga" in Reykjavik, Island, erhielt 1961 einen Silicatfarbenanstrich (Purkristalat), der 40 Jahre schadlos überstanden hat.

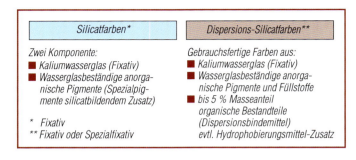

Bild 8.15 Anstrichstoffe auf Silicatbasis und deren Bestandteile nach DIN 18363

Silicatfarbe
aus Kaliumwasserglas (Fixativ) mit kaliumwasserglasbeständigen Pigmenten als Zweikomponentenfarbe; Silicatfarben dürfen keine organischen Bestandteile, z. B. Kunststoffdispersionen, enthalten. Silicatfarben sind nicht auf gipshaltigen Untergründen zu verwenden.

Dispersions-Silicatfarbe
aus Kaliumwasserglas mit kaliumwasserglasbeständigen Pigmenten, Zusätzen von Hydrophobierungsmitteln und maximal 5 % Masseanteil organischer Bestandteile, bezogen auf die Gesamtmenge des Beschichtungsstoffes. Mit Quarz gefüllte Dispersions-Silicatfarben werden für Strukturbeschichtungen verwendet.
Dispersions-Silicatfarben sind auf gipshaltigen Untergründen nur mit besonderer Grundbeschichtung zu verwenden.

Eine Neuentwicklung ist die noch nicht in DIN 18363 erfasste Sol-Silicatfarbe. Sie enthält als Bindemittel neben Kaliumwasserglas und einem organischen Anteil (< 5Vol.-%) ein Kieselsol, das ein hohes Adhäsionsvermögen der Anstriche bewirkt. Sol-Silicatfarbe ist nicht nur für alle mineralischen Untergründe geeignet, sondern auch für Anstriche auf vorhandene Anstriche und Putze auf Dispersions- und Siliconharz-Bindemittelbasis.

Silicatfarbe wird durch Mischen der beiden Komponenten, dem Bindemittel (Fixativ) und den Pigmenten, unmittelbar vor der Verwendung vom Verarbeiter selbst zubereitet. Dabei sind die Hinweise des Herstellers zu beachten. Das Mischungsverhältnis ist vom Saugvermögen des vorliegenden Untergrundes und von der Beanspruchung des Anstrichobjektes, vor allem ob außen oder innen angewendet, abhängig. **Bild 8.16** zeigt Richtwerte.

Empfehlenswert ist ein kleinflächiger Probeanstrich, bevor das endgültige Mischungsverhältnis festgelegt wird.

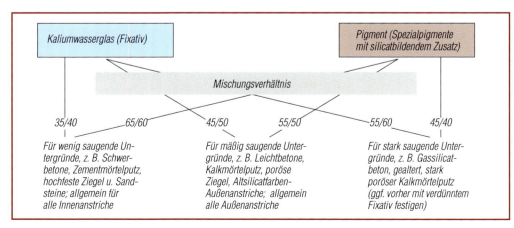

Bild 8.16 Richtwerte der Zusammensetzung von Silicatfarben

8.6 Schäden an Silicat- und Dispersions-Silicatfarbenanstrichen

Als Untergrund sind geeignet alle festen, lufttrockenen und schadensfreien Oberflächen von Beton, einschließlich Silicatbeton, kalk- und zementgebundene Putze, saugfähiger Naturstein, tragfähige alte Silicatfarbenanstriche und Silicatputze und für Innenanstriche auch Ziegel, sonstige Baukeramik, Glas, Emaille und Zink. Ein hoher Anteil siliciumdioxidhaltiger Substanzen im Untergrund, z. B. Quarzsand, schwache Rauheit bzw. Griffigkeit und mäßiges Saugvermögen begünstigen den Verbund zwischen Anstrich und Untergrund und damit die Festigkeit und Dauerhaftigkeit der Anstriche.

Das Kaliumwasserglas, $K_2O \cdot n\ SiO_2 \cdot x\ H_2O$, der Silicatfarben verfestigt durch Aufnahme von Kohlendioxid, CO_2, aus der Luft unter Bildung von Kieselgel, $n\ SiO_2 \cdot y\ H_2O$, Ausscheidung von Kaliumcarbonat, K_2CO_3, und Wasserverdunstung.

$$K_2O \cdot n\ SiO_2 \cdot x\ H_2O + CO_2 \rightarrow n\ SiO_2 \cdot y\ H_2O + K_2CO_3 + z\ H_2O.$$

Außerdem beruht die Anstrichfestigkeit auf der Reaktion unter Bildung von Silicaten des Kaliumwasserglases mit den Oberflächen der Pigmente und des Untergrundes und auf mechanischer Verklammerung.

Silicatfarbenanstriche zeichnen sich durch Beständigkeit gegen Witterung, Licht- und UV-Strahlen, Feuchtigkeit, z. B. in Feuchträumen, Unbrennbarkeit, Umweltfreundlichkeit und hohe Wasserdampfdurchlässigkeit aus.

Sie sind allgemein mit zwei Einzelanstrichen als deckender Anstrich und direkt auf den mineralischen Untergrund oder auf weiße und hellgetönte Silicatfarbenvoranstriche als lasierende Anstriche ausführbar **(Bild 8.17)**.

Bild 8.17 *Imitation von gelbem und rotem Sandstein mit Silicatlasurfarben.*

Dispersions-Silicatfarben enthalten als organischen Bestandteil maximal 5 % alkalibeständiges Dispersionsbindemittel, meist Acrylharzdispersion. Dadurch können sie als gebrauchsfertige, lagerungsbeständige Einkomponenten-Anstrichstoffe bezogen werden. Vor Gebrauch werden sie nur noch durch Verdünnen mit dem zugehörigen Bindemittel (Fixativ) auf die im Einzelfall erforderliche Verarbeitungskonsistenz eingestellt und ggf. durch Mischen von Dispersions-Silicatfarben unterschiedlicher Farbe oder durch Zugabe von Silicat-Farbkonzentraten abgetönt oder farblich nuanciert. Für Grundanstriche auf stärker saugendem Untergrund und beim Verarbeiten bei warmer Witterung ist der Bindemittelzusatz höher (um 15 %) als für den Schlussanstrich.

Tab. 8.6 Schäden an Silicat- und Dispersions-Silicatfarbenanstrichen

Schaden, Ursache	Vermeiden, Beseitigen
Abblättern	
Zu glatter, dichter und deshalb kaum saugender Untergrund, der keine mechanische Verankerung des Anstriches zulässt, z. B. polierter Naturstein, durch Rütteln verdichteter Beton, Klinker und glatter Zement- und Kalk-Zementputz mit Kalksinterhaut, besonders kritisch, wenn diese Untergründe dazu noch unzureichend verkieselungsfähig sind.	Derartige Oberflächen sind im beschriebenen Zustand für Dispersions-Silicatfarbenanstriche noch geeignet; besser ist jedoch – und für Silicatfarbenanstriche unumgänglich – wenn sie schwach aufgeraut werden, z. B. die beschriebenen Beton- und Naturstein-oberflächen durch Schleifen oder Nass-Standstrahlen. Auf neuen Putzen meist vorhandene Kalksinterhaut muss durch Ätzen mit einem geeigneten Fluat aufgeraut werden.
Unzureichende Reaktionsfähigkeit mit Wasserglas (Silicatbildung, auch als „Verkieselung" bezeichnet) des Untergrundes für Silicatfarbenanstriche (für Dispersions-Silicatfarbenanstriche reicht eine mäßige Verkieselungsfähigkeit aus), z. B. Kalkstein- und Ziegelmauerwerk, dichter, zementreicher Beton, durch Rauch versottene Putz- und Betonoberflächen sowie mineralische Untergründe, in deren Unebenheiten nach dem Entfernen von Dispersions- oder Ölfarben-Altanstrichen noch Reste dieser Anstriche haften.	Diese Untergründe erhalten durch einen Silicat-voranstrich mit hohem Quarzmehlgehalt, z. B. KEIM-Kristall-Felsit, eine gut reaktionsfähige, einheitliche Grundbeschichtung. Eine mäßige Rauheit des Untergrundes ist günstig für einen guten mechanischen Verbund zwischen Untergrund und Grundbeschichtung. Vor Dispersions-Silicatfarbenanstrichen kann diese verkieselungsfördernde Grundbeschichtung auch mit einem quarzmehlhaltigen Dispersions-Silicatfarben-anstrichstoff, z. B. KEIM Contact, ausgeführt werden (Bild 8.18).
Unzureichende Festigkeit und deshalb nicht ausreichende Tragfähigkeit des Untergrundes, z. B. durch Verwitterung oder Alterung oberflächlich absandender oder „mehliger" Putz und Beton sowie oberflächlich abkreidende alte Silicatfarben- und Kalkanstriche.	Festigung mit einer Fixativ-Grundierung; ist ein Dispersions-Silicatfarbenanstrich vorgesehen, kann dafür auch Spezialfixativ verwendet werden. Das Fixativ ist mit Wasser zu verdünnen. Das Mischungsverhältnis Fixativ zu Wasser ist von der Stärke und Tiefe des Absandens oder Abkreidens abhängig, z. B. 1 : 2 bei schwächerem Absanden oder Abkreiden, 1 : 1 bei stärkerem, tiefergehenden Absanden; in diesem Fall evtl. zweimal kurz nacheinander nass-in-nass aufbringen.
Falscher Aufbau des Anstrichsystems; der Schlussanstrich ist bindemittelreicher und deshalb fester als der Vor- oder Grundanstrich oder auch vorhandener Silicat- oder Dispersions-Silicatfarben-altanstriche.	Im System müssen die einzelnen Anstriche die gleiche, richtige Bindemittelmenge (Fixativ) enthalten und die gleiche Festigkeit haben. Die Festigkeit vorhandener Altanstriche muss in dieses Prinzip einbezogen werden. Unzureichend feste Altanstriche erhalten deshalb einen Voranstrich mit verdünntem Fixativ.
Frosteinwirkung auf den frischen Anstrich.	Ausführung und Verfestigung nur bei frostfreier Witterung.
Ansätze	
Sehr starkes Saugvermögen des Untergrundes nicht korrigiert; dadurch ist kein Nass-in-nass-Streichen größerer Flächen möglich – auch besteht die Gefahr, dass aus dem Grundanstrich zu viel Fixativ abgesaugt wird.	Grundieren mit verdünntem Fixativ; Fixativ zu Wasser 1 : 2 bis 1 : 3. Keine Arbeitsunterbrechung bei großen Flächen, sondern zügig nass-in-nass und Hand-in-Hand streichen.
Falsche Arbeitsweise oder Ausführung bei heißer Sonneneinstrahlung auf stark erwärmten Untergrund.	Zuvor genannte Arbeitsweise einhalten. Bei heißer Sonneneinstrahlung nur die im Schatten liegenden Flächen streichen.

8.6 Schäden an Silicat- und Dispersions-Silicatfarbenanstrichen

Tab. 8.6 Fortsetzung

Schaden, Ursache	Vermeiden, Beseitigen
Ausblühungen	
Ausblühungen wasserlöslicher Salze, die mit der Feuchtigkeit aus dem Untergrund kommen, z. B. von Salzen aus dem Baugrund, die mit der Bodenfeuchtigkeit in nicht gedichtete Wände gelangen; von Sulfaten, die durch den Einfluss schwefelsaurer Luftimmission auf kalkhaltigem Untergrund entstanden; aber auch von Frostschutzsalz, CaCl, das dem Mörtel im Winter zugesetzt wurde.	Baumängel, z. B. unwirksame Dichtungen gegen Bodenfeuchtigkeit oder fehlende Abdeckungen auf Fenstersohlbänken und Gesimsen, die das Eindringen von säureverunreinigtem Regenwasser verhindern sollen, beseitigen. Für Fassaden, die schwefelsaurer Luftimmission ausgesetzt sind, möglichst keine rein kalkgebundenen Baustoffe einsetzen – auch der Einsatz von wasserlöslichen Chloriden als Frostschutzmittel sollte unterbleiben. Ausblühungen trocken abbürsten, evtl. fluatieren, geeigneter Silicat-Grundanstrich.
Weiße Ablagerung von Natriumcarbonat (Soda), Na_2CO_3, wenn der Silicatfarbe als Bindemittel Natron- oder Mischwasserglas zugesetzt wurde.	Natronwasserglas, $Na_2O \cdot nSiO_2 \cdot x\,H_2O$ ist für Anstriche nicht zu verwenden; denn es scheidet beim Verfestigen Na_2CO_3 aus. $Na_2O \cdot nSiO_2 \cdot x\,H_2O + CO_2 \rightarrow nSiO_2 \cdot y\,H_2O + Na_2CO_3 + z\,H_2O$
Dunkle, glasige Flecken dichter Kalksinter auf Putz oder Betonuntergrund	Kalksinter mit Ätzflüssigkeit (verdünnter Kieselfluorwasserstoffsäure) entfernen, damit der Untergrund etwas Fixativ aufnimmt.
Stark uneinheitlicher dichter und saugender Untergrund	Mit quarzmehlgefülltem Silicatgrundanstrich vereinheitlichen.
Normal saugender Untergrund mit Fixativ vorgestrichen.	Normales Saugvermögen ist vorteilhaft; keine Vorbehandlung; nur bei sehr starkem Saugvermögen wird mit verdünntem Fixativ vorgestrichen.
Zu hoher Fixativzusatz zur Silicatfarbe	Fixativzusatz stets auf das Saugvermögen des Untergrundes einstellen.
Schwindrisse	
Silicat- oder Dispersions-Silicatfarbe in einer Schicht zu dick aufgetragen.	Dickschichtige Anstriche durch mehrere Einzelanstriche oder mit hochgefülltem, evtl. faserbewehrten Anstrichstoff ausführen.
Feines Schwindrissnetz kann als Alterungserscheinung bei Anstrichen auftreten, die infolge mehrmaligem Überstreichen eine dicke Schicht erreicht haben; die Risse werden durch Staub und Rußeinschwemmung sichtbar.	Bei dickeren Silicatfarbanstrichen kann diese Alterungserscheinung nicht vermieden werden; allgemein wird dadurch die Haftfestigkeit nicht beeinträchtigt. Nach der Reinigung des Altanstrichs wird das Schwindrissnetz durch einen Anstrich mit dünnflüssiger Silicatfarbe ausgefüllt und überdeckt.
Breitere Schwindrisse des Putzuntergrundes, die sich auf den Anstrich übertragen.	Entweder Risssanierung oder Silicat- bzw. Silicat-Dispersionsanstrich mit Mineralfaserbewehrung und hohem Füllstoffzusatz ausführen.
Verfärbung	
Ausblühende Salze aus dem Untergrund	Siehe „Ausblühungen"
Durchschlagende Stoffe aus dem Untergrund, z. B. Ruß und Teerversottung, Entschalungsölreste auf Beton, Rost von freiliegender Stahlbewehrung, Kopierstiftmarkierungen; wasserlösliche Farbstoffe (Anilinfarben) aus alten Anstrichen.	Bautechnische Fehler vermeiden, z. B. nur zulässige Entschalungsmittel verwenden, vorgeschriebene Betondeckung über der Bewehrung einhalten, Stahlbeton-Sanierung. Durchschlagende Stoffe, z. B. mit Lösemitteln so weit wie möglich entfernen, dann aufrauen und hochgefüllten Voranstrich aufbringen.
Nicht zum Sortiment gehörende nicht alkalibeständige und nicht wasserglasechte Pigmente zugesetzt	Abtönen oder farblich nuancieren nur mit den zum Sortiment gehörenden Pigmenten, Farbkonzentraten oder farbigem Anstrichstoff

Tab. 8.6 Fortsetzung

Schaden, Ursache	Vermeiden, Beseitigen
Wischen, vorzeitige Verwitterung	
Silicatfarbenanstrich auf unzureichend reaktionsfähigem Untergrund ausgeführt	Derartige Oberflächen sind entweder nur für Dispersions-Silicatfarbenanstrich geeignet oder müssen einen verkieselungsfördernden, quarzmehlgefüllten Voranstrich erhalten (s. „Abblättern").
Erforderliche Fixativ-Grundierung, z. B. auf sehr stark saugende oder oberflächlich unzureichend feste Untergründe weglassen	Nach der Prüfung des Untergrunds die als erforderlich erachteten Grundanstriche zur Verringerung der Saugfähigkeit oder zur Festigung bzw. Vereinheitlichung des Untergrundes ausführen (vgl. „Abblättern" und „Ansätze).
Zu geringer Fixativzusatz zur Silicatfarbe	Höhe des Zusatzes auf das Saugvermögen des Untergrundes und auf die Anstrichbeanspruchung abstimmen, Probeanstrich ausrühren!
Wasserzusatz zur Silicat- oder Dispersions-Silicatfarbe	Niemals Wasser zusetzen; stets mit Fixativ, evtl. mit Spezialfixativ verdünnen.
Nicht zum Sortiment gehörende, ungeeignete Pigmente oder Füllstoffe zugesetzt	Nur die zum Sortiment gehörenden Materialien zusetzen (s. „Verfärbungen").

Für Dispersions-Silicatfarbenanstriche sind außer den für Silicatfarbenanstriche geeigneten Untergründen auch mit dem Wasserglas weniger reaktionsfähige mineralische Baustoffoberflächen als Untergrund geeignet, z. B. alte, durch Rauchlufteinfluss versottete oder von alten Dispersionsfarbenanstrichen befreite Putz-, Beton- und Mauerwerksoberflächen.

Gips- und anhydritgebundene Putze, Platten und Formteile müssen erst eine Spezialgrundierung erhalten, bevor sie einen Dispersions-Silicatfarbenanstrich erhalten.

Die Anstriche verfestigen hauptsächlich durch den unter dem Stichwort „Silicatfarbe" beschriebenen chemischen Vorgang der Silicatbildung, aber auch durch die mit der Wasserverdunstung einhergehend zunehmenden Adhäsionskräfte des Dispersionsbindemittelbestandteils. Letzteres bewirkt, dass die Anstriche auch an weniger reaktionsfähigen Untergründen sehr gut haften und im Gegensatz zu Silicatfarbenanstrichen mäßig flexibel und wasserabweisend sind. Das trifft in noch höherem Maße für Sol-Silicatfarbenanstriche zu. In den übrigen Eigenschaften unterscheiden sie sich nur unwesentlich von Silicatfarbenanstrichen.

Bild 8.18 Aufbau eines Dispersions-Silicatfarbenanstrichs auf uneinheitlichen Untergrund
1 Untergrund; 2 egalisierender Grundanstrich, z. B. Keim Contact; 3 Schlussanstrich

8.7 Schäden an Leimfarbenanstrichen

Die Planung, Vorbereitung und Ausführung von Silicat- und Dispersions-Silicatfarbenanstrichen erfordert ein erhebliches Maß an fachlichen Kenntnissen und Sorgfalt in der Arbeitstechnik. Deshalb sind die in der **Tabelle 8.6** beschriebenen Ursachen für Mängel und Schäden an diesen Anstrichen fast ausnahmslos subjektiver Art, nämlich Fehler in der Beurteilung und der eventuellen Vorbereitung der Untergründe sowie beim Zubereiten der Anstrichstoffe unter Berücksichtigung der Untergrundqualität **(Bild 8.18)**.

Inhaltliche Ergänzungen zur Beschreibung der Mängel und Schäden in der nachfolgenden Tabelle enthalten die Tabelle „7.6 Schäden an Silicat- und Dispersions-Silicatputzen" und Tabelle „10.6 Schäden an Silicatfarbenmalereien".
Ausführlich ist die Silicatfarbentechnik im Buch des Autors „Historische Beschichtungstechniken" beschrieben.

8.7 Schäden an Leimfarbenanstrichen

Die preiswerten, einfach auszuführenden Leimfarbenanstriche bestehen aus Pigment- und Kreideteilchen, die untereinander und an den Untergrund durch die Leimfestsubstanz gebunden sind **(Bild 8.19)**.
Bedingt durch die Feuchtigkeits- und Fäulnisempfindlichkeit der Leime können Leimfarbenanstriche nur in trockenen Räumen auf trockene Untergründe, z. B. Putz, Beton, Gipskarton- und Holzspanplatten, Pappe und Papier, ausgeführt werden **(Tabelle 8.7** mit den zugehörigen **Bildern 8.21 und 8. 22)**.

Bild 8.19 Leimfarbenanstriche und -dekorationsmalerei aus den Zwanziger Jahren des 20. Jahrhunderts, wie sie damals üblich waren

Zubereitung von Leimfarben
1. Gebrauchsfertige Leimfarben, die aus Schlämmkreide, ggf. Buntpigment und Celluloseleimpulver bestehen, werden nur in Wasser eingequollen und mit Wasser streich-, roll- oder spritzfähig verdünnt.
2. Selbstherstellung (Bild 8.20) erfolgt durch Einsumpfen von Schlämmkreide in Wasser, ggf. Abtönen des Kreidebreis mit ebenfalls in Wasser eingesumpften Pigment und Zusetzen der Stärkeleim- oder Celluloseleimlösung. Das Mischungsverhältnis Kreide-Pigmentbrei zu Leimlösung liegt bei 3:1.
Stark saugende Untergründe müssen mit Leimwasser (Leimlösung zu Wasser 1:20) vorgeleimt werden; für Gipsuntergrund kann man dafür auch Wasser mit Schmierseife- oder Alaunzusatz verwenden.
Alte Leimfarbenanstriche müssen stets abgewaschen werden bevor man sie erneuert.

Tab. 8.7 Schäden an Leimfarbenanstrichen

Schaden, Ursachen	Vermeiden, Beseitigen
Abblättern	
Ungenügende Haftung am Untergrund, z. B. auf morschem Putz, abblätternden alten Kalkfarbenanstrichen u. a.	Nur auf geeigneten Untergrund streichen, morschen Putz mit Kalk- oder Zementschlämme oder mit Fluat festigen.
Spannungen im Anstrichsystem, z. B. durch Anstriche mit zu hohem Stärkeleimgehalt (Bild 8.21) durch zu schwach gebundenen Grundanstrich oder durch zu dicken Anstrich.	Richtiger Leimfarbenanstrichaufbau, d. h. Grundanstrich stärker abbinden, Mischungsverhältnis beachten, nicht zu dick auftragen.
Frosteinwirkung auf den noch feuchten Anstrich.	Nur in frostfreien Räumen ausführen.
Beim Ausbessern von Rissen mit Gips Ränder nicht verwachsen.	Über die Ränder der Risse gezogenen Gips wegwaschen.
Ansätze	
Anstrich auf stark saugendem Untergrund, z. B. Gipsputz.	Saugfähigkeit durch Voranstrich, z. B. mit Leimwasser, verringern.
Schattenwirkung durch falsche Arbeitsweise, besonders bei Deckenanstrichen.	In Richtung des größten Lichteinfalls verschlichten, nass-in-nass streichen.
Farbige Streifigkeit	
Ungenügend vom Leim benetzte Pigmente werden erst beim Streichen aufgerieben. Sie wurden beim Kreidebrei entweder trocken zugesetzt oder der Leimfarbe nachträglich beigemischt.	Pigmente gut in Wasser einsumpfen; bei wasserabstoßenden Pigmenten dem Wasser einige Tropfen Seifenlösung oder Spiritus zusetzen. Fertiger Leimfarbe nur abgeleimte Pigmente beimischen.
Schimmelbefall	
Befall des Stärkeleimbestandteils durch Schimmelpilze in feuchten, warmen, ungenügend belüfteten Räumen (Bild 8.22).	In Räumen mit hoher Luftfeuchtigkeit fäulnisbeständige Anstriche ausführen, z. B. Silicat- oder Kalkfarbenanstriche.
Ungleichmäßige Oberflächenstruktur	
Bei Leimfarbenanstrichen mit Faserstoffzusatz: trocken zugesetzter, zusammengeballter Faserstoff, zu stark saugender Untergrund.	Faserstoff nur eingesumpft der Leimfarbe zusetzen.
Leimfarbe nicht richtig über die Fläche verteilt.	Untergrund vorleimen, durch Stumpfen oder Rollen gleichmäßig verteilen.
Verfärbungen	
Durchschlagende Wasser-, Rauch-, Ruß-, Rost- oder Fettflecke sowie wasserlösliche Teerfarbstoffe, die sich aus alten Anstrichen im Untergrund festgesetzt haben, auch Kopierstiftstriche oder Tintenspritzer	Untergrundschäden mit absperrenden Anstrichstoffen überstreichen, z. B. ausblutende Farbstoffe mit Absperrlack oder durch Auskratzen und Verputzen. Wasserflecke mit Fluat neutralisieren.
Mit Leimfarbe, die nicht kalkechte Pigmente enthielt, auf noch alkalischen Putz oder Beton gestrichen	Noch frische Putz- oder Betonflächen trocknen lassen und mit Fluatlösung neutralisieren. Kalkechte Mischpigmente verwenden.
Wischen, unzureichende Festigkeit	
Zu geringer Leimzusatz. Zu lange stehengelassene alte Stärkeleimfarbe verwendet.	Richtiges Mischungsverhältnis einhalten. Stärkeleimfarbe nicht zu lange aufbewahren, da sich der Leim allmählich zusetzt.
Eingedickte und mit Wasser wieder verdünnte Leimfarbe verwendet.	Dick gewordene Leimfarbe nicht mit Wasser, sondern mit Leimwasser verdünnen.
Nachlassen der Bindefähigkeit des Leimes im Anstrich in Räumen mit hoher Luftfeuchtigkeit.	In Räumen mit hoher Luftfeuchtigkeit keine Leimfarben, sondern Kalk- oder Silicatfarben verwenden.

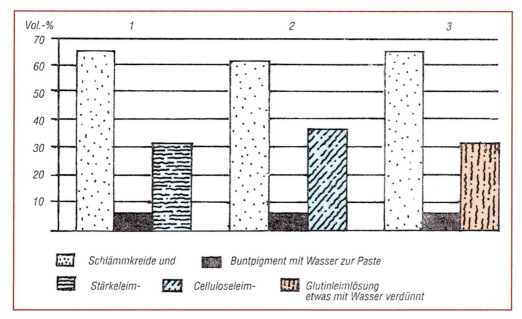

Bild 8.20 Zusammensetzung von selbst zubereiteter, hell getönter Stärkeleimfarbe (1), Celluloseleimfarbe (2) und Glutinleimfarbe (3)

Bild 8.21   **Bild 8.22**

Bild 8.21 Zu hoher Leimgehalt führt zu übermäßiger Spannung und zum Abblättern des Leimfarbenanstrichs

Bild 8.22 In feuchten Räumen besteht die Gefahr des Schimmelpilzbefalls

8.8 Schäden an Emulsions- und Dispersionsfarbenanstrichen

Emulsions- und Dispersionsfarben werden neben Dispersions-Silicatfarben in sehr großem Umfang und sehr vielseitig für Außen- und Innenanstriche eingesetzt **(Bild 8.23)**. Ihre technischen Eigenschaften wie Trocknung, Resistenz gegen die verschiedenen äußeren Einflüsse, Dauerhaftigkeit und Alterungsverhalten sowie die mögliche Schadensanfälligkeit sind in hohem

Bild 8.23 Eine in der Dispersions-Silicatfarbentechnik über lange Zeit instandgehaltene Fassade eines Gebäudes in Altenburg

Maße von der Art, Qualität und vom Mengenanteil ihres Bindemittels abhängig, aber auch von ihren Pigmenten und Füllstoffen. Deshalb werden die Bestandteile und ihr Einfluss auf die zuvor genannten Anstricheigenschaften in kurzer Form beschrieben.

Die beiden Anstrichgruppen unterscheiden sich im Bindemittel und in der Art ihrer Trocknung wie folgt:

■ Bei Emulsionsbindemitteln ist der bindende, wasserunlösliche Stoff, z. B. trocknende Pflanzenöle und Harzlösungen mit Hilfe eines Emulgators, z. B. Methylcellulose, in feinen Tropfen in Wasser verteilt. Sie trocknen durch die Verdunstung des Wassers; bei Harzemulsionen auch durch das Verdunsten des Lösemittels – sowie durch die Trocknung des bindenden Stoffs, z. B. durch Oxydation und Polymerisation des Öls.
■ Die Dispersionsbindemittel enthalten als bindenden Stoff mikroskopisch kleine, klebrigfeste, mit Hilfe von Stabilisatoren in Wasser feinverteilte Kunststoffteilchen. Beim Verdunsten ihres Wassers bilden sie durch Zusammenkleben einen Bindemittelfilm.

Eine grobe Übersicht über die Bindemittelgrundlage und Anwendung der Emulsions- und Dispersionsfarben gibt **Bild 8.24**. Ausführlich werden diese Anstrichstoffe und Anstriche im Buch „Historische Beschichtungstechniken" beschrieben.
Die in der **Tabelle 8.8** beschriebenen Schäden können vermieden werden, wenn die nachfolgenden Hinweise für die Auswahl, Anwendung und Verarbeitung der Emulsions- und Dispersionsfarben beachtet werden.

Richtige Bewertung und fachgerechte Vorbehandlung des vorliegenden Untergrunds
Hierzu gehören:Chemische Verträglichkeit zwischen Untergrund und vorgesehenem Anstrich. So können für noch alkalisch reagierende Beton- und Putzuntergründe keine Anstrichstoffe mit verseifbarem Bindemittel, z. B. Öl- und Alkydharzemulsion oder mit alkaliunbeständiger Kunst-

8.8 Schäden an Emulsions- und Dispersionsfarbenanstrichen

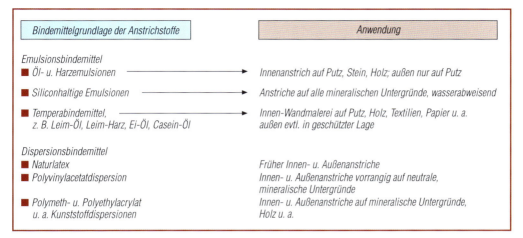

Bild 8.24 Die Emulsions- und Dispersionsfarben, benannt nach ihrem Bindemittel mit ihren Anwendungsbereichen

stoffdispersion, z. B. Polyvinylacetatdispersion oder mit alkaliunbeständigen Pigmenten, z. B. Berliner Blau, Chromat- und die meisten organischen Pigmente, eingesetzt werden.
Bauphysikalische Eignung des Anstrichs für den vorliegenden Untergrund, z. B. dürfen Kunststoffdispersionsfarben und die meisten Emulsionsfarben infolge der geringen Diffusionsfähigkeit, besonders bei mehrschichtigen Anstrichen, nicht für Sanierputz- und luftkalkgebundene Putzuntergründe verwendet werden. Die Gründe gehen aus dem **Bild 8.25** hervor.
Die Untergründe müssen lufttrocken sein; d.h. ihr Feuchtigkeitsgehalt soll sich der durchschnittlichen Luftfeuchtigkeit an ihrem Standort angeglichen haben (Ausgleichsfeuchte).
Für die Tragfähigkeit der Untergründe ist ihre Festigkeit besonders wichtig, weil vor allem die Kunststoff-Dispersionsfarbenanstriche eine beachtliche Spannung entwickeln. Damit zwischen den Anstrichen und Untergründen ein fester mechanischer und adhäsiver Verbund entsteht, dürfen sich auf den Untergründen kein Staub und keine nicht mehr haftfeste Altanstriche oder Anstrichreste befinden.

Richtige Auswahl der Anstrichstoffe unter Beachtung der Funktion und Wirtschaftlichkeit der damit auszuführenden Anstriche.
Nicht immer beachtet man diese Auswahlkriterien, sondern häufig werden zwecks Kostensenkung oder Gewinnsteigerung aus den in Qualität und Preis in großer Breite angebotenen Dispersionsfarben die billigsten ausgewählt. Da sich der Preis der Anstrichstoffe hauptsächlich

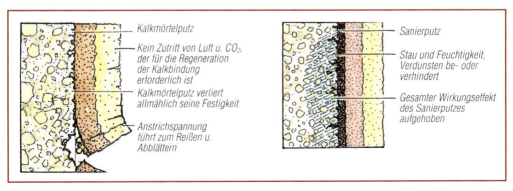

Bild 8.25 Auswirkung von Dispersionsfarbenanstrichen mit geringer Diffusionsfähigkeit auf Sanier- und Kalkmörtelputz

Tab. 8.8 Schäden an Emulsions- und Dispersionsfarbenanstrichen

Schaden, Ursachen	Vermeiden, Beseitigen
Abblättern	
Untergrund im Oberflächenbereich nicht ausreichend fest und morsch, z. B. verwitterter, absandender Putz (Bild 8.28).	Entweder Neuverputz oder nach dem Entfernen abblätternder oder absandender Teile mit verdünntem Dispersionsbindemittel bzw. Tiefgrund festigen und mit mineralischen Feinputzmörtel oder Spachtel überziehen.
Nicht tragfähiger Altanstrich oder Anstrichrest auf dem Untergrund, z. B. abblätternder Kalkanstrich, Leimfarbenanstrichreste, nicht mehr haftfester alter Dispersionsfarbenanstrich.	Derartige Altanstriche oder Anstrichreste vollständig entfernen; denn sie halten der Spannung von Emulsions- und Dispersionsfarbenanstrichen nicht stand. Danach mit Tiefgrund vorstreichen.
Stark saugender Untergrund nicht richtig vorbehandelt, z. B. Gipsputz oder Gipskarton.	Gipsputz mit lösemittelhaltigem Tiefgrund, Gipskarton mit wasserhaltigem Tiefgrund vorstreichen.
Untergrundverunreinigung, die als Trennschicht wirkt und den Verbund zwischen Untergrund und Anstrich be- oder verhindert, z. B. Schalungsöl auf Beton, Paraffin auf Hartfaserplatten, wachshaltige Anstriche oder Pflegemittel.	Die Trennschicht, z. B. mit Lösemittel restlos entfernen; danach an Anstrichprobe die Haftfestigkeit prüfen. In den Untergrund eingedrungene Stoffe mit einer dünnen Absperrlacklösung, z. B. „Kronengrund"®, sperren.
Falscher Aufbau des Anstrichsystems; vgl. Bild 8.27.	Richtig aufbauen, d. h. von unten nach oben muss der Bindemittelgehalt der Anstriche geringer sein oder zumindest gleich bleiben.
Frosteinwirkung auf die trocknenden Anstriche.	Die Temperatur bei der Ausführung und Trocknung soll über 5 °C liegen; auch kurzzeitig darf kein Frost auftreten.
Emulsions- oder Dispersionsfarbenanstriche, die nur gering pigmentiert sind, z. B. Lasuranstriche und auch unpigmentierte, farblose Anstriche mit einem hohen, nicht ausreichend verdünnten Bindemittelgehalt. Ihre starke Spannung führt zum Reißen und Abblättern.	Für derartige Anstriche muss das Bindemittel stark mit Wasser verdünnt werden. Sofern ein Anstrichsystem mit Schutzwirkung vorgesehen ist, muss das mit 3 bis 4 dünnen Anstrichen aufgebaut werden.
Abkreiden	
Innenanstrichstoffe für außen eingesetzt	Nur für außen bestimmte Materialien verwenden.
Pigmente in größeren Mengen zum Abtönen eingesetzt.	Nur mit Abtönfarben oder farbigen Dispersionsfarben gleicher Bindemittelgrundlage abtönen.
Nicht gut aufgerührte Dispersionsfarben (Bodensatz) verwendet.	Gelagerte Anstrichstoffe stets sorgfältig auf- und durchrühren.
Gefrorene, zu schnell aufgetaute Dispersionsfarben eingesetzt.	Frosteinwirkung verhindern; gefrorene Dispersionsfarben langsam auftauen.
Falsche Arbeitsweise beim streichen; zu lange verschlichtet.	Zügig streichen, nass-in-nass.
Frosteinwirkung auf trocknende Beschichtung.	Bei Frostgefahr keine wasserhaltigen Materialien einsetzen.
Ansätze	
Stark saugender Untergrund.	Saugfähigkeit durch Grundanstrich mit verdünntem Bindemittel bzw. Tiefgrund verringern.
Bei direkter warmer Sonneneinstrahlung ausgeführt.	Fassaden im Schatten streichen.

8.8 Schäden an Emulsions- und Dispersionsfarbenanstrichen

Tab. 8.8 Fortsetzung

Schaden, Ursachen	Vermeiden, Beseitigen
Ansätze	
Falsche Arbeitsweise: Nicht nass-in-nass und nicht Hand-in-Hand gearbeitet, oder zu lange verschlichtet oder verteilt.	Größere Flächen stets ohne Unterbrechung nass-in-nass streichen, rollen oder spritzen. Filmbildung nicht behindern, zügig streichen oder rollen.
Besonders bei Decken nicht in Richtung des Lichteinfalls gestrichen.	Stets an der Fensterseite beginnen, dadurch entstehen im Anstrich keine Schattenkanten.
Nicht richtig aufgerührtes oder gefrorenes Material verwendet.	Gründlich aufrühren: Anstrichstoffe frostfrei lagern, doch gefrorenes Material sehr langsam auftauen.
Blasenbildung	
Poröser Untergrund mit hohem Feuchtigkeitsgehalt, bei Wärmeeinstrahlung, Wasserverdunstung und Dampfblasenbildung unter der Beschichtung.	Zu feuchte Untergründe vor der Beschichtung erst austrocknen lassen; sie müssen lufttrocken sein.
Anstriche, die häufig unter dem Einfluss von Wasser, Wasserdampf, z. B. Kondenswasser, stehen.	Vor allem Latexfarbenanstriche sind nicht ausreichend wasserdampfdurchlässig; sie sind nicht als Feuchtraumanstriche geeignet.
Fleckigkeit	
Uneinheitliche Saugfähigkeit oder Oberflächenstruktur des Untergrundes.	Voranstrich mit verdünntem Bindemittel; Tiefengrund oder spezieller Grundierung.
Untergrund mit Ausblühungen von Alkalisalzen oder mit durchschlagenden Stoffen, z. B. Wasserflecke, Schalungsöl, Rußflecke.	Ausblühungen und Wasserflecke fluatieren, Ruß- und Schalungsölflecke mechanisch entfernen, z. B. abstrahlen oder mit Absperrlack überstreichen.
Pilzbefall	
Von Schimmelpilzen befallenen Untergrund nicht vorbehandelt.	Schimmelpilzbefall abwaschen, Flächen austrocknen lassen und fluatieren.
Befall durch Pilzsporen in feuchten, warmen, unzureichend belüfteten Räumen.	Entweder Räume besser lüften oder widerstandsfähigere Beschichtung anwenden, z. B. Silicatfarbenanstriche.
Reißen	
Hochviskose Anstrichstoffe zu dickschichtig aufgetragen.	Zulässige maximale Einzelschichtdicke nicht überschreiten, evtl. mehrschichtig auftragen.
Anstrichstoffe mit geringerem Bindemittelgehalt für elastische, dehnbare Untergründe eingesetzt.	Dehnbare, elastische Untergründe nur mit bindemittelreichen Dispersionsfarben beschichten.
Falscher Aufbau der Beschichtung: Grundanstrich bindemittelreicher als Deckanstrich.	Grundanstriche müssen ebenso viel oder mehr Bindemittel enthalten als die Deckschicht.
Verfärbungen	
Trocken zugesetzte Pigmente reiben sich beim Streichen oder Rollen auf.	Mit Abtönfarben abtönen.
Durchschlagende Stoffe des Untergrundes, z. B. Kopierstiftstriche, Rußflecke, Schalungsöl.	Auskratzen und entstandene Löcher vergipsen, größere Flächen evtl. abstrahlen oder absperren mit Absperrlack
Verseifung	
Anstrichstoffe mit verseifbaren Bestandteilen, z. B. Harzemulsionsbindemittel, Latexfarbe mit alkaliunbeständigem Weichmacher, auf frischen, stark alkalischen Beton oder Putz aufgebracht.	Alkalisch reagierende Untergründe stets durch Fluatieren neutralisieren oder alkalienbeständige Dispersionsfarben einsetzen.

Billig-Dispersionsfarbe

- 🔴 Geringer Preis der Dispersionsfarbe
  Vorübergehend oder scheinbar Kosteneinsparung
- 🔵 Meist geringe Deckfähigkeit erfordert einen dicken Farbauftrag oder einen zusätzlichen Anstrich
- 🔵 Dicke, spannungsreiche Anstrichschicht.
  Häufig kurze Standzeit, Rissbildung, Abblättern

Preiswerte, hochwertige Dispersionsfarbe

- 🔵 Hoher Einkaufspreis
- 🔴 Allgemein hohe Ergiebigkeit infolge guter Deckungsfähigkeit und leichter Verarbeitbarkeit.
  Dadurch Einsparung an Arbeitszeit- und Materialkosten
- 🔴 Dünne, haftfeste Anstrichschicht
  allgemein von langer Standzeit und Farbbeständigkeit

Zeichen: 🔴 vorteilhaft   🔵 nachteilig

Bild 8.26 Vergleich der Wirtschaftlichkeit zwischen einem mit billigen Dispersionsfarben ausgeführten Anstrichsystem und einem preiswerten Anstrichsystem

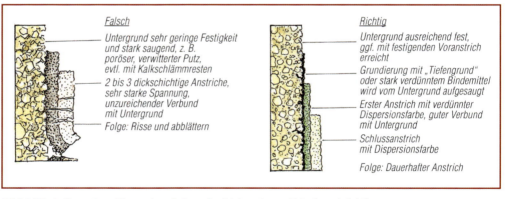

Bild 8.27 Aufbau eines Dispersionsfarben-Anstrichsystems: Falsch und richtig

Falsch
- Untergrund sehr geringe Festigkeit und stark saugend, z. B. poröser, verwitterter Putz, evtl. mit Kalkschlämmresten
- 2 bis 3 dickschichtige Anstriche, sehr starke Spannung, unzureichender Verbund mit Untergrund
- Folge: Risse und abblättern

Richtig
- Untergrund ausreichend fest, ggf. mit festigenden Voranstrich erreicht
- Grundierung mit „Tiefengrund" oder stark verdünntem Bindemittel wird vom Untergrund aufgesaugt
- Erster Anstrich mit verdünnter Dispersionsfarbe, guter Verbund mit Untergrund
- Schlussanstrich mit Dispersionsfarbe
- Folge: Dauerhafter Anstrich

Bild 8.28 Reißen und abblättern eines Dispersionsfarbenanstrichs, weil der Putzuntergrund nicht ausreichend fest war

aus den Preisen und der Qualität der dafür eingesetzten Bindemittel, Pigmente u. a. ergibt, haben Billigerzeugnisse meistens Qualitätsmängel wie schlechte Deckfähigkeit, geringe Ergiebigkeit und keine dauerhafte Licht-, Farb- und Wetterbeständigkeit. Daraus ergibt sich meist, dass nur mit mehreren, dickschichtigen Anstrichen eine ausreichende Deckfähigkeit erreicht wird, die häufig nicht dauerhaft farb- und wetterbeständig bleiben und dadurch schadensanfällig sind. Das Ergebnis der durch die Auswahl eines Billigerzeugnisses fehlerhaften Wirtschaftlichkeitsberechnung schlägt infolge der höheren Arbeitszeitkosten und der verminderten Funktionsfähigkeit und Standzeit der Anstriche ins Gegenteil um **(Bild 8.26)**.

Fachgerechte Verarbeitung unter Berücksichtigung der Verarbeitungshinweise des Anstrichstoffherstellers. Sie bezieht sich auf den Aufbau von Anstrichsystemen; danach darf es zwischen den einzelnen Anstrichen der Systeme keine Festigkeits- und Spannungsunterschiede geben **(Bild 8.27 und 8.28)** – ferner auf das Auftragen durch Streichen, Rollen und Spritzen; dies muss zügig, ohne Unterbrechung und ansatzfrei erfolgen. Wichtig sind auch die Einhaltung der Trocknungszeit zwischen den einzelnen Anstrichen des Systems. Sie ist bei Emulsionsfarben mit chemisch trocknendem Bindemittel, z. B. Ölemulsion, länger, meist 1 Tag, als bei den rein physikalisch trocknenden Kunststoff-Dispersionsfarben. Auch die Verarbeitungsbedingungen sind zu beachten. Grundsätzlich ist trockenwarme Luft günstig für die Trocknung und Filmbildung. Zumindest muss die Temperatur in der Verarbeitungs- und Trocknungszeit über 5 °C liegen.

8.9 Schäden an Siliconharzfarben-Anstrichen

Anstriche auf der Bindemittelbasis von Siliconharzemulsionen und -lösungen sind zeitlich die neuesten bzw. „modernsten" Beschichtungen für mineralische Untergründe. Auch in ihren Eigenschaften unterscheiden sie sich von den meisten herkömmlichen Anstrichen. Es sind:
■ Hohes Wasserabweisungsvermögen (w-Wert < 0,05 kg/m² h^{0,5}). Dadurch verhindern sie die Durchfeuchtung von Außenwänden; wodurch auch ihr Wärmedurchlasswiderstand erhalten bleibt und die Einschwemmung von Staub, auch der Befall durch Organismen verhindert wird.
■ Gutes Diffusionsvermögen (s_d-Wert um 0,5 m), besonders der Erstanstriche
■ Resistenz gegen atmosphärische Einflüsse, einschließlich gegen saure und alkalische Immissionsstoffe
■ Beständigkeit gegen Frost-; Spezialsorten bis –40 °C – weil sie auch bei Kälte ihre Elastizität beibehalten.

Bild 8.29 Der Siliconharz-Emulsionsfarbenanstrich des Rathauses in Rostock wird durch seine wasserabweisende Wirkung sowohl der Beanspruchung durch das feuchte Meeresklima als auch der Forderung nach einer dauerhaft sauberen Fassade gerecht.

Tab. 8.9 Schäden an Siliconharzfarben-Anstrichen

Schaden, Ursachen	Vermeiden, Beseitigen
Abblättern	
Unzureichende Festigkeit des Untergrundes im Oberflächenbereich nicht behoben.	Vorbehandlung durch festigende Imprägnierung.
Nicht tragfähige alte Anstriche oder Anstrichreste belassen, z. B. wischende, abblätternde Kalkfarbe.	Derartige Anstriche restlos entfernen und Imprägnier-Voranstrich.
Sehr glatter, dichter Untergrund, z. B. Zementglätte und Keramikglasur.	Mechanisch schwach aufrauen oder körnige Haftgrundierung.
Einschichtiger, zu dicker Farbauftrag.	Deckfähigkeit nicht mit einem Anstrich „erzwingen".
Reißen	
Nachträglich entstandene statische Risse im Untergrund.	Ausfüllen, Überbrücken mit Gewebe- oder Vliesstreifen, Ränder anspachteln, Anstrich erneuern.
Schwindrisse im zu früh überstrichenen kalk- oder zementgebundenen Neuputz.	Putzdurchhärtung abwarten (28 Tage), Schwindrisse füllen, evtl. faserbewehrter Anstrich.
Falscher Anstrichaufbau - Voranstrich bindemittelreich, evtl. sogar reiner Siliconharzbindemittel-Anstrich, Schlussanstrich mit hohem Füllstoffanteil.	Die einzelnen Anstriche müssen im Bindemittelgehalt und damit in ihrer Festigkeit und Spannung gleich sein.
Verfärbung	
Durchschlagende Stoffe aus dem Untergrund, z. B. Salze, Bitumen und lösliche Farbstoffe.	Vor der Anstrichausführung mit Absperrmittelanstrich, z. B. „Kronengrund", binden.
Lichtunechte Universal-Abtönfarben zugesetzt, meist organische Farbstoffe, die unter Licht- und UV-Strahlung ausbleichen.	Abtönung und Farbnuancierung nur mit zum System gehörenden Siliconharzfarben vornehmen.
Pilz- und Bakterienbefall, z. B. Schwarzschimmel	Reinigung, z. B. durch Hochdruckwasserstrahlen, evtl. biocide Schutzimprägnierung.
Vorzeitige Alterung (starkes Abkreiden)	
Unzulässiger Zusatz von pulverförmigem Füllstoff oder Pigment.	Nur zum Anstrichsystem gehörende Siliconharz-Füllfarbe und -Farbpasten verwenden.
Überlagerte, eingedickte und deshalb stark wasserverdünnte Siliconharzfarbe verwendet.	Lagerungszeit in luftdicht schließenden Gefäßen nicht überschreiten.
Extreme Beanspruchung, z. B. durch Pflanzenbewuchs, robuste Reinigung von Straßen-Spritzwasserschmutz, Graffitischmierereien u. a.	Angemessene Reinigungsverfahren anwenden, z. B. Waschen mit Seifenwasser; evtl. zusätzlichen Schutzanstrich mit Siliconharzbindemittel oder Graffiti-Schutzfarbe.

Bild 8.30 Siliconharz-Emulsionsfarben deckend und lasierend

8.9 Schäden an Siliconharzfarben-Anstrichen

Einsatzgebiete der speziellen Siliconharzfarben sind:

- Fassadenanstriche auf mineralische Untergründe im Neu- und Altbau **(Bild 8.29)**
- Carbonatisierungs-Schutzanstriche auf Stahlbeton, da sie das CO_2-haltige Regenwasser vom Beton fernhalten
- belebende Farblasuren auf Putz, Beton und Naturstein sowie auf Siliconharzfarben-Voranstriche **(Bild 8.30)**.

Mögliche Mängel und Schäden, wie Abblättern, Reißen, Verfärbung und vorzeitige Alterung sind hauptsächlich auf mangelhafte Untergrundvorbehandlung und Verarbeitungsfehler zurückzuführen **(Tabelle 8.9)**.

8.10 Schäden an Ölfarben- und Alkydharz-Lackfarbenanstrichen

Anstrichstoffe auf der Bindemittelbasis oxydativ trocknender Pflanzenöle und Öllacke werden vorrangig in der Denkmalpflege eingesetzt. Anders verhält es sich bei den Anstrichstoffen auf der Bindemittelgrundlage von ölmodifizierten bzw. mit anderen Filmbildnern modifizierten Alkydharzen. Infolge der verschiedenen Alkydharzmodifikate mit sehr unterschied-

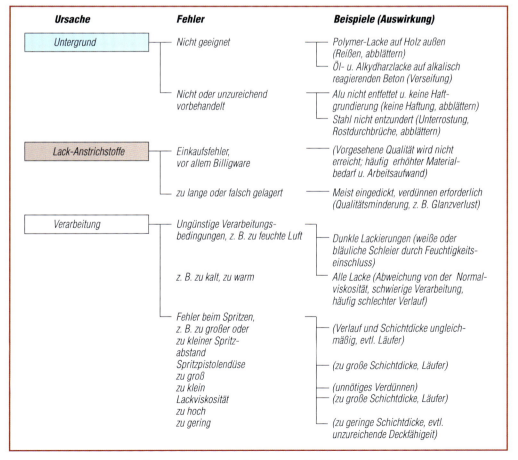

Bild 8.31 Ursachen von häufiger vorkommenden Mängeln und Schäden an Lackierungen

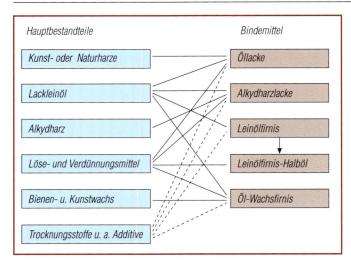

Bild 8.32 Hauptbestandteile von öligen Bindemitteln, Öl- und Alkydharzlacken

lichen bzw. spezifischen Eigenschaften stehen die lufttrocknenden Alkydharz-Anstrichstoffe im Einsatz im und am Bauwerk im Anwendungsumfang unter den Lacken und Lackfarben mit Abstand an erster Stelle **(Bild 8.32)**.

Die Zusammenfassung der Öl- und Alkydharz-Lackfarbenanstriche in diesem Abschnitt ergibt sich daraus, dass wie in Tabelle 8.2 dargestellt, die ölmodifizierten Alkydharz-Anstrichstoffe in der Verarbeitung, Trocknung und in den Eigenschaften und möglichen Schäden der Anstriche den Ölanstrichstoffen sehr ähnlich sind.

Das *„Gestalten mit Öl- und Lackfarben"* durch Anstriche, dekorative und künstlerische Malereien ist im Fachbuch *„Historische Beschichtungstechniken"* des Autors ausführlich beschrieben. Für Lasuranstriche und dekorative Arbeiten auf Ölbasis sind spezielle, im **Bild 8.32** erfasste Pigmente erforderlich. Häufiger auftretende Schäden zeigen die **Bilder 8.34 bis 8.41**.

Bild 8.33 Für Lasurfarben zur Holz- und Marmormalerei bevorzugte Pigmente (Kremer-Pigmente)

Schäden an Ölfarben und Öllackfarben-Anstrichen

Bild 8.34

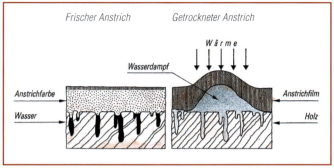
Bild 8.35

Bild 8.36

Bild 8.37

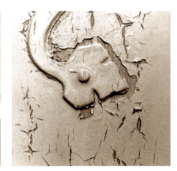
Bild 8.38

Bild 8.39

Bild 8.40

Bild 8.41

Bild 8.34 Blasenbildung in einem Ölfarbenanstrich, der auf übermäßig feuchtem Holz ausgeführt wurde

Bild 8.35 Schema der im Bild 8.34 gezeigten Blasenbildung

Bild 8.36 Abblätternder Ölfarbenanstrich auf Holz mit hohem Harzgehalt, das bei Erwärmung stark „arbeitet"

Bild 8.37 Zwischen Scheibe und Holz eindringendes Wasser führt zu Pilzbefall und Fäulnis

Bild 8.38 Weniger elastische Öllackfarben-Anstriche reißen auf alten, vollfetten Ölfarbenanstrichen

Bild 8.39 Öllackfarbe, die auf nicht durchgetrocknetem dicken Ölfarbenanstrich aufgetragen wurde.

Bild 8.40 Unter anhaltendem Wassereinfluss quellen Ölfarben- und fette Alkydharz-Lackfarbenanstriche

Bild 8.41 Unterrostung eines in der Schichtdicke nicht ausreichenden Rostschutz-Alkydharz-Lackfarbenanstrichsystems

Schäden an Lackierungen

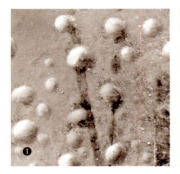 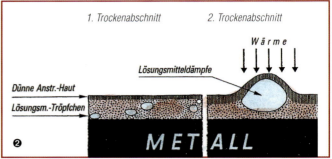

Bild 8.42

 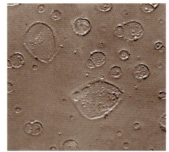 

Bild 8.43   *Bild 8.44*   *Bild 8.45*

  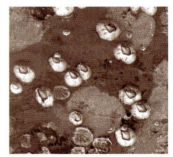

Bild 8.46   *Bild 8.47*   *Bild 8.48*

Bild 8.42 Blasenbildung durch spontan verdunstendes Lösemittel aus einer bei starker Wärmeeinwirkung zu schnell trocknenden Lackierung
1 Schadensbild; 2 Schema zum Ablauf der Blasenbildung

Bild 8.43 Abblätternde Lackierung, die sich auf zementgeglättetem Putz befindet

Bild 8.44 Siliconverunreinigungen führen zur Kraterbildung in der frischen Lackierung

Bild 8.45 Reißen der spröden Schlusslackierung auf einem elastischen Lackfarbenvoranstrich

Bild 8.46 Die dekorative Reißlackierung beruht auf einem spröden Lackfarben-Schlussanstrich, der sich auf einen elastischen Voranstrich befindet

Bild 8.47 Schnell trocknende Lackfarben bilden Oberflächen mit „Kleckereffekt", wenn sie mit zu großem Abstand gespritzt werden.

Bild 8.48 Bewuchs einer im Meerwasser stehenden Korrosionsschutzlackierung durch Seepocken

8.11 Schäden an Lackierungen

Infolge der sehr unterschiedlichen Zusammensetzung, Trocknung und Verarbeitung der Lacke und Lackfarben sowie der großen Unterschiede in den Eigenschaften und in der Anwendung der verschiedenen Lack- und Lackfarbenanstriche sind zahlreiche spezifische Schäden möglich **(Bilder 8.42 bis 8.48,** vgl. mit Tabelle 8.1). Sie können hier nicht im Einzelnen beschrieben werden, sondern es sind nur solche Schäden erfasst, die noch häufig an Lackierungen unterschiedlicher Bindemittelgrundlage vorkommen. Bezieht sich der beschriebene Schaden nur auf eine bestimmte Lackierung, dann wird darauf hingewiesen. Zugunsten einer kurzen Benennung der Schäden wird für unpigmentierte Lackanstriche, für Lackfarbenanstriche und für die einzelnen Anstriche im System der Begriff *Lackierung* gebraucht.

In den Eigenschaften, der Anwendung und in den Ursachen der Schäden an Lackierungen gibt es Ähnlichkeiten mit den Alkydharz-Lackfarbenanstrichen – deshalb ergänzen sich die **Tabellen 8.10 und 8.11**. Weiterführende Aussagen auch zu diesem Thema bietet der Band *„Historische Beschichtungstechniken"*.

Tab. 8.10 Schäden an Öl- und Alkydharz-Lackfarbenanstrichen

Schaden, Ursachen	Vermeiden, Beseitigen
Abblättern	
Auf nassen Untergrund gestrichen (Nässe durch Baufeuchtigkeit, durch Regen, Schnee, Nebel, Tau usw.).	Nur auf trockene Flächen streichen.
Nicht vorbereiteter Untergrund, wie morsche, abblätternde, alte Anstriche, hochglänzende Lackierungen, neues Zinkblech, hochglänzende Kunststoffflächen.	Untergrund vorbereiten, z. B. nicht tragfähige alte Anstriche entfernen, hochglänzende Lackierungen und Kunststoffflächen durch Schleifen, neues Zinkblech entfetten, evtl. aufrauen oder Haftgrundierung aufbringen.
Zu stark pigmentierte Grundanstrichfarbe auf stark saugendem Untergrund gestrichen, Bindemittel wird abgesaugt.	Poröse Untergründe grundieren mit: Leinölfirnis-Halböl oder auf Holz Öl- oder Alkydharz-Bläueschutzgrundierung, schwach pigmentiertem Leinölfirnis-Halböl, verdünntem Öllack.
Spröder, magerer, nicht wetterbeständiger Öl- oder Alkydharzlack-Anstrich auf „arbeitendem" Untergrund, z. B. auf fettem Ölfarbenanstrich, kienigem Holz usw. (Bild 8.35)	Für außen nur fette Öl- oder Alkydharzfarben verwenden, besonders bei „arbeitenden" Untergründen.
Abkreiden	
Zu geringer Bindemittelgehalt bzw. zu hoher Pigmentgehalt bei Außenanstrichen.	Für Außen-Schlussanstriche bindemittelreiche Anstrichstoffe verwenden.
Einige Pigmente, z. B. Titandioxid (Anatasform) neigen im Anstrich zum Abkreiden; Verwitterung der Anstrichoberfläche.	Zum Kreiden neigende Pigmente in Verbindung mit aktiven Pigmenten einsetzen (nur für Außenanstriche). Alterung der Anstriche (natürlicher Vorgang); Neuanstrich.
Ansätze in Lasuranstrichen	
Lasuranstrich auf stark saugendem Untergrund oder mit zu schnell anziehender Öllasurfarbe ausgeführt.	Untergrund, z. B. Holz, erst mit Halböl grundieren, dann mit Öllasurfarbe streichen.
Blasenbildung	
Auf Untergrund mit hohem Feuchtigkeitsgehalt gestrichen (frisches Holz), bei Sonnenbestrahlung entstehender Wasserdampf hebt den Anstrich an (Bilder 8.33 und 8.34)	Nur auf ausreichend trockene Untergründe streichen, besonders bei Holz; eventuell durch Wärmeeinwirkung schneller austrocknen.

Tab. 8.10 Fortsetzung

Schaden, Ursachen	Vermeiden, Beseitigen
Blasenbildung	
Harzausscheidung an Aststellen und Harzgallen schieben den Anstrich weg oder durchbluten ihn	Harz mit Hilfe eines Heißluftgerätes herauslösen und abkratzen. Äste mit Schnelllacklösung oder anderem Absperrlack überstreichen.
Glanzverlust an Schlussanstrichen	
Öllack- oder Alkydharzlackfarbenanstrich auf zu stark saugendem Untergrund bzw. Voranstrich; Bindemittel wird aufgesaugt.	Lackierungen setzen einen gleichmäßigen, nicht mehr saugenden Voranstrich voraus (ausreichende Voranstriche).
Lack oder Lackfarbe zu stark verdünnt.	So wenig wie möglich verdünnen (bis 5 %).
Einwirkung stark feuchter Luft (Wasserdampf, Nebel) auf den trocknenden Schlussanstrich.	Nur bei normaler Luftfeuchtigkeit und nicht bei Frost lackieren.
Feine Kräuselung der Lackierung (oft bei holzölhaltigen Lacken).	Dünn ausstreichen, besonders holzölhaltige Lacke und Lackfarben.
Abgesetzte Lack-Anstrichstoffe vor der Verarbeitung nicht sorgfältig aufgerührt; Bodensatz ergibt mattere Lackierung.	Vor der Verarbeitung grundsätzlich gut auf- und durchrühren.
Kleben	
Anstrichausführung auf Untergründe, auf denen sich trocknungshemmende Stoffe befinden, z. B. Schmieröl, Wachs, ölige, nicht trocknende Holzschutzmittel, Paraffin auf Hartfaserplatten.	Trocknungshemmende Stoffe, z. B. Wachs und Schmieröl, durch Ablaugen oder mit Lösemitteln entfernen. Holzschutzmittel und Paraffin der Hartfaserplatten mit geeignetem Grundier- oder Absperrmittel absperren, z. B. mit „Kronengrund".
Trocknung des Anstrichs bei Frost, sehr hoher Luftfeuchtigkeit oder bei Sauerstoffmangel, z. B. Fensterfalze an geschlossenen Fenstern.	Anstrichausführung nicht bei Temperaturen unter 5 °C und bei sehr hoher relativer Luftfeuchtigkeit, Fenster erst nach Anstrichtrocknung schließen.
Anstrichausführung auf noch nicht durchgetrocknetem Voranstrich (meist bilden sich Runzeln).	Zwischentrocknungszeit des Voranstrichs einhalten.
Laufen	
Anstrichfarbe zu ungleichmäßig und zu dick aufgetragen.	Gleichmäßig dünn ausstreichen, rollen oder spritzen.
Anstrichfarbe mit eingedicktem Firnis oder Öllack verwendet und nicht hinreichend vertrieben.	Eindicken verhindern (Gefäße dicht verschließen), auch dickflüssige Anstrichstoffe gleichmäßig dünn auftragen.
Auf hochglänzende Lackierung gestrichen.	Lackierung vor dem Neuanstrich anschleifen oder mit Salmiakgeist aufrauen.
Pilzbefall	
Anstrichausführung auf Untergründe (meist Holz) oder alte Anstriche, die bereits von Schimmelpilzen befallen sind. Die Pilze wachsen von unten her durch den Anstrich.	Alte, von Pilzen befallene Anstriche abbrennen oder abbeizen. Den Untergrund mit pilztötendem Mittel behandeln. Dann erst den Anstrich ausführen (Deckanstrich evtl. mit Fungizid-Decklack).
Bläuepilzbefall meist an Wasserschenkeln der Fenster: Eingedrungene Feuchtigkeit begünstigt Bläuepilzbefall, der den Anstrich durchwächst (Bild 8.36).	Neue Fenster zuerst mit Bläueschutzmittel grundieren. Eindringen von Wasser verhindern; Anstrich 1 mm auf das Glas ziehen! Beschädigten Anstrich entfernen, Holz austrocknen, mit Bläueschutzmittel streichen, Neuanstrich.
Befall des Anstrichs durch Schimmelpilze in feuchtwarmen, schlecht belüfteten Räumen.	Behandlung des Untergrundes mit pilztötendem Mittel. Für ausreichend Belüftung sorgen.

Tab. 8.10 Fortsetzung

Schaden, Ursachen	Vermeiden, Beseitigen
Reißen	
Zu magere Anstrichfarben verwendet für elastische bzw. dehnbare Untergründe, z. B. Kunststoff, Zinkblech, harzreiches Holz.	Für diese Untergründe fette Öl- und Alkydharzfarben verwenden.
Falscher Aufbau der Anstrichsysteme, zu fetter Voranstrich (Bild 8.37).	Anstrichaufbau: Von mager zu fett. Auch die Spachtelschichten mit berücksichtigen!
Versprödung des Deckanstrichs durch: hohen Zinkoxid-Zusatz, Verwitterung	Zinkoxid möglichst mit anderen aktiven Pigmenten verwenden.
Runzeln	
Öl- und Öllackfarbe von zu hoher Konsistenz zu dick aufgetragen.	Ölfarben und auch fette Öllackfarben in dünner Schicht auftragen.
Bei Frost gestrichen. Auf nicht durchgetrockneten Voranstrich gestrichen (Bild 8.38).	Außer holzölhaltigen Lacken (Bootslacke) bilden die genannten Anstrichstoffe im Wasser quellende Anstriche. Sie sind für solche Anstriche nicht geeignet.
Unterrostung	
Anstrichstoff auf nicht gründlich entrosteten Stahl aufgetragen.	Erst metallrein entrosten, dann Grundanstrichstoff auftragen. Bei Handentrostung Grundanstrich mit aktivem Pigment.
Nach chemischer Entrostung die Säurereste nicht vollständig entfernt.	Säurerest abspülen und zusätzlich neutralisieren
Bei sehr hoher Luftfeuchtigkeit gestrichen (Wasserdampf-Einfluss).	Rostschutzgrundanstriche bei trockener Luft ausführen.
Zu dünnes, nicht genügend schützendes Anstrichsystem (Bild 8.40).	Rostschutz-Anstrichsysteme müssen mindestens aus 4 Anstrichen bestehen (Mindestschichtdicke 150 μm).
Verfärbung	
Fleckige Verfärbung bei durchschlagenden Substanzen, die sich im oder auf dem Untergrund befinden.	Durchschlagende Substanzen entweder entfernen oder mit Absperrlack überstreichen, bevor der eigentliche Anstrich ausgeführt wird.
Nicht lichtechte Pigmente im Anstrich.	Für außen lichtechte Pigmente verwenden.
Vergilben von Leinölfirnis oder Leinöllack unter Lichtabschluss.	Für helle Anstriche in dunkleren Räumen Anstrichstoffe mit anderen Lacken verwenden.
Bräunung von magerem Öllack im Licht.	Öllacke mit nichtbräunendem Harz verwenden, z. B. Alkydharzlacke usw.
Vergrauung des Anstrichs durch Staubansatz, Pilzbefall usw.	Bei starkem Staubanflug anstelle von weißen leicht graugetönte Anstriche anwenden, Reinigung.
Verseifung	
Anstrich auf frischen Beton oder kalk- und zementgebundenen Putz; oder auf Flächen, die mit alkalischen Abbeizmittelresten behaftet sind.	Öl- und Alkydharzfarben nicht auf frischen Beton streichen. Alkalischen Kalkmörtel- und Zementmörtelputz fluatieren. Abbeizmittel sorgfältig abwaschen und neutralisieren.
Einfluss starker Seifen- oder Sodalauge oder alkalischer Dämpfe.	Alkalibeständige Anstrichfarben verwenden, z. B. PVC-, PE- und Chlorkautschuklacke
Weiße Streifen (farblose Öllackierung)	
Auf nassen Untergrund oder bei sehr feuchter Luft lackiert, das Wasser wird in den Lack eingerieben (emulgiert) und ist als weißer Streifen sichtbar.	Außen-Lackierungen nur bei trockenem Wetter und auf trockenen Untergrund ausführen.

Tab. 8.11 Schäden an Lackierungen

Schaden, Ursachen	Vermeiden, Beseitigen
Abblättern von Lackierungen	
Nicht feste, morsche Untergrundoberfläche (Erosionsschäden bei Holz, Beton; Korrosionsschäden bei Metall), Grundanstrich haftet daran ungenügend; Anstrichsystem löst sich vom Untergrund (an der unteren Seite des Anstrichsystems kleben morsche Untergrundteilchen).	Untergründe müssen fest sein. Durch Erosion verursachte morsche Schicht entfernen, z. B. an der Oberfläche morsches Holz muss abgezogen werden, dann mit geeignetem Grundanstrich versehen. Korrosionsprodukte, z. B. Rost, restlos entfernen, bevor der Grundanstrich ausgeführt wird.
Alter, spröder, ungenügend haftender Anstrich oder Staubbelag auf dem Untergrund, der der Spannung des Neuanstrichs nicht standhält.	Ungenügend haftende, unzuverlässige alte Anstriche und Staubbeläge sind vor der Ausführung des Neuanstrichs restlos zu entfernen.
Alter „fetter", noch elastischer, evtl. klebender Anstrich. Der weniger elastische Neuanstrich kann reißen und abblättern.	Alten Anstrich mechanisch oder durch Abbeizen bzw. Abbrennen entfernen, bevor das neue Anstrichsystem aufgebaut wird.
Zu hoher Feuchtigkeitsgehalt des Untergrunds, z. B. bei Holz; Feuchtigkeit auf der Oberfläche, z. B. auf Metall. Der Neuanstrich erreicht keine Haftfestigkeit und wird von dem später verdunsteten Wasser vom Untergrund abgehoben	Untergründe mit zu hohem Feuchtigkeitsgehalt erst austrocknen. Oberflächlich feuchte Untergründe abtrocknen lassen, evtl. mit Flächentrockner oder mit Heißluft-Trocknungsgeräten.
Ausführung der Grund-, Zwischen- oder Deckanstriche bei zu großer Luftfeuchtigkeit (Nebel, Regen, Tau oder Kondenswasserniederschlag). Keine Haftfestigkeit des Neuanstrichs auf dem feuchten Untergrund.	Anstrichstoffe nicht bei Regen oder Nebel und nicht auf Reif, Tau oder Kondenswasserniederschlag verarbeiten. Einstellung der Anstricharbeit bei relativer Luftfeuchtigkeit über 70 %.
Fehlender Grundanstrich: Stark saugfähiger Untergrund, z. B. Holz, ist nicht mit geeignetem Anstrichstoff grundiert. Der Untergrund hat aus dem ersten Anstrich viel Bindemittellösung abgesaugt, der Anstrich haftet ungenügend.	Starke Saugfähigkeit durch Grundanstrich mit geeignetem Anstrichstoff verringern, z. B. Holz grundieren mit Leinölfirnis-Halböl, Bläueschutzgrundierung innen auch mit stärker verdünntem Harttrockenöl oder Lack.
Zu glatter Untergrund, z. B. Kunststoff nicht leicht aufgeraut oder nicht mit einer Haftgrundierung versehen. Der Anstrich haftet ungenügend und blättert meist ab (Bild 8.43).	Plast, Aluminium, mit reinem Zement geglättete Putz- oder Betonflächen müssen entweder leicht angeraut werden oder eine geeignete Haftgrundierung erhalten.
Blasenbildung	
Zu hoher Feuchtigkeitsgehalt in Holzuntergründen (zulässiger Gehalt für innen bis 10 %, für außen bis 25 %). Bei Wärmeeinwirkung drückt das verdunstete Wasser den Anstrich vom Untergrund ab.	Holz muss zumindest "lufttrocken" sein. Zu hohen Feuchtigkeitsgehalt durch Wärme- und Lufteinwirkung verringern.
Zu starke Sonnen- oder Heizwärmeeinwirkung auf den trocknenden Anstrich. Der an der Oberfläche bereits getrocknete Deckanstrich wird durch das verdunstende Lösungsmittel hochgetrieben.	Plötzlich starke Wärmeeinwirkung vermeiden. Vor Wärmetrocknung Anstrich erst abdunsten lassen.
Zu hoher Temperatureinfluss auf den Anstrich, z. B. bei Heizkörper- oder Heißwasserbehälter-Anstrichen (Bild 8.42).	Für Anstriche, die durch erhöhte Temperaturen beansprucht werden, nur die dafür geeigneten Anstrichstoffe einsetzen, keine spontane Hitzeeinwirkung.
Blauanlaufen	
Reifniederschlag bei Frost auf sehr langsam trocknende Lackierungen.	Lacke und Lackfarben stets bei frostfreier Witterung verarbeiten und trocknen.

8.11 Schäden an Lackierungen

Tab. 8.11 Fortsetzung

Schaden, Ursachen	Vermeiden, Beseitigen
Blauanlaufen	
Trocknung des Lack- oder Lackfarbenanstrichs bei sehr hoher Luftfeuchtigkeit. Die in den Anstrich während der Trocknung diffundierende Wassertröpfchen reflektieren Licht und erscheinen als weißer oder bläulicher Schleier. Besonders Spritzlacke neigen dazu; durch ihren höheren Lösemittelgehalt entsteht während der Trocknung an der Anstrichoberfläche Verdunstungskälte, die Feuchtigkeitskondensation verursacht.	Diese Schleier können bei anhaltendem Einfluss von warmtrockener Luft verschwinden. Ausführung und Trocknung von Lackierungen nicht bei hoher Luftfeuchtigkeit (relative Luftfeuchtigkeit möglichst unter 60 %).
Einfallen	
Poriger, nicht ausreichend geglätteter Untergrund oder unzureichend füllende Voranstriche.	Untergründe ausreichend glätten. Poren füllen, z. B. vor farblosen Lackierungen auf Holz mit Porenfüller, vor Metall-Lackierung mit Füller.
Lacke und Lackfarben mit hohem Lösemittelgehalt, z. B. Nitrocellulose- und Polymerharzlacke.	Dicke des einzelnen Anstrichs nur 15 … 20 µm, für ausreichende Schichtdicke, z. B. für Korrosionsschutz-Anstrichsysteme ab 150 µm, sind etwa 4 Anstriche erforderlich.
Glanzverlust	
Durch Lagerung abgesetzte, vor der Verarbeitung nicht gut aufgerührte Lackfarben eingesetzt.	Stets gut durchmischen und evtl. sieben.
Überpigmentierung der Lackfarbe.	Keine Pigmente selbstständig zusetzen, Abtönen nur mit speziellen Abtönfarben.
Polierlack verwendet und nicht poliert, z. B. Cellulosenitrat-Polierlack.	Nach entsprechend dickem Auftrag durch Spritzen (4 … 6 Aufträge) auf Hochglanz polieren.
Kleben	
Auf Untergründe mit trocknungshemmenden Verunreinigungen, z. B. Wachs, Schmieröl und Silicon, lackiert.	Untergründe sorgfältig vorbereiten, z. B. Entfetten, Ablaugen von Wachs, Silicon mit Siliconentferner.
Mischungsverhältnis bei Mehrkomponenten-Lacken nicht nach Vorschrift eingehalten, z. B. bei Reaktionslacken auf der Grundlage von Polyester, Polyurethan und Epoxidharz oder bei säurehärtenden Harnstoffharzlacken. Es bleibt ein meist nicht gehärteter „Stammlack"-Überschuss zurück.	Die vorgeschriebenen Mischungsverhältnisse und auch die Topfzeit genau beachten! Damit das Mischungsverhältnis nicht gestört wird, sind erforderliche Verdünnungsmittel erst nach dem Mischen der Komponenten zuzusetzen.
Bei wärmehärtenden Lacken die erforderliche Temperatur nicht erreicht.	Die zur Erhärtung führende chemische Reaktion läuft nur bei der dafür erforderlichen Temperatur ab – deshalb genau einhalten!
Kraterbildung	
Untergrundverunreinigungen, die sich vom Anstrichstoff nicht benetzen lassen, z. B. Wasser, Wachs und Siliconöl (Bild 8.44).	Untergründe sorgfältig reinigen und trocknen; denn diese Verunreinigungen verhindern auch die feste Anhaftung der Lackierung.
Nicht benetzte Pigmentagglomerate, die die flüssigen Anstrichstoffbestandteile abstoßen.	Nur sorgfältig dispergierte, d. h. fabrikmäßig hergestellte Anstrichstoffe verwenden. Abtönen nur mit geeigneten Abtönfarben.
Hochgehen	
Aufquellen des noch nicht durchgetrockneten Voranstrichs, durch Aufnahme von Lösemitteln aus dem nachfolgenden Anstrich, besonders bei physikalisch trocknenden Lackierungen.	Voranstriche ausreichend trocknen lassen, bevor der nachfolgende Anstrich aufgetragen wird. Das gilt vor allem für Anstrichstoffe mit hohem Gehalt an organischen Lösemitteln.

Tab. 8.11 Fortsetzung

Schaden, Ursachen	
Laufen	
Lacke oder Lackfarbe auf senkrechte Flächen zu dick oder in unregelmäßiger Dicke aufgetragen.	Gleichmäßig dick aufgetragen, z. B. beim Spritzen der Fläche erst annebeln und dann möglichst im Kreuzgang ausspritzen.
Reißen	
Elastische oder bei Wärmeeinfluss sich stark ausdehnende Untergründe, z. B. Thermoplaste, deren Dehnbarkeit größer ist als die der Anstriche.	Für sehr gut haftenden Grundanstrich sorgen, z. B. durch leichtes Aufrauen des Untergrunds, System aus elastischen Anstrichen aufbauen, z. B. mit „elastisch eingestellten" Polyurethan-Anstrichstoffen.
Anstrich auf Holz, das infolge Wechsels von hoher und geringer Luftfeuchte extrem stark quillt und schwindet.	Forderungen an das Anstrichsystem: Sehr gut haftender Grundanstrich, genügende Schichtdicke (mindestens 140 µm) und Elastizität.
Zu dicke, während der Trocknung reißende oder später quellende Spachtelschicht.	Wenn dickere Spachtelschichten erforderlich sind, dann Spachtel in mehreren Lagen auftragen.
Deckanstrich ist „magerer", d. h. bindemittelärmer, und deshalb weniger elastisch als die Voranstriche (Bild 8.45 und 8.46).	Die Anstriche müssen im Anstrichsystem nach außen „fetter", d.h. bindemittelreicher werden.
Spritznarben	
Luftdruck beim Spritzen bei zugleich großer Düsenöffnung zu niedrig. Der Anstrichstoff kommt in zu großen Tropfen aus der Spritzpistole.	Anstrichstoffviskosität, Düsenöffnung der Spritzpistole und Spritzdruck müssen aufeinander abgestimmt werden, z. B. hochviskoser Anstrichstoff (Spritzspachtel), große Düsenöffnung (1,8 bis 2,5 mm), hoher Luftdruck (3 ... 4 bar).
Anstrichstoff verläuft infolge fehlender Verlaufmittel oder durch Verdünnen mit schnell flüchtigem Lösungsmittel nicht.	Zum Verdünnen geeignete hochsiedende, langsam verdunstende, organische Lösemittel einsetzen; sie fördern den Verlauf.
Spritzabstand zu groß bei schnell trocknenden Lackfarben entsteht „Kleckereffekt" (Bild 8.47).	Abstand des Pistolenkopfs beträgt 20 ... 30 cm.
Unterrostung	
Lackierung, die gleichzeitig die Funktion eines Korrosionsschutz-Anstrichsystems hat, falsch aufgebaut, z. B. zu geringe Dicke, keine Korrosionsschutzgrundierung vorgenommen und die Lackierung nicht auf die Beanspruchung abgestimmt.	Schichtdicke durch entsprechende Anzahl von Anstrichen einhalten (rund 150 µm). Korrosionsgefährdete Metalluntergründe müssen vor dem Aufbau der Lackierung eine zusätzliche Schutzschicht erhalten, z. B. durch Metallspritzen, Phosphatieren, Washprimer-Grundierung u.a.
Starke chemische Angriffe, z. B. durch Säuren und Düngemittel oder Verletzung der Lackierung durch Organismen (Bild 8.48), Reib- oder Schlageinwirkung u. a.	Entsprechend widerstandsfähige Lackierungen oder andere Beschichtungen auswählen.
Verfärbungen	
Durchschlagende Substanzen, z. B. Kopierstift- oder Teerverunreinigungen, oder alte Anstriche, z. B. lösliche Farbstoffe und ölige Holzschutzmittel.	Durchschlagende Substanzen entfernen oder/und mit Absperrlack absperren, bevor das Anstrichsystem aufgebaut wird.
Schimmelpilzbefall (siehe Tabelle 8.8)	
Verschmutzung durch abgesetzten Staub, Ruß u. a.	Reinigung. Bei ständig starkem Staubanflug evtl. graugetönte Anstriche bevorzugen.
Aufgeriebene oder ausgeschwommene Pigmentzusammenballungen.	Lackfarben nur mit geeigneten Abtönfarben oder mit farbigen Lacken gleicher Sorte abtönen.

8.11 Schäden an Lackierungen

Tab. 8.11 Fortsetzung

Schaden, Ursachen	
Versprödung	
Abwandern von Weichmacher aus Lackierungen in den Untergrund.	Lacke und Lackfarben, deren Weichmacher zum Abwandern neigen, nur für dichte Untergründe einsetzen.
Überschreiten der Temperatur bei der Ofentrocknung wärmehärtbarer Lackfarben.	Vorgeschriebene Trocknungs- und Einbrennungstemperatur einhalten.
Alterung der Lackierung ein natürlicher Vorgang, der bei verschiedenen Lacken unterschiedlich schnell abläuft.	Beim Einsatz der Anstrichstoffe, die Alterungsgeschwindigkeit ihrer Anstriche beachten, z. B. schnell alternde Lackierungen nicht für Untergründe mit starker Ausdehnung.

Schäden an polymeren Beschichtungen
Robert Engelfried
Schadenfreies Bauen Band 26
Hrsg.: Günter Zimmermann
2001, 146 S., 94 Abbildungen und 14 Tabellen, fester Einband
ISBN 3-8167-5795-2

Mit den heutigen Erfordernissen, Bauwerke gegen Witterungseinflüsse und Nutzungsbeanspruchungen zu schützen, sind die Anforderungen an Anstriche und Beschichtungen bei Planung, Werkstoffherstellung und Anwendung deutlich größer geworden.

Dieses Buch gibt einen Überblick über die wichtigsten Beschichtungsstoffe, ihre Zusammensetzung und Eigenschaften, die wichtigsten Anwendungsregeln sowie ihre Verhaltensweisen unter praktischen Beanspruchungsbedingungen. Anhand von Schadensbeispielen werden Ursachen und Mechanismen des Versagens von Anstrichen und Beschichtungen erläutert. Einen besonderen Raum nehmen visuell nicht erkennbare Mängel ein, die nur auf analytischem bzw. technologischem Weg feststellbar sind.

Anstrichschäden im Bild
Wechselwirkungen zwischen Untergrund und Beschichtung
Anton Brasholz
2. durchges. Auflage, 2002,
166 Seiten, 347 überwiegend farbige Abb., fester Einband
ISBN 3-8167-6127-5

In Form eines Bildbandes werden typische Anstrich- und Beschichtungsschäden aus allen Bereichen des Malerhandwerks gezeigt und jeweils mit kurzen Hinweistexten erläutert. Er soll das Erkennen von Schäden und Schadensursachen erleichtern und gleichzeitig zu ihrer Vermeidung beitragen. Neben der unsachgemäßen konstruktiven Ausbildung der Bauteile sind eine mangelhafte Ausführung oder falsch gewähltes Beschichtungsmaterial die Hauptfehlerquellen. Bei den meisten dieser Oberflächenschäden können bereits aus dem Erscheinungsbild Rückschlüsse auf die Ursache gezogen werden. Sie sind beispielhaft für die jeweilige Problematik und damit geeignet, einen konkret vorliegenden Schaden richtig zu deuten oder Fehler von vornherein zu vermeiden.

Fraunhofer IRB Verlag • Postfach 80 04 69 • 70504 Stuttgart • Tel. 07 11/9 70-25 00 • Fax 07 11/9 70-25 08
E-Mail: irb@irb.fraunhofer.de • www.IRBbuch.de

9 Schäden an Wandbekleidungen und Belägen

Wandbekleidungen und Beläge haben seit Jahrhunderten in der Ausgestaltung von Räumen im Umfang und in der Vielfalt einen hohen Stellenwert **(Bild 9.1)**. In diesem Kapitel werden die Ursachen, Bewertung, Beseitigung und Vermeidung von Mängeln und Schäden an Wandbekleidungen, Wand- und Fußbodenbelägen sowie an Blattmetallbelägen beschrieben.

9.1 Funktion und Anforderungen

Die nachfolgenden Ausführungen beziehen sich hauptsächlich auf Wandbekleidungen und -beläge. Der Unterschied zwischen Wandbekleidungen und Belägen für Wände, Fußböden, Treppen, Tür- und Möbelflächen besteht darin, dass Erstere aus Papier bestehen oder einen Papierträger haben – im deutschen Sprachgebiet als Tapeten bezeichnet – Beläge haben keinen Papierträger, sondern ihre Rückseite ist anderweitig stabilisiert oder klebefreundlich ausgestattet, z. B. durch Einbindung eines Gewebes.

Bild 9.1 Raumgestaltung mit einer modernen Marburg-Tapete, einschließlich Sockeltapete und Borte

9.1 Funktion und Anforderungen

Die Funktion der Bekleidungen und Beläge sowie die davon ausgehenden Anforderungen können gestalterischer bzw. technischer Natur sein. Es sind:

- Komplettierung der ebenen, rohen, noch nicht behandelten Oberflächen von Putzen, Gipskarton, Holz und anderen Baustoffen mit Wandbekleidungen oder -belägen in der vorgesehenen Qualität. Dazu gehören auch Wandbekleidungen, die noch mit Anstrichstoffen beschichtet werden sollen.
- Bewusste Gestaltung von Raumflächen in ihrer Farbigkeit, im Dekor oder/und plastischen Oberflächenstruktur
- Illusionistische Raumgestaltung mit Stil- oder Bildtapeten, z. B. zur optischen Vortäuschung von Decken- und Wandstuck, größeren Architekturteilen bis hin zu Landschaftspanoramen
- Textilgewebeoberflächen mittels Textiltapeten
- Metallische Oberflächen durch Kleben von Metall- oder Metallictapeten
- Schaffen von Naturstoffoberflächen, z. B. mit Gras-, Pflanzenfaser-, Kork- und Gesteinsgranulat-Tapeten
- Schaffung von pflegeleichten Oberflächen, z. B. mit wasserfesten Belägen oder Bekleidungen, die beliebig oft einer Nassreinigung widerstehen
- Unterbinden der Wasserdampfkondensation auf unterkühlten Decken- und Wandflächen mittels Bekleidungen oder Belägen aus Schaumstoff oder mit Schaumstoffunterlage **(Bild 9.2)**
- Schalldämpfung im Raum mit Belägen oder Bekleidungen, die Schallwellen remittieren oder absorbieren.

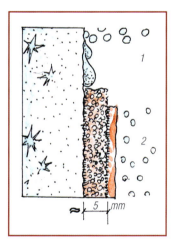

Bild 9.2 Verhindern der Wasserdampfkondensation mit Schaumstoffunterlage
1 Kondenswasserbildung auf kühler Wand; 2 Schaumstoffunterlage und Tapete

An Wandbekleidungen und -beläge werden bestimmte Anforderungen gestellt:

■ Sie müssen die vorgesehene raumgestaltende Wirkung erfüllen, z. B. können sie durch ihre Farben und Dekore die Größe, Höhe, Tiefe und Flächengliederung in der optischen Erscheinung verändern; Beispiele zeigen die **Bilder 9.3 und 9.4**.
■ Die beabsichtigten raumphysikalischen und -hygienischen Eigenschaften, wie Diffusionsfähigkeit, Schallremission oder -absorption, Schwerentflammbarkeit, Geruchslosigkeit, Schimmel- und Fäulnisbeständigkeit müssen vorhanden sein.
■ Durch eine fachgerechte Vorbehandlung muss der Untergrund so beschaffen sein, dass er einen sicheren Klebeverbund gewährleistet und z. B. durch gleichmäßige Glätte und Saugfähigkeit die optische Wirkung und Dauerhaftigkeit der Bekleidung oder des Belags unterstützt.
■ Der Klebeverbund mit dem Untergrund muss die vorgesehene Qualität haben. Grundsätzlich soll er reversibel sein, damit die Bekleidung oder der Belag bei Bedarf in einem der bekannten Verfahren nass, trocken oder thermisch wieder entfernt werden kann. Ausschlaggebend für

Bild 9.3 Farbe und Dekore der Wandbekleidungen können Räume in ihrer optischen Erscheinung verändern
1 helle, kühle Farben – Erweiterung;
2 dunkle, warme Farben – Verengung;
3 dunkle Decke – niedriger;
4 helle Decke – höher;
5 Stirnwand dunkel, warm – näher;
6 Stirnwand hell, kalt – weiter

Bild 9.4 Optische Raumerscheinung durch Bildtapeten
1 optische „Auflösung" der Raumgliederung;
2 illusionistische Raumgliederung

die Festigkeit des Klebeverbunds sind die Schwere des Papiers und der Bekleidung oder des Belags insgesamt. Anhaltspunkte darüber gibt **Tabelle 9.1.**

■ Die Wandbekleidungen und Beläge müssen in allen Phasen, d. h. von der Vorbereitung des Untergrundes, dem Zuschnitt der Bahnen, dem Klebstoffauftrag bis zum Ankleben und einer eventuellen Nachbehandlung nach den anerkannten Regeln der Tapeziertechnik und den Vorschriften von „DIN 18363 Tapezierarbeiten" ausgeführt sein. Besondere Schwerpunkte bilden dabei die Nähte oder Stöße und der exakte Anschluss des Rapports der einzelnen Bahnen von Dekortapeten. Im **Bild 9.5** werden von Herrn Steinbrecher von der Marburger Tapetenfabrik in einem seiner Lehrgänge wichtige Phasen der Tapezierarbeit vorgeführt.

9.1 Funktion und Anforderungen

Bild 9.5 Wichtige Hinweise zur Verarbeitung von Marburg-Tapeten
1 Glatte Putzuntergründe erhalten einen Makulatur-Voranstrich; 2 raue Untergründe werden mit Gipsspachtel oder/und Vorkleben von Makulaturpapier geglättet; 3 auf Wände mit Wärmebrücken wird eine Schaumstoffunterlage geklebt; 4 leichte Tapeten exakt auf Stoß kleben; 5 schwere Tapeten zuerst überlappt kleben, 6 dann Doppelnahtschnitt mit dem Gleitfußmesser; 7 beim Schneiden mit dem Cuttermesser wird der Untergrund angeschnitten, dadurch kann die Naht aufgehen; 8 der Schnitt am Tapezierspachtel entlang ergibt eine scharfe Begrenzung zur Decke und 9 auch zur Fußleiste.

Tab. 9.1 Übersicht über Wandbekleidungen und -beläge (nach EN 235)

Einteilung Art	Qualitätsmerkmale	Klebstoff (Kleister)
Fertige Wandbekleidungen und Beläge		
Naturelltapeten	Leichtes, holzhaltiges Papier, naturfarben oder schwach gefärbt, durchbrochen bedruckt, nicht lichtecht	Normalkleister, z. B. Methylcellulose
Fondtapeten	Leichtes bis mittelschweres, holzhaltiges Papier mit Farbfond (deckender oder lasierender „Anstrich"), glatt oder gaufiert (schwach geprägt), lichtecht	Normalkleister; schweres Papier Spezialkleister
Fondtapeten, spaltbar	Duplexpapier mit Fondstrich von dem das obere Papier später abgezogen werden kann; das verbleibende untere Papier bildet den Tapezieruntergrund	Spezialkleister (Methylcellulose mit redispergierbarem Kunststoffzusatz) oder Normalkleister und selbst 10 – 20 % Dispersionsklebstoff untergemischt
Reliefdrucktapeten lichtecht	Mittelschweres, festes Papier, Fond oder/und Dekor mit pastöser Farbe bedruckt, plastische Wirkung,	
Prägetapeten	Duplexpapier, mittelschwer bis schwer, fest; Oberfläche bedruckt und durch Prägung strukturiert	
Velourstapeten	Schweres, festes Papier, mit Woll- oder Seidenfasern beflockt, mit und ohne Dekor	
Textiltapeten	Mittelschweres Papier, fest mit aufgeklebtem weitmaschigen Textilgewebe oder nur die Kettfaden, meist mit lasierendem Fondstrich und Dekor	wie zuvor oder speziellen Textiltapeten-Klebstoff
Kunststofftapeten	Schweres Papier mit Kunststoffbahn dupliziert, z. B. Vinyltapeten, bedruckt, glatt oder geprägt oder geschäumt, nasswischfest, strapazierfähig	Dispersionsklebstoff, ungefüllt
Metalltapeten	Auf mittelschweres Papier kaschierte Metallfolie oder metallisierte Kunststofftapeten	Spezialkleister oder Normalkleister mit etwa 20 Vol- % Dispersionsklebstoff-Zusatz
Naturwerkstofftapeten	Mittelschweres Papier mit aufgeklebtem Naturwerkstoff, z. B. Holz, Pflanzenfasern, Gras, Kork, Steingranulat	
Bildtapeten	Bilddruck auf schweres, festes Papier als Rolle, Fries, Bogen; auch als Poster	
Wandlinoleum	Auf schweres Papier oder Karton geprägt aufgewalzte Linoleummasse	Dispersionsklebstoff
Wandbekleidungen und -beläge für nachträgliche Behandlung		
Raufaserpapier	Mittelschweres Papier, meist Duplexpapier mit eingebundenen Holzfasern und -schnitzel	Spezialkleister oder Normalkleister mit etwa 20 Vol- % Dispersionsklebstoff-Zusatz
Prägetapeten	wie oben, jedoch nicht bedruckt	
Naturwerkstofftapeten	wie oben, meist mit Steingranulat, für lasierende oder deckende Anstriche bestimmt	
Glasfaservlies-Beläge	Glasfaservlies ohne oder mit Beschichtung, z. B. geschäumten Kunststoff	Kunststoff-Dispersionsklebstoff
Glasfasergewebe-Beläge	Glasfasern verschiedener Art und in verschiedenen dekorativ wirkenden Bindungsarten für lasierende, patinierte und deckende Anstriche	
PVC-Wandbeläge	Ohne und mit Gewebeträger; Behandlung wie zuvor	

9.2 Schäden an Wandbekleidungen und -belägen

Der Unterschied zwischen Wandbekleidungen und -belägen wurde eingangs unter 9.1 beschrieben. Mängel und Schäden an Bekleidungen und Belägen haben häufig die gleiche Ursache und können in gleicher Weise vermieden werden – deshalb sind sie hier zusammengefasst.

Die Europa-Norm EN 235 unterscheidet die Wandbekleidungen wie folgt:
■ Fertige Wandbekleidungen (Tapeten), die nach dem Kleben auf den vorbereiteten Tapezieruntergrund in keiner Weise farblich nachbehandelt werden.
■ Wandbekleidungen für nachträgliche Behandlung, meist durch deckende, lasierende oder farblich strukturierte Anstriche, zu denen z. B. Raufaserpapiere, Glasfasergewebe und -vliese gehören.

In der Tabelle 9.1 sind die Wandbekleidungen nach der Art und Struktur ihres Materials erfasst, auch wird zu jeder Bekleidung der dafür geeignete bzw. erforderliche Klebstoff genannt.

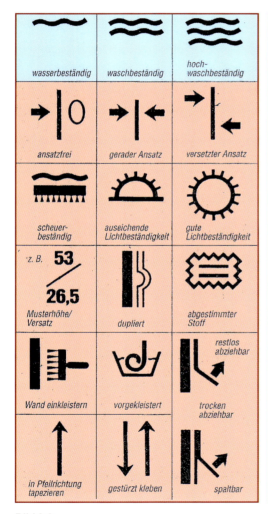

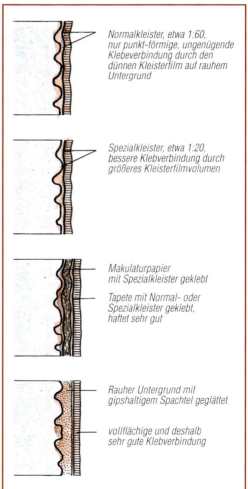

Bild 9.6 **Bild 9.7**

Bild 9.6 Auswahl graphischer Symbole nach EN 235, die Hinweise über die Beständigkeit, Verarbeitung und Entfernbarkeit von Wandbekleidungen geben

Bild 9.7 Hinweise zur Vorbehandlung von Untergründen

Tab. 9.2 Schäden und Mängel an Wandbekleidungen

Schaden/Mangel, Ursachen	Vermeiden, Beseitigen
Ablösen vom Untergrund	
Auf ungeeignetem Untergrund tapeziert, z. B. auf ständig feuchtem, tiefgründig morschen oder mit einem abblätternden Altanstrich behafteten Putz (Bild 9.8).	Zerstörten Putz erneuern. Feuchten Putz austrocknen, morschen Putz mit Tiefengrund festigen, abblätternde Altanstriche entfernen, ggf. durch Spachteln glätten oder Rollenmakulatur kleben.
Auf unzureichend vorbereitetem Untergrund tapeziert, z. B. auf zu rauem, oberflächlich absandenden oder sehr stark saugenden Putz.	Stark saugenden Putz mit Tiefengrund vorstreichen; glätten mit Gipsspachtelmasse, evtl. Rollenmakulatur kleben.
Falscher oder unzureichender Kleister- bzw. Klebstoffauftrag auf Tapetenbahnen oder Untergründe.	Nur für leichte Papiertapeten auf glatten Untergrund Normalkleister, für schwere Tapeten Spezialkleister oder Normalkleister mit 20 bis 30 % Dispersionsklebstoffzusatz.
Hohe Spannung der angeklebten Wandbekleidung, besonders von Kunststoffwandbekleidungen von minderer Qualität, die zum Ablösen an den Stößen und an Rändern führt.	Spezialkleister oder Normalkleister mit Dispersionsklebstoff dickflüssiger halten und „satt" auftragen; eingekleisterte Bahnen länger weichen lassen.
Blasenbildung	
Beim Ankleben die Bahn mit der Tapezierrolle oder -bürste falsch angedrückt; Lufteinschlüsse.	Durch Andrücken der angelegten Bahnen von der Mitte nach außen keine Lufteinschlüsse. Luftblasen mit der Nadel durchstechen, herausdrücken.
Starke Wärmeeinwirkung auf Metall- und Kunststofftapeten mit verminderter Dampfdurchlässigkeit kann zum Anheben durch Wasserdampf führen.	Vor allem nur stellenweise starke Wärmeeinwirkung vermeiden, z. B. durch Unterbrechen der Beheizung.
Falten	
Schief angelegte und beim Andrücken faltig verzogene Bahnen (Bild 9.9).	Bahn erst nach richtigem Anlegen von der Mitte ausgehend andrücken. Wieder lösen, ausrichten, Andrücken.
Ungenügendes Weichenlassen; die Tapete quillt erst auf der Wand und spannt sich nicht glatt (Bild 9.10).	Schwere Tapeten nach dem Einkleistern länger weichen lassen als leichte Tapeten.
Farbabweichungen	
Zwischen einzelnen, aus verschiedenen Herstellungsabschnitten stammenden Tapetenrollen.	Vor dem Zuschneiden überprüfen, im Farbton abweichende Rollen aussortieren und auf eine Wand kleben.
Von Bahn zu Bahn leicht schattierend, besonders bei Unitapeten, die ggf. gestürzt geklebt werden müssen.	Symbol für gestürztes Kleben beachten; bereits beim Zuschneiden der Bahnen die Rolle im Wechsel einmal von oben und dann von unten aufrollen.
Feuchte Flecken und Stellen	
Aufsteigende Bodenfeuchtigkeit und hygroskopische Feuchtigkeit in nicht gedichteten oder/und versalzenen Wänden.	Wenn möglich, Baumängel beseitigen. Sonst austrocknen, Salzausblühung trocken abbürsten. Fluatieren, evtl. Polystyrolschaum-Untertapete kleben (Bild 9.5/3).
Kondenswasserbildung auf Kältebrücken.	Ggf. durch Belüftung und Wärme verhindern. Polystyrolschaum-Untertapete.
Fleckige Durchschläge	
Holzschliffhaltiges Papier von billigen, nicht duplizierten Tapeten verfärbt sich bei Feuchtigkeitseinfluss aus dem Untergrund.	Derartige Tapeten dürfen nicht länger feucht bleiben; nur auf trockenen Untergrund kleben.

9.2 Schäden an Wandbekleidungen und -belägen

Tab. 9.2 Fortsetzung

Schaden/Mangel, Ursachen	Vermeiden, Beseitigen
Fleckige Durchschläge	
Gelbe Flecken in den angeklebten Tapeten können auf Durchschlagen von Wasser-, Rauch- oder Rostflecken aus dem Untergrund oder Verunreinigungen und alte Streichmakulatur des Untergrunds zurückzuführen sein.	Untergrund sorgfältig vorbereiten, z. B. Wasserflecke fluatieren, Rauchflecke mit lösemittelhaltigem Tiefengrund binden, Streichmakulatur entfernen; Überziehen mit geeigneter Spachtelmasse, z. B. Gipsspachtel mit nachfolgendem Tiefengrund oder Rollenmakulatur kleben.
Glanzstellen	
Druckempfindliche Tapeten, z. B. Velours- und Metallictapeten, zu stark mit der Bürste angerieben.	Nur mit Gummirolle leicht und gleichmäßig andrücken; bei hochwertigen Velourstapeten ggf. Schutzpapier vorhalten.
Raue Oberfläche	
Unebener oder körniger Putzuntergrund.	Sandkörner mit Holzklotz abreiben, Untergrund mit Gipsspachtel glätten oder Rollenmakulatur vorkleben.
Alte Strukturtapete überklebt.	Alte Tapeten entfernen.
Rissbildung	
Auf Decken- und Wandrisse sowie auf Stöße von Bauplatten, z. B. Gipskarton, tapeziert.	Risse im Untergrund und Stöße von Bauplatten fachgerecht füllen, z. B. mit faserbewehrter Spachtelmasse.
Auf „arbeitenden" Holzuntergrund tapeziert.	Auf Bretteruntergrund Glasfaservlies oder -gewebe vorkleben.
Eingekleisterte knickempfindliche Tapeten, z. B. Relief- und Naturwerkstofftapeten beim Zusammenlegen scharf geknickt.	Nicht knicken, sondern nach dem Einkleistern in großen Schlaufen zusammenlegen.
Sichtbare Stöße und Nähte	
Dünne Papiertapete, die überlappt geklebt werden kann, nicht gegen den Lichteinfall geklebt.	Stets in Richtung des Lichteinfalls tapezieren, d. h. am Fenster beginnen. Überlappte Nähte schmal in gleichmäßiger Breite.
Nicht exakt auf Stoß geklebt; Spalt zwischen den Bahnen.	Ausreichend geweichte Bahnen nach senkrechtem Auspendeln genau am Stoß anlegen und andrücken.
Ungenauer Schnitt bei getrennten Bahnen.	Exakt und sauber schneiden mit Tapetenschneider oder Messer, evtl. an der Wand im Doppelnahtschnitt.
Rauer Untergrund, so dass die Bahnkanten nicht genau aneinander stoßen.	Glätten durch Spachtel oder durch Rollenmakulatur vorkleben.
Nähte alter Wandbekleidungen, die überklebt wurden, markieren sich (Bild 9.11).	Alte Wandbekleidungen entfernen. Sofern überklebt wird, vorher Nahtwülste abschleifen.
Stockflecke und Pilzbefall	
Feuchter Untergrund und ungenügende Belüftung können zu Fäulnis- und Schimmelpilzbefall führen.	Vorhandenen Pilzbefall abwaschen, austrocknen lassen und fluatieren. Feuchten Untergrund trockenlegen, Belüftung verbessern.
Verschiebung des Musters von Bahn zu Bahn	
Dekortapete nicht genau oder falsch zugeschnitten (Bild 9.13).	Vor dem Zuschnitt 2 Rollen nebeneinander ausrollen und Rapport überprüfen, ob versetzt oder nicht versetzt zugeschnitten werden muss.
Bei überlappt geklebten Tapeten die Kanten zu breit abgeschnitten.	Kanten nur schmal bis zum Ansatz des Musters abschneiden.
Tapetenbahn nach dem Einkleistern unterschiedlich lange geweicht.	Alle Bahnen entsprechend der Tapetenart und Schwere gleichmäßig lange weichen lassen.

Tab. 9.2 Fortsetzung

Schaden/Mangel, Ursachen	Vermeiden, Beseitigen
Verfärbungen	
Aus dem Untergrund durchschlagende Stoffe, z. B. Teerfarbstoffe, Kopierstiftstriche, Rost usw. (siehe „Fleckige Durchschläge").	Einzelne verfärbte Stellen auskratzen. Sonst mit lösemittelhaltigen Tiefengrund, bei hartnäckigen Durchschlägen mit dünnen Absperrlack, z. B. „Kronengrund" vorstreichen.
Vergilben von holzschliffhaltigen Tapetenpapiere.	Nicht vermeidbar, bei diesen meist billigen Tapeten.
Verbleichen von lichtunbeständigen Pigmenten des Fonds oder Dekors.	Tapeten u. a. Wandbeläge von solider Qualität weisen nur lichtechte Pigmente im Fond und Dekor auf.
Verfärbung farbunbeständiger Pigmente, vor allem Bronzedruck.	Kupferhaltige Bronzen verfärben sich durch Kupfercarbonatbildung grünlichbraun. Hochwertige Perlpigmenttapeten, z. B. Tekkotapeten, weisen keine verfärbende Bronzen auf.

Bewertung und Ursachen von Mängeln und Schäden

Der Begriff Wandbekleidung ist im Gegensatz zu den Begriffen Tapeten – Tapezieren im gegenwärtigen Sprachgebrauch noch nicht üblich. Deshalb werden diese Begriffe als Synonyme angewandt. Ein großer Teil der an Decken- und Wandbekleidungen häufiger vorkommenden Schäden, z. B. Farbunterschiede und sichtbare Stöße zwischen einzelnen Bahnen, hat nicht den Charakter eines Schadens, der die Funktion der Bekleidung aufhebt, sondern es handelt sich dabei um Mängel, durch die ihre gestalterische Wirkung beeinträchtigt wird. Da jedoch die raumgestalterische Funktion in der Bewertung der Gebrauchsfähigkeit von Wand- und Deckenbekleidungen an erster Stelle steht, unterliegen derartige Mängel der Gewährleistung nach VOB, Teil B und Teil C, DIN 18366 „Tapezierarbeiten".

Die verschiedenen Schäden und Mängel können auf folgende Fehler in der Vorbereitung und Ausführung der Bekleidungen zurückgeführt werden:

■ Auswahl und Prüfung der Tapeten oder anderer Wandbekleidungen, Unterlagsstoffe und der Klebstoffe fehlerhaft.

Bei der Auswahl der Wandbekleidungen sind z. B. neben ihrer optisch-gestalterischen Erscheinung auch die Beständigkeit, Verarbeitbarkeit und Entfernbarkeit zu berücksichtigen. Wichtige Hinweise hierzu geben die auf die Tapetenrollen oder Beipackzettel aufgedruckten graphischen Symbole **(Bild 9.6).** Vor der Verarbeitung sind die Tapetenrollen auf mögliche Farb- und Dekorabweichungen zu überprüfen. Für die dauerhafte Klebverbindung zwischen Wandbekleidung und Untergrund ist die Auswahl des für die jeweilige Wandbekleidung und den vorliegenden Untergrund geeigneten Klebstoffes besonders wichtig. Einen Überblick gibt Tabelle 9.1.

■ Unzureichende Prüfung und Vorbehandlung des Untergrundes. Schwerpunkte sind das Prüfen der Festigkeit, chemischen Neutralität, Trockenheit und Oberflächenglätte der Untergründe. Unzureichende Festigkeit der Oberflächen und übermäßige Saugfähigkeit können durch einen Voranstrich mit Grundierdispersion (Tiefengrund) behoben werden. Ungleichmäßigkeit und Rauheit der Oberfläche ist durch Vorkleben von Rollenmakulatur oder Spachtelglättung zu überwinden **(Bild 9.7).**

■ Fehlerhafte Verarbeitung der Wandbekleidungen. So z. B. Fehler beim Zuschneiden und Einkleistern, ungleichmäßiges langes Weichenlassen der eingekleisterten Bahnen, robustes Andrücken druck- und abriebempfindlicher Tapeten mit der Tapezierbürste und ungenaues Auf-Stoß-Kleben **(Tabelle 9.2).**

In der Tabelle 9.2 in Verbindung mit den **Bildern 9.8 bis 9.13** werden Schäden und Mängel an Wandbekleidungen beschrieben, die in ihren Ursachen sowie in der Auswirkung und Vermeidung in gleicher Weise an Wandbelägen vorkommen können.

9.2 Schäden an Wandbekleidungen und -belägen

Mängel und Schäden an Wandbekleidungen

Bild 9.8

Bild 9.9 *Bild 9.10*

Bild 9.11 *Bild 9.12* *Bild 9.13*

Bild 9.8 Ablösen der Wandbekleidung vom Untergrund, auf dem sich ein abblätternder Altanstrich befindet.

Bild 9.9 Falten durch schief angelegte, beim Andrücken verzogene Tapetenbahn

Bild 9.10 Falten, Lufteinschluss infolge zu kurzer Weichzeit

Bild 9.11 Nicht abgeschliffene und deshalb sichtbare Naht einer überklebten Alttapete

Bild 9.12 Prägetapete, bei der die Prägung an der Naht mit der Nahtrolle flach gedrückt ist.

Bild 9.13 Verschiebung des Musters infolge ungleichmäßig langer Weichzeit der Bahnen

9.3 Schäden an Fußbodenbelägen

Fußbodenbeläge bilden gemeinsam mit dem Unterboden, den Ausgleichs- und Zwischenschichten und dem Befestigungsmaterial ein in sich geschlossenes System.

Übersicht

■ Linoleumbeläge, bekannt seit 1860, bestehen aus einer Masse aus oxydiertem, polymerisiertem Leinöl (Linoxin), Kork- und Holzmehl sowie Farbpigmenten, in deren Rückseite Jutegewebe eingebunden ist. Das ökologisch sehr günstige Linoleum ist dauerhaft, jedoch unbeständig gegen länger einwirkendes Wasser, Laugen und Säuren.

■ Korkbeläge, als Platten und Parkett im Fachhandel, ergeben fußwarme, pflegeleichte Fußbodenoberflächen **(Bild 9.14).**

Bild 9.14 Auflegen von Korkplatten als Wärme- und Schalldämmschicht auf eine Spannkeramikdecke; darauf folgen eine Estrichschicht und der Belag

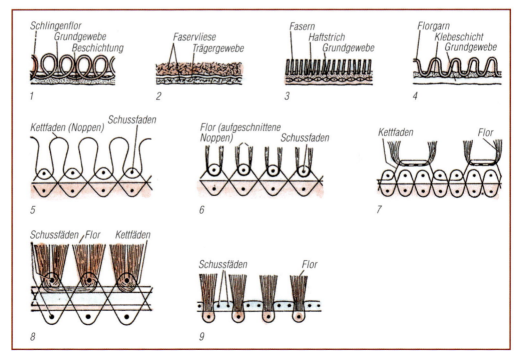

Bild 9.15 Webarten von Teppichböden
1 Nadelflor; 2 Nadelfilz; 3 geflockter- und 4 gepresster Teppichboden; 5 Bouclé-; 6 Haarvelour-; 7 Axminster-; 8 Tournaivelour- und 9 Smyrnawebart

9.3 Schäden an Fußbodenbelägen

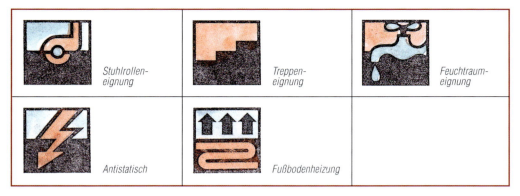

Bild 9.16 Kennzeichnung für Teppichböden, die deren Eignung angeben

- Gummi- bzw. Elastomer-Beläge mit glatter oder profilierter Oberfläche ergeben sehr abriebfeste, elastische, wasserbeständige, rutschsichere und schalldämpfende Oberflächen.
- Kunststoffbeläge, meist auf PVC-Basis, werden als homogene und als mehrschichtige Beläge angeboten. Allgemein sind sie sehr strapazierfähig.
- Holzparkett-Laminatbeläge, die sehr schöne natürliche Fußbodenoberflächen ergeben.
- Textilgewebe als Nadelfilz, geflockte und gewebte Teppichböden. Sie werden in verschiedenen Webarten hergestellt – im **Bild 9.15** sind einige Webarten dargestellt.

Allgemeine Anforderungen an Fußbodenbeläge
Das Fußbodenbelagssystem muss fachgerecht aufgebaut und ausgeführt sein. Dabei ist die Prüfung und Vorbereitung des Untergrundes besonders wichtig. Bei der Auswahl des Belags sind die Art, Ausstattung und eventuell der Stil der Räume sowie spezifische Anforderungen wie Fußwärme, Rutschsicherheit und Schalldämpfung und die zu erwartende Beanspruchung zu berücksichtigen. Bei der Planung, Vorbereitung und Ausführung von Fußbodenbelägen ist ferner „DIN 18365 Bodenbelagsarbeiten" zu beachten. Die Eignung und Beanspruchbarkeit von Textilbelägen ist meistens durch die im **Bild 9.16** dargestellten, aufgedruckten Symbole angegeben.

Schäden und Mängel an Fußbodenbelägen sind meistens auf folgende Fehler zurückzuführen:
- Unzureichende Prüfung oder Vorbehandlung des Untergrundes, z. B. keine Feststellung der Eigenfeuchtigkeit und Druckfestigkeit, von Rissen, Unebenheiten und Verunreinigungen, Untergrundmängel, die meistens durch entsprechende Vorbehandlung beseitigt werden können **(Bild 9.17)**.

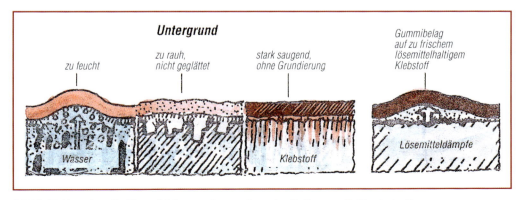

Bild 9.17 Ursachen für Blasenbildung und ungenügendes Haften von Fußbodenbelägen

Tab. 9.3 Schäden und Mängel an Fußbodenbelägen

Schaden, Mängel, Ursachen	Vermeiden, Beseitigen
Blasenbildung in Kunststoff- und Gummibelägen (Bild 9.17)	
Abdunstzeit des lösemittelhaltigen Klebstoffs nicht eingehalten; Lösemitteldämpfe heben den Belag an.	Klebstoff gleichmäßig dick auftragen und vorgeschriebene Abdunstzeit einhalten. Nochmals ablösen und erneut kleben.
Zu hoher Feuchtigkeitsgehalt im Untergrund oder Feuchtigkeit, die durch nichtgedichtete Decke aus feuchtem Keller aufsteigt.	Untergrund austrocknen. Gegen Feuchtigkeit aus dem Boden oder Keller unter das Belagsystem eine Dichtungsbahn bringen.
Belag nicht richtig von der Mitte nach außen in das Klebstoffbett angerieben; Luftblasen unter dem Belag.	Bahnen von der Mitte ausgehend nach außen andrücken und anreiben. Belag ablösen und erneut kleben.
Klebstoff und Belag haften nicht	
Untergrund zu feucht.	Untergrund gut austrocknen.
Untergrund unzureichend fest.	Lockere Teilchen scharf abfegen und durch Vorstreichen mit Harzlösung festigen.
Untergrund durch Staub, Öl, Anstrichreste usw. verunreinigt.	Reinigen, Öl und Anstrichreste mit Entfettungs- bzw. Abbeizmittel entfernen.
Erforderliche Haftgrundierung weglassen.	Besonders auf saugendem Untergrund Haftgrundierung erforderlich.
Zu rauer Untergrund.	Glätten mit Ausgleich- oder Spachtelmasse.
Klebstoff ungeeignet oder zu dünn aufgetragen.	Für den jeweiligen Belag vorgeschriebenen Klebstoff fachgerecht auftragen.
Risse im Belag	
Formunbeständiger Untergrund, z. B. federnde Fußbodendielung.	Nur randbefestigte, dehnbare Textilbeläge geeignet. Für andere Beläge erst Unterbodenplatten, z. B. Holzspanplatten, befestigen.
Reißen des Unterbodens, z. B. von Estrich, Ausgleichmasse, Dämmunterlagen u. a.	Auf Materialqualität achten; fachgerechte Verarbeitung nach Vorschrift des Herstellers; vor allem Schichtdicke einhalten.
Versprödung von Belägen, die dann bei Druck- oder Zugbeanspruchung reißen, oft durch falsche Pflege.	Richtig verlegen und befestigen. Reinigung und Pflege auf Belag abstimmen; keine starken Lösemittel als Reiniger einsetzen; für die Pflege von Linoleum- und Kunststoffbelägen Selbstglanzemulsionen bevorzugen.
Verunreinigungen auf Textilbelägen	
Wasserlösliche Flecke, z. B. Stärke, Zucker u. a. Lebensmittel	Warmwasser mit neutralem Spül- oder Waschmittel für Reinigung verwenden.
Schwer wasserlösliche eiweiß- oder fetthaltige Flecke.	Mit Teppichschaum-Lösung, Fleckenwasser oder Shampoo-Reiniger lösen und mit Warmwasser leicht nachreiben.
Nicht wasserlösliche Flecke, z. B. Butter, Fett, Wachs, Farben, Lacke, Paraffin, Stearin	Vorsichtig abkratzen, dann mit Fleckenwasser, schwachem Lösemittel, z. B. Spiritus anlösen und mit Warmwasser und neutraler Seife nachreiben.

■ Fehlerhafter Aufbau des Fußbodenbelagsystems, z. B. Weglassen der erforderlichen Haftgrundierung und Ausgleichsspachtelung.
■ Unzureichende oder falsche Befestigung des Belages, z. B. durch Verwendung eines ungeeigneten Klebstoffes, zu dünnen oder ungleichmäßigen Klebstoffauftrag.
■ Fehlerhafte Verlegetechnik, z. B. Verlegung von Belägen, die durch Gehen und Stahlrollen stark beansprucht werden, auf Klebeband und falsches Verspannen von Textilbelägen.
In der **Tabelle 9.3** werden häufiger vorkommende Schäden und Mängel sowie das Entfernen von Verunreinigungen beschrieben.

9.4 Schäden an Blattmetallbelägen

Blattmetallbeläge geben den damit versehenen Werkstoffoberflächen die stoffliche und optische Qualität des eingesetzten Blattmetalls. Das Vergolden mit Blattgold und die Ausführung anderer Blattmetallbeläge gehört zu den schönsten Arbeitstechniken gestaltender Berufe.

Als dekorative oder gestaltende Blattmetallbeläge gelten Öl-, Poliment-, Mordent- und Hinterglas-Vergoldung und -versilberung **(Bilder 9.18 bis 9.20).** An Stelle von Blattgold und Blattsilber werden dafür auch goldfarbenes Schlagmetall (Kompositionsgold) und silberfarbenes Blatt-

Bild 9.18 *Großflächige Ölvergoldung auf der Uhr und den Figuren des Alten Rathauses in Mulhouse (Frankreich)*

Bild 9.19 *Zwei Arbeitsphasen der Polimentvergoldung*
1 Anlegen des Blattgoldes mit dem Anschießer auf den mit Netze angefeuchteten Polimentgrund;
2 nach dem Trocknen das Blattgold mit dem Achatpolierwerkzeug auf Hochglanz polieren

Bild 9.20 *Alte Polimentvergoldung an der Fehlstellen mit schellackgebundenem goldfarbenen Perlglanzpigment retuschiert wurden*

Tab. 9.4 Schäden und Mängel an Blattmetallbelägen

Schaden, Mängel	Vermeiden, Beseitigen
Ablösen von Hinterglasvergoldungen	
Glasscheiben nicht richtig gereinigt, Fett- oder Handschweißflecke vorhanden.	Glas mit Ethylalkohol (Spiritus) sorgfältig reinigen und entfetten, danach kann das Klebemittel, meist Gelatinelösung, aufgetragen werden.
Starke Einstrahlung und bei schwarzem oder dunkelfarbigem Hintergrund (Goldschrift-Glasschilder), hohe Absorption von Sonnenwärme	Schwarze Hintergründe vermeiden, weil ihre starke Erwärmung bei Sonneneinstrahlung auch zur starken Wärmeausdehnung des Blattgoldes führt.
Durchbrüche durch Blattgoldbeläge	
Unzureichende oder falsche Vorbereitung des Untergrundes, z. B. Stahl nicht mit einem sehr guten Rostschutz-Anstrichsystem versehen (Folgen: Rostdurchbrüche), harzreiche Aststellen oder Harzgallen im Holz nicht entharzt (Folgen: bei Erwärmung Harzdurchbrüche).	Die Lebensdauer von Vergoldungen ist von einer einwandfreien Vorbereitung der Untergründe abhängig. Stahl kann z. B. mit bleimennigehaltenen Grundanstrichen und weiteren Anstrichen auf Ölgrundlage und passiven Pigmenten sehr lange vor Korrosion bewahrt bleiben. Harzende Aststellen sind durch Wärme zu entharzen und dann zweimal mit Schellack zu überstreichen.
Schwarzfärbung von Polimentvergoldungen	
Echtes Blattgold verfärbt sich nicht. Unter der Goldauflage befindet sich jedoch der glutinleimhaltige Kreide- und Bolusgrund, der gegen Schimmelpilzbefall anfällig ist. In feuchten, schlecht belüfteten Räumen kommt es meistens zur Ansiedlung von Schimmelpilzen, die die nicht geschlossene Goldschicht durchwachsen.	In feuchten, unzureichend durchlüfteten Räumen sollten Polimentvergoldungen nicht oder erst nach der Verbesserung der raumklimatischen Bedingungen angewandt werden. Von Schimmelpilzen befallene und überwucherte Polimentvergoldungen sind bis zur Austrocknung des Untergrundes zu erwärmen und zu belüften. Den trockenen Pilzbelag kann man mit Watte abreiben.
Ungleichmäßige Helligkeit einer Ölvergoldung	
Ungleichmäßige Oberflächenstruktur des Untergrundes. Auf glatten Stellen des Untergrundes erscheint die Vergoldung dunkler und voller in der Farbe; dagegen erscheint sie auf rauen Stellen heller, da hier das Gold das Licht diffus reflektiert. Das Blattgold wurde in noch nicht ausreichend angetrocknetes oder in ungleichmäßiger Dicke aufgetragenes Anlegeöl aufgelegt. Das Öl durchdringt stellenweise das Blattgold.	Die Untergründe müssen stets gleichmäßig glatt sein. Deshalb müssen außenstehende Untergründe, z. B. Metalloberflächen, sehr sorgfältig geschliffen werden (auch die Anstriche). Vor der Witterung geschützte Untergründe können durch mehrmaliges Spachteln geglättet werden. Anlegeöl mit feinem Haarpinsel gleichmäßig dick auftragen. Gold erst nach ausreichender Antrocknung auflegen (beim Darüberstreichen mit dem Finger entsteht ein Pfeifton).
Verfärbung von Blattmetallbelägen	
Blattgold verfärbt sich selbst nicht. Verfärbungen können sein: Ruß- und Staubanhaftungen, Schimmelpilzbefall des Untergrundes, aus mineralischen Untergründen stammende ausblühende Salze. Goldfarbenes Schlagmetall, eine Kupfer-Zink-Legierung als Blattgoldersatz wird durch den Einfluss der Atmosphäre in wenigen Monaten grünlich-schwarz.	Ruß und Staub vorsichtig abwaschen. Schimmelpilze und Ausblühungen werden nach der Austrocknung des Untergrundes mit Watte trocken abgerieben. Starke Ausblühungen erfordern eventuell Sperrungen. Nur innen anwenden; zum Schutz vor Oxydation erhalten sie einen Überzug mit einem neutralen Klarlack.
Blattsilber wird von Schwefelwasserstoff und Schwefeldioxid durch Silbersulfid- bzw. Silbersulfatbildung geschwärzt. Blattaluminium ist gegen atmosphärische Einflüsse beständig.	Möglichst durch Blattaluminium ersetzen, sonst mit einem dünnen, neutralen Klarlack, z. B. Zaponlack, überziehen.

9.4 Schäden an Blattmetallbelägen

aluminium eingesetzt. Blattmetallbeläge werden auch mit gold-, silber- und kupferfarbenen Perlglanzpigment- und Bronzeanstrichen imitiert. Den Vorzug haben Perlglanzpigmente, meist in Schellack gebunden, weil sie infolge ihrer mineralischen Stoffgrundlage licht-, luft- und witterungsbeständig sind und sich im Gegensatz zu Metallbronzen nicht verfärben.

Schäden und Mängel an Blattmetallbelägen liegen folgende Ursachen zugrunde:
- Die spezifische Beständigkeit des eingesetzten Blattmetalls gegen den Einfluss der Atmosphäre und von Luftimmissionsstoffen. So ist z. B. hochkarätiges Blattgold beständig, während Blattsilber und Kompositionsgold durch Schwefelwasserstoff und Schwefeldioxid geschwärzt oder in anderer Weise verfärbt werden.
- Mängel in der Vorbehandlung der Untergründe, z. B. unzureichende Korrosionsschutzbeschichtung auf Eisen- und Stahluntergrund; kein sperrender Grundanstrich auf stark saugendem Gipsuntergrund oder unzureichende Reinigung von Glasuntergründen vor der Hinterglasvergoldung.
- Fehler in der Ausführung der Blattmetallbeläge, z. B. zu frühes Auflegen des Blattgoldes auf das Anlegeöl, oder auf unzureichend saugfähigen Polimentgrund.

Das Vergolden und Versilbern echt und unecht wird im Buch „Historische Beschichtungstechniken" ausführlich beschrieben.

In der **Tabelle 9.4** werden Schäden und Mängel beschrieben, die an Blattmetallbelägen vorkommen können.

10 Schäden an Wandmalereien

Bild 10.1 Ausschnitt aus einer Decken-Jugendstil-Malerei in einem halleschen Bürgerhaus, bei deren Restaurierung das Reinigen, Festigen und Schließen eines engen Rissnetzes am wichtigsten waren.

Wandmalereien gehören zu den wertvollsten gestaltenden Elementen der Architektur. Das verpflichtet zu besonders großer Sorgfalt bei ihrer Planung, arbeitstechnischen Vorbereitung und Ausführung sowie bei der vorbeugenden Instandhaltung und Restaurierung **(Bild 10.1)**.

10.1 Bedeutung der Planung für die Schadensvermeidung

Für die Planung von Wandmalereien ist die richtige Folge der zu treffenden Entscheidungen besonders wichtig. Da der Planung und oft noch der Ausführung von Wandmalereien nicht selten ein auf der Vorstellung der Malerei basierender schöpferischer Enthusiasmus zugrunde liegt, besteht oft die Gefahr, dass dabei die technischen Anforderungen und die Solidität der handwerklichen Ausführung nicht ausreichend berücksichtigt werden. Meistens sind vorkommende arbeitstechnische Mängel, vorzeitige Alterungserscheinungen und Schäden darauf zurückzuführen **(Bild 10.2)**.

10.2 Ursachen und Auswirkung von Schäden

Die Ursachen von Schäden sind fast ausnahmslos in folgenden Fehlern der Entscheidungen und Ausführung zu finden:
1. Beanspruchung durch Einflüsse der Atmosphäre, vor allem auf Fassadenmalereien, des Mal- oder Untergrundes und der Nutzung des jeweiligen Objekts nicht berücksichtigt.

10.2 Ursachen und Auswirkung von Schäden

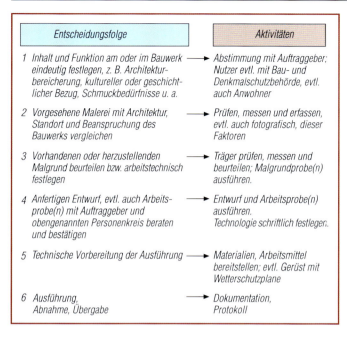

Bild 10.2 Beispiel der Entscheidungsfolge zur Planung und Vorbereitung einer dekorativen Wandmalerei

Zunächst gelten für Fassadenmalereien alle arbeitstechnischen Regeln für farbgebende gestalterische Außenarbeiten, nämlich der Einsatz von Materialien, in diesem Falle von Pigmenten, Bindemitteln oder gebrauchsfertigen Malfarben, die gegen Licht- und UV-Strahlung, Luft und Feuchtigkeit beständige Malschichten ergeben. So würden z. B. Malereien mit gegen Licht und UV-Strahlung unbeständigen Pigmenten – dazu gehören vor allen die auf organischen Farbstoffen aufbauenden Pigmente – mehr oder weniger schnell ausbleichen.

Eine zusätzliche, stärkere Beanspruchung kann sich aus dem Standort der Objekte ergeben, so z. B. hohe Luftfeuchte an Meeresstränden, erhöhte UV-Strahlung und Frost mit zeitweiliger Eisbildung auf der Malerei im Hochgebirge oder stärkere saure Luftimmission an Verkehrsknotenpunkten, durch die vor allem kalkgebundene Fassadenmalereien schnell zerstört werden. Zu den chemisch wirksamen Luftverunreinigungen gehört auch Schwefelwasserstoff, durch den blei- und chromatpigmenthaltige Malschichten infolge Bleisulfidbildung allmählich geschwärzt werden.

Auch für Innenmalereien müssen gelegentlich besondere Einflüsse beachtet werden, so z. B. sind schimmel- und fäulnisempfindliche Leimfarben- und Temperafarbenmalereien in Feuchträumen und auf feuchte Untergründe nicht anwendbar. **Bild 10.3** gibt eine grobe Übersicht über die Widerstandsfähigkeit von Wandmalereien gegen äußere Einflüsse; aus den **Tabellen 10.1 und 10.2** ist die Beständigkeit von Pigmenten, Bindemitteln und den manchmal im Zusammenhang mit Wandmalereien eingesetzten Blattmetallen ersichtlich. Die gegen Alkalien, Schwefelwasserstoff, Schwefel- und Salzsäure unbeständigen Pigmente sind außerdem im 3. Kapitel im Bild 3.11 erfasst.

2. Untergrund, Malgrund oder das Bauwerk selbst, an dem sich die Malerei befindet, in der Auswirkung auf die Festigkeit, Dauerhaftigkeit oder Beschädigung der Wandmalerei nicht beachtet.

Vor allem an Altbauten, die keine oder unwirksam gewordene Dichtungen gegen Bodenfeuchtigkeit und Spritzwasser haben, werden Wandmalereien durch Feuchtigkeit und damit einhergehende Ausblühungen, Kalksinterablagerung, Pilz- und Fäulnisbefall häufig geschädigt oder zerstört. Auch kann die Dauerhaftigkeit der Malschicht von der Festigkeit des Untergrundes abhängig sein, z. B. erreichen Malereien auf morschem Putz-, Stein- und Holzuntergrund keine lange Standzeit. Unter- bzw. Malgrund und Malschicht dürfen in ihren physikalischen Eigen-

Tab. 10.1 Beständigkeit der Pigmente, Füllstoffe* und Blattmetalle von Wandmalereien

Einteilung Pigmente u. a.	Beständigkeit gegen:				Farbton
	Licht- u. UV-Strahlung	Schwefel- wasserstoff	Alkalien	Färbe- oder Aufhell- vermögen	
Erdpigmente					
Ocker	1	1	1	2	
Roter Ocker	1	1	1	2	
Terra di Siena, natur	1	1	1	3	
Terra di Siena, gebrannt	1	1	1	2	
Grünerde	1	1	1	3	
Umbra, natur	1	1	1	2	
Umbra, gebrannt	1	1	1	2	
Manganschwarz	1	1	1	2	
Kreide*	1	1	1	3	
Kalksteinmehl*	1	1	1	4	
Schwerspatmehl*	1	1	1	4	
Quarzmehl*	1	1	1	4	
Synthetische Mineralpigmente					
Bleiweiß	2	4	2	2	
Zinkweiß	1	1	2	2	
Titanweiß	1	1	1	1	
Lithopone	2	2	2	2	
Zinkgelb	3	3	4	3	
Chromgelb	2	4	4	2	
Cadmiumgelb	1	1	1	2	
Nickeltitangelb	1	1	1	2	
Chromoxidgrün	1	1	1	1	
Chromoxidhydratgrün	1	1	1	2	
Eisenoxidrot	1	1	1	1	
Chromrot	2	3	2	3	
Cadmiumrot	1	1	1	1	
Molybdatrot	1	1	4	2	

10.2 Ursachen und Auswirkung von Schäden

Tab. 10.1 Fortsetzung

Einteilung	Beständigkeit gegen:				Farbton
Pigmente u. a.	Licht- u. UV-Strahlung	Schwefel- wasserstoff	Alkalien	Färbe- oder Aufhell- vermögen	
Synthetische Mineralpigmente					
Cobaltblau	1	1	1	2	
Coelinblau	1	1	1	2	
Berliner Blau	1	1	4	1	
Ultramarinblau	1	1	2	2	
Ultramarinviolett	1	1	2	2	
Eisenoxidschwarz	1	1	1	1	
Kohlenstoffpigmente					
Kasseler Braun	3	1	2	3	
Rußschwarz	1	1	1	1	
Knochenschwarz	2	1	2	2	
Rebschwarz	2	1	2	2	
Schieferschwarz	1	1	1	3	
Organische Pigmente					
Schüttgelb	2	1	3	3	
Indischgelb	3	1	3	3	
Karminrot	3	1	3	2	
Krapplack	2	1	3	3	
Metallpigmente (Bronzen), Perlglanzpigmente					
Aluminiumpigment	1	1	4	2	
Kupferpigment	3	2	4	3	
Messingpigment	3	2	4	3	
Perlglanzpigment, Silber	1	1	1	3	
Perlglanzpigment, Gold	1	1	1	3	
Blattmetalle					
Blattgold, Naturgold	1	1	1	–	
Blattgold, Rosennobelgold	2	1	2	–	
Blattsilber	3	4	2	–	
Schlagmetall	3	2	4	–	

Beständigkeit: 1 sehr gut; 2 gut bis ausreichend; 3 mäßig, unsicher; 4 unbeständig

Tab. 10.2 Beständigkeit der Bindemittel in der Wandmalerei[1]

Einteilung Bindemittel	Beständigkeit gegen (Zerstörungserscheinung):				
	Luft u. Luftfeuchtigkeit	Saure Luftimmission	Alkalien (Kalkechtheit)	Anorganische Säuren	Organismen
Mineralien					
Kalkhydrat	2	4	1	4	3
Zement, sulfatresistent	1	2	1	3	2
Kaliumwasserglas	1	1	2	3	2
Gips	4	1	2	2	3
Leime					
Glutinleim	2	3	4	4	4
Stärkeleim	2	3	4	4	4
Celluloseleim	2	2	2	4	3
Dispersionen					
Öl- u. Harzemulsionen	3	3	4	3	3
Siliconharzemulsion	1	1	2	3	2
Latexbindemittel	2	3	4	3	4
Acrylatdispersionen	1	2	2	3	3
Öle u. Harze					
Leinölfirnis	1	2	4	3	3
Alkydharz	1	2	4	3	3
Polymerharze	2	1	2	3	2
Expoxid- u. Urethanharze	1	1	1	2	1

1 Beständigkeit im Durchschnitt, d. h. ohne Berücksichtigung von Spezialsorten
  1 sehr gut; 2 gut; 3 mäßig, unsicher; 4 unbeständig

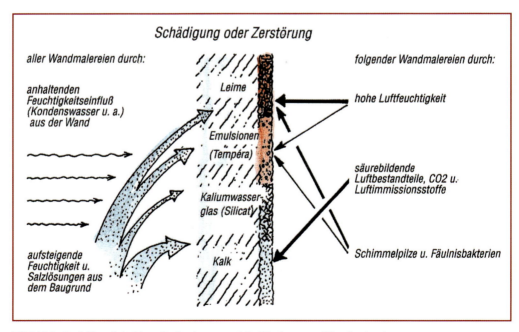

Bild 10.3 Grobübersicht über die Resistenz und Gefährdung von Wandmalereien

10.2 Ursachen und Auswirkung von Schäden

Bild 10.4 Auf einen weißen, quarzhaltigen KEIM-Malgrund mit Silicatfarben (B-Technik) ausgeführte illusionistische Malerei im Innenhof des Hotels „Russischer Hof" in Weimar

schaften, wie Festigkeit, Spannung und Diffusionsfähigkeit nicht zu stark voneinander abweichen. Besonders wichtig für die Dauerhaftigkeit ist die mögliche vorteilhafte chemische Reaktionsfähigkeit zwischen Malgrund und Malschicht. Seit altersher wird die hohe Festigkeit von kalk- und kalkcaseingebundenen Malereien erreicht, indem auf frischen, mit der Malschicht chemisch reaktionsfähigen Kalkmörtelputz gemalt wird. Die sehr hohe Dauerhaftigkeit von Silicatfarbenmalereien geht hauptsächlich darauf zurück, dass das Kaliumwasserglas mit den reaktionsfähigen Malgrundbestandteilen, vor allem Quarzsand und -mehl, an den Berührungs- bzw. Grenzflächen wasserunlösliche Silicate bilden **(Bild 10.4)**.

3. Die Beachtung physikalischer und stofflicher Reaktionen zwischen den Bestandteilen der Malfarbe oder Malschicht und im Laufe der Zeit möglicherweise zu erwartende stoffliche Veränderungen der Malschicht selbst erfordern vom Planer und Ausführenden ein hohes Maß an Fachwissen und Erfahrungen. Hierzu einige Beispiele:

■ Zwei Pigmente oder Malfarben, die Komplementärfarben bilden (im Farbenkreis gegenüberstehende Farben, z. B. Gelb – Blauviolett, Orange – Blau, Grün – Purpurrot), sollten nicht gemischt oder als Lasurfarben nicht übereinander lasiert werden, weil sie Grautöne ergeben – sofern dies nicht beabsichtigt ist **(Bild 10.5)**.

■ Das Mischen von Pigmenten aus Bleiverbindungen, z. B. Bleiweiß, Neapelgelb, Chromgelb und Chromgrün mit Pigmenten aus Schwefelverbindungen, z. B. Lithopone, Ultramarin- und Cadmiumpigmente, sollten vermieden werden, weil Letztere Spuren von Schwefel enthalten können, der mit den Bleiverbindungen schwärzliches Bleisulfid bildet.

■ Für kalk- und kalkcaseingebundene Malereien, einschließlich für den Malgrund, ist nur der als Freskokalk im Handel befindliche holz- oder elektrisch gebrannte Kalkhydratteig zu verwenden, weil der normale mit schwefelhaltigen Brennstoffen gebrannte Kalk Calciumsulfat enthält, das später auf den Malereien als weiße Ausblühung erscheint.

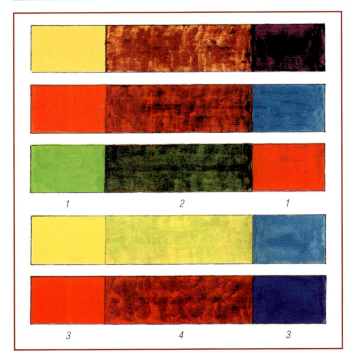

Bild 10.5 *1 Komplementär-Farbpaare; 2 fleckig übereinander lasiert, ergibt schwärzliche Farben; 3 Nebenfarbenpaare; 4 lasiert, ergibt klare Farben*

■ In der Silicatfarben-Maltechnik nur die dafür bestimmten Spezialpigmente verwenden, denn verschiedene andere Pigmente, z. B. Chrom- und Zinkgelb sowie calciumsulfathaltige Erd- und Subtratpigmente reagieren mit Kaliumwasserglas unter Eindickung der Malfarbe.
■ Basisch reagierende Pigmente, vor allem Zinkweiß, reagieren mit säurehaltigen Naturharzlösungen unter Eindickung – auch beschleunigen sie durch die Bindung ungesättigter Fettsäuren die Trocknung ölhaltiger Bindemittel.
■ Während die Blei- und Bleichromat-Pigmente mit den Fettsäuren öliger Bindemittel Bleiseifen bilden, die Ölfarbenmalereien lange Zeit elastisch halten, verspröden Malschichten, die die aus Zinkpigmenten und Fettsäuren entstandenen Zinkseifen enthalten, sehr schnell.
■ Die zuvor beschriebene Bleiseifenbildung setzt sich auch in der trockenen Ölfarbenmalschicht schwach fort – da Bleiseifen weitgehend transparent sind, verringert sich dadurch die Deckfähigkeit der Malschicht.

10.3 Übersicht

In der **Tabelle 10.3** sind die Techniken der Wandmalerei und die daran erfahrungsgemäß möglichen Schäden erfasst. Vor den Beschreibungen der Schäden in den **Tabellen 10.4** bis 10.10 werden die Schwerpunkte der fachgerechten Ausführung und damit die Vermeidung von Schäden in Kurzform beschrieben. Diese Beschreibungen reichen keinesfalls als Arbeitsanleitung zur Ausführung von Wandmalereien aus. Ausführliche Informationen über die Ausführung von Wandmalerei enthalten das Buch „Historische Beschichtungstechniken" (ISBN 3-345-00796-7) und das 2004 erscheinende Buch „Beschichtungstechniken heute". Diese drei, im Inhalt sich gegenseitig ergänzenden Fachbücher sollten im Zusammenhang genutzt werden. Auch ist empfehlenswert, die Ausführungen über „Schäden an Wandmalereien" mit der Beschreibung der Ursachen und Auswirkung von Schäden an Sichtflächen im Allgemeinen in den vorangestellten Kapiteln, besonders der Schäden an Anstrichen, die die gleiche Bindemittelgrundlage wie die Wandmalereien haben, zu vergleichen.

10.4 Schäden an kalkgebundenen Malereien

Kalkgebundene Wandmalereien von hoher Standzeit (historische Wandmalereien, **Bild 10.6**) sind ausschließlich im Gebäudeinneren vorzufinden, weil sie außen dem Einfluss, der Witterung nur eine begrenzte Zeit widerstehen. Besonders stark werden sie von Luftverunreinigungen aus Verbrennungsabgasen, die mit der Luftfeuchtigkeit Säuren bilden, z. B. CO_2, SO_2 und SO_3, angegriffen, geschädigt und schließlich zerstört. In Gebieten, in denen das Gestalten und Schmücken der Häuser mit kalkgebundenen Malereien traditionell bedingt ist, z. B. Bayern, Österreich und in der Schweiz, werden vor allem in ländlichen Bereichen auch heute noch diese Arbeitstechniken im Außenbereich angewendet. Dabei werden meist alle Faktoren in die Arbeitstechnik einbezogen, die zu einer vertretbaren Beständigkeit und Standzeit dieser Wandmalereien führen. Dazu gehören:

■ Einschränkung des Witterungseinflusses, indem die Wetterseite von Malereien ausgespart wird oder weit überstehende Dächer vor Regen schützen

■ Malen auf frischem Kalkmörtelputz, um einen festen chemischen Verbund zwischen Malerei und Untergrund zu erreichen

Tab. 10.3 Schäden an Wandmalereien und ihre möglichen Ursachen

Wandmalerei	Schäden	Ursachen*		
		1	2	3
Kalkgebundene Malereien	Ausbleichen	■		■
	Ausblühungen		■	
	Rissbildung		■	
	Überkrustung	■		
	Verfärben	■	■	■
Sgraffiti u. a. Putzmörtel-Gestaltungsarbeiten	Absanden	■		■
	Hohlraumbildung		■	
	Reißen		■	■
	Verfärben	■		■
Silicatfarbenmalerei	Abblättern		■	■
	Dunkle verglaste Stellen		■	■
	Farblich unschöne Malerei			■
	Verfärbungen			■
	Wischen und Abpulvern		■	■
Leimfarbenmalereien	Abblättern			■
	Ausbleichen			■
	Schimmeln	■		■
	Wischen, Abfärben	■		■
Casein- und Temperafarbenmalerei	Abblättern		■	■
	Nachdunkeln			■
	Reißen		■	■
	Schimmeln	■		■
Siliconharzfarben-Malereien	Abblättern und Reißen		■	■
	Ansätze und Fleckigkeit		■	■
	Unzureichende Farbklarheit			■
Ölfarben- und Lackfarbenmalereien	Abblättern		■	■
	Nachdunkeln			■
	Reißen		■	■
	Runzelbildung			■
	Vergilben	■		
	Treibserscheinungen		■	

* Ursachen: 1 Beanspruchung wurde unzureichend oder nicht beachtet; 2 Untergrund unzureichend beachtet und vorbehandelt; 3 fehlerhafter Materialeinsatz

Tab. 10.4 Schäden an kalkgebundenen Malereien

Schaden, Ursachen	Vermeiden und Beseitigen
Ausbleichen	
Mitverwendung von nicht ausreichend lichtechten Pigmenten.	Nur die feinteiligen, reinen, lichtechten speziell für Fresco- u. a. kalkgebundene Malerei bestimmte Pigmente verwenden.
Einwirkung von Schwefeldioxid, das auf Pigmente als reduzierendes Bleichmittel wirken kann.	Keine SO_2-empfindlichen Pigmente verwenden, z. B. Ultramarinblau und bleihaltige Pigmente.
Einfluss von bleichendem Chlor oder Chlorverbindungen, z. B. salzhaltiges Meerwasser, gechlortes Trinkwasser, Abgase aus Chemieindustrie und Kunststoffverbrennung. Gefährdet sind organische Pigmente, Zink- und Bleichromate.	Keine unbeständigen Pigmente einsetzen oder auf kalkgebundene Malereien verzichten; resistenter ist Silicatfarbenmalerei. Dünnes Übersprühen mit Kaliumwasserglas, Kieselsäureester (auch hydrophobierend) schützt vor diesen Angriffen.
Ausblühungen	
Salze, z. B. Sulfate, Chloride und Carbonate, aus dem Untergrund, die gelöst in der Feuchtigkeit an die Oberfläche gelangen und verfärben bzw. durch ihren Kristallisationsdruck allmählich zerstören.	Untergründe, die salzhaltige Bodenfeuchtigkeit aufnehmen oder die Salze selbst enthalten, sind als Malgrund nicht geeignet; bzw. die Salzaufnahme ist z. B. durch Dichtungen erst zu verhindern.
Calciumsulfat (Gips) aus kohlegebranntem Kalkbindemittel des Malgrundes.	Nur gipsfreies Kalkhydrat (elektrisch oder holzgebrannt) verwenden.
Calciumsulfat, das sich durch Einfluss von SO_2-Luftimmision gebildet hat.	An derartigen Standorten keine kalkgebundenen Malereien ausführen; vorhandene Malereien durch Imprägnieren schützen.
Rissbildung	
Netzartige Schwindrisse sind meist auf zu feinkörnigen Zuschlag in den unteren Putzlagen zurückzuführen, oder die feinkörnige Malschicht ist zu dick.	Zuschlagkorngröße unterer Putzlagen 5 bis 0,5 mm. Malgrund neben Quarz- oder Marmormehl, Sand bis 1 mm Korngröße; Dicke bis 3 mm.
Grobe Risse gehen meist bis zum Putzgrund oder sogar in den Untergrund hinein; auch unzureichender Verbund kann Ursache sein.	Untergrund darf keine Risse aufweisen und muss rau sein (freigelegte Fugen); die unteren Putzlagen rau belassen und nicht glatt ausreiben (Bild 10.7).
Zu starke Spannung des oberen, kalkreichen Malgrundes auf bindemittelarmen Unterputzen.	Unter- und Zwischenputzlagen müssen die gleiche Festigkeit haben wie die obere Malgrundschicht.
Überkrustung	
Sie bestehen meistens aus weißen, glatten bis gelblichem Kalksinter von zelligporöser Struktur. Besonders in feuchten, ungenügend belüfteten Räumen, entsteht auf kühlen Wand- und Deckenoberflächen Kondenswasser, das in die Malschicht und Putze eindringt, dort gemeinsam mit Luftkohlensäure Calciumcarbonat in Calciumhydrogencarbonat umsetzt, das dann auf der Malerei den Kalksinter bildet.	Vermeidbar durch die Verhinderung der Kondenswasserbildung auf den Oberflächen durch Regulierung der Belüftung, Luftfeuchtigkeit und Temperatur in den Räumen. Die Beseitigung der Kalksinterüberkrustung ist schwierig. Möglich sind: Mechanisches Entfernen durch Druck, leichtes Klopfen und Bürsten den porösen Kalksinter zu beseitigen. Chemisch durch Umsetzen des Calciumcarbonats mit kohlensäurehaltigem Wasser in Calciumhydrogencarbonat und Nachspülen (oftmals wiederholen).
Verfärben	
Alkalienunbeständige Pigmente verwendet, z. B. Chromgelb schlägt in Rot, Berliner Blau in Braun und Zinkgrün in Graubraun um (Bild 3.11).	Für kalkgebundene Malereien nur dafür geeignete, reine Pigmente verwenden (spezielle Fresco-Pigmente).
Schwärzung bleihaltiger Pigmente, z. B. Neapelgelb, Bleiweiß, durch Schwefelwasserstoff oder durch Schwefelverunreinigung, z. B. in Ultramarinblau.	Da vielerorts mit Schwefelwasserstoff zu rechnen ist, auf bleihaltige Pigmente verzichten. Blei- und schwefelhaltige Pigmente nicht mischen.
Verfärbung durch Ausbleichen, Ausblühungen, Pilzbefall, Verschmutzung.	Siehe dort!

10.4 Schäden an kalkgebundenen Malereien

Bild 10.6 Ausschnitt aus den Fresken Michelangelos in den Lünetten der Sixtinischen Kapelle des Vatikans (Aufnahme um 1930, erkennbar sind Altersrisse im Malgrund)

- Zusatz von Eiweißstoffen, hauptsächlich Casein in Form von Magerquark zur Kalk-Malfarbe, so dass die Malerei am frischen Kalkmörtelputz sowohl durch Calciumcarbonat als auch durch Kalkcasein gebunden wird.
- Heute werden kalkgebundene Fassadenmalereien gelegentlich hydrophobiert, um Regenwasser davon fernzuhalten.

Zur kalkgebundenen Wandmalerei gehören folgende Arbeitstechniken:
- Fresco-Malerei, die klassische Maltechnik, bei der mit in Kalkwasser eingerührten kalkechten Pigmenten auf den frischen, aus mehreren Kalkmörtelputzlagen aufgebauten Malgrund gemalt wird. Die Pigmente werden durch das bei der Verdunstung des Wassers auf der Oberfläche sich bildende Calciumcarbonat gebunden. Als „frescale" Malereien und auch Anstriche bezeichnet man solche, die frescoartig auf frischen, alkalisch aktiven Kalkmörtelputz ausgeführt werden. Im frischen Zustand geglättete Fresco-Malereien werden als Succolustro bezeichnet.
- Fresco-Secco-Malerei, die mit Kalkcaseinfarben auf trockenen Kalkmörtelputz oder auf einen Kalkschlämmanstrich ausgeführt wird.

Bild 10.7 Schichtaufbau einer frescoartigen Malerei
1 Unterputz; 2 Oberputz und Malgrund;
3 Malerei mit kalkechten Pigmenten auf den frischen Putz

Bild 10.8 Zustand des Frescos „Sängerwettstreit" im Sängersaal der Wartburg, das Moritz von Schwindt 1853 schuf, im Jahre 1938. Ursache für die Durchfeuchtung und Salzausblühungen im unteren Teil und den daraus resultierendem Schaden war aufsteigende Bodenfeuchtigkeit in der nicht gedichteten Wand. Inzwischen wurde die Ursache gebannt und das Gemälde mehrmals restauriert.

- Kalkfarbenmalerei, bei der die bis zu maximal 10 Vol.-% kalkechte Pigmente in verdünnten Kalkhydratteig zur Malfarbe eingerührt werden. Gemalt wird auf den Kalkmörtelputz oder auf einen Kalkschlämmanstrich.
- Kalkfarbenmalerei mit Zusatzbindemittel, z. B. von etwa 5 Vol.-% Kalkcaseinbindemittel.

Die in der Tabelle 10.4 beschriebenen Schäden an kalkgebundenen Wandmalereien sind meistens auf Fehler in der Werkstoffauswahl, in der Vorbereitung des Untergrundes und im Aufbau des Malgrundes zurückzuführen **(Bild 10.7 und 10.8)**.

10.5 Schäden an Sgraffiti und anderen Putzmörtel-Gestaltungsarbeiten

Zu den herkömmlichen mit Putzmörteln ausgeführten Gestaltungsarbeiten gehören:
- Putzritztechnik, bei der die dafür vorgesehenen Ornamente, Figuren u. a. in den frischen, geglätteten Putz eingeritzt werden **(Bild 10.9)**.
- Sgraffitotechnik, die darin besteht, dass auf eine frische, dunkle, meist schwarzgraue Kalkmörtel-Putzlage eine dünne helle Kalkmörtel- oder Kalkschlämmschicht aufgezogen oder aufgestrichen wird, aus der die darzustellenden Formen mit Sgraffito-Werkzeug herausgekratzt oder -geschabt werden **(Bild 10.10)**
- Putzschnitt-Technik; dabei werden die Formen in mehrere dünne Putzlagen von unterschiedlicher Farbe eingeschnitten und herausgeschabt **(Bild 10.11)**
- Putzintarsie – die vorgesehenen farbigen Streifen, Flächen oder Ornamente werden aus der aufgetragenen frischen Putzlage herausgekratzt, mit eingefärbtem gleichen Mörtel ausgefüllt – nach dem Versteifen des Putzmörtels wird alles ebenflächig abgeschabt **(Bild 10.12)**

10.5 Schäden an Sgraffiti und anderen Putzmörtel-Gestaltungsarbeiten

Bild 10.9
Bild 10.10

Bild 10.9 Teil einer Putzritzarbeit
Bild 10.10 Sgraffito-Schichtaufbau

Bild 10.11
Bild 10.12

Bild 10.11 Ausführung eines mehrfarbigen Putzschnittes
Bild 10.12 Ausführung einer großflächigen Kratzputzintarsie

Die Ausführung und die Varianten dieser Putzmörtel-Gestaltungsarbeiten sind im Buch „Historische Beschichtungstechniken" ausführlich beschrieben.
Die Dauerhaftigkeit von Sgraffitos und anderen Putzgestaltungsarbeiten ist vor allem von der Berücksichtigung der ineinandergreifenden physikalischen und chemischen Vorgänge bei ihrer Ausführung und Erhärtung abhängig.
Es sind:
Einsatz von einwandfreien Ausgangsstoffen
zur Mörtelherstellung, z. B. gewaschener Sand, abgelagertem, gipsfreien Kalkhydratteig, licht- und kalkechte Mörtelpigmente; für Sgraffiti, die durch saure Luftimmission beansprucht werden, ist an Stelle von Weißkalkhydrat ein hydraulischer Kalk einzusetzen.

Tab. 10.5 Schäden an Sgraffiti u.a. Putzmörtel-Gestaltungsarbeiten

Schaden, Ursachen	Vermeiden und Beseitigen
Absanden	
Zu geringer Bindemittelanteil im Mörtel.	Mischungsverhältnis einhalten. Beispiel: Weißkalk 25, Zement 5, kalkechtes Pigment 1, farbiger Brechsand 69 Vol.-%.
Als Zuschlagstoff ungeeigneten Sand zugesetzt, z. B. lehm- und tonhaltigen oder zu feinkörnigen Schwemmsand.	Nur saubere, evtl. ausgeschlämmte Sande und Gesteinsgranulate in geeigneter Korngrößenverteilung einsetzen.
Zu hoher Pigmentzusatz zur Färbung des Mörtels.	Möglichst farbigen Zuschlag verwenden; bezogen auf das Mörtelbindemittel darf ein Pigmentzusatz 5 Vol.-% nicht übersteigen.
Infolge zu schneller Trocknung des Mörtels nicht abgebundener Kalk oder Zement.	Bei warmer Witterung Trocknung durch starkes Annässen des Untergrundes, durch wiederholtes Übernebeln des Sgraffitos mit Wasser verzögern.
Frosteinwirkung auf den noch nicht abgebundenen Mörtel des Sgraffitos.	Ausführungs- und Abbindezeitraum müssen frostfrei sein (etwa 4 Wochen).
Chemische Umsetzung des Kalkes im Bindemittel durch Einfluss von Rauchluft in Calciumsulfat.	Kalkarmen Zement verwenden, evtl. durch Kaliumwasserglas- oder Silicontränkung schützen.
Hohlraumbildung	
Unzureichende Verdübelung des Unterputzes am Untergrund oder der einzelnen Putzschichten untereinander.	Verdübelung durch entsprechende Putzträger, ausgekratzte Mauerwerksfugen und auch grobe, nicht ausgeriebene Oberflächen der unteren Putzschichten gewährleisten (Bild 5.13).
Starke Spannung der oberen Putzschicht(en) infolge zu hohen Gehaltes an Bindemittel, vor allem Zement, meist im Zusammenhang mit unzureichender Verdübelung.	Die einzelnen Putzschichten müssen annähernd das gleiche Mischungsverhältnis haben. Eine gute Verdübelung der Putzschichten untereinander muss geringe Spannungsunterschiede überbrücken. Beispiel für die Zusammensetzung der Putze in Vol.-%: Unterputz 20 Weißkalk, 5 Zement, 75 Zuschlag; obere Putze 25 Weißkalk, 5 Zement, 70 Zuschlagstoffe und evtl. Pigment.
Reißen	
Starkes Schwinden des Mörtels im Zeitraum der Abbindung durch zu großen Bindemittelanteil, zu hohen Wassergehalt, ungeeignete Zuschläge, z. B. lehm- und tonhaltig.	Mischungsverhältnis beachten und nur Zuschläge verwenden, die keine abschlämmbaren Bestandteile enthalten. Geringster Wasserzusatz.
Reißen als Folge von Bauwerksrissen oder Treiberscheinungen.	siehe Tabelle 2.7.
Verfärben	
Alkalienunbeständige Pigmente eingesetzt.	Nur alkalienbeständige, zementechte Pigmente verwenden.
Auswaschen von Pigmenten, die nicht geeignet sind oder in zu großer Menge zugesetzt wurden, durch Regen.	Geeignet sind Chromoxidgrün, Eisenoxid- und Erdpigmente, zementechtes Ultramarinblau.
Weißfärbung durch chemische Umsetzung kalkhaltiger Bestandteile durch schwefelsaure Luftverunreinigungen in Calciumsulfat.	Für Sgraffitos, die starken Luftverunreinigungen ausgesetzt sind, kalkfreie oder kalkarme Stoffe einsetzen.
Verschmutzung durch Ruß und Staub, besonders von waagerechten Schnittkanten.	Schnittkanten stärker abschrägen, damit sich kein Staub ablagern kann, Abwaschen.

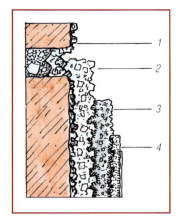

Bild 10.13 Wichtig ist ein guter mechanischer und möglichst chemischer Verbund der Schichten untereinander bei allen kalkgebundenen Malereien.
1 Spritzbewurf; 2 Unterputz; 3 Oberputz; 4 Malgrund mit Malerei (chemischer Verbund)

Vollständige Umsetzung des Kalkbindemittels
in Calciumcarbonat bzw. -silicat durch Verzögerung der Austrocknung des Mörtels, vor allem bei sommerlicher Witterungslage.

Guter Verbund des Mörtels
mit dem Untergrund und der Mörtellagen untereinander durch entsprechende Rauigkeit des Untergrundes bzw. des Unterputzes; ein chemischer Verbund durch feucht-auf-feucht Aufbringen der einzelnen Mörtellagen (**Bild 10.13**).
Außer den meist auf Ausführungsfehler zurückzuführenden, in der **Tabelle 10.5** beschriebenen Schäden können auch die in der Tabelle 7.5 beschriebenen Putzschäden an Putzmörtel-Gestaltungsarbeiten vorkommen (s. dort).

10.6 Schäden an Silicatfarbenmalereien

Baugebundene, mit hochwertigen Markenprodukten fachgerecht ausgeführte Silicatfarbenmalereien (früher als Keim'sche Mineralfarbenmalerei bezeichnet) haben folgende Vorteile:
- Sie sind in der Klarheit, ggf. Transparenz und anderen optischen Eigenschaften der Farben, in ihrer stofflich-strukturellen Harmonie mit den mineralischen Malgründen so wie in ihrem hohen Diffusionsvermögen dem Fresco sehr ähnlich (**Bild 10.14**).

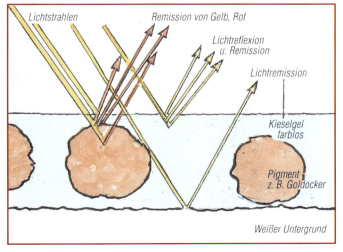

Bild 10.14 Optische Vorgänge in der transparenten Silicatfarbenmalschicht und am weißen Malgrund, die der Malerei die schöne Farbwirkung geben.

Tab. 10.6 Schäden an Silicatfarbenmalereien

Schaden, Ursachen	Vermeiden und Beseitigen
Abblättern der Malschicht	
Malgrund zu glatt und dicht, nicht saugend, z. B. Zementglätte, polierter Natur- oder Kunststein und Glas, mit dem die Malschicht keinen physikalischen Verbund eingeht, sondern allein durch Silicatbildung haftet (Bild 10.17).	Der Malgrund soll etwas rau, zumindest matt und griffig sein und mäßig saugen. Zu glatte Malgründe durch Schleifen oder Fluatätzung schwach aufrauhen. Auf derartige Malgründe sehr dünnschichtig malen.
Sehr stark saugender Malgrund, z. B. alter, poröser Kalkmörtelputz, der der frischen Malschicht das Fixativ weitgehend entzieht, so dass das Pigment besonders bei dickschichtiger Malerei nicht ausreichend gebunden ist.	Stark saugende Malgründe müssen einen ein- bis zweimaligen Voranstrich mit wasserverdünntem Fixativ zur Minderung der Saugfähigkeit erhalten (Fixativ zu Wasser 1 : 2).
Zu dicke Malschichten entwickeln vor allem auf glatten Malgründen, an denen sie nicht mechanisch haften, eine starke Spannung, die zu Rissen und Abblättern führt.	Silicatmalfarben grundsätzlich dünnschichtig auftragen. Abblätternde Schicht abschleifen und dann besonders dünnschichtig übermalen.
Dunkle, verglaste Flecke	
Insgesamt oder stellenweise sehr dichter, kaum saugender Malgrund – auch Putz mit Kalksinterhaut – der kein Fixativ aufnimmt, so dass es besonders bei geringer Pigmentierung der Malschicht verglast.	Aufrauen des Malgrunds durch Schleifen oder Fluatätzen (Ätzflüssigkeit mit Wasser 1 : 3 verdünnt, nachwaschen). Uneinheitliche Malgründe mit quarzmehlgefülltem Silicatvoranstrich egalisieren. Pigment-Fixativ-Mischungsverhältnis auf das Saugvermögen einstellen.
Untergrund mit normalem Saugvermögen mit Fixativ getränkt, so dass er kaum noch Fixativ aus der Malschicht aufnimmt.	Normales Saugvermögen begünstigt die Verankerung und Festigkeit der Malschicht und ist nicht zu verringern; nur extrem stark saugende Untergründe werden mit verdünntem Fixativ getränkt (Fixativ zu Wasser 1 : 2).
In der A-Technik die aufgelegten Farben, besonders wenn mit wenig Pigment lasierend gemalt wurde, ungleichmäßig oder zu stark fixiert, vor allem, wenn das gleich am Anfang geschieht.	Das fein aufgesprühte verdünnte Fixativ darf nicht nass stehen bleiben, sondern muss aufgesaugt worden sein; bei geringem Saugvermögen und dünner, lasierender Malschicht wird das Fixativ mit 3 Teilen destilliertem Wasser verdünnt, bei stärkerem Saugvermögen und deckender Malschicht verdünnt man nur mit 1 bis 2 Teilen.
In der B-Technik den Dekorfarben zu viel Fixativ zugesetzt, vor allem bei normal saugendem Malgrund.	Pigment-Fixativ-Mischungsverhältnis auf das Saugvermögen des Malgrundes einstellen; Hinweise des Herstellers beachten.
Farblich unschöne Malerei	
Malgrund in der Farbe und Struktur so wie im Saugvermögen uneinheitlich, z. B. dunklere oder rauere Stellen oder insgesamt infolge mangelhafter Vorbereitung zu dunkel oder zu rau. Der Malgrund schimmert durch die mehr oder weniger transparente Malschicht durch. Das Licht wird nicht nur in der Malschicht, sondern auch vom Malgrund diffus gebrochen.	Der Malgrund in der Struktur und im Saugvermögen gleichmäßig und hell, vorzugsweise weiß sein – nur dann kommt die schöne Farbtransparenz der Silicatfarben zur Geltung (Bild 10.14 und 10.16). Der spezielle Malgrund und quarzgefüllte Silicatvoranstriche ergeben geeignete Malgrundflächen.
Verfärbungen	
Salze von Wasserflecken	Ausgetrocknete Wasserflecke werden fluatiert.
Grauschleier infolge zu starker Fixierung in der A-Technik oder beim Nachfixieren in der B-Technik oder von verwitterten Malereien.	Mit verdünntem Fixiermittel nur so lange und so oft fixieren, wie es unverzüglich aufgesaugt wird.

10.6 Schäden an Silicatfarbenmalereien

Tab. 10.6 Fortsetzung

Schaden, Ursachen	Vermeiden und Beseitigen
Verfärbungen	
Nicht zum KEIM-Dekorfarben-Sortiment gehörende, wasserglasunechte (gipshaltige) oder alkaliunbeständige Pigmente verwendet; sie werden durch die Alkalität des Fixativs verfärbt; gipshaltige Pigmente bilden durch die Reaktion mit der Kieselsäure des Fixativs Zusammenballungen	Nur die zum Sortiment gehörenden Dekorfarben einsetzen; es sind feinteilige, farbstarke Mineralpigmente, die selbst mit dem Fixativ unter Silicatbildung reagieren und außerdem verkieselungsfördernde Zusätze enthalten. Sie zeichnen sich durch sehr gute Lichtechtheit, Wetter- und Farbbeständigkeit aus (Bild 10.15).
Verfärbungen, die auf Mängel oder Schäden des Untergrunds zurückzuführen sind, z. B. Sulfatausblühungen, die durch Umsetzen von Kalk im Malgrund durch saure Luftimmission in Sulfate entstanden.	Die Mängel und Schäden des Untergrundes sind in der Vorbereitungsphase zu vermeiden oder zu beseitigen, z. B. sind für Putz-Malgründe, die durch saure Luftimmission beansprucht werden, hydraulischer Kalk und evtl. sulfatresistenter Zement einzusetzen.
Ausblühende Salze aus dem Baugrund	Salzausblühungen sind durch konstruktive Maßnahmen (Dichtungen) zu verhindern.
Durchschlagender Teer oder Ruß von versotteten Untergründen.	Versottete Untergründe erhalten nach dem Aufrauen einen quarzmehlgefüllten Silicatvoranstrich.
Wischen und Abpulvern	
Untergrund für Silicatfarbenmalerei nicht geeignet, z. B. gips- und anhydritgebundener Putz, außen auch dichte, glatte Betonoberflächen, Klinker, glasierte Keramik und Glas.	Gips- und anhydrithaltiger Putz ist als Untergrund nicht geeignet. Glatte, dichte Betonoberflächen sind aufzurauen und Klinker, glasierte Keramik und Glas sind nur innen als Malgrund geeignet; ggf. sollten glatte, dichte Oberflächen zuerst einen quarzmehlgefüllten, griffigen Silicatvoranstrich erhalten.
Nicht zum Dekorfarben-Sortiment gehörende, mit dem Fixativ nicht verkieselnde Pigmente oder auch feucht gelagerte und deshalb zu Agglomeraten zusammengeballte Dekorfarben verwendet.	Keine nicht zum Dekorfarben-Sortiment gehörenden Pigmente verwenden. Dekorfarben besonders über längere Zeit hinweg in feuchtigkeitsundurchlässigen Behältern trocken lagern.
Besonders bei stärkerem Saugvermögen des Malgrundes in der A-Technik zu schwach fixiert und in der B-Technik zu geringer Fixativzusatz	Bei stärker saugendem Malgrund die Malerei mindestens einmal mehr mit verdünntem Fixativ übersprühen als bei schwachem Saugvermögen; Höhe des Fixativzusatzes durch Malprobe ermitteln.
Langjährige Verwitterung von Fassadenmalereien.	Vorgang, der durch Hydrophobierung der Malerei stark verzögert werden kann. Reinigen, ggf. stellenweise mit Dekorfarben restaurieren und fixieren.

■ Im Gegensatz zum Fresco und anderen kalkgebundenen Wandmalereien sind sie gegen anhaltend hohe Luftfeuchtigkeit, Luftkohlensäure und säurebildende Luftimmissionsstoffe beständig **(Bild 10.15)**.

■ Außenstehende Silicatfarbenmalereien, deren Oberflächen nach langer Standzeit nicht mehr die ursprüngliche Festigkeit haben, können nach dem Reinigen mit Wasser, dem bei Rußverunreinigungen 5 % Salmiakgeist zugesetzt wird und nach eventuellem Restaurieren von Schadstellen mit Silicatfarbe durch mehrmaliges feines Übersprühen mit verdünntem Fixativ wieder gefestigt werden.

Die Silicatfarbenmalereien können mit Keimfarben oder anderen gleichwertigen Silicatmalfarben in zwei als A- und B-Technik bezeichneten arbeitstechnischen Varianten ausgeführt werden. Diese beiden Maltechniken sind im Buch „Historische Beschichtungstechniken" ausführlich beschrieben. Deshalb wird hier nur ihr arbeitstechnisches Prinzip dargestellt.

Bild 10.15 Mit KEIM-Dekorfarben in der B-Technik in der Maurischen Halle des Graf-Eberhard-Bades in Wildbad/Schwarzwald 1981 von Prof. Schlegel, Stuttgart, ausgeführte Decken- und Wandmalerei, die einer feuchten Raumatmosphäre ausgesetzt ist.

A-Technik
Ihr liegt die historische, als Stereochromie bezeichnete Maltechnik mit Silicatfarben zugrunde. Ihre Arbeitsschritte sind:
Auftragen des Malgrundes und zwar eines vom Hersteller der Keimfarben als Spezialtrockenmörtel zu beziehenden Kalkmörtels, der einen weißen, griffigen, mäßig saugenden, hochgradig mit Kaliumwasserglas, dem Fixativ, reaktionsfähigen Putzmalgrund ergibt.
Ätzen des erhärteten, trockenen Malgrundes mit einem verdünnten Spezialfluat, wobei die auf

Bild 10.16 Ausschnitt aus einer auf einen weißen Malgrund mit Keim'schen Silicatfarben ausgeführten gegenstandslosen Malerei mit hoher Farbbrillanz

10.7 Schäden an Leimfarbenmalereien

Bild 10.17 Silicatfarbenmalerei in der B-Technik
Falsch und richtig

der Putzoberfläche entstandene Kalksinterhaut zerstört wird, so dass der Malgrund für die nachfolgende Malerei voll aufnahmefähig ist.

Malen mit KEIM-Künstlerfarben, die als wässrige Pigmentpasten zu beziehen sind und zum lasierenden oder dünnschichtig deckenden Malen auf den vorher mit destilliertem Wasser angefeuchteten Malgrund ebenfalls mit destilliertem Wasser malfähig verdünnt werden. Das Malen ähnelt der Aquarellmalerei **(Bild 10.16)**.

Fixieren der durchgetrockneten Malerei durch mehrmaliges feines Übersprühen mit verdünntem KEIM-Fixiermittel (spezielles Kaliumwasserglas) mittels einer Fixierspritze und zwar so lange das Fixativ aufgesaugt wird.

B-Technik **(Bild 10.17)**
Gemalt wird mit KEIM-Dekorfarben auf den mit dem Fixativ reaktionsfähigen bzw. silicatbildenden Untergrund, z.B. auf den speziellen KEIM-Malgrund oder auf hellen kalk- oder kalkzementgebundenen, vorher geätzten Putz sowie auf einen weißen oder hellgetönten Silicatfarbenvoranstrich. Es kann deckend und lasierend gemalt werden. Weiteres siehe unter „8.4 Schäden an Silicat- und Dispersions-Silicatfarbenanstrichen".

10.7 Schäden an Leimfarbenmalereien

Die reversible Bindung von Leimfarbenmalereien beruht auf der Adhäsion zwischen der Leimfestsubstanz, den Pigmenten und dem Malgrund. Historische Leimfarben-Wandmalereien sind

Bild 10.18 Um 1620 mit Leimfarben auf Deckenholzuntergrund ausgeführte Malerei im Schloss Merseburg, die sich unter einer Verblendung befand

fast ausschließlich mit Glutinleimfarben (Knochen- oder Hautleim) ausgeführt. Heute verwendet man auch Stärkeleim- und Celluloseleimfarben sowie mit Dextrin oder Gummileim gebundene Gouachefarben für Leimfarben-Wandmalereien **(Bild 10.18 und 10.19).** Sie können infolge ihrer Feuchtigkeits-, Schimmelpilz- und Fäulnisempfindlichkeit nur in trockenen Räumen auf ständig trockene Untergründe angewendet werden. Verstöße gegen diese begrenzte Anwendbarkeit führen unausweichlich zu Schäden und meist zur Zerstörung der Malerei. Weitere an Leimfarbenmalereien mögliche Schäden sind in der Tabelle „8.7 Schäden an Leimfarbenanstrichen" beschrieben (s. dort).

Tab. 10.7 Schäden an Leimfarbenmalereien

Schaden, Ursachen	Vermeiden und Beseitigen
Ausbleichen	
Einsatz von nicht lichtechten Pigmenten, bei denen der Einfluss ultravioletter Strahlen photochemische Reaktionen auslöst, die allmählich zur Entfärbung führen. Es sind vor allem billige Farblacke.	Nur Pigmente von hoher Lichtechtheit verwenden (sie sollten nach der achtstufigen Wollskala zu den höchsten Lichtechtheitsstufen, nämlich 6 bis 8 gehören), z. B. Zinkoxid, Berliner- und Ultramarinblau, alle Chromoxid- und Eisenoxidpigmente.
Einfluss von Luftverunreinigungen, z. B. Schwefeldioxid, die auf einige säureunbeständige Pigmente als reduzierende Bleichmittel einwirken.	An diesen Objekten keine säureempfindlichen Pigmente einsetzen, z.B. Ultramarinblau, Chromgrün, Chromorange und zahlreiche organische Pigmente.
Schimmeln	
Ungenügende Durchlüftung und Beheizung von Räumen, im nicht unterkellerten Erdgeschoss, in denen Fußböden und Wände nicht ausreichend gegen Bodenfeuchtigkeit gesperrt sind, führt zu ständig hohen Feuchtigkeitswerten. Kondenswasserniederschlag auf kühlere Wand- und Deckenteile (Wärmebrücken), z. B. Raumwinkel der Gebäudeecken	Verbesserung der Luftventilation und Beheizung, Beseitigung der zur Durchfeuchtung führenden Baumängel, z. B. durch Einziehen von Dichtungen in die Wände (evtl. Austrocknung der Wände durch Elektroosmose), Verbesserung der Wärmedämmung und der Feuchtigkeitsundurchlässigkeit der Wände.
Durchfeuchtung von Wänden infolge unzureichender Dicke oder weil ein schützender Außenputz fehlt durch Schlagregen.	Können die Feuchtigkeitseinflüsse nicht vermieden werden, dann müssen an Stelle von Leimfarben schimmelpilzbeständigere Malfarben verwendet werden, z. B. Silicatfarben. Außerdem kann die Schimmelpilzanfälligkeit der Leimfarben durch einen geringen Zusatz von Formalin verringert werden.
Durchfeuchtung bodennaher Wandteile, die nicht oder unzureichend gegen Bodenfeuchtigkeit gesperrt sind.	Schimmelpilzverseuchte Untergründe müssen vor der Neubemalung mit fungiziden (pilztötendem) Mittel behandelt werden.
Wischen, Abfärben	
Nachlassen der Bindefähigkeit der Leime durch ständiges Quellen und Schwinden infolge von häufigen starken Schwankungen der Temperatur und Luftfeuchtigkeitshöhe im Raum.	Schwankungen durch Beheizen und Belüften ausgleichen. Ist das nicht möglich, dann entweder beständige Malfarben, z. B. Kalkcasein und Kunstharz-Temperafarben oder Glutinleime bzw. Glutinleimfarbenmalereien mit Formalin oder Alaun härten (Leimfarbe bis 2 % Formalin oder bis 5 % Alaunlösung zusetzen – oder Malerei mit verdünntem Formalin 1: 20 übernebeln).
Für selbst zubereitete Leimfarbe ungeeignete Materialien verwendet, z. B. grobteilige Pigmente oder solche mit hohem Verschnittmittelzusatz, billigen Stärkeleim.	Für Malereien nur feinteilige, unverschnittene Pigmente und gut bindende, mit Sicherheit neutrale Leime verwenden, z. B. Stärkeether-, Glutin- und Methylcelluloseleime.

Bild 10.19 Im 17./18. Jahrhundert wurden Papierbahnen mit Leimfarben bemalt, schabloniert und mit Holzmodeln bedruckt – älteste Tapetenherstellung

10.8 Schäden an Casein- und Temperafarbenmalereien

Die Anwendung von Casein- und Temperafarben in der Wandmalerei gehört zu den ältesten Maltechniken **(Bild 10.20)**. Besonders in der Temperafarbenmalerei gibt es vom Bindemittel her und auch in der Malweise zahlreiche Varianten. Da vorkommenden Schäden häufig auf die Nichtbeachtung der spezifischen Eigenschaften des flüssigen oder verfestigten Bindemittels der Malfarben zurückzuführen sind, sind für die Beurteilung, Beseitigung und Vermeidung von Schäden ausreichende Kenntnisse über die Bindemittel vonnöten. Allerdings kann in diesem Buche nur ein grober Überblick über die Arten der Casein- und Temperabindemittel und über ihre für den Einsatz und die Verarbeitung in der Wandmalerei besonders wichtigen Eigenschaften gegeben werden **(Tabelle 10.8)**.

Caseinbindemittel gibt es als Kalkcasein-Bindemittel, bei dem das Milchsäurecasein (Magerquark) oder ein anderer tierischer Eiweißstoff mit Kalkhydratteig aufgeschlossen wurde und als Alkalicasein-Bindemittel, bei dem Ammoniak, Borax oder andere Alkalien als Aufschlussmittel dienen. Die Temperabindemittel sind Emulsionen, die aus Wasser, dem darin feinverteilten flüssigen Bindemittel, z. B. Leinöl oder Harzlösung und dem Emulgator, z. B. Celluloseleim, Eiweiß und Caseinbindemittel, bestehen. Der Emulgator ermöglicht zunächst die feine, stabile Vertei-

Tab. 10.8 Casein- und Temperabindemittel und ihre Eigenschaften

Bindemittel der Malfarben	Eigenschaften		Anwendungshinweise
	flüssig	verfestigt	
Caseinbindemittel			
Kalkcasein-Bindemittel	alkalisch, dünnflüssig	kaum wasserlöslich (irreversibel), hohe Spannung	Auf frischen Kalkmörtelputz auch außen, nur kalkechte Pigmente einsetzen
Temperabindemittel			
Öl-Leimtempera-bindemittel	neutral, guter Verlauf	schwer wasserlöslich, spannungsarm, elastisch	Innen: Auch für Holz
Leimtempera-bindemittel	neutral, thixotrop	wasserlöslich (reversibel), spannungsarm, geringe Festigkeit	Innen: Papier, Pappe – kein Holz
Eitempera-bindemittel	neutral, thixotrop	schwer wasserlöslich, erhebliche Spannung und Festigkeit	Innen: Auch für Holz
Caseintempera-bindemittel	alkalisch, thixotrop	schwer wasserlöslich, erhebliche Spannung und Festigkeit	Auf frischen Kalkmörtelputz in geschützter Lage auch außen
Harz-Leimtempera-bindemittel	neutral, guter Verlauf	schwer wasserlöslich, spannungsarm	Innen: Auch für Holz
Wachstempera-bindemittel	neutral, Erstarrung bei Kälte	schwer wasserlöslich, spannungsarm, geringe Festigkeit	Innen: Polierfähige Malschichten

Bild 10.20 Restaurieren einer mit Kalkcasein-Temperafarben ausgeführten Jugendstilmalerei (Halle/Saale)

10.8 Schäden an Casein- und Temperafarbenmalereien

Arten*	Bestandteile in Vol.-% (Mittelwerte)
Öl-Leim	35 Lackleinöl oder Leinölfirnis 65 Emulgator, z. B. Celluloselein
Leim-Öl	80 Emulgator (Leimlösung) 20 Lackleinöl oder Kunstharzlösung
Harz-Leim	60 Emulgator (Leimlösung) 40 Natur- oder Kunstharzlösung
Ei-Öl	60 Hühnerei oder Eiweiß 20 Lackleinöl 20 Harzlösung
Casein-Öl	75 Kalk- oder Alkalicasein-Bindemittel 25 Lackleinöl oder Harzlösung
Wachs-Öl-Leim	60 Emulgator z. B. Celluloseleim 20 verseiftes Bienenwachs 20 Lackleinöl oder Harzlösung

*zu jeder Art ist das Wort „Temperabindemittel" hinzuzufügen

Bild 10.21 Temperabindemittel: Arten und Bestandteile (genannt wird das Bindemittel und der Emulgator, der auch an der Bindung teilnimmt)

Bild 10.22 Rekonstruieren einer historischen Sockelgestaltung mit Caseintemperafarbe in der Schabloniertechnik

Tab. 10.9 Schäden an Casein- und Temperafarbenmalereien

Schaden, Ursachen	Vermeiden, Beseitigen
Abblättern	
Morscher, evtl. mit abblätternden alten Anstrichen behafteter Untergrund hält der Spannung der Malschicht nicht stand.	Die Maluntergründe müssen fest sein; alte Anstriche jeder Art sind mit der Untergrundvorbehandlung zu entfernen.
Mehrschichtige Temperafarbenmalerei falsch aufgebaut, d. h. die unteren Malschichten enthalten mehr Bindemittel als die oberen. Sie sind dadurch elastischer und spannungsreicher als die spröderen und deshalb reißenden und abblätternden Deckschichten.	Die einzelnen Malschichten müssen einen annähernd gleich großen Bindemittelgehalt haben – lediglich auf stark saugenden Untergründen werden Untermalungen mit bindemittelreicheren, jedoch aus dünnflüssigeren Temperafarben ausgeführt.
Abblättern als Folge von Rissbildung	Siehe unter „Reißen"
Nachdunkeln	
Pigmente in Temperafarben, die unter Lichteinwirkung nachdunkeln, z.B. nicht lichtstabiles Chromgelb, Chromgrün und Zinnoberrot.	Für Malereien von hohem Wert nur hochgradig lichtechte Pigmente anwenden, z. B. an Stelle von Chromgelb Nickeltitangelb.
Bleihaltige Pigmente in der Malerei, z. B. Bleiweiß, Neapelgelb, Chromgelb und Chromorange, die durch Schwefelwasserstoff geschwärzt werden.	Bei Schwefelwasserstoffeinfluss keine bleihaltigen Pigmente einsetzen. Die Schwärzung (Bleisulfid) kann abgerieben werden.
Temperabindemittel mit zu hohem Ölanteil (Weiß vergilbt).	Temperafarben mit fetterem Bindemittel sind nur für Malereien auf saugende Untergründe, z. B. Kreidegrund, weiches Holz und Gipsputz, brauchbar, weil hier Öl abgesaugt wird.
Für gefirnisste Temperafarbenmalerei lichtunbeständigen, bräunenden Zwischen- bzw. Schlussfirnis verwendet.	Zwischenfirnisse und Schlussfirnisse dürfen nur aus hochwertigen, lichtbeständigen Harzlösungen bestehen, z.B. Mastix- oder Dammarharz.
Reißen	
Rissbildung im Untergrund, z. B. in Holz oder Putz.	Auf Untergründe, die zum Reißen neigen, evtl. Leinen, Nessel oder Glasfaservlies kleben.
Reißen eines falsch hergestellten Malgrundes, z. B. Kreidegrund mit zu hohem Glutinleimgehalt, zu dick aufgetragener Ölgrund.	Wenn dickschichtige Malgründe erforderlich sind, müssen diese durch mehrmaliges Auftragen der Grundierungen hergestellt werden. Kreidegrund nicht überleimen.
Fetten Firnis als Zwischenfirnis verwendet und mit mageren Temperafarben, die eine nicht elastische Malschicht haben, übermalt.	Der Zwischenfirnis muss vor der Untermalung, auf die er aufgetragen wird, restlos aufgesaugt werden; es darf sich kein Film bilden.
Reißen eines spröden Schlussfirnisfilms auf gefirnisster Temperafarbenmalerei.	Gefirnisste Temperamalschichten sind in ihrer Elastizität den Ölfarbenmalschichten ähnlich. Deshalb sollte ein Weichharz-Schlussfirnis (Dammar) zur Anwendung kommen.
Schimmeln	
Untergrund ständig oder wiederholt durchfeuchtet, z. B. infolge Kondenswasserniederschlag, fehlende Sperrungen, u. a.	Zur Durchfeuchtung führende Baumängel beheben.
Unzureichende Raumbelüftung und hohe Luftfeuchtigkeit.	Durchlüften, Luftfeuchtigkeitshöhe senken, Raum beheizen.
Von Schimmelpilzen befallenen Untergrund vor der Bemalung nicht richtig vorbehandelt.	Austrocknen, abbürsten, Pilzsporen mit fungizid wirkender Lösung, z. B. stark verdünntem Formalin, kalkhaltige Untergründe auch mit Fluat behandeln.

lung des Bindemittels im Wasser – wirkt aber gleichzeitig als Bindemittel. Deshalb werden verschiedene Temperabindemittel nach ihrem Emulgator bezeichnet, z. B. Leim-, Ei- und Caseintemperabindemittel. Die für die Anwendung der Temperafarben wichtigen Eigenschaften wie Trocknung, Festigkeit, Wasserlöslichkeit und Resistenz ihrer Malschichten ergeben sich nicht nur aus der Art des Bindemittels und Emulgators, sondern auch aus Masseverhältnis zwischen diesen beiden Komponenten. Mit dem **Bild 10.21** wird ein Überblick über die Arten und Bestandteile der Temperabindemittel gegeben.

Casein- und Temperafarben können sowohl für handwerkliche, dekorative Maltechniken, z. B. das Auslegen von aufgepausten Ornamenten mit deckenden oder lasierenden Farben oder die Schabloniertechnik **(Bild 10.22)** als auch für künstlerische Maltechniken verwendet werden. Eine historische Maltechnik ist die gefirnisste Temperafarbenmalerei. Dabei wird die Malerei in mehreren, meist halbdeckenden Schichten aufgebaut – jede Schicht wird mit einem stark verdünnten Harzfirnis überstrichen.

Vor der Ausführung von Wandmalereien mit Casein- und Temperafarben ist ihre spätere Beanspruchung sorgfältig zu prüfen. Außen sind in geschützter Lage nur Kalkcasein- und Caseintemperafarben anwendbar; vor allem, wenn auf frischen, alkalisch aktiven Kalk- und Kalk-Zementmörtelputz gemalt wird. Durch die Bildung von wasserunlöslichem Kalkcasein an der Grenzfläche zwischen Putz und Malfarbe wird die Malschicht chemisch gebunden.

In der **Tabelle 10.9** werden die an Casein- und Temperafarbenmalereien möglichen Schäden in ihren Ursachen, ihrer Beseitigung und Vermeidung beschrieben.

10.9 Schäden an Siliconharzfarben-Malereien

Siliconharzfarben werden hauptsächlich in der Architektur-, Dekorations- und Werbemalerei und -beschriftung auf Fassaden eingesetzt – meist im Zusammenhang mit der Ausführung von Siliconharzfarben-Anstrichen **(Bild 10.23)**. In ihren positiven technischen Eigenschaften wie hohes Wasserabweisungsvermögen, Beständigkeit gegen alle atmosphärischen Einflüsse und Luftimmissionsstoffe und hohes Diffusionsvermögen stimmen sie mit den als Malgrund die-

Tab. 10.10 Schäden an Siliconharzfarben-Malereien

Schaden, Ursachen	Vermeiden, Beseitigen
Abblättern und Reißen	
Ursachen meist die gleichen wie bei Siliconharzfarben-Anstrichen	siehe Tab. 8.9 „Schäden an Siliconharzfarben-Anstrichen"
Ansätze und unschöne Fleckigkeit von Lasuren	
Zu schnelles Trocknen der Siliconharz-Lasurfarben, z. B. beim Malen sehr warme Sonnenstrahlung, dadurch kein nass-in-nass Malen möglich.	Nicht bei starker Sonnenstrahlung malen oder einen Schattenvorhang anbringen; ggf. Malgrund mit stark verdünntem Siliconharzbindemittel anfeuchten.
Malen auf uneinheitlich glatten oder strukturierten und uneinheitlich saugenden, nicht vorbehandelten Untergrund.	Der Untergrund bzw. Malgrund muss in der Struktur, Farbe und im Saugvermögen einheitlich sein. Dies wird meist durch gut füllende Voranstriche erreicht.
Unzureichende, unschöne Farbklarheit bzw. -brillanz	
Keine einheitliche Farbe – meist Reinweiß – des Malgrundes für Lasurfarbenmalerei.	Die Farbklarheit der Lasuren ist in hohem Maße vom Lichtremissionsvermögen des Malgrundes abhängig – deshalb ein einheitlicher, meist reinweißer Malgrund.
Zu häufiges Übereinandermalen von Lasurfarben unterschiedlicher Tönung führt meistens zu unschönen, unklaren Grautönen.	Lasurfarben in der Tönung gezielt einsetzen, z. B. Blau auf Gelb um Grün und Braun auf Ocker um Hellbraun zu erreichen.
Keine klaren Farbkontraste.	Nicht nass-in-nass ineinander malen, sondern Ton an Ton.

Bild 10.23 Mit Siliconharz-Emulsionsfarben restaurierte Malereien in der um 1885 in neugotischem Stil erbauten Kathedrale des „Heiligen Nikolaus" in Amsterdam

nenden Siliconharzfarben-Anstrichen überein. Die Wasserabweisung hat für Fassadenmalereien auch den Vorteil, dass sie unter dem Einfluss von Regenwasser ihre Farbwirkung unverändert beibehalten.

Die gestalterisch-ästhetische Wirkung der Malereien ist davon abhängig, inwieweit der Ausführende die Anwendung farbmetrischer Werte sowie der Kontrastwirkung und Harmonie der Farben zum Vorteil der Malerei beherrscht. Anwendbar sind alle in der Dekorationsmalerei üblichen Maltechniken wie die Tonmalerei, Grisaille- und Lasurmalerei. Als Malmaterialien können die handelsüblichen Siliconharz-Fassadenfarben, -Lasurfarben sowie für die Selbstzubereitung von Malfarben Siliconharzbindemittel und lichtechte, wetterbeständige Pigmente verwendet werden.

Die Ursachen für mögliche Mängel und Schäden an den Malereien sind meistens in der Vernachlässigung der Malgrundvorbehandlung und in fehlerhafter Maltechnik zu finden.

10.10 Schäden an Ölfarben- und Lackfarbenmalereien

Tab. 10.11 Schäden an Ölfarben- und Lackfarbenmalereien

Schaden, Ursachen	Vermeiden, Beseitigen
Abblättern	
Untergrund ungeeignet oder unzureichend bzw. falsch vorbehandelt, z.B. durch Quellen und Schwinden stark „arbeitendes" Holz, zu dickschichtig oder auf zu glatten Untergrund aufgetragener Malgrund (Kreidegrund).	Stärkeres Quellen und Schwinden von Holzuntergründen, die sich in Räumen befinden, durch gleichbleibende Temperatur- und Luftfeuchte sowie durch eine farblose Lackierung auf der Rückseite verhindern. Glatte Oberflächen müssen durch Anschleifen aufgeraut werden, damit der in mehreren Schichten aufgetragene Malgrund gut haftet.
Starke Spannungsunterschiede zwischen einzelnen Malschichten, die im Wechsel mit fetten Ölfarben und mit weniger fetten Harz-Ölfarben aufgetragen wurden.	Alle Schichten einer Malerei stets mit gleicher Malfarbensorte ausführen. Auf stärker „arbeitende" Untergründe fette Malfarben einsetzen.
Nachdunkeln	
„Durchscheinen" eines dunkleren, unzureichend vorbehandelten Untergrundes durch dünnschichtige Malereien, besonders wenn sie Bleiweiß enthalten, dessen Deckfähigkeit mit zunehmendem Alter durch Bleiseifenbildung nachlässt.	Selbst für deckend aufzutragende Malfarben und besonders für halbdeckend oder lasierend aufzutragende Malschichten müssen die Untergründe sorgfältig vorbereitet werden. Am besten ist weißer Kreide- oder der weniger saugfähige Halbkreidegrund (Zusammensetzung in Vol.-%; Zinkweiß 30, Kreide 35, Glutinleimlösung verdünnt 30, Leinölfirnis 5).
Mitverwendung von Malfarben mit nachdunkelnden Pigmenten, oder solchen die durch Schwefelwasserstoff geschwärzt werden.	Keine nachdunkelnden und bei Schwefelwasserstoffeinfluss keine bleihaltigen Pigmente verwenden.
Reißen	
Falscher Aufbau von mehrschichtigen Malereien, auf eine elastische, mit fetten Ölfarben ausgeführte Untermalung Harz-Ölfarben aufgetragen, die sprödere Malschichten bilden.	Für alle Schichten die gleiche Sorte Malfarben verwenden. Es ist jedoch auch möglich, weniger elastische Untermalungen mit elastischen, fetten Malschichten zu überdecken – doch keinesfalls die umgekehrte Folge.
Schneller versprödende Malschichten (auch solche mit hohem Zinkoxidgehalt), z. B. beim Restaurieren, auf vorhandene elastische Malereien aufgetragen.	Zinkoxid möglichst mit Bleiweiß gemischt anwenden (Vorsicht bei Schwefelwasserstoff!).
Reißen als Folge stark „arbeitender" oder unzureichend vorbehandelter Untergründe.	Siehe unter „Abblättern"
Reißen des Schlussfirnisüberzugs	
Schützen der Malerei mit einem zu harten, spröden Schlussfirnisüberzug, z. B. Bernsteinharz-Firnis oder minderwertigem Firnis, z. B. Kolophoniumlösung, der meist nicht nur rissig, sondern auch matt und blind wird. Schlussfirnis zu oft aufgetragen, besonders auf Malereien mit glatter Oberfläche reißt oder bricht die dicke Harzschicht	Nur hochwertige, nicht zu hart trocknende Schlussfirnisse verwenden, z.B. Dammar- und Mastix-Schlussfirnis. Gerissene oder blinde Überzüge sind mit geeignetem hochsiedenden organischem Lösemittel zu lösen und zu entfernen. Von Holz-Ölfarbenmalereien muss dies unter besonderer Vorsicht erfolgen, da dabei die Gefahr besteht, dass die leichter lösliche Malschicht mit angelöst wird.
Runzelbildung	
Plastisch auf nichtsaugendem Maluntergrund, z. B. auf Ölfarbengrundierung („Ölgrund") aufgetragene Malfarben trocknen schlecht durch runzeln.	Auf stärker saugfähigen Kreide- oder Halbkreidegrund auftragen, damit von unter her Öl abgesaugt wird, da die oxydative Trocknung des Öls im unteren Teil der Malschicht ohnedies stark verzögert wird.

Tab. 10.11 Fortsetzung

Schaden, Ursachen	Vermeiden, Beseitigen
Runzelbildung	
Einfluss von Wasser, Wasserdampf, hoher Luftfeuchte und zugleich ungenügende Raumdurchlüftung. Die Feuchtigkeit diffundiert in den Schlussfirnis, der dadurch auch weiß wird („erblindet"), in den Untergrund und in die Malschicht.	Ölfarbenmalereien dürfen weder vom Untergrund her, noch durch hohe relative Luftfeuchte an einem feuchten Standort längere Zeit der Feuchtigkeit ausgesetzt sein. Im Anfangsstadium können durch Feuchtigkeit runzelig gewordene Malschichten durch Austrocknen meist noch geglättet werden. Verhärtete Runzeln und „erblindete" Schlussfirnisüberzüge können durch Anquellen mit Alkoholdämpfen und glattdrücken regeneriert werden.
Vergilben	
Nur an Weiß und hellen Farben sichtbar, die schlecht gereinigtes und nicht gut gebleichtes Leinöl enthalten, das im Dunkeln und bei geringer Belichtung der Malerei besonders stark vergilbt.	Malfarben müssen hochwertige Bindemittel enthalten. Für Weiß und helle Farben wird das nicht vergilbende Mohnöl eingesetzt. Die Vergilbung kann durch die Einwirkung von Sonnenlicht zum Teil rückgängig gemacht werden.
Vergilbender Firnis von zu fett auf deckende Untermalungen aufgetragenen Lasuren.	Öllasurfarben dürfen nur wenig Öl enthalten, etwa 20 %. Auch im Verhältnis 1 : 1 mit Terpentinöl verdünntes Malmittel kann verwendet werden. Hauchdünn auftragen.
Treiberscheinungen	
Aufquellen des „Kreidegrundes" infolge Feuchtigkeitsaufnahme aus feuchten Wänden. Baumängel und -schäden, die an den undurchlässigen Ölfarbenschichten als Treiberscheinungen auftraten, z. B. Ausblühungen, Durchfeuchtung der Wand, die Blasen verursachen kann. Mauersalpeter.	Feuchte Wände sind als Untergrund ungeeignet; besonders für „Kreidegrund" müssen die Untergründe sehr trocken sein. Die Ursachen der Schäden, z. B. Fehlen von Dichtungen gegen Bodenfeuchtigkeit müssen behoben werden. (Näheres in den Abschnitten 2.1 und 2.2).

10.10 Schäden an Ölfarben- und Lackfarbenmalereien

Wandmalereien werden mit Öl- und Lackfarben nur selten auf Putz, Naturstein und andere mineralische Untergründe ausgeführt, sondern häufiger auf Holzbauteile und Wandbespannungen. Gründe dafür sind die sperrende Wirkung bzw. die Wasserdampfundurchlässigkeit der Öl- und Lackfarben-Malschichten sowie ihre Neigung zum Vergilben oder Verbräunen. Unumgänglich ist der Einsatz von Öl- und Lackfarben für Malereien auf Holz und Metalluntergründe sowie auf Textilbespannungen. Für Malereien in Räumen erhält der Holz- und Textiluntergrund meist erst einen als Malgrund geeigneten Voranstrich. Am gebräuchlichsten ist dafür der Kreide- und Halbkreidegrund. Der Kreidegrund besteht aus Schlämmkreide, Zinkweiß und verdünnter Glutinleimlösung etwa im Mischungsverhältnis 1:1:1. Der Halbkreidegrund enthält noch 1/4 Vol.-Anteil Leinölfirnis.

Die Maltechniken können in dreifacher Weise eingeteilt werden.
■ nach dem Maluntergrund,
z. B. Malen auf Holz, Metall, Wand-Textilbespannungen und mineralischen Untergründen
■ nach den Malfarben,
z. B. Malen mit Ölfarben, Harz-Ölfarben, Wachs-Ölfarben und Lackfarben,
■ nach der Malweise,
z. B. Lasur- oder Lasurfarbenmalerei und Deckfarbenmalerei, die man nach den in der Tafelbildmalerei üblichen Begriffen unterscheidet in Tonmalerei, Primamalerei, Malerei mit farbigen

10.10 Schäden an Ölfarben- und Lackfarbenmalereien

Kontrasten und Schichtenmalerei. Die Maltechniken werden ausführlich im Buch „Historische Beschichtungstechniken" beschrieben.

Schäden an Öl- und Lackfarbenmalereien können bereits nach kurzer Standzeit vorkommen – Ursache sind dann meist Entscheidungsfehler bei der Beurteilung und Vorbehandlung des Malgrundes sowie in der Auswahl und Verarbeitung der Malfarben – oder es sind Alterungsschäden.

Folgende Schäden kommen häufiger vor:
- Untergrundschäden, z. B. Quellen, Schwinden, Reißen und Schimmeln von Holz- und Gewebeuntergründen oder von aufgetragenen Malgründen (Kreidegrund)
- Schäden an der Malschicht durch fehlerhafte Anwendung oder Verarbeitung der Malfarben, z. B.
  – Schwärzung von Bleipigmenten durch Schwefelwasserstoff
  – Nachlassen des Deckvermögens von Bleiweiß durch Bleiseifenbildung
  – Verspröden von Zinkweiß-Ölfarbenschichten
  – Nachkleben und Reißen von Asphaltbraun-Lasuren
  – Reißen, weil innerhalb einer Malschicht oder beim Aufbau von einzelnen Schichten zwischen fetten Ölfarben und mageren Harzölfarben gewechselt wurde.

Die Beschreibung der Schäden in ihrer Auswirkung, den Ursachen, der Vermeidung und Beseitigung enthält die **Tabelle 10.11**.

11 Bildnachweis

BAYOSAN-Wachter GmbH & Co. KG, Hindelang: 7.28
Ev. Kirchengemeinde Bennungen: 7.27
Institut für Denkmalpflege, Arbeitsstelle Halle: 10.7
Keimfarben GmbH & Co. KG, Diedorf: 1.1, 1.3, 1.4, 1.8, 2.1, 4.1, 4.19, 4.20, 7.1, 7.4, 7.31, 7.32, 7.35, 8.1, 8.16, 8.23, 9.18, 10.4, 10.15
KREMER-Pigmente, Farbmühle, Aichstetten: Pigmente für Bilder 3.11, 8.8, 8.32 und Tab. 10.1
Kreuziger, Prof. Dr., Leipzig, Magdeburg: 4.21
Leuna-Werke, Materialprüfung: 5.6, 5.7, 5.8, 5.9
Marburger Tapetenfabrik GmbH & Co. KG, Kirchhain: 9.1, 9.5/1 bis 9, 9.10, 9.12
Monumenti Musei e Gallerie Pontificie, Citta del Vaticano: 10.6
Remmers Baustofftechnik GmbH, Löningen: 2.8/1 u. 2, 2.15, 2.31, 2.32, 3.9, 4.6, 4.10, 4.15, 5.1, 5.19, 5.31, 5.34, 5.44, 6.1, 7.34, 8.29, 10.28
Röbert, Prof.. Dr. Weimar (Buchtitel „Systematische Baustofflehre"): 5.46
Stotmeister AG, Stühlingen: 7.33/1 bis 6
Stukkateurmeister Heine & Cöstler, Halle/S.: 2.29, 7.37/1 u. 2, 7.38, 7.41, 7.44
Winter, Ing. (FH), Holzschutzsachverständiger, Branderode: 5.55/1 bis 9, 5.56/5 u. 6
Autor: Alle oben nicht aufgeführten Bilder

12 Sachwörterverzeichnis

Abbeizen 267
Abbinden 267
Abblättern 49, 160, 170, 191, 194, 198, 250
Abdeckungen 33, 44, 47, 51, 178, 181, 206, 215
Abdunstzeit 234
Ablösen 228, 231
Absanden 84, 98, 108, 151, 159, 250
Absäuern 104
Absorption 267
Absperren 267
Absprengung 40, 50, 84, 98, 101, 108, 114, 160, 178
Abtragung 40, 49
Abwasser 38, 39
Acrylharzdispersion 184
aktiver Korrosionsschutz 88, 93
Alkalibeständigkeit 240
alkalische Reinigungsmittel 73
Alkalität 58, 60, 69, 70
Alkydharz 184
Alkydharz-Lackfarbenanstriche 21
Alterung 16, 18, 67, 110, 119, 125, 149
Alterungsbeständigkeit 110
Aluminium-Haftgrundierung 94
Ammoniak 38, 44, 97
anerkannte Regeln der Technik 22
Anhydrit 28, 41, 43, 167
Anhydritputz 67, 147, 165
anisotrope Struktur 120
Anlösen 136
Anmachwasser 41, 98
Anstrichdicke 57
Aufhellvermögen 240
Auflagerschäden 26, 29
Ausblühungen 32, 38, 41, 84, 98, 104, 108, 159, 161, 178, 199
Ausgleichsfeuchte 121
Auslaugung 39, 84, 98
Ausstakung 30

Barytwasser 112
baulicher Holzschutz 71, 133
bauschädigende Salze 58
Baustähle 93, 95

Betonbewehrung 40, 71
Baufeuchte-Messgerät 57
Betondeckung 40, 58, 71, 96
Betoninstandsetzung 103
Betonkorrosion 94, 97, 99
Beton-Schutzanstriche 103
Betriebssicherheit 16
Bewegungsfuge 35, 52, 100, 179
Bewehrungsmaterial 114, 117
Bewehrungsputz 150
Bewehrungsstahl 96, 99
Bewuchs 98, 215
biologische Einflüsse 15, 53, 69
Blasenbildung 122, 207, 215, 218, 228
Blattmetallbeläge 235, 241
Blauanlaufen 118
Bläuepilze 84, 130, 215
Bleimennige 28
Bleipigmente 28
Bleiseifenbildung 244
Bleisulfid 39, 94
Bleiweiß 328
Bodenfeuchtigkeit 35, 37, 45, 52, 98, 108
Bohrlochverfahren 129, 131
Bossenputz 144
Brandschutz 71, 124, 132
Brandschutzputz 150
Branntkalk 43, 105
Buntsteinputz 169

Calciumcarbonat 38, 109, 111, 247
Calciumchlorid 39, 60, 106
Calciumfluorid 75
Calciumhydrogencarbonat 38, 41, 109, 111, 162, 164, 246
Calciumhydrogensulfat 39
Calciumhydroxid 39, 41, 99
Calciumnitrat 38, 44
Calciumsulfat 41, 106, 108
Carbonatisierung 32, 43, 69, 96, 100, 102, 109
Carbonatisierungsschutz 11, 40, 69, 97, 100
Carbonatisierungstiefe 58, 102
Caseinbindemittel 28, 60
Caseinfarbenanstriche 188, 193
Caseinfarbenmalerei 257

Caseintemperabindemittel 193
chemischer Bautenschutz 69, 72
chemischer Holzschutz 71, 133
chemische Metallkorrosion 87
Celluloseleim 60
Celluloseleimfarbe 203
Chloride 39, 41, 58, 100, 104, 108
Chlorkautschuk 61, 184
Chromatisieren 93
Chromatpigmente 28
Cyclokautschuk 61

Dauerstandfestigkeit 15
deduktives Vorgehen 21
Dehnungsfuge 42, 179
Dehnungsrisse 42, 137
dekorative Wandmalerei 239
Dekortapete 224
denkmalgerechte Instandsetzung 80
Denkmalschutzbehörde 65, 80
Dichtungen 27, 32, 44, 108
Dieselkraftstoff 39
Diffusionsfähigkeit 15, 44, 67, 122, 205, 223
Dispersionsbindemittel 60, 204
Dispersionsfarbenanstriche 67, 188, 206, 208
Dispersions-Silicatfarbenanstriche 67, 113, 195
Dispersions-Silicatputze 147, 167
Dränage 37
Drehwuchs 120, 122
Druckfestigkeit 15, 56, 152, 156, 162
Dübel-Schraubverbindung 138
Duplex-Korrosionsschutzsystem 93
Durchfalläste 120, 122
Durchfeuchtung 17, 32, 36, 41, 44, 51, 77, 105, 114, 142
Durchschläge 228
Duromere 133

Ebenmäßige Korrosion 84
Edelstahl 92
EDV-Programme 68
Elastomere 135
elektrische Durchschlagsfestigkeit 133

elektrochemische Korrosion 88, 93
Elektrolyte 88, 93
Eloxalverfahren 94
Emulsionsbindemittel 60, 204
Emulsionsfarbenanstriche 188, 206
Epoxidharz-Bodenbeschichtung 21
Epoxidharzlacke 134, 184
Epoxidharzlösung 112
Epoxidharz-Versiegelung 79
Erdpigmente 240
Erosion 15, 32, 40, 49, 84, 92, 99
Erosionsbeständigkeit 15
Erosionskorrosion 85, 92
Eruptivgesteine 107, 113
Ettringit 28, 32, 97, 161
exzentrischer Wuchs 120, 122

Fachwerkbau 30
Fachwerkschäden 30
Farbabweichung 228
Farbbeständigkeit 15
Farbgebung 17, 182
Färbevermögen 240
farbige Putze 150
Farbveränderung 17
Faserbewehrung 168
Faserverbundmaterial 138
Fassadenmalerei 239
Fassadensanierung 24
Fassadenstuck 175
Fassadenverschmutzung 47
Fäulnis 16, 32, 38, 42, 49, 52, 58, 84, 130, 194
Fayence 104, 142
Festigkeitsverfall 114
Feuchtigkeitsdichtung 35
Feuchtigkeitsgehalt 121
Feuchtigkeitsschäden 32, 34, 40
Feuerbeständigkeit 67
Feuerverzinkung 93
Filmmessuhr 58
Fixativ 170
Flammstrahlentrostung 96
Fluatieren 69, 75, 112
Formveränderungen 27
frescaler Anstrich 189
Fresco-Malerei 247
Fresco-Secco-Malerei 247
Frostabsprengungen 15, 17, 32, 36, 38
Frostbeständigkeit 15
Frostrisse 120
Frostschutzmittel 41, 98, 100, 156
Früh- und Spätholzzone 120
Fügeflächen 29, 32
Fügekontakt 30, 114

Fugenmaterial 29, 104, 108, 111
Fugenschäden 27, 31, 142
Fügeverbindungen 29, 114, 180
Fügeverträglichkeit 15, 29, 133
Funktionsverluste 17, 45
Fußbodenbeläge 232

Gasende Holzschutzmittel 132
Gebäudealterung 47
Gebrauchsfähigkeit 12, 23, 68
Gefährdungsklassen 131
Gefügezerstörung 32, 49
gekämmter Putz 148
geriebener Putz
Gewährleistung 18, 22
Gewährleistungsfrist 23
Gips 28, 41
Gips-Fassadenstuck 177
Gipskarton 138
Gipsmörtel 60, 67
Gipsputze 147, 165
Gipsstuck 176
Gitterschnittprüfung 56
Glanzverlust 216, 219
Glasfaservliesbeläge 226
Glasfasergewebe 226
Glasuren 104, 142
Glutinbindemittel 28, 60
Glutinleimfarbe 203
Glutinleimwasser 112
Grafit 95
Grenzfläche 13
Grenzflächenvorgänge 28, 32
Gummibeläge 233
Gusseisen 92, 95

Haarrisse 105
Haftfestigkeit 15, 17, 32
Haftgrundierung 136, 152
Haftmörtel 154, 168
Haftzugfestigkeit 56
Handentrostung 96
Harnstoffharz 134
Hartbrandziegel 104
Harzausscheidung 122, 130
Hausbock 127, 129
Hausschwamm 126, 130
Hinterglasvergoldung 235
„Historische Beschichtungstechniken" (Buch) 12
Hochhydraulischer Kalkmörtelputz 150
hochlegierter Stahl 93, 95
Hohlraumbildung 27, 56, 114, 161
Holzfäule 126
Holzfeuchtegehalt 57
Holzfußboden 21
Holzlagerung 120
Holzmalerei 175

Holzparkett-Laminatbeläge 232
Holzschädlinge 126
Holzschutz 71, 118, 121, 129
Holzschutz-Lasuranstriche 16, 20, 132
Holzschutzmittel 69, 72, 121, 132
Holzschutzsalze 132
Holzschutzverfahren 72
Holzwespen 127
Huminsäuren 39, 53
hydraulischer Kalkmörtelputz 150, 168
hydraulische Stoffe 60
Hydrophobierung 33, 40, 67, 74, 77, 109, 164
hygroskopische Feuchtigkeit 32

Immissionsstoffe 38, 52
Imprägniermittel 112
Imprägnierungen 47, 69, 74, 112, 124, 129
Indikatoren 58
Injektage 37
Instandhaltung 17, 45, 81, 183
Instandhaltungsvernachlässigung 25, 32, 59, 146
interkristalline Korrosion 89
Irdengut 104

JOS-Verfahren 41

Kaliumwasserglas 28, 41, 74, 112, 184
Kalkanstriche 28, 187
Kalkcaseinbindemittel 193, 257
Kalkcasein-Emulsionsbindemittel 193
Kalkcaseinfarben-Anstriche 30, 112
kalkechte Pigmente 190, 194
Kalkfarbenanstriche 60, 66, 188, 190
Kalk-Gipsmörtel 60, 166
kalkgebundene Wandmalerei 239, 242, 245
Kalk-Gipsstuck 177
Kalkhydrat 28, 141, 184
Kalk-Lehmmörtelputz 30
Kalkmörtelputz 28, 60, 66, 81, 146
Kalksalpeter 17, 32, 36
Kalksanierputz 68
Kalksinter 41, 76, 105, 170
Kalkwasser 112
Kalk-Zementmörtelputz 68, 150
Kapillarwirkung 52
Kautschuk-Bodenbeschichtung 21
Kavitation 40, 84, 92
kellengeglätteter Putz 20

Kellenstrichputz 148
Kellenwurfputz 148
Kellerschwamm 126, 128, 130
Keramikplatten 138
keramische Baustoffe 103, 138
Kieselfluorwasserstoffsäure 73
Kieselsäureester 41, 77, 109, 112
Klebstoffe 32, 234
Klebverbindungen 27, 32, 223
Kleister 226
Klinkerfassaden 46, 104
Kohlenstaub 39
Kohlenstoffpigmente 241
kombinierte Holzschutzmittel 132
Kondenswasserbildung 35
Konstruktionsmangel 32
Kontaktkorrosion 84, 92, 94
Korkbeläge 232
Korrosion 20, 28, 39, 49, 52, 87, 136
korrosionsbeständige Metalle 90
Korrosionsbeständigkeit 15, 133
Korrosionselemente 88, 93
Korrosionsinhibitoren 90, 93
Korrosionsmedien 93
Korrosionsschäden 16, 85, 87, 92
Korrosionsschutz 16, 69, 71, 85, 88, 90, 93
Korrosionsschutzanstriche 16
Korrosionsschutz-Pigmente 93
Korrosionsträger Stahl 92, 95
Korrosionsverluste 87
Korrosionsvorgänge 28, 87
Kraterbildung 219
Kratzputz 148
Kristallisationsdruck 38, 43, 52, 109
Kunstharzputze 48, 66, 147, 169, 172
Kunststoffschäden 133
Kunststoffbeläge 233
Kunststofftapeten 226
Kupfercarbonat 94
Kupfersulfat 94

Lackfarbenmalerei 245, 264
Lackierungen 188, 213
Langzeit-Korrosionsschutz 94
Lasurfarben 212
latent hydraulisch 158
Lebensdauer 26, 80
Lehmausfachung 31, 114, 117
Lehmbauteile 114, 154
Lehmbauweise 114
Lehmfachwerkbau 115
Lehm-Kalkmörtelputz 116
Lehmputz 31, 116
Lehm-Sand-Gemisch 114
Lehmstuck 177

Leichtputz 150
Lehmfarbenanstrich 112, 188, 201
Leimfarbenmalerei 245, 255
Leinölfirnis 184, 212
Leinölfirnis-Halböl 212
Leistungsbeschreibung 21, 23, 65
Licht- u. UV-Beständigkeit 240
Linoleumbeläge 232
Lochfraßkorrosion 92
Luftimmission 41, 47, 50, 61, 98, 108, 136
Luftkalkmörtelputz 66, 150, 152
Luftziegel 103

Magnesiabinder 43, 100
Majolika 104, 142
Mangel 12
Malfarbenmischungen 244
Malfarbenbindemittel 242
Marmormalerei 212
Mauerbinder 152
Mauersägeverfahren 37
Mauersanierung 82
Mauersalpeter 28, 39, 41, 44, 51, 159, 161
Mauertrennung 37
Mauerziegel 104
Meerwasser 38
Merckoquant-Teststäbchen 58
Metallictapeten 223, 226
Metallkorrosion 38
Metallpigmente 241
Mikroorganismen 32, 38, 53, 174
Mikrorisse 56
Mineralöle 39
Mineralpigmente 240
Mischmauerwerk 154
Moderfäule 122, 166
Moorwasser 38
Mörtelmischungsverhältnis 145
Mosaik 139, 143
Musterverschiebung 231

Nachdunkeln 260, 263
Nagekäfer 127, 129
Nassfäule 123
Natronlauge 61
Natronwasserglas 41, 98
Naturelltapeten 226
Naturstein 67, 107
Natursteineinsatz 110, 138
Natursteinfassaden 46
Natursteinrestaurierung 113
Natursteinschäden 107, 111
Natursteinmauerwerk 154
Naturstoffoberflächen 223
Naturwerkstofftapeten 226
Neutralisieren 75

Nitrate 41, 104
Normreinheitsgrade 96
Nutzungsbeanspruchung 25

Oberflächenreinigung 72
Oberflächenstruktur 21, 144
Oberflächenvergütung 68
Oberputz 152
ökologische Grundlagen 147
Ölbindemittel 60, 212
Ölemulsionen 184
Ölfarbenanstriche 29, 188, 211
Ölfarbenmalerei 245
ölige Holzschutzmittel 132
Öllacke 211
Ölvergoldung 235
Öl-Wachsfirnis 212
organische Pigmente 241
Organismen 32, 38, 48, 58

Passiver Korrosionsschutz 88, 93
Patschputz 148
Perlglanzpigmente 241
Perlit 89, 93
Pflanzenleime 66, 184
Pflanzenwuchs 40
pflegeleichte Oberflächen 223
pH-Bereiche 58, 60
Phenolharz 71
Phenolphthalein 58, 60
Phosphatierung 69, 93
Phosphatierungsmittel 28
Phosphorsäure 28, 69
Pigmente 62
Pigmentmischungen 244
Planungsarbeit 19, 64
Planungsfehler 20, 25, 35, 64, 96
Plastomere 133
Polimentvergoldung 237
Polyamid 134
Polybutadien 135
Polyethylen 134
Polyethylen-Bodenbeschichtung 21
Polyesterharz 134
Polymerisatharz 66
Polymethacrylat 134
Polypropylen 134
Polystyrol 134
Polyurethan 134
Polyurethanharzlösung 112
Polyvinylchlorid 134
Porenhausschwamm 126, 130
Prägetapeten 226
Proben 21, 23
Prüfchemikalien 59
Prüfverfahren 60
Putzarchitektur 21, 134
Putzbewehrung 116

Putzgrund 152, 154, 158
Putzintarsie 150, 248
Putzlagen 27, 155
Putzmörtelgruppen 145, 152
Putzmörtelstuck 180
Putzschäden 144
Putzschnitt 151
Putzspannungsrisse 50
Putzsysteme 155, 158
Putzträger 117, 154, 163, 165
Puzzolanerde 158

Quellen 119, 122, 136
Qualitätsprüfung 21
Quellungsrisse 42

Raseneisenstein 43
Rauchgase 44
Raufaserpapier 226
Raumgestaltung 223
Reaktionslacke 61
Regeln der Technik 21
Regenwasser 38
Reinigung (Textilbeläge) 234
Reinigungsverfahren 96
Reißlackierung 215
Rekonstruktion 79
Rekristallisierung 41
relative Luftfeuchte 120
Resistenz (Wandmalerei) 242
Rissbildung 26, 29, 42, 49, 84, 94, 100, 105, 122, 137, 162, 171, 178, 207, 215, 229
Rostflecke 166
Rostgrade 95
Runzeln 217, 263
Ruß 39, 46

Sachverständige 54, 61
Salmiakgeist 39
Salzsäure 60, 73, 97
Sanierputz 38, 41, 43, 48, 68, 150
Säurebau 70
säurehärtende Lacke 61
Säureschutz 69
Schadensanalyse 54
Schadensdiagnose 54
Schadstoffe 32
Schallabsorptionsvermögen 15, 119, 138
Schallschutz 138
Schalungsölflecke 84
Schamotte 104
Schaumstoffunterlage 223
Scherfestigkeit 15
Schichtgesteine 108
Schiffsbohrwurm 127
Schimmel 16, 35, 49, 52, 75, 194, 203, 260

Schleifmittel 72
Schlussfirnis 263
Schmidt´scher Rückprallhammer 56
Schneeschmelzwasser 38
Schwammbefall 36, 84
Schwefeldioxid 39, 41, 100
Schwefelkies 43, 61, 100, 105
Schwefelsäure 89, 97, 99
Schwefeltrioxid 41, 100
Schwefelwasserstoff 39, 41, 61, 97, 100, 240
Schwindmaß 119, 122
Schwindrisse 42, 84, 100, 114, 120, 156, 159, 162, 199
Sedimentgesteine 107, 110
Selbstreinigungseffekt 15
selektive Korrosion 84
Sgraffiti 151, 245, 248
sichtbare Nähte 229
Sichtbeton 32
Silane 47, 74, 77
Silicatfarben 28, 194, 196
Silicatfarbenanstriche 66, 76, 113, 175, 194
Silicatfarbenmalerei 243, 251
Silicatlasurfarben 81, 197
Silicatputz 66, 147, 167
Siliconatlösung 43, 47, 78, 112
Siliconharze 41, 43, 77, 112, 136, 141
Siliconharz-Emulsionsfarbenanstriche 60, 66, 75, 209
Siliconharzfarben-Malerei 211, 245, 261
Siliconharzputze 48, 66, 147, 173
Siliconkautschuk 135
Siliconverunreinigungen 215
Siloxane 41, 47, 74, 77
Sintergut 104
Sockelanstrich 183
Sockelschaden 52
Sockelverblendung 138, 140
Sol-Silicatfarbe 196, 200
Spannungsdifferenzen 31
Spektralfotometer 58
Sperrungen 17
Sperrputz 37, 150
Spezialfixativ 170
Splintholzkäfer 127
Spongiose 95
Spritzbewurf 152, 154
Spritznarben 220
Spritzmetallisierung 93
Spritzputz 148
Stahlbetonkorrosion 50
Standortbeanspruchung 25, 48
Standsicherheit 15, 17, 29, 83, 94

Standzeit 20, 185
Stärkeleim 60
Stärkeleimfarbe 203
Staubablagerung 33, 46
Staunässe 122, 125
Steinzeug 104
Stoffharmonie 80
Stoßfugenrisse 42, 159
Strahlmittel 73
Strahlverfahren 93, 96
Strohbewehrung 31
Stuck 47
Stockflecke 229
Strukturmängel 171
Strukturputze 150
Stuccolustro 157, 175
Stuckmarmor 175
Sulfate 39, 41, 58, 100, 108, 157
sulfatresistenter Zement 41, 66, 99, 104

Tausalz 98
Temperafarbenmalerei 257
temporärer Korrosionsschutz 94
Teppichböden 233
Termiten 127
Terrakotten 103
Textiltapeten 223, 226
tierische Holzschädlinge 30
Tonerdeschmelzzement 99
Trasskalkmörtel 108, 158
Treiberscheinung 39, 43, 84, 100, 109, 166, 264
Trockenfäule 124, 128

Umwandlungsgesteine 107
unlegierte Baustähle 93, 95
Unterfangverfahren 37
Unterputz 152, 156
Unterrostung 214, 220
unzureichende Festigkeit 192, 202
UV-Absorber 125, 127
UV-Strahlung 49, 52, 123, 127

Velourstapeten 226
Verblendung 138
Verbrennungsabgase 41, 47, 109
Verbundvorsätze 139
Verfärbung 30, 49, 105, 130, 137, 163, 171, 179, 191, 199, 207, 230, 253
Vergilben 264
Verklammern 42
Verkrustung 84, 105, 109
Vermorschung 84, 164
Versalzung 47
Verschleiß 17, 49, 92
Verschleißfestigkeit 15, 92

12 Sachwörterverzeichnis

Verschmutzung 39, 47, 77, 172
Verseifung 30, 39, 207, 217
Versiegeln 78
Versottung 39, 44, 47, 164
Versprödung 30, 221
Vertikaldichtung 37
Vorsatzschichten 138
vorzeitige Alterung 210

Walzhaut 95
Wandbekleidungen 222
Wandplattensprünge 143
Wärmeausdehnung 26
Wärmedämmung 17, 34, 138, 144, 168
Wärmedurchlasswiderstand 16, 32, 77, 119
Wärmereflexionsvermögen 15
Waschbeton 101

Waschputz 148
Washprimer 74
Wasserabweisung 16, 47, 173
Wasseraufnahme 33, 56
Wasseraufnahmekoeffizient 47, 75, 152, 183
Wasserbauten 85
Wasserdampfdurchlässigkeit 35
Wasserflecke 116
Wasserkalkmörtelputz 150
Wasserundurchlässigkeit 15
Wasserstau 33, 46
Webarten 232
Weißfäule 126
Weißkalkschlämme 113
Weißzement 141
Wirtschaftlichkeit 183, 205, 208
Witterungsbeständigkeit 15, 67, 110

„**Z**ementbazillus" 28
Zementfarbenanstrich 189
Zementglätte 98
Zementmörtelputz 28, 66, 146, 150, 152
Ziegelausfachung 30
Ziegelmauerwerk 67, 154
Ziegelmehl 60, 158
Zink-Haftgrundierung 93
Zink-Phosphatschicht 69
Zink-Spritzmetallisierung 93
Zinkseife 29
Zinkstaubanstrich 28
Zinkweiß 29
Zunder 88, 93, 95
Zuschlagart 145, 157, 162

Historische Putze und Mörtel für Baudenkmäler und historische Bauten.

Beeindruckend sind Leistungen früherer Baumeister. Dieses Kulturerbe verlangt bei seiner Restaurierung höchste Sorgfalt. Unsere individuell entwickelten Putze und Mörtel sorgen dafür, die Zeugnisse unserer Geschichte so originalgetreu wie möglich zu erhalten.

BAYOSAN Wachter
GmbH & Co. KG
Reckenberg 12
87541 Bad Hindelang
Tel. (0 83 24) 9 21-0
Fax (0 83 24) 9 21-4 70
www.bayosan.de

Erhalten und Bewahren!

Top-Know-how zu den historischen und herkömmlichen Beschichtungstechniken und Materialien

Aktuelle Arbeitsunterlagen: Qualitäts-Beschichtungen sicher planen, vorbereiten, ausführen und bewerten!

Durch die Darstellung der Arbeitstechniken erhalten Sie in anschaulicher, verständlicher Form und lückenlos alle Informationen, die Sie für heutige Anwendungen brauchen.
Die Vielzahl der historischen Beschichtungstechniken wird hinsichtlich ihrer Bindemittel unterschieden, z. B. Lehm-, Kalk- und Caseintechniken.

Aus dem Inhalt
- Einführung
- Materialien für historische Beschichtungstechniken
- Gestalterische Aspekte
- Untergründe für Beschichtungen
- Historische Putztechniken
- Kalktechnik
- Caseinfarbentechnik
- Silikatfarbentechnik
- Leimfarbentechnik
- Emulsionsfarbentechnik
- Ölfarben- und Lacktechniken
- Lasurtechniken u.a.
- Wachstechnik
- Vergolden und Versilbern, echt und unecht
- Begriffe und Fachausdrücke

Kurt Schönburg
Historische Beschichtungstechniken
Erhalten und Bewahren
350 S., ca. 150 z.T. farbige Abbildungen
150 Strichzeichnungen, Hardcover
Bestell-Nr.: 3-345-00796-7
€ 65,50

Jetzt vormerken!

Im Frühjahr 2004 erscheint:
Schönburg, Kurt
Beschichtungstechniken heute
1. Auflage 2004, ca. 320 S. m. zahlr. farbigen Abb., Hardcover, ISBN 3-345-00831-9
ca. **€ 65,50**

Hier finden Sie umfassende Information und Anleitung zu den heutigen, im Trend liegenden Beschichtungstechniken, wie sie auf den Baustellen und im Handwerk im großen Stil ausgeführt werden. Natürlich geht es in erster Linie um die qualitätsgerechte Ausführung der aktuellen Putz- und Anstrichtechniken, vermittelt werden aber auch gerade für die Praxis interessante Fragen der Arbeits- und Baustellenorganisation bis hin zur Wirtschaftlichkeitsberechnung sowie Materialbeschaffung und Kundenberatung.

Gleich anfordern!

HUSS-MEDIEN GmbH
Verlag Bauwesen
10400 Berlin

Tel.: 030/421 51-325
Fax: 030/421 51-468
e-mail: versandbuchhandlung@hussberlin.de
Internet: www.bau-fachbuch.de

Naturfarben GmbH

Wir liefern Materialien für umweltfreundliche Oberflächenbehandlungen nach traditionellen und bewährten Rezepturen

Kaseinfarben (alkali- und kalkkasein), Kaseinvolltonfarben
Kalkfarben, Sumpfkalk, Erd- und Mineralpigmente
Leimfarben, Schellack Isoliergrund, Rohstoffe

Standölfarben, Öle und Wachse, Leinölkitt
Rostschutzfarbe (Schuppenpanzerfarbe) Testsieger im Vergleichstest von 33 handelsüblichen Rostschutzfarben, ARD Ratgeber Technik, Institut für Korrosionsschutz Dresden

Glanzputztechniken: Stuccolustro und Tadelakt (marokkanische Glanzputztechnik für wasserfeste Oberflächen)
Punisches Wachs

Individuelle Sondermischungen und Farbtöne nach Befund oder NCS

Seminare zu unterschiedlichen Themen, Studienfahrten

Kreidezeit Naturfarben GmbH, Cassemühle 3, 31196 Sehlem
Tel.: 05060 6080 650, Fax.: 05060 6080 680, www.kreidezeit.de, info@kreidezeit.de

Kundenobjekt: Kurpark Bad Lauchstädt

Ihr zuverlässiger Partner für

- sämtliche Malerarbeiten
- Fassadenbeschichtungen
- Fußbodenverlegearbeiten
- Vollwärmeschutz
- Betoninstandsetzung
- Restaurationen

**Hauptstraße 18
06295 Rothenschirmbach
Tel. 034776/ 20 312**